21世纪高等学校计算机类课程创新规划教材 · 微课版

浙江省普通高校"十三五"新形态教材

U0185651

C语言程序设计 ·在线实践·微课视频

◎ 陈叶芳 钱江波 董一鸿 陈哲云 王晓丽 编著

清华大学出版社

北京

内 容 简 介

本书以线上线下结合的新形态教材的模式介绍经典的 C 程序设计语言。全书共分为 11 章,系统地介绍了计算机与程序设计概述,顺序结构程序设计,选择结构程序设计,循环结构与基础算法,数组,函数,指针,程序结构,结构体、共用体和枚举类型,文件,指针的高级应用等,并以两个综合案例——"小学生四则运算练习系统"和"成绩系统"连接全书的知识点。

本书实现了教材、课堂、教学资源的三者融合,以嵌入二维码的纸质教材为载体,嵌入课程的视频,同时提供在线实践平台及题库,满足在线实践及自动判题的需求。

本书的主要内容配有微课视频,可通过扫描书中的二维码获取,也可扫描前言中的二维码进行"图解C 编程"课程的慕课式学习。

本书提供在线实践平台题库(扫描前言中的二维码),为学习者提供在线提交代码、实时评判的环境。

本书可作为高等学校 C 程序设计课程的教材,也可作为程序设计竞赛的培训教材或各类自学人员的参考书。

图书在版编目(CIP)数据

C 语言程序设计:在线实践·微课视频/陈叶芳等编著.—北京:清华大学出版社,2021.3(2024.7重印)
21 世纪高等学校计算机类课程创新规划教材:微课版
ISBN 978-7-302-57395-1

Ⅰ.①C…　Ⅱ.①陈…　Ⅲ.①C 语言－程序设计－高等学校－教材　Ⅳ.①TP312.8

中国版本图书馆 CIP 数据核字(2021)第 016787 号

责任编辑:闫红梅　薛　阳
封面设计:刘　键
责任校对:徐俊伟
责任印制:刘海龙

出版发行:清华大学出版社
　　　网　　　址:https://www.tup.com.cn,https://www.wqxuetang.com
　　　地　　　址:北京清华大学学研大厦 A 座　　　　　邮　　编:100084
　　　社 总 机:010-83470000　　　　　　　　　　　　邮　　购:010-62786544
　　　投稿与读者服务:010-62776969,c-service@tup.tsinghua.edu.cn
　　　质量反馈:010-62772015,zhiliang@tup.tsinghua.edu.cn
　　　课件下载:https://www.tup.com.cn,010-83470236
印 装 者:三河市铭诚印务有限公司
经　　销:全国新华书店
开　　本:185mm×260mm　　印　张:26　　　　　字　　数:648 千字
版　　次:2021 年 3 月第 1 版　　　　　　　　　印　　次:2024 年 7 月第 6 次印刷
印　　数:7901～9400
定　　价:69.00 元

产品编号:088634-01

前　言

　　C 语言是经典的程序设计语言之一,本书以 C 语言为载体,结合在线实践、微课视频,构建了线上线下的新形态教材。扫描书中二维码可获取微课视频;扫描下方二维码,在网站上搜索"图解 C 编程",可以进行慕课学习。书中所有实例均在 Visual C++ 6.0 环境下运行通过。

慕课学习"图解 C 编程"

本书具有以下特点。

1. 提供在线实践平台及题库

　　本书提供在线实践平台(扫描下方二维码),平台采用当前流行的大学生程序设计竞赛的工作原理,对提交的代码提供实时评判。教材中大量例题及习题中的一百二十多道在线编程题都可以在 nbuoj 上提交并获得在线评判。例题或习题的后面有(nbuoj****)字样的,表示该题在 nbuoj 上可在线提交,题号为****。例如:

在线实践平台

　　【例 2-14】温度转换。(nbuoj1007)

　　说明第 2 章的例题 2-14 在 nbuoj 上的题号为 1007。

　　在线实践及判题模式使学生突破教室、课时的制约,随时随地地开展编程实践,也可将教师从重复低效的代码检查中解放出来,把时间用于与学生交流。

2. 提供微课视频

　　本书提供 67 个微课视频,由具有多年教学经验的教师录制,视频覆盖课程的主要内容。

3. 提供综合案例

　　本书提供两个综合案例——"小学生四则运算练习系统"和"成绩系统"。在顺序、选择、循环、数组、函数、指针、结构体和共用体、文件、指针的高级应用等各个章节根据知识点的展开,对这两个案例进行循序渐进的完善,通过这两个案例将碎片化的知识点连接起来。

4. 加强算法意识

　　本书在第 4 章结合循环介绍了枚举算法、迭代算法和递推算法,在第 5 章结合数组介绍了排序算法和高精度加法,在第 9 章结合结构体介绍了贪心算法。

5. 提供常见错误分析表

初学者往往检查不出程序中的错误,或者无法理解编译系统反馈的错误提示。本书作者结合多年的教学反馈,在附录中给出了常见错误分析表,分析错误原因并给出修改建议。

为了方便教学,本书提供了电子版的 PPT 演示文稿。读者可以到清华大学出版社网站(http://www.tup.tsinghua.edu.cn)免费下载。

本书由陈叶芳组织编著。陈叶芳、钱江波负责设计全书的结构及内容的起草,董一鸿参与第 5~7 章的编写,陈哲云参与第 2、4、7 章的编写,王晓丽参与第 8~10 章的编写。全书的视频资源由陈叶芳录制。

在本书的编写过程中得到很多领导和同事的关心及大力支持,感谢王让定、陈华辉、辛宇、王晓东、李纲、郁梅、宋宝安、邬延辉、杨任尔、李荣茜、金炜、钮俊等,他们的无私帮助为本书最后的成稿起了重要的作用。

本书提供的在线实践平台和题库,由程序设计竞赛集训队的队员们一起参与建设,他们是:蒋明江、谢伟刚、王启运、叶青、吴奇、周新、李文浩、陈能仑、姚海龙、祝风翔、吴彬、张睿卿、孙佰贵、李云超、李战、王晟宇、王杰波、祝顶梁、王忠攀、赖敬峰、陈耀、章铭泽、蒋紫薇等,无法一一列出所有的名字,仅在此表示对他们的谢意。很多同学已踏上工作岗位,祝他们事业顺利!

本书得到以下项目的经费资助:①浙江省"十三五"第二批新形态教材建设项目;②浙江省"十三五"第二批教改项目;③浙江省本科高校一流课程(线上线下混合式一流课程);④浙江省精品在线开放课程建设项目;⑤宁波大学国家一流专业建设经费;⑥宁波大学教研项目。

本书的编写及题库的建设参考了近年来出版的大量书籍,吸取了很多专家同仁的宝贵经验,部分已列入本书后面的参考文献,在此一并表示衷心的感谢!

尽管作者做了很多努力,但由于水平所限,书中还存在不足与疏漏之处,竭诚欢迎广大读者和同行批评指正,帮助我们不断完善本书。

作　者

2020 年 5 月

目　　录

V

第1章 计算机与程序设计概述

现代社会，人们所做的每一件事情似乎都受到计算机技术的影响，人们生活的方方面面都要依赖计算机及相关技术的发展。

计算机本身并不是"万能"的，如果没有一系列事先指定的指令来控制它，那么计算机实际上毫无用处。若想充分利用计算机来解决现实世界的各种问题，就必须了解计算机是怎样工作的，它能做什么，以及如何控制它。

计算机本身不具有判断、推理等思维能力，若想利用计算机来解决实际问题，需要人们先提出解决问题的思路，再把这种思路细化成一个个步骤，并用计算机能理解的指令来控制计算机的自动执行。图 1-1 是计算机解决实际问题过程的示意图。

图 1-1　计算机解决实际问题过程的示意图

这一过程可以描述如下。

（1）借助人类的思维能力，对现实问题进行分析、抽象，建立抽象模型，把现实问题抽象为用符号表示或描述的问题，并用算法描述求解问题的过程。

（2）借助某种计算机编程语言，根据算法编写出程序。

（3）利用开发环境，将程序翻译成计算机能识别和执行的机器指令并运行。

（4）计算机按照用户设计的程序，自动进行运算工作，运算结果就是用户需要的结果。

要实现这样一个解决问题的过程，需要具备哪些条件，并且如何操作？这将是本章接下来要介绍的内容。

1.1　计算机硬件

1.1.1　冯·诺依曼结构

一个计算机系统包括硬件和软件两大部分，其中，硬件是由电子的、磁性的、机械的器件组成的物理实体。现代计算机一般都遵循冯·诺依曼体系结构，在硬件组成上包含 5 个基本部分：运算器、控制器、存储器、输入设备和输出设备。集成电路出现以后，往往将运算器和控制器制作在同一芯片上，称为中央处理器（Central Processing Unit，CPU）。这种体系结构的计算机是一个能接受输入、存储数据、处理数据和输出结果的机器。

图 1-2 是一个简化的计算机硬件系统结构图。从图中可以看出计算机的一般工作流程：由用户提供待处理的程序和数据，这些程序和数据通过输入设备进入到计算机内存中，

然后由中央处理器存取并处理,处理后的数据再回送到内存中,最后通过输出设备反馈给用户。在这个工作流程中,运算器进行各种运算;控制器控制和指挥整个运算过程,使指令按要求逐条执行;存储器存放程序指令及原始数据;输入设备输入指令代码和原始数据;输出设备显示或打印计算结果。

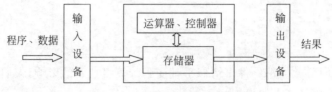

图 1-2　计算机硬件系统结构图

冯·诺依曼结构的计算机遵循"采用二进制"和"存储程序"这两个基本思想。

(1) 采用二进制:指计算机中的数据和指令均以二进制形式存储和处理,这种表示形式既简单又易于数字电路实现。

(2) 存储程序:指将程序以二进制编码形式预先存入存储器,使计算机在工作时能自动连续地从存储器中依次读取指令并执行。

现代计算机虽然在类型、规模、价格、性能等各方面有很大的不同,但其体系结构依然采用冯·诺依曼结构。

   ✎ 计算机硬件:计算机的物理组成。

   ✎ 数据:计算机加工处理的原料,是客观世界中事、物抽象后的符号代表。

   ✎ 计算机的工作就像一个酒店的管理,采购部门按照清单采买蔬菜、鱼肉等原料(输入),然后经分类和粗加工后,把马上要用的原料存放在厨房(内存),暂时不用的原料存放在储物间(外存)。客户点菜后,下单给厨房,厨师(中央处理器)就根据这道菜的烹饪流程(程序)进行加工制作,等成品制作完成后,由服务员呈现给客户(输出结果)。

1.1.2　运算器与控制器

计算机能将输入的数据加工处理成用户所需要的信息,这里执行加工处理工作的部件是中央处理器(CPU),它是计算机的核心部件。

为了处理存储在内存中的程序,CPU 按顺序取出每一条指令并解释,以决定要执行哪一种操作。然后 CPU 取出执行该指令所需要的数据,并对这些数据执行规定的操作或处理。最后 CPU 将结果送回内存。CPU 同时也将协调控制信号送到计算机的其他部件中,使各部件相互配合完成工作。

中央处理器是由运算器和控制器两部分组成。

运算器是对二进制数进行运算的主要部件,它在控制器的控制下执行程序指令,完成各种运算,如算术运算、逻辑运算、比较运算、移位运算及字符运算等。运算器每秒能执行的指令数即运算速度是计算机的一项主要性能指标,其单位是 MIPS(百万指令/秒),计算机的更新换代往往也是以此来衡量的。运算器有算术逻辑部件(ALU)和寄存器等,寄存器用来暂时存放参加运算的数据和中间结果。

控制器类似于人的神经中枢,它在机器指令的控制下工作,控制指令的读取、对指令进行译码解释,生成一系列控制信号,控制和协调 CPU 中其他功能单元有条不紊地进行工作。控制器由程序计数器、指令寄存器、指令译码器、时序控制电路以及微操作控制电路等组成。

  ☞ CPU 协调所有的计算机操作,并实现计算机各类运算。

  ☞ 寄存器是 CPU 内的高速存储器件。

1.1.3　存储器

存储器用来存储程序和数据,它在任何计算机中都是非常重要的部件。计算机会把文档、图形、声音、视频等信息存储为 0 和 1 的数字序列形式。由于计算机的信息均以二进制 0 或 1 的形式表示,所以必须使用具有两种稳定状态的物理介质来表示二进制 0 和 1。这些物理介质主要有半导体、磁性材料和光学材料等,由不同材料构成的存储器性能差别很大,价格相差也很悬殊。

1. "位"和"字节"

"位"(bit,b)是二进制的最基本单位,也是存储器的最小存储单位,每一"位"可以存储一个二进制数 0 或 1。通常 8 位构成 1 个"字节"(byte,B),见图 1-3。信息数据在计算机中存储、处理至少需要一个字节,例如,一个字符(字母、空格、标点符号等)需要用一个字节来表示,一个汉字用两个字节表示。

图 1-3　"位"和"字节"的关系

  ☞ 二进制数:由 0 和 1 数字序列构成的数,以 2 为基数。

  ☞ 位:存储二进制数 0 或 1 的最小存储单位。

  ☞ 字节:存储一个字符所需的存储器容量。

2. 存储单元

计算机的存储器可以看作由许许多多存储单元构成的有序序列,每个存储单元都有唯一的地址编号,地址编号从小到大递增,见图 1-4。存放在存储单元中的二进制信息称为该存储单元的内容,可以按地址访问存储单元的内容。

存储单元内容	01101000	01100101	01101100	01101100	01101111
存储单元地址	地址1	地址2	地址3	地址4	地址5

图 1-4　存储器示意图

存储器所包含的存储单元的总数称为存储容量,由于计算机中对存储的需求量很大,因此在实际使用中采用存储容量单位进行计量,各单位均以字节(B)为基本单位,各单位换算关系如下。

  K:$1KB=2^{10}B=1024B$

  M:$1MB=2^{20}B=2^{10}KB=1024KB$

  G:$1GB=2^{30}B=2^{10}MB=1024MB$

4

T：$1TB=2^{40}B=2^{10}GB=1024GB$

  ◎ *存储单元：存储器中的单个存储空间。*

  ◎ *存储单元地址：存储单元在计算机内存中的相对位置。*

  ◎ *存储单元内容：存放在存储单元中的信息，可以是程序指令或数据信息。*

3. 数据存储和数据读取

  在进行数据存储时，计算机将对应存储单元的每一位赋值为 0 或 1，同时将该单元原有的内容覆盖。在进行数据读取时，计算机读取该存储单元中的 0、1 序列，并保留原存储单元的内容，即原存储单元的内容依然存在。

  ◎ *数据存储：对存储单元的每一位赋值 0 或 1，同时覆盖该单元原有内容。*

  ◎ *数据读取：读取存储单元中的 0、1 序列，该存储单元内容保持不变。*

4. 内存和外存

  计算机系统中的存储器主要分为内存（或称主存）和外存（或称辅存），冯·诺依曼结构中的存储器主要指内存。内存存放计算机运行期间正在参与运算的程序和数据，可直接与 CPU 交换信息，存储速度快，但制造成本较高。内存中存储的信息不能永久保存，一旦断电，内存中的数据会立刻消失。

  外存用来存放暂不参与运行的大量信息，存储容量大且价格便宜，但存取速度往往比较慢。外存不能直接和 CPU 交换数据，需要时可以将外存上的信息先调入内存。

  ◎ *内存是计算机中存放正等待处理的数据的地方。外存是当前不需要处理的数据可*
   长期存放的地方。

  ◎ *外存是在断电后仍能保存数据的设备，如硬盘、U 盘、光盘等。*

5. 层次化存储系统

  对于存储器系统而言，高速、大容量和低成本这三个因素是互相制约、相互矛盾的，为了综合协调这些方面的特点，计算机的存储器被设计成一种层次结构的形式，即高速缓存、主存、外存，见图 1-5。构成高速缓存的器件速度与 CPU 的器件速度是同一级别的，它能向 CPU 高速提供即将执行的指令，但高速缓存价格昂贵，只能小容量地集成在半导体芯片上。在计算机操作系统的管理下，三个层次之间有条不紊地传递数据，这种形式解决了速度和容量的问题，更提高了计算机的性价比。

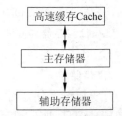

图 1-5　层次化存储系统

1.1.4　输入/输出设备

  输入/输出设备（简称 I/O 设备）又被称为外部设备，是外部与计算机交换信息的渠道。

1. 输入设备

  输入设备用于收集输入数据，并把它们转换为计算机可以识别的格式。输入设备能接受的数据范围很广，但不管是数字、文字、声音、图形、图像还是视频，最终都要转换成计算机能识别的二进制代码，才能由计算机来加工处理。常用的输入设备是键盘和鼠标，其他输入设备包括扫描仪、手写笔、触摸屏、阅读器、摄像头、语音输入装置等。

2. 输出设备

  计算机处理完成后的信息也是二进制代码，如果直接呈现给用户，用户将无法理解。输出设备用于输出计算机的处理结果,是输入设备的逆过程,它将一串串二进制代码转换为文字、图表、声音、图像、视频等,以用户可读的形式展示出来。常用的输出设备是显示器和打印机,其他输出设备包括绘图仪、语音输出设备等。

以上这些由电子的、磁性的和机械的器件组成的装置都是计算机的物理部件,它们构成了计算机系统的硬件子系统,是计算机系统工作的实体。

  ⚭ 如果把计算机系统比作一个酒店,酒店经营的场地、装修、桌椅、餐具、厨具等固定资产或易耗品等都是酒店的硬件。同理,计算机中那些看得见、摸得着的实体就是计算机系统的硬件。

1.1.5 指令与指令系统

指令是计算机硬件能识别并直接执行的操作命令,而指令系统是计算机所具有的全部指令集合。通常情况下,不同类型的计算机有不同的指令系统,但是它们大致有几个相同的部分,如算术运算指令、逻辑运算指令、控制指令、数据传送指令、输入/输出指令等。

一般情况下,机器运行时从第一条指令开始,顺序地从存储器中取一条指令,执行一条指令,再取下一条指令,再执行,如此反复直到指令执行完毕,指令的顺序执行是冯·诺依曼结构的计算机的基本原则。

指令有规定的编码格式,它由操作码和操作数组成。操作码决定所执行的操作(如加、减、乘、除、移位等),操作数指示操作对象(如加数、被加数等)的内容或所在地址,也被称为地址码。地址码可以有 0 个、1 个、2 个或 3 个。图 1-6 是指令的一般格式。

操作码	地址码1	地址码2	地址码3

图 1-6 指令的一般格式

指令的具体执行过程如下。

(1) 取指令:控制器到内存中读出指令,并送往指令寄存器。

(2) 分析指令:对指令寄存器中的指令进行分析,也称为指令译码。

(3) 执行指令:根据分析的结果,取出原始操作数并进行具体计算。到内存中读取操作数,通过运算器的算术、逻辑运算部件进行相应的运算,把中间结果放到运算器的寄存器中,或将最终结果放到内存的指定位置或送到输出设备。

上述步骤完成后,指令计数器加 1,为执行下一条指令做好准备。

一个程序的执行过程则是从程序的第一条指令开始,取指令、分析指令、执行指令,直到程序结束。

  ⚭ 指令:能被计算机识别并执行的二进制代码,它规定了计算机能完成的某一种具体的操作。

  ⚭ 程序:使计算机执行具体任务的一系列指令。它告诉计算机需要做什么,按什么步骤去做,它的执行过程就是按序重复取指令、分析指令、执行指令,直到程序结束。

下面通过一个简单的程序来了解计算机的基本工作过程。

【例 1-1】 实现简单的求和运算:x=7+8。

整数 7 和 8 是参加运算的数据,x 是存放结果的标识符号,它们都存放在存储器的数据区,地址依次为 2000H、2001H、2002H。而程序是一组指令,这组指令连续存放在存储器的代码区。本题的程序可以由 4 条指令组成,见表 1-1。因此,可用图 1-7(a)来描述本题存储器的存储情况。

表 1-1　求和程序 $x=7+8$ 所包含的指令

指 令 顺 序	指 令 内 容
1	将地址为 2000H 单元中的数据存入累加器 A
2	将地址为 2001H 单元中的数据与累加器 A 的数据相加,结果保存在累加器 A 中
3	将累加器 A 中的数据存入地址为 2002H 的单元
4	结束

⌁ 为便于理解,表 1-1 中直接用 1、2、3、4 来表明指令的执行顺序。

程序执行过程中,CPU 要访问存储器中的存储单元,对其中的数据进行操作或处理,CPU 内设有寄存器,与运算器及控制器直接相连,用于存放数据或计算的中间结果。累加器 A 是 CPU 中的专用寄存器之一,它在运算前提供参加运算的操作数,在运算后可暂时保存运算结果。

CPU 中还有一个寄存器叫 PC,习惯上称为程序计数器。PC 用来"标识"指令的地址,即 CPU 通过 PC 取来一条指令执行,执行完毕后,PC 就"指向"下一条指令。

综合以上概念,本题的指令执行过程及存储区变化情况可描述如下。

(1) 执行指令 1,将 2000H 中的数值 7 存放到累加器 A 中。PC 指向指令 2,见图 1-7(b)。

(2) 执行指令 2,将 2001H 中的数值 8 与累加器 A 中的数值 7 相加,并将结果 15 存放到累加器 A 中。PC 指向指令 3,见图 1-7(c)。

(3) 执行指令 3,将累加器 A 中的数据 15 存入地址为 2002H 的单元。PC 指向指令 4,见图 1-7(d)。

(4) 执行指令 4,程序结束。

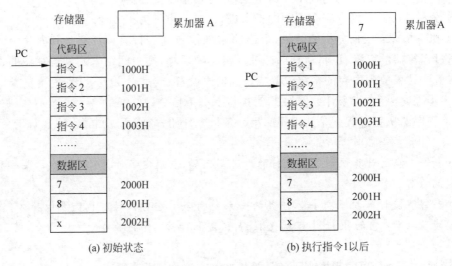

图 1-7　求和程序 x＝7＋8 的执行过程示意图

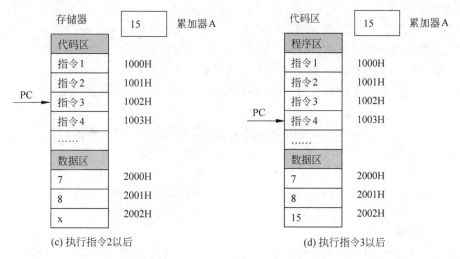

(c) 执行指令2以后　　　　　　　　(d) 执行指令3以后

图 1-7　（续图）

1.2　计算机中数据的表示

数据在计算机中是以物理器件的状态来表示的,如电流的有和无、电平的高和低、晶体管的导通和截止、开关的打开和闭合等。现代计算机是基于逻辑电路的,计算机内部采用二进制编码,任何类型的数据在计算机内部都用"0"和"1"的各种组合来表示。

1.2.1　数制

按进位的原则进行计数称为进位记数制,简称数制。日常生活中最常用的数制是十进制,此外,还有很多非十进制的记数方法。例如,记时采用六十进制,即 60 秒为 1 分钟,60 分钟为 1 小时;1 天有 24 小时,这是二十四进制;1 年有 12 个月,这是十二进制。计算机中采用的数制是二进制,但二进制数的位数很长,为了便于书写和表示,人们又在程序中引入了八进制和十六进制。这四种数制的基本内容见表 1-2。

表 1-2　四种常用数制的基本概念

进 制 名 称	数　　值	进 位 原 则
十进制	0,1,2,3,4,5,6,7,8,9	逢 10 进 1
二进制	0,1	逢 2 进 1
八进制	0,1,2,3,4,5,6,7	逢 8 进 1
十六进制	0,1,2,3,4,5,6,7,8,9,A,B,C,D,E,F。其中,A,B,C,D,E,F 分别代表十进制中的 10,11,12,13,14,15	逢 16 进 1

1.　十进制

十进制中处于不同位置上的数字代表不同的值。例如,小数点左边第 1 位是个位,小数点左边第 2 位是十位,这称为数的"位权表示法"。十进制每一个数字的权由 10 的幂次决定,十进制数的基数为 10。例如:

7

计算机与程序设计概述

第 1 章

十进制数 $367.55 = 3 \times 10^2 + 6 \times 10^1 + 7 \times 10^0 + 5 \times 10^{-1} + 5 \times 10^{-2}$

采用"位权表示法"的数据具有以下特点。

(1) 数字的总个数等于基数,如十进制数使用 10 个数字。

(2) 最大的数字比基数小 1,如十进制最大的数为 9。

(3) 每个数字都要乘以基数的幂次,该幂次由每个数字所在的位置决定。

2. 二进制

二进制每一个数字的权由 2 的幂次决定,二进制数的基数为 2。例如:

二进制数 $1101.01 = 1 \times 2^3 + 1 \times 2^2 + 0 \times 2^1 + 1 \times 2^0 + 0 \times 2^{-1} + 1 \times 2^{-2}$

3. 八进制

八进制每一个数字的权由 8 的幂次决定,八进制数的基数为 8。例如:

八进制数 $731.26 = 7 \times 8^2 + 3 \times 8^1 + 1 \times 8^0 + 2 \times 8^{-1} + 6 \times 8^{-2}$

4. 十六进制

十六进制每一个数字的权由 16 的幂次决定,十六进制数的基数为 16。例如:

十六进制数 $3A1F = 3 \times 16^3 + 10 \times 16^2 + 1 \times 16^1 + 15 \times 16^0$

这四种进制的数据之间的关系见表 1-3。

表 1-3 十进制、二进制、八进制、十六进制数的对应表

十 进 制 数	二 进 制 数	八 进 制 数	十六进制数
0	0000	0	0
1	0001	1	1
2	0010	2	2
3	0011	3	3
4	0100	4	4
5	0101	5	5
6	0110	6	6
7	0111	7	7
8	1000	10	8
9	1001	11	9
10	1010	12	A
11	1011	13	B
12	1100	14	C
13	1101	15	D
14	1110	16	E
15	1111	17	F

✎ 在计算机内部,信息的存储和处理采用二进制数,引入其他进制的目的主要是为了书写和表示上的方便。

1.2.2 数制转换

在运算过程中,有时候会遇到不同数制的数据,为了计算方便需要统一到同一种数制,

这时就需要进行转换。

☞ 数制转换：将数从一种数制转换为另一种数制的过程。

1. 十进制数转换为非十进制数

十进制数转换为非十进制数的方法是先将十进制数分成整数部分和小数部分，再分别进行转换，最后再将两部分的内容组合起来得到最终结果。下面分别介绍十进制整数和十进制小数向非十进制数转换的过程。

1）十进制整数转换成非十进制整数

十进制整数转换成非十进制整数的方法是"除基取余"法，即将十进制整数逐次除以需转换成的那种数制的基数，直到商为 0 为止。然后将所得到的余数自下而上排列即可。

【例 1-2】 将十进制整数 25 转换成二进制整数。

　　　　　　　　　　　　　　　　余数

2	25	1	↑
2	12	0	
2	6	0	
2	3	1	
2	1	1	
	0		

将十进制整数 25 不断除以 2，直到商为 0 为止。结果为：$(25)_{10} = (11001)_2$。

【例 1-3】 将十进制整数 25 转换成八进制整数。

　　　　　　　　　　　　　　　　余数

8	25	1	↑
8	3	3	
	0		

将十进制整数 25 不断除以 8，直到商为 0 为止。结果为：$(25)_{10} = (31)_8$。

【例 1-4】 将十进制整数 25 转换成十六进制整数。

　　　　　　　　　　　　　　　　余数

16	25	9	↑
16	1	1	
	0		

将十进制整数 25 不断除以 16，直到商为 0 为止。结果为：$(25)_{10} = (19)_{16}$。

2）十进制小数转换成非十进制小数

小数部分的转换规则是"乘基取整"法，即将十进制小数依次乘以需转换成的那种数制的基数，直到乘积的小数部分为 0，然后将所得到的整数自上而下排列即可。

【例 1-5】 将十进制小数 0.625 转换成二进制小数。

$$
\begin{array}{r r l}
 & 0.625 & \text{整数} \\
\times & 2 & \\
\hline
 & 1.25 & 1 \\
 & 0.25 & \\
\times & 2 & \\
\hline
 & 0.5 & 0 \\
\times & 2 & \\
\hline
 & 1.0 & 1
\end{array}
$$

将十进制小数 0.625 不断乘以 2,并将乘积的整数部分写到右边,留下来的小数部分继续乘 2 取整,直到乘积的小数部分为 0。结果为：$(0.625)_{10}=(0.101)_2$。

十进制小数不一定都能用有限位的其他进制数精确地表示,这时应根据精度要求转换到一定的位数即可,见例 1-6。

【例 1-6】 将十进制小数 0.33 转换成二进制小数。

$$
\begin{array}{r r l}
 & 0.33 & \text{整数} \\
\times & 2 & \\
\hline
 & 0.66 & 0 \\
\times & 2 & \\
\hline
 & 1.32 & 1 \\
 & 0.32 & \\
\times & 2 & \\
\hline
 & 0.64 & 0 \\
\times & 2 & \\
\hline
 & 1.28 & 1 \\
 & 0.28 & \\
\times & 2 & \\
\hline
 & 0.56 & 0 \\
 & \cdots &
\end{array}
$$

十进制小数 0.33 不断乘以 2,但始终无法使乘积的小数达到 0,此时根据精度要求转换即可。例如,假设本题要求精确到小数点后 4 位,则 $(0.33)_{10} \approx (0.0101)_2$。

2. 非十进制数转换为十进制数

非十进制数转换为十进制数采用"位权法",即将非十进制数按位权值展开,然后求和即可。

【例 1-7】 将二进制数 101011.1001 转换为十进制数。

$$
\begin{aligned}
(101011.1001)_2 =\ & 1 \times 2^5 + 0 \times 2^4 + 1 \times 2^3 + 0 \times 2^2 + 1 \times 2^1 + 1 \times 2^0 + 1 \times 2^{-1} + \\
& 0 \times 2^{-2} + 0 \times 2^{-3} + 1 \times 2^{-4} \\
=\ & 32 + 0 + 8 + 0 + 2 + 1 + 0.5 + 0 + 0 + 0.0625 \\
=\ & (43.5625)_{10}
\end{aligned}
$$

【例 1-8】 将八进制数 207 转换为十进制数。

$$(207)_8 = 2 \times 8^2 + 0 \times 8^1 + 7 \times 8^0$$
$$= 128 + 0 + 7$$
$$= (135)_{10}$$

【例 1-9】 将十六进制数 1E2 转换为十进制数。

$$(1E2)_{16} = 1 \times 16^2 + 14 \times 16^1 + 2 \times 16^0$$
$$= 256 + 224 + 2$$
$$= (482)_{10}$$

3. 二进制数与八进制数、十六进制数之间的转换

八进制数、十六进制数与二进制数的对应关系较为直观,3 位二进制数恰好是 1 位八进制数,4 位二进制数恰好是 1 位十六进制数。因此,将二进制数转换为八进制数只需以小数点为分界线,整数部分自右向左,每 3 位为一组,不足 3 位的,高位补 0;小数部分自左向右,每 3 位为一组,不足 3 位的,末尾补 0。将每组 3 位二进制数分别转换成 1 位八进制数。同理,如要将八进制数转换为二进制数,则只要将八进制数的每 1 位转换为对应的 3 位二进制数即可。

以此类推,二进制数与十六进制数之间的转换是 4 位二进制数对应 1 位十六进制数的关系。

【例 1-10】 将二进制数 10101100011.101110001 转换为八进制数。

$$(10101100011.101110001)_2 = (\underline{010}\ \underline{101}\ \underline{100}\ \underline{011}.\underline{101}\ \underline{110}\ \underline{001})_2 = (2543.561)_8$$

【例 1-11】 将二进制数 1101011001.11001 转换为十六进制数。

$$(1101011001.11001)_2 = (\underline{0011}\ \underline{0101}\ \underline{1001}.\underline{1100}\ \underline{1000})_2 = (359.C8)_{16}$$

八进制数、十六进制数转换成二进制数的过程就是例 1-10 及例 1-11 的逆过程,因此不再赘述。

1.2.3 二进制运算

1. 无符号位的二进制运算

二进制加法的运算规则为:0+0=0,0+1=1,1+0=1,1+1=0(有进位)。二进制减法的运算规则为:0-0=0,1-0=1,1-1=0,0-1=1(有借位)。即"逢二进一,借一当二"。

【例 1-12】 求二进制数 00110000+00110001。

用以下竖式来表示求解过程。

```
    0  0  1  1  0  0  0  0
 +  0  0  1  1  0  0  0  1
 ——————————————————————————
    0  1  1  0  0  0  0  1
```

【例 1-13】 求二进制数 01101000-01100001。

用以下竖式来表示求解过程。

```
    0  1  1  0  1  0  0  0
 —  0  1  1  0  0  0  0  1
 ——————————————————————————
    0  0  0  0  0  1  1  1
```

二进制乘法更简单,其运算规则为:1×0=0,1×1=1。即任何数乘以 0 都为 0,任何数乘以 1 都是这个数本身。

二进制的除法是乘法的逆运算,其规则为:1÷1=1,0÷1=0,除数不能为0。

2. 有符号位的二进制运算

计算机需要将所有的待处理信息表示成二进制形式,包括数的正负。一般将数字最左边的一个二进制位用来作为符号位,当该位为1时表示该数为"负",当该位为0时表示该数为"正",实际上,在计算机中表示还会更复杂一些。通常会采用原码、反码、补码这三种编码表示法,其基本概念见表1-4。

表1-4 三种编码表示法

编码方法	基本概念	127举例	−127举例
原码	最高位为符号位,"0"表示正数,"1"表示负数。其余各位是该数字绝对值的二进制表示	(01111111)原	(11111111)原
反码	正数的反码与原码相同。而负数的反码是对原码按位取反,只有符号位保持"1"不变	(01111111)反	(10000000)反
补码	正数的补码与原码相同。而负数的补码是该数的反码加1	(01111111)补	(10000001)补

其实在计算机中,数的计算都是基于补码来实现的。

【例1-14】 用8位无符号数,计算127+2。

因为都是正数,直接求出补码为01111111和00000010,相加如下。

$$
\begin{array}{r}
0\ 1\ 1\ 1\ 1\ 1\ 1\ 1\\
+\ 0\ 0\ 0\ 0\ 0\ 0\ 1\ 0\\
\hline
1\ 0\ 0\ 0\ 0\ 0\ 0\ 1
\end{array}
$$

得10000001,说明在没有符号位的情况下,127+2=129。

【例1-15】 用8位有符号数,计算127+2。

因为都是正数,127和2的补码为01111111和00000010,相加后得到10000001。由于这是有符号数,这里的符号位为1,表示这是一个负数,计算其原码后得到11111111,即−127。

127+2怎么就变成负数了呢?这在计算机中称为"溢出",是由于运算的位数有限而引起的。例如,8位的有符号的二进制数的范围在−128~127内不会发生溢出,超过这个范围就不能正确表示了。计算机运算的位数总是有限的,溢出也是不可避免的,在计算时,一定要考虑在当前的计算位数下会不会有溢出的问题。

1.3 计算机软件

1.3.1 计算机系统与计算机软件

我们使用的计算机其实是一个计算机系统,它由计算机硬件和计算机软件两部分组成,其中,硬件是物理基础,而软件是其上的程序和数据,是计算机的灵魂,没有软件,计算机的存在就毫无价值。仅有硬件的计算机系统称为"裸机",裸机是无法正常工作的,只有在裸机上加载了各种软件才构成一个能工作的计算机系统,图1-8是一个计算机系统构成示意图。

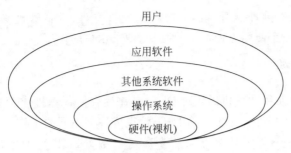

图 1-8　计算机系统构成示意图

　　计算机软件一般分成系统软件和应用软件两大类。**系统软件**是最基础的一种软件,与具体应用无关,其他软件都可以通过它发挥作用。系统软件包括操作系统、数据库管理系统、语言处理系统等。**应用软件**是针对某个应用领域的具体问题而开发的应用程序,是直接面向用户需要的一类软件。应用软件还可以进一步分为定制软件和通用软件。定制软件是根据不同要求专门设计、开发的软件,如医院的挂号系统、学校的教务管理软件等。通用软件与具体的应用领域无关,具有很强的通用性,如字处理软件、电子表格软件、绘图软件等。

　　近年来还出现了一种软件系统,称为支撑软件,主要包括:①用于支撑软件的开发、维护与运行的软件,此类软件目前已扩展成为常用的软件工具,又称工具软件;②接口软件,如程序设计语言与数据库间的接口软件、网络接口软件等;③中间件,如 J2EE、.NET 等中间件及其产品。

　　👉 软件:指程序、数据及其相应文档所组成的完整集合。

1.3.2　操作系统

　　由图 1-8 可知,操作系统直接作用在计算机的硬件上,是硬件的第一层扩充,它控制用户和计算机的交互,是提供计算机资源管理等基础性服务的软件。

　　👉 操作系统:控制用户和计算机交互,并管理计算机资源分配的软件。

　　程序员在开发软件的时候,如果需要直接参与复杂的硬件实现细节,就会浪费大量的精力在这个重复的、没有创造性的工作上,而无法集中精力于更具有创造性的程序设计工作。程序员并不想涉足这个可怕的领域,他们需要的是一种简单的、高度抽象的、易于打交道的设备,也就是将硬件细节与程序员之间用一个良好的界面隔离开,并提供一个比底层硬件更容易编程的环境。操作系统就是给程序员提供这样一个界面和平台的系统软件。

　　另外,由于计算机各部件的执行速度差异较大,那些执行速度较快的部件就会经常处于等待状态,为提高计算机的使用效率,需要考虑多个任务同时执行。但多任务执行又会带来一个新的问题——资源竞争,就像马路上车多了,难免会你争我抢出现事故。计算机也是如此,这就需要有一个管理者,能按照一定的规则调度几个任务合理使用资源,使资源利用率达到最优。因此,从另一个角度来说,操作系统也是计算机的资源管理者,负责在相互竞争的任务之间有序地控制 CPU、内存及其他输入输出设备的分配。

　　👉 例如,在一台计算机上运行的三个程序试图同时在同一台打印机上输出计算结果。如果没有管理者,打印出来的内容就会是三个程序的结果混杂在一起。有了操作系统,就可以将结果送到存储器的缓冲区暂存,然后再按顺序将缓冲区的文件送到打印机输出,这样就可以避免这种混乱。

计算机与程序设计概述

操作系统是个具有处理器管理、存储管理、文件管理、设备管理等功能的资源管理者。同时,向用户提供了一个使用方便的人机接口,便于用户的使用。

1.3.3　应用软件

系统软件为用户使用计算机做了铺垫,但它并没有使计算机成为具有某种具体功能的机器,而应用软件使计算机成为多用途的机器,完成许多不同的工作。纵观应用软件在各领域的使用,其具体用途有以下几个方面:科学计算、数据处理、实时控制、人工智能、计算机辅助工程和辅助教育、娱乐等。

科学计算又称数值计算,用来完成科学研究和工程技术中所遇到的数学问题。发明计算机的初衷就是代替人工进行数值计算。诸如天气预报、航天技术、原子能的利用、材料科学、海洋工程等现代科技研究成果都是在计算机的帮助下取得的。

数据处理是用计算机对数据进行分类、加工、检索和存储等操作,是计算机的重要应用领域之一。现在的企业和政府部门针对瞬息万变的信息,就是通过数据库管理系统和决策支持系统等来管理的。

实时控制主要是用在钢铁、石油、化工、制造业等工业企业的生产过程中,主控部件实时采集数据,经分析处理后,迅速对被控对象进行操作调整,以提高生产效率和产品质量。

人工智能是由计算机来模拟或部分模拟人的智能,即让计算机通过模拟人类的思维习惯,解答具体的数据处理问题。

计算机辅助工程包括计算机辅助设计、辅助制造和计算机集成制造系统三个重要方面。前两方面是利用计算机来实现设计、制造的自动化系统,而计算机集成制造系统则是将计算机集成到企业的整个制造过程中,使企业内所有的管理对象及其活动形成一个统一协调的有机体。

计算机辅助教育是指与教、学有关的所有过程、资料的保存和检索、教学的管理工作等都可以在计算机辅助下进行,从而提高教学质量和管理水平。

娱乐软件包括各种游戏、软件玩具、模拟物以及用来享受乐趣和消磨闲暇活动的软件。很多计算机使用者都是从娱乐开始接触计算机的。

1.4　程序设计语言

计算机程序和
计算机语言

计算机不能完全自动地开展所有的工作,计算机的每一个操作都是根据人们事先设计好的指令进行的。既然要对计算机发布指令来指挥它,就需要一种彼此沟通的媒介——语言。

语言是一套共同采用的沟通符号、表达方式与处理规则。程序设计语言则是用户与计算机沟通的符号集合、表达方式与处理规则,是人和计算机交换信息的工具,其目的是让计算机明白用户的意图,按照用户的处理要求去执行,并以用户可理解的方式提供所需要的信息。程序设计语言是与现代计算机共同诞生、共同发展的,随着计算机的日益普及和性能的不断改进,程序设计语言也相应得到了迅猛的发展。

到目前为止,程序设计语言的发展主要包括机器语言、汇编语言和高级语言这三大类,前两类对计算机硬件依赖程度较高,又称为低级语言,而高级语言对计算机硬件的依赖程度较低。

∾ 程序设计：指编制计算机程序的过程。

1.4.1　机器语言

计算机本身有它自己的"母语"——**机器语言**，它是计算机硬件系统能直接识别和执行的机器指令的集合，是二进制形式的指令代码，都由 0 和 1 组成。机器语言没有标准化，不同类型的 CPU 具有不同的机器语言。

如果用机器语言编写程序，程序员不仅需要熟悉计算机的全部指令代码和代码的功能，还要亲自处理指令、控制存储器的分配以及进行与外设之间的沟通等，因此编程工作会显得非常烦琐，而且由机器语言编写的程序不够直观，可读性差，可移植性也差。这些劣势完全掩盖了机器语言本身具有的灵活、高效等优点。因此，绝大多数的编程人员不会直接用机器语言编写编程。

∾ 机器语言：能被具体 CPU 理解的二进制代码。

1.4.2　汇编语言

为克服机器语言不够直观、可读性差等问题，在机器语言基础上产生了汇编语言。**汇编语言**仍是面向机器的低级语言，对硬件可进行直接操作且运行速度高。汇编语言比机器语言具有更强的可读性。它使用"助记码"来表示指令的操作码，比如用 ADD 表示加法的操作码，并用存储单元或寄存器的名字表示地址码，使编写的程序宜于记忆和理解。

表 1-5 展示了一个简单的机器语言程序片段及等价的汇编语言。

表 1-5　机器语言程序片段及等价汇编语言

机器语言指令	汇编语言指令	机器语言指令	汇编语言指令
00000000	CLA	00110101	STA A
00010101	ADD A	01110111	HLT
00010110	ADD B		

"助记码"方便了程序员，但对计算机来说是无法理解的，因此用汇编语言编写的源程序不能在计算机上直接运行，需要用"汇编程序"将其翻译成机器语言后才能运行。

随着大量经过了封装的高级语言的出现，汇编语言由于其复杂性使其适用领域越来越小。如今，它多被应用在底层硬件操作和高要求的程序优化的场合，如驱动程序、嵌入式操作系统、实时运行程序和工业控制方面。

1.4.3　高级语言

高级语言接近于自然语言和数学语言，是以人类的日常语言为基础的一种编程语言，它独立于计算机的类型，遵循人类的思维习惯，将代数表达式和专用英文符号组合在一起，大大提高了程序的可读性。比如表 1-5 中的程序片段可以用高级语言的一条语句来完成，即：

a＝a＋b;

本书所介绍的 C 语言就是一种高级语言，它是面向过程的结构化语言。

∾ 一个程序就像一个用汉语(程序设计语言)写下的菜谱(程序)，用于指导懂汉语和烹饪手法的用户(计算机)来做这个菜(解决一个具体问题)。

用 C 语言编写程序,要经过一些特定步骤后才能转换为计算机可执行的文件,该过程如图 1-9 所示,有编辑、编译、链接三个主要步骤。

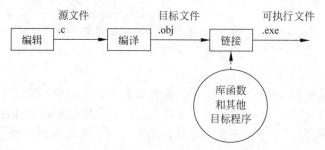

图 1-9　一个 C 语言程序的工作步骤

1. 编辑

首先选择某种编辑器编写程序代码(一般称为源代码),保存源代码的文件通常称为源文件。C 语言程序的源代码保存在以 .c 为扩展名的文件中,在 C/C++集成环境下也可以保存在以 .cpp 为扩展名的文件中。从理论上讲,任何文本编辑器都可以用来编辑源代码,但是使用专业的集成开发环境可以大大提高效率。

编辑完成后,C 程序会进行预处理,预处理器执行预处理指令(以♯开头的命令)对源文件进行修改,如添加头文件的内容、展开所有的宏定义、删除所有的注释等。

2. 编译

计算机无法理解用高级语言书写的源程序,必须对源程序进行"翻译"。编译过程由编译器对预处理后的程序进行分析,不同的高级语言采用的翻译方式不同,主要有"编译"和"解释"这两种方式。

"编译"相当于笔译,由编译程序(或称编译器)把源程序翻译成目标程序(以 .obj 为扩展名)。编译器在扫描源文件时会检查程序是否符合高级语言的语法规则,如果语法正确,会将源代码翻译成由 0 和 1 组成的二进制格式的目标文件,否则,编译器将给出错误信息,程序员则需要修改源程序,然后再次编译程序。C、C++、C♯、Pascal 等高级语言都采用"编译"方式。

"解释"相当于口译,即解释一句执行一句,不生成目标程序,因此,每次执行的时候都需要同步解释。BASIC、Java 等高级语言采用"解释"方式。解释方式运行速度慢,但执行中可以进行人机对话,可随时修改源程序中的错误。

    ⌇　计算机本身不支持任何一种高级语言,要使用高级语言编写程序,一般需要安装相应的开发工具,开发工具的核心就是编译器。

    ⌇　编译器是将高级语言翻译成机器语言的软件。GCC 编译器是最流行的 C 编译器之一,能编译用 C、C++、Java 等多种语言编写的程序。

    ⌇　很多高级语言存在多种开发工具(如 C 语言的开发工具有 Visual C++系列、Code∷Blocks、Dev C++等),其中的编译器不一定相同,不同的编译器产生的代码是不同的,效率也不一样。

    ⌇　高级语言的语句语义明确、无二义性,每条语句都可对应为一组机器指令。源程序需要通过编译程序翻译成机器语言程序,就像一个只懂中文的人和一个只懂英文的人进行交流需要翻译一样。人用易于掌握的高级程序设计语言编写程序,经翻译程序翻译成计算机能直接理解并执行的机器语言程序。

3. 链接

目标文件还不能在计算机上执行,需要通过链接器将用户程序的目标文件和其他需要用到的目标文件合并在一起。例如,假设程序中用了 scanf() 函数,这个库函数不是由用户实现的,因此目标程序中不包含它的指令。每个 C 编译系统都带有标准库函数的目标程序,因此链接器会从 stdio.h 中取出该函数的目标代码,并将它链接到用户程序中。链接器将目标代码和所需的其他附加代码整合在一起,最终产生可执行的程序(以.exe 为扩展名)。

经过前三个步骤的操作,源程序已经变成可执行程序,即计算机可直接执行的指令序列。此时,可使用操作系统,将程序载入内存,再把控制权交给程序,开始自动执行。

☞ 一般将预处理器、编译器、链接器等统称为编译系统,或简称为编译器。

☞ 可执行程序(.exe)在运行时不依附于源程序,运行速度快,但在这种方式下,每次修改源程序后,必须重新编译、链接。

☞ 一个程序可以运行并不代表这个程序是正确的,还需要对运行结果进行分析,看是否符合题目的要求,如果不符合,则需要修改程序后,再重新编译、链接及执行。

下面是一个 C 语言程序从创建到运行的完整过程,如图 1-10 所示。当源程序编辑完成之后,编译程序将源程序翻译成二进制代码,形成**目标文件**;链接程序将目标文件和其他要用到的库文件链接在一起形成最终**可执行文件**。需要执行时,将可执行文件加载到内存,处理器先读取第一条指令,执行相应操作,然后根据程序的逻辑顺序,执行下一条指令,直到最后结束。

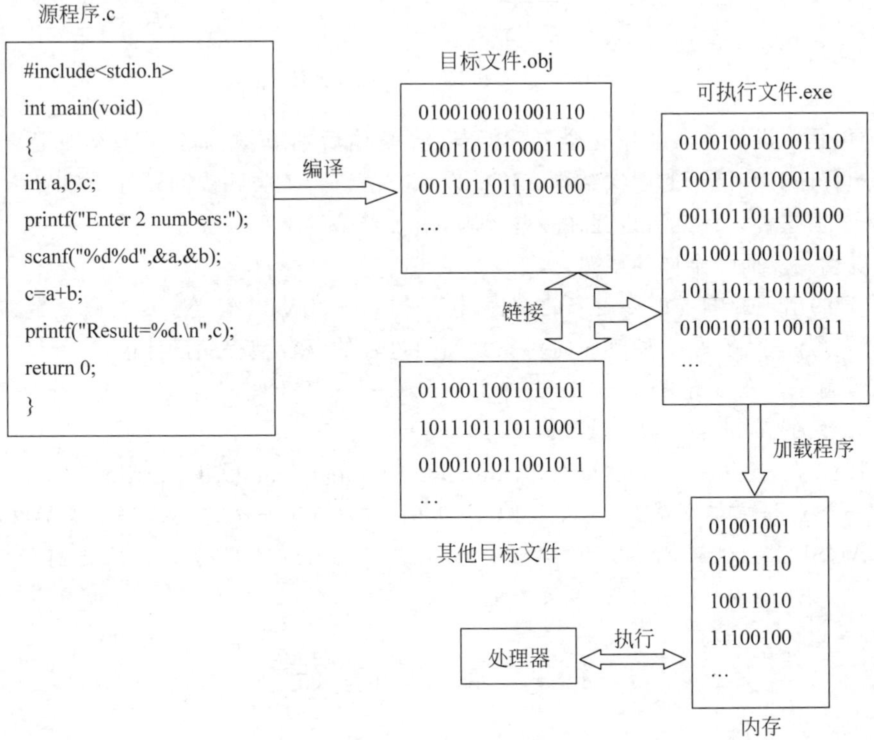

图 1-10　编辑、编译和运行高级语言程序

计算机与程序设计概述

18

将源程序转变为可执行程序所借助的软件环境,就是程序的开发环境。它包括:编辑器、编译器、解释器、调试工具等。早期,这些工具都是独立的。而目前的编程环境大都是集成开发环境(Integrated Development Enviroment, IDE),是一个包括简单的字处理器、编译器、链接器等的软件包。

本书介绍的C语言属于高级语言,是一种通用的、过程化的编程语言,广泛应用于系统与应用软件的开发。C语言是由 UNIX 的研制者丹尼斯·里奇(Dennis Ritchie)和肯·汤普逊(Ken Thompson)于 1970 年设计出来的。C语言的历史与 UNIX 的发展密不可分,UNIX 系统的大部分程序都是用 C 语言编写的。

和 C 语言同时出现的程序设计方法是"结构化程序设计方法",规定程序必须由特定的基础结构构成,如顺序结构、选择结构、循环结构,程序中的流程不允许任意跳转,程序的设计思想是"自顶向下,逐步求精",采用模块化的方法。从总体目标入手,抽象低层的细节,将问题分解为一些功能独立的模块,再对这些模块逐层分解和细化,模块与模块之间定义相应的调用接口。结构化程序设计的设计思想如图 1-11 所示。

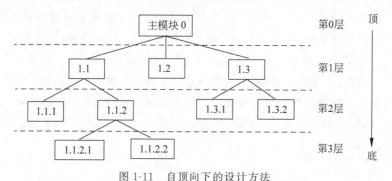

图 1-11　自顶向下的设计方法

结构化程序设计方法采用先全局后局部、先整体后细节、先抽象后具体的逐步求精过程,开发的程序具有清晰的层次结构。这种设计方法符合人类解决问题的普遍规律,便于阅读和理解。但这种设计方法也存在一些风险,由于严格的上下级关系,导致每一层的依赖较大,会出现动一发而牵全局的境况。

C 语言的出现影响了许多后来的编程语言,如 C++、Java、C♯等。C++语言是在 C 语言的基础上发展起来的,是一种既面向对象又面向过程的混合型程序设计语言。

当前很多集成开发环境(IDE)都支持 C/C++程序开发,如微软的 Visual C++系列、开源的 Code::Blocks、自由软件 Dev C++等。

1983 年,美国国家标准协会(American National Standard Institute,ANSI)制定第一个 C 语言标准草案 83 ANSI C;1989 年,公布了一个完整的 C 语言标准,简称为 ANSI C 或 C89。1999 年,国际标准化组织(ISO)对 C 语言标准进行修订,推出 C99 标准;2011 年,ISO 又发布 C11 标准。

1.5　算 法 基 础

算法你好

用计算机求解任何问题都离不开程序设计,而程序设计的核心是算法设计。

广义地说,算法是解决问题的方法和步骤序列,算法的描述就是把算法书面化,用一种直观明了的方式表达出来,程序员可按图索骥编写程序。

计算机算法有以下 5 个特征。

(1) 输入:一个算法有零个或多个输入。所谓零个输入,是指算法本身设定了初始条件。

(2) 输出:一个算法应有一个或多个输出。如果没有输出,那算法就没有意义了。

(3) 确定性:描述操作过程的规则必须是确定的、无二义性的。

(4) 有穷性:算法在执行有限步之后必须要终止。

(5) 有效性:又称可行性。算法中的每一个步骤都可以通过已经实现的基本运算执行有限次来实现。

1.5.1 算法的三种基本结构

算法在描述解决问题的操作步骤时,存在三种基本结构,即顺序结构、选择结构和循环结构。

1. 顺序结构

图 1-12 是一个顺序结构,a 是入口,步骤 A 和 B 是顺序执行的,先执行完 A 操作,再执行 B 操作,b 是出口。这是一种最简单明了的基本结构。

2. 选择结构

选择结构又称分支结构,图 1-13 是一个选择结构,图中出现了逻辑判断操作 P,可能会导致不同的分支走向 A 或 B,但无论是走哪一条路径,最后都要经过同一个出口 b,离开该选择结构。

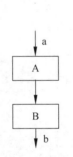

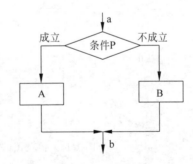

图 1-12　顺序结构　　　　　　　图 1-13　选择结构

3. 循环结构

循环结构也称重复结构,指算法中含有重复的步骤。循环结构根据逻辑判断出现的位置,有两类循环结构,一种是如图 1-14(a)所示的 WHILE 循环结构,是先判断再循环,判断是重复的起点。另一种是 UNTIL 循环结构,如图 1-14(b)所示,先执行操作,再判断要不要重复一次,判断是重复的终点。

以上三种结构有如下一些共同特点。

(1) 只有一个入口。

(2) 只有一个出口。

(3) 结构内的每一个操作,都有一条有效路径,即每一个操作都有从入口到出口的路径通过它。

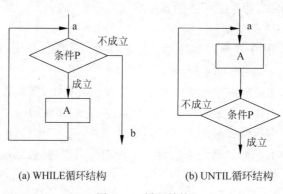

(a) WHILE循环结构   (b) UNTIL循环结构

图 1-14　循环结构

（4）结构内不存在"死循环"。

以上三种基本结构还可以派生出其他结构，但实践证明，只用这三种基本结构就可以设计出任何复杂的算法。

1.5.2　算法的描述

常用的算法描述方式主要有传统流程图、N-S 流程图、伪代码和自然语言等。

1. 传统流程图

传统流程图是用一些图形表示各种操作，这样描述的算法直观形象，易于理解。ANSI 规定了一些常用的流程图符号，如图 1-15 所示，一直被程序员普遍采用。

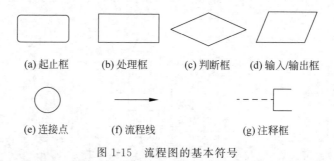

(a) 起止框   (b) 处理框   (c) 判断框   (d) 输入/输出框

(e) 连接点   (f) 流程线   (g) 注释框

图 1-15　流程图的基本符号

【例 1-16】　求 $1+2+3+\cdots+100$ 的和。

用传统流程图描述本例的算法，如图 1-16 所示。

2. N-S 流程图

传统的流程图用流程线指出各功能框的执行顺序，但流程线的随意转向会使流程图变得毫无规律，可读性受到限制。美国学者 I. Nassi 和 B. Shneiderman 提出了 N-S 流程图。N-S 流程图去掉了流程线，将整个算法写在一个矩形框内，在框内还可以再包含其他框，以此类推。

算法的三种基本结构可用 N-S 流程图来表示，如图 1-17 所示。

用 N-S 图来设计例 1-16 的算法，结果如图 1-18 所示。

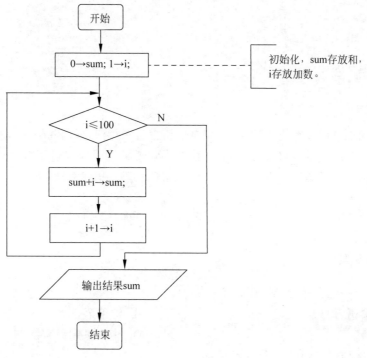

图 1-16　1＋2＋3＋…＋100 算法的传统流程图

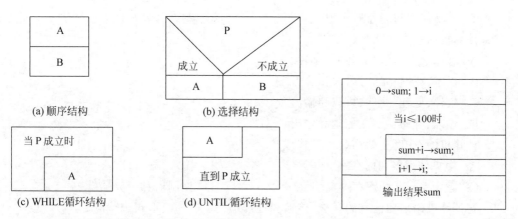

(a) 顺序结构　　　　　　　(b) 选择结构

(c) WHILE循环结构　　　(d) UNTIL循环结构

图 1-17　三种基本结构的 N-S 流程图

图 1-18　例 1-16 算法的 N-S 流程图

3. 伪代码

用流程图表示算法虽比较直观,但画起来比较费事,一旦修改起来更是麻烦。为此,出现了一种称为伪代码的工具。伪代码是一种介于自然语言和计算机语言之间的文字和符号的表示方式,没有固定的语法规则,以把意思表达清楚为原则。每一行表示一个基本操作,按逻辑结构顺序书写下来。

例 1-16 算法的伪代码表示如下。

```
开始
    置 sum 的初值为 0
    置 i 的初值为 1
```

计算机与程序设计概述

```
当 i≤100
{ 使 sum = sum + i
    使 i = i + 1
}
打印 sum 的值
结束
```

4. 自然语言

自然语言就是人们日常使用的语言,用自然语言表示算法,通俗易懂。但自然语言表示的含义往往不够严谨,容易出现歧义,如"小楠对小斌说他英语四级过了",从这句话很难判断是小楠还是小斌过了英语四级。因此,一般不用自然语言描述算法。

1.6 习　　题

1.6.1　选择题

1. 计算机唯一能直接识别的语言是(　　　)。

    A. 机器语言　　　　　　　　　　　　B. 汇编语言

    C. 编译语言　　　　　　　　　　　　D. 十六进制语言

2. 计算机选择二进制的一个主要原因是(　　　)。

    A. 人不使用二进制　　　　　　　　　B. 它和十进制转换非常容易

    C. 容易使用物理介质实现　　　　　　D. 容易计算和计算速度快

3. 计算机的基本功能是(　　　)。

    A. 输入、编码、程序、控制、输出

    B. 程序、数据、存储、输入和输出

    C. 软件、处理、硬件、数据和输出

    D. 输入、存储、处理、控制和输出

4. 计算机的 CPU 主要由(　　　)构成。

    A. 中央处理器和内存　　　　　　　　B. 输入/输出设备

    C. 运算控制器和寄存器　　　　　　　D. 控制器和运算器

5. 在计算机内一切信息的存取、传输和处理都是以(　　　)形式进行的。

    A. ASCII 码　　　　　B. 二进制　　　　　C. 十进制　　　　　D. 十六进制

6. C 语言编译程序的功能是(　　　)。

    A. 执行一个 C 语言编写的源程序

    B. 把 C 源程序翻译成相应的 ASCII 码

    C. 把 C 源程序翻译成相应的二进制代码

    D. 把 C 源程序与系统提供的库函数等连接成一个二进制可执行文件

7. 计算机运算器的主要功能是(　　　)。

    A. 算术运算和逻辑运算

    B. 将高级语言书写的代码转换为二进制形式

    C. 存储数据

D. 发出控制指令

8. C 语言程序经过编译以后生成的文件名的后缀为(   )。

    A. .c   B. .cpp   C. .obj   D. .exe

9. 十六进制数 109 转换成二进制数是(   )。

    A. 100001001   B. 1101101   C. 101001   D. 10101001

10. 在不同进制的四个数中，最小的是(   )。

    A. $(1101100)_2$ B. $(65)_{10}$ C. $(70)_8$ D. $(A7)_{16}$

11. 一个完整的计算机系统应包括(   )。

    A. 应用软件和操作系统   B. 硬件系统和软件系统

    C. 主机和外部设备   D. 主机、键盘、显示器和硬盘

12. (   )程序设计方法采用"自顶向下，逐步求精"的设计思想，其理念是将大型待求解的任务分解成小型的功能独立的任务，再对这些任务模块逐层分解和细化。

    A. 软件工程   B. 软件测试   C. 结构化   D. 面向对象

13. 关于计算机编程语言，下列说法错误的是(   )。

    A. "高级语言"和"低级语言"相比，"高级语言"遵循人类思维习惯，更易于理解

    B. 汇编语言是以指令为单位来编写程序的

    C. 源程序转变为可执行程序所借助的软件环境，就是程序的开发环境

    D. C 语言是既面向对象又面向过程的混合型程序设计语言

14. 关于计算机算法，以下说法错误的是(   )。

    A. 有效算法中的每个步骤都需要能在有限时间内完成

    B. 计算机算法可以没有输出

    C. 算法代表了对问题的解，而程序则是算法在计算机中的特定实现

    D. 算法的每一个步骤都应当能有效执行

15. C 语言中用于结构化程序设计的三种基本结构是(   )。

    A. 顺序结构、选择结构、循环结构

    B. 函数结构、平行结构、顺序结构

    C. 选择结构、嵌套结构、循环结构

    D. 平行结构、嵌套结构、递归结构

1.6.2　简答题

1. 简述计算机系统的构成。

2. 简述计算机解决一般问题的过程。

3. 机器语言、汇编语言和高级程序设计语言各有什么特点？

4. 除了 C 语言，你还了解哪些程序设计语言？试描述这些语言的特点。

5. 计算机算法和数学算法之间有哪些异同点？

6. 什么是算法？试从生活中找出一个例子，描述其算法。

7. 描述算法的方法有哪些？

8. 用传统流程图表示以下算法。

(1) 求 2+4+6+8+…+100。

（2）输入三个边长,判断是否可构成一个三角形。

（3）输入七个整数,求其中的最大值和最小值。

（4）输入一个整数,判断是否可被 5 整除。

（5）输入两个数 data1,data2,求其最大公约数。

9. 用 N-S 图表示第 8 题中各小题的算法。

10. 用伪代码表示第 8 题中各小题的算法。

第2章 顺序结构程序设计

C是一种用于程序设计的语言,像其他语言一样,它有字符集(包括字母、数字和其他字符)、运算符号、标点符号等,以及把字符、符号组合在一起表示特定意义的规则(即所谓的语法)。本章介绍C语言的基本概念,如语法要素、常用的数据类型、运算符号及表达式等,同时介绍用于执行计算、输入数据、显示结果的语句形式。

2.1 C语言要素

C 语言要素

程序设计的目的是为了解决问题,下面以一个问题求解为例来说明C语言程序的基本要素。

【例2-1】 已知圆半径r,计算圆面积。

这是一个简单的数学问题,可以用公式 πr^2 进行求解,其中,π 有固定的值,如果知道半径r的值,就可以求得圆面积。

```
# include < stdio. h >          //预处理指令
# define PI 3.14159             //定义符号常量表示圆周率的值
int main()                      //主函数 main()
{                               //专用符号,与右大括号}对应使用
  double r;                     //表示半径的变量
  double area;                  //表示面积的变量
  printf("Enter the radius: "); //提示用户输入半径的值
  scanf("% lf",&r);             //从键盘输入半径的值
  area = PI * r * r;            //根据数学公式计算圆面积
  printf("The area = % f\n",area); //向屏幕输出计算结果,然后换行
  return 0;                     //向系统返回数值 0
}                               //专用符号,与左大括号{对应使用
```

运行结果:

```
Enter the radius:4 ↵
The area = 50.265440
```

程序运行后在屏幕上出现提示信息"Enter the radius:",此时用户通过键盘输入半径的值(如本例输入4),按 Enter 键以后将输出用户设定的输出说明以及圆面积的值"The area=50.265440"。

☞ 在输入结束时,符号↵表示此处要按 Enter 键。

☞ 编写C程序时要注意,除了字符串中的内容以外,所有的字母、标点、数字都必须是半角西文字符,而且字母要区分大小写。

下面对 C 语言中一些主要的编程要素进行介绍。

2.1.1 预处理指令

```
# include < stdio. h >
# define PI 3.14159
```

预处理指令是为 C 预处理器提供指令的命令行,以符号♯开头,如♯include、♯define 等。预处理器的功能是在 C 程序编译前修改程序文本。

C 程序中许多操作并不是由 C 语言直接定义的,C 的 ANSI 标准要求在每个 C 实现中提供特定的标准库,库中包含一些实用函数和符号。C 系统可以通过提供附加库来扩展可执行操作的数量,程序设计者也可以产生自己的函数库。每个库都拥有以.h 结尾的标准头文件。从技术上讲,库函数不属于 C 语言,但它们是 C 系统的一部分。

例如,C 语言本身不提供输入/输出语句,其输入/输出功能由库函数 scanf() 和 printf() 实现。在使用时可以用♯include 命令把相关的头文件包含进来。

预处理指令:

```
# include < stdio. h >
```

或

```
# include"stdio. h"
```

使预处理器在编译前将标准头文件 stdio. h 中的定义插入到程序中,说明程序中的某些名称(如 scanf 和 printf)可以在标准头文件 stdio. h 中找到。如果没有这一行预处理指令,则例 2-1 程序在编译时会给出如下错误信息,提示用户 printf 和 scanf 是未定义的标识符(undeclared identifier)。

```
error : 'printf' : undeclared identifier
error : 'scanf' : undeclared identifier
```

例 2-1 中的另一个预处理指令:

```
# define PI 3.14159
```

将符号常量 PI 与 3.14159 关联起来,用来表示数学中的 π。该指令让预处理器在编译开始之前,用 3.14159 代替程序文本中的每一个 PI,因此该语句:

```
area = PI * r * r;
```

在被送入编译器之前会变成

```
area = 3.14159 * r * r;
```

符号常量将使程序的理解和维护都变得更加容易。在例 2-1 中,如果需要将程序中出现的 π 值更改为 3.14,只需要将预处理指令中的 PI 值由 3.14159 改为 3.14,就可以自动修改源代码中所有关于 PI 的值。

另外,由于执行中的 C 程序不能改变符号常量的数值,因此,只有那些很少改变的数值才会用♯define 来命名。

- 库：可以被程序访问的一些实用函数和符号的集合。
- 预处理指令是以符号"♯"开始的，默认只占一行，每条指令的结尾没有分号或其他特殊标记。
- <stdio.h>用尖括号时，表示系统到存放C库函数头文件所在的目录中寻找要包含的文件，称为标准方式。"stdio.h"用双引号时，表示系统先在用户当前目录中寻找要包含的文件，若找不到，再按标准方式去查找。
- C语言有大量类似于stdio.h的头文件，每个头文件都包含一些标准库的内容。
- 符号常量是指在程序编译前由特定"值"替代的"名称"，其中的字母一般用大写，如PI。

2.1.2　main()函数

```
int main()
{
  //函数体
  return 0;
}
```

- main后面圆括号的作用是告诉编译器这是一个函数。
- 大括号{}标识main()函数的开始和结束。

在C语言中，函数是一系列组合在一起实现某些功能的语句。C函数类似于其他编程语句中的"过程"，C程序就是函数的集合。函数分为两大类：一类是程序员根据自己需要编写的函数，一般称为自定义函数（详见第6章）；另一类是作为C语言实现的一部分而提供给用户的函数，称为库函数。

虽然一个C程序可以包含多个函数，但只有main()函数是必须有的。每一个程序都只有一个命名为main()的函数，程序将从main()函数的第一条语句开始执行，直到执行完main()函数中的最后一条语句。

main()前面的int表明该函数将返回一个整数值，而语句"return 0;"表明程序正常终止时会向操作系统返回一个数值0，如果返回其他值则表示各种不同的错误情况。main后面的圆括号告诉编译器这是一个函数，圆括号可用来接收程序执行者要传给本程序的信息，如果圆括号内为空，说明该函数不需要接收信息。一对大括号{}标识main()函数的开始和结束。

函数体包含两部分：声明和可执行语句。声明部分告知编译器在函数中需要什么样的变量（如例2-1中的r和area）。可执行语句会被编译成机器语言，并由计算机执行。

- 本书中，main()函数的类型一律指定为int型，并在函数的末尾加一个返回语句"return 0;"。
- 如果main()函数的末尾没有return语句，程序依然能终止，但是很多编译器会返回如下的警告信息"warning：'main'：function should return a value;"，提示用户该函数应该返回一个整数，而事实上在当前程序中没有这样做。
- 每个C程序都必须包含main()函数，而且一个程序中只能有一个main()函数。

2.1.3　标识符

用C语言书写的代码中会有很多的字符组合，用来表示变量名、函数名、类型名、文件

顺序结构程序设计

名等,一般都称为标识符,大致又可分为保留字(也称关键字)、预定义的标识符和用户自定义的标识符这三大类。

1. 保留字

所有保留字都用小写表示,它们在 C 语言中有特殊的含义,不能再用于其他的用途。表 2-1 给出了 ANSI C 标准定义的 32 个保留字,这些保留字在后续的学习过程中都会陆续接触到。保留字在 C 语言中有特殊含义,不能用于其他用途,也不能进行重定义。

表 2-1 C 语言的保留字

语句保留字		数据类型保留字		存储类别保留字	其他保留字
break	case	char	double	auto	const
continue	default	enum	float	extern	sizeof
do	else	int	long	register	typedef
for	goto	short	signed	static	volatile
if	return	struct	union		
switch	while	unsigned	void		

2. 预定义的标识符

除了保留字以外,还有一类具有特殊含义的标识符,它们被用作库函数名(如 scanf、printf 等)和预编译命令(如 include、define 等),这类标识符被称为预定义的标识符。一般来说,也不要把这些标识符再用作其他用途。

3. 用户自定义的标识符

用户自定义标识符是程序员根据自己需要定义的一类标识符。如例 2-1 中用户自定义的第一个标识符是符号常量 PI,后面的 r 和 area 也都是用户自定义标识符。

用户可以自由命名自定义标识符,但需要受到以下语法规则的约束。

(1) 只能由英文字母、数字、下画线组成,且第一个字符只能是字母或下画线。

(2) 保留字和预定义的标识符不能再用作自定义的标识符。

为了便于程序的理解和维护,用户标识符最好还能遵循"见名知义"的原则,即选择一个有意义的名称,如与姓名有关的标识符用 name,与年龄有关的用 age 等,如果用 n 和 a 表示就不太直观。

以下是一些合法的用户标识符。

price   sum   total   age   retire_age   stu_age   count   num1   kilo_per_hour   month   area

而表 2-2 中是一些非法的用户标识符。

表 2-2 非法标识符

非法标识符	非 法 原 因	非法标识符	非 法 原 因
insert $	字符"$"非法	1num	数字不能作为第一个字符
%b	字符"%"非法	double	保留字
Boy's	字符"'"非法	f(x)	字符"("和字符")"非法
apple price	空格字符" "非法		

   用下画线开头的标识符可能和系统定义的名字冲突,因此实际使用时最好不要用

下画线开头的自定义标识符。

 下画线常用来把几个词语隔开,以增强代码的可读性,如 apple_price。

 C 编译器区分大小写字母,因此在使用标识符时要注意大小写字母的区别,如 Sum、SUM 和 sum 是三个不同的标识符。

 保留字和预定义标识符都是用小写字母表示的。

2.1.4　数据类型

从例 2-1 可以看出,每一个变量在声明时都必须要指明数据类型,其实常量也是需要区分类型的。数学中没有数据类型的概念,因为数学中不需要考虑数据的存储,而在计算机中要处理一个数据,需要将数据先放到内存中,因此需要考虑给数据分配多大的内存空间。另外,计算机中的存储单元是由有限的字节构成的,不可能存放"无穷"的数据,也不能存放循环小数。

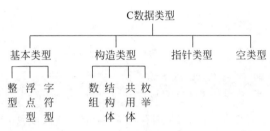

图 2-1　C 语言数据类型分类图

程序设计语言中引入了数据类型的概念,一个数据类型规定了取值的范围,以及能够进行的操作。在 C 语言中,数据类型可以分成基本类型、构造类型、指针类型和空类型,如图 2-1 所示。

基本类型的特点是其值不可以再拆分成其他类型。构造类型是根据已定义的一个或多个数据类型,用构造(新的数据类型)的方式来定义。指针是一种特殊的数据类型,其值代表某个变量在内存中的地址。空类型只是从语法完整性角度给出的一种数据类型,表示此处不需要具体的数据值,即不需要什么数据类型,其类型说明符为 void。

C 语言的基本数据类型有整型(int)、浮点型(float 和 double)、字符型(char)。其中,int 表示数学意义上的整数,float(double)表示数学意义上的实数,char 表示字符类型。由于数据类型会影响数据的存储方式以及允许对数据进行的操作,所以选择合适的数据类型非常关键。

1. 整型

整型用于表示不带小数部分的数值,可以是负数,如 0、100、−90 等都是整型数据。整型数据通常进行加、减、乘、除之类的算术运算,也可以进行数值大小的比较。不过,由于一个存储单元的大小是有限的,因此计算机中整数的取值范围是受限制的,如果编译系统给 int 型数据分配 2B,那么其取值范围是 −32 768～32 767,如果分配的是 4B,那么其取值范围就是 −2 147 483 648～2 147 483 647。

 ANSI C 并没有具体规定每种类型数据的长度、精度和数值范围。本书采用 Visual C++ 6.0 编译系统(简称 VC6.0)。具体使用时,应当注意不同编译系统之间的差异。

读者可以通过以下例子快速了解所使用的系统中,基本数据类型所占的存储空间的字节数。

【例 2-2】 不同类型数据变量所占的存储空间的差别。

```
#include <stdio.h>
int main()
{
    int num1 = 10;
    float f1 = 1.5;
    double f2 = 3.67;
    char ch = 'a';
    printf("num1 = %d,f1 = %f,f2 = %f,ch = %c\n",num1,f1,f2,ch); //输出四个变量的值
    printf("Memory:int(%d),float(%d),double(%d),char(%d)\n",sizeof(num1),sizeof(f1),
sizeof(f2),sizeof(ch));
    //输出四个变量所占存储空间的字节数
    return 0;
}
```

运行结果:

```
num1 = 10,f1 = 1.500000,f2 = 3.670000,ch = a
Memory:int(4),float(4),double(8),char(1)
```

从运行结果可知,整型变量 num1 在内存中占用 4B,单精度浮点型变量 f1 占用 4B,双精度浮点型变量 f2 占用 8B,字符型变量 ch 占用 1B。

 ✍ sizeof 是 C 语言中能获取变量和数据类型所占内存大小(字节数)的运算符,其运算对象可以是常量、变量、表达式、类型名称。

2. 浮点型

浮点型用于标识带小数部分的数值,如 3.8、0.9、89.5 等都是浮点型数据。浮点型数据可以进行加、减、乘、除的算术运算,也可以进行数值大小的比较。

C 语言的浮点型分为单精度浮点型(float)和双精度浮点型(double)。C 语言标准并没有规定每种浮点型的精度(有效数字)到底为多少,因为浮点型的实现因机器而异。C 语言标准只是要求 double 的精度不比 float 低,在大部分的实现中,double 的精度大约是 float 的两倍。

表 2-3 是两种浮点型的对比。

表 2-3 两种浮点型的对比

类　　型	存储空间/B	精　　度	取值范围(绝对值)
float	4	6~7	0 以及 $1.2 \times 10^{-38} \sim 3.4 \times 10^{38}$
double	8	15~16	0 以及 $2.3 \times 10^{-308} \sim 1.7 \times 10^{308}$

浮点型数据在表示时有一些缺陷,因为数据是用有限的存储单元存储的,能提供的有效位数总是有限的,因此浮点型变量所存储的数值往往只是实际数值的一个近似值,见例 2-3。

【例 2-3】 浮点型数据的误差。

```
# include < stdio.h >
int main()
{
  float a = 1234567.89;
  printf("%f\n",a);          //输出变量 a 的值,默认保留 6 位小数
  return 0;
}
```

运行结果:

a = 1234567.875000

将 1234567.89 赋值给 float 型变量后,输出时发现该变量的值为 1234567.875000,而不是 1234567.890000,即存在误差,这是因为 a 的有效数字已经超过 float 提供的有效数字的位数。本例中如果将 a 变量的类型改为 double 就不会出现这种现象了。这一现象是由于浮点数精度所造成的,编程时要了解其原因避免产生困惑。

    浮点型数据在计算机中只能近似表示,在运算中会产生误差。

例 2-3 在编译时会产生一条警告信息(warning:truncation from 'const double' to 'float'),意为“把一个双精度常量转换为 float 型”,提醒用户这种转换可能损失精度。这是因为许多 C 编译系统都是将浮点型常量作为双精度来处理的,而本例中的变量 a 是单精度的,常数 1234567.89 是双精度的,因此在赋值过程中出现了类型不一致的现象。不过系统对这种现象会进行自动的类型转换,一般不会影响程序的运行,但会影响运行结果的精确度。

3. 字符型

数据类型 char 表示单个字符值,其取值范围是 ASCII 表中的字符,如字母、数字或其他符号。char 类型需要 1B 的空间。当把一个字符存入到一个 char 类型的内存空间时,存放的其实是该字符的 ASCII 码,也就是一个整数。例如,字符'a'在计算机内部其实以 97(的二进制)形式存在,见图 2-2。

图 2-2　字符'a'的存储形式

【例 2-4】 字符的 ASCII 码值。(nbuoj1020)
输入一个字符,输出其对应的十进制 ASCII 码值。

```
# include < stdio.h >
int main()
{
  char ch;
  scanf("%c",&ch);           //输入一个字符
  printf("%d\n",ch);         //输出其对应的十进制 ASCII 码值
  return 0;
}
```

运行结果:

顺序结构程序设计

a」
97

由于一个 char 类型数据存放的是字符的 ASCII 码值,而常用的 ASCII 码值的范围是 0~127,因此,这个范围内的整数和 char 型数据可以通用。例如,可以比较、互相赋值,可以将字符以整数形式输出,可以将字符和整数一起计算等。

    ✍ 字符变量在存储单元中存放的是对应的 ASCII 码,即对应整型常量的值,而不是字符本身。

    ✍ char 类型一般仅用于表示字符。

    ✍ 基本的 ASCII 字符集共有 128 个字符,其中有 96 个可打印字符(包括常用的字母、数字、标点符号等),另外还有 32 个控制字符(不可打印)。一般用一个字节来存放一个 ASCII 字符,其中用 7 个二进制位对字符进行编码,多余出来的一位(最高位)通常保持为 0。

    ✍ 扩展的 ASCII 字符集有 256 个字符。

2.1.5 常量和变量

数据的表现形式：常量和变量

在计算机中表示数据时,有两种形式:常量和变量。在程序执行过程中,其值不发生改变的称为常量,其值可以改变的称为变量。在程序中,常量是可以不经过声明而直接使用的,而变量则必须先定义后使用,每个变量都需要用标识符来说明。

1. 常量

常量也就是数学中的常数,在程序运行过程中,其值不能被改变。不同的常量有不同的表示方法。

(1) **整型常量**。C 语言中的整型常量有以下 3 种不同形式表现。

① 十进制整数,如 1234,−789 等。

② 八进制整数,由数字 0 开头,后面跟数字 0~7,如 026 表示八进制数 26,相当于十进制中的 22。

③ 十六进制整数,由 0x 或 0X 开头,后面跟 0~9、a~f 或 A~F,如 0x26 表示十六进制 26,相当于十进制中的 38。

(2) **浮点型常量**。有以下两种表现方式。

① 十进制小数形式,如 3.14,−8.88。

② 指数形式,可用来表示非常大或者非常小的浮点型数据。如实数 3150000.0,按照标准科学记数法可写成 3.15×10^6,按照 C 语言的指数法,则写成 3.15e6 或 3.15E6。字母 e 或 E 表示"10 的幂次",因此 3.15e6 就表示 3.15 乘以 10 的 6 次幂。同理,2.7×10^{-4} 在 C 语言中就可以写成 2.7e−4 或 2.7E−4。

    ✍ 指数形式中,字母用小写 e 或大写 E 都可以。

    ✍ 字母 e(或 E)之前必须有数字,且 e(或 E)后面必须是整数。如 e5 和 18E2.3 都是错误的。

    ✍ C 编译系统把浮点型常量都按双精度处理,分配 8B。

(3) **字符型常量**。

一个字符型常量是用单引号括起来的一个字符,例如:

'a'　　'z'　　'2'　　'$'　　':'

尽管程序中的 char 型常量需要用单引号,但实际输入 char 型常量时不需要单引号,例如需要输入字母 z,只要直接按 Z 键即可,而不是输入'z'。

 ☔ 字符常量只能用单引号括起来,且只能是单个字符。

 ☔ 单引号本身只作定界符使用,而不是字符常量的一部分。

 ☔ 英文字母区分大小写,即'A'和'a'是两个不同的字符常量。

 ☔ 注意区分数字字符和数字,如数字字符'3'和整数 3 是不同的,'3'是字符常量,占 1B,而整数 3 作为基本整型(int)占 4B。

上面提到的字符常量属于"普通字符"。C 语言中还有一种特殊形式的字符常量,称作"转义字符",是以反斜杠"\"开头的字符序列,如'\n'起到换行的作用,转义字符是一种在屏幕上无法显示的"控制字符"。常用转义字符及功能如表 2-4 所示。

表 2-4　常用转义字符及功能

转 义 字 符	功　　　能	转 义 字 符	功　　　能
\0	空字符(NULL)	\"	双引号字符
\b	退格,光标从当前位置向左退一格	\'	单引号字符
\t	横向跳格,相当于 Tab 键,光标从当前位置跳到下一个 Tab 位置	\\	反斜杠字符
\n	回车换行,将光标从当前位置移到下一行的开头	\ddd	1～3 位八进制数所对应的字符
\f	换页,将光标从当前位置移到下一页的开头	\xhh	1～2 位十六进制数所对应的字符
\r	回车不换行,将光标从当前位置移到本行的开头		

"\ddd"和"\xhh"是通用的转义字符的表示形式,这两种形式可以用来表示所有的字符,如字母'A'可以有三种等效的表示:'A'、'\101'和'\x41'。这三种表示方法所体现的 ASCII 码值都是相同的,都是十进制的 65。

 ☔ 转义字符是指将符号"\"后面的字符转换成另外的意思。

 ☔ 只要 ASCII 码值相同,就表示同一个字符。

(4) **字符串常量**。字符串常量是用一对双引号括起来的字符序列,如"Program C" "boy"等,不包括双引号自身。

 ☔ 单引号内只能包含一个字符,双引号内可以包含一个字符串。

(5) **符号常量**。用一个符号来代替一个常量,如例 2-1 中的 PI 就是一个符号常量,可以代替 3.14159 使用。

 ☔ 不要把符号常量误认为是变量,符号常量不占内存,只是一个临时符号。

 ☔ 为与变量名相区别,习惯上符号常量用大写字母表示。

2. 变量

对于值可能会发生变化的数据,需要用变量来表示。程序中用到的变量需要先定义,后使用。变量是有类型的,如语句:

```
double r;
```

定义了一个变量 r,它的类型为 double(双精度浮点型)。

同类型的变量可以放在一起定义,变量名称之间用逗号间隔,例如:

```
double r,area;
```

跟一个变量有关的内容有:变量名、变量值、变量地址,这是三个不同的概念,见图 2-3。程序运行时,系统为每个变量分配存储单元,为了便于管理,这个存储单元是有地址(变量地址)的,可用类似 &r 的形式表示,而变量在被定义时也已经给了名字(变量名)。这样的一个变量是可以存储内容(变量值)的。

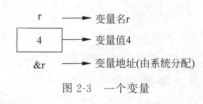

图 2-3　一个变量

- 要注意区分"类型"与"变量"。变量占用存储单元,是具体存在的实体,在其占用的存储单元中可以存放数据。类型是变量的共性,不占用存储单元,不能用来存放数据。每一个变量都属于一个确定的类型。
- 定义变量时,整型变量用 int,单精度浮点型变量用 float,双精度浮点型变量用 double。
- 变量在使用前都应该事先定义。
- 一般情况下,用户并不关心变量的地址是多少,而是关心变量里存储的内容是多少(即变量值)。但了解变量值和变量地址的概念有助于灵活、正确地编程。

2.1.6　语句

语句是程序运行时执行的命令。C 语言的书写风格比较自由,语句可以连续占据多行,有时很难确定它的结束位置,所以需要用分号来向编译器显示语句的结束位置,因此,C 语言规定每条语句都要以分号结尾。

例 2-1 中出现的语句有 4 种形式:输出语句、输入语句、表达式语句和返回语句。

1. 输出语句

程序运行过程中可能需要出现一些提示信息,而且最终的运行结果也需要显示给用户,输出语句可以实现这些功能。C 语言中的输出语句通过调用 printf()函数实现,例如:

```
printf("Enter the radius: ");
```

双引号内的格式串中仅包含普通字符,其作用是在屏幕上直接显示这些普通字符的内容,即双引号内的字符序列,最外层的双引号在显示时不会出现。

而语句:

```
printf("The area = % f\n",area);
```

其格式串中既包含普通字符,也包含格式控制说明(以%开头的内容,如%f),格式控制说明在实际输出时要用待显示的值来替换,如本例中的%f 将用 area 的实际数值来替换,因此,该句在例 2-1 中的显示结果为:

```
The area = 50.265440
```

可以看到,格式串中的普通字符被简单地复制显示到屏幕上,而格式控制说明(%f)则被一个具体的数值替代了。

    • 变量类型决定 printf()函数中对应的格式控制符号的运用,如%d 说明输出的是一个整数类型,%f 说明输出的是浮点类型,%c 说明输出的是字符类型。

2. 输入语句

输入语句通过调用 scanf()函数实现,scanf()函数根据特定的格式读取输入,形式与 printf()函数类似,其格式串中也可以包含普通字符和格式控制说明两部分,但大部分情况下,scanf()函数的格式串只包含格式控制说明,如语句:

scanf(" % lf",&r);

当用户从键盘输入一个具体数值时,scanf()函数将把这一数值赋值给变量 r。这里的符号 & 通常是必需的,&r 是指变量 r 的地址,符号%lf 则告诉 scanf()函数去读取一个双精度浮点型的数值(该数可以含小数点,也可以不含小数点),存放到变量 r 对应的存储单元中去。

    • 在 scanf()函数中,%f 说明当前要输入的是一个单精度浮点数,%lf 说明当前要输入的是一个双精度浮点数。

    • scanf()函数中每个普通变量的前面通常会有符号 &,否则会造成程序运行的错误。

    • 一般不建议在 scanf 语句中使用普通字符,会造成输入数据时的麻烦而导致运行失败。

3. 表达式语句

语句:

area = PI * r * r;

是数学公式 πr^2 的 C 语言书写形式,并将计算结果赋值给变量 area。其中要注意的是,数学公式中的乘法符号通常是可以省略的,而在 C 语言中必须用符号" * "来表示乘法。

4. 返回语句

语句:

return 0;

使 main()函数终止从而结束程序的运行,并且向操作系统返回一个数值 0,表明程序正常终止。

    • 建议在书写程序时尽量一条语句或指令占一行,有利于程序的阅读与维护。

    • 复合语句以及预处理指令不需要用分号结尾,其他语句都必须以分号结尾。

2.1.7 注释

注释是对程序附加的一些解释性的信息,如程序名、程序的作用、语句的作用等,其内容可以是任意可显示的字符。注释在程序编译时会被忽略,仅起到对代码注解的作用,方便用户对程序的阅读和理解,不影响程序的编译和运行。

C/C++中有两种程序注释的方式。

(1) **块注释**。以符号/ * 开始,符号 * /结束,中间是注释的内容,它们可以在同一行也可以在不同行。块注释的缺点是必须要注意符号/ * 和 * /的匹配,否则会导致编译器对程序内容的疏漏。

（2）**行注释**。以双斜杠//开始，其后这一行的全部内容都作为注释。行注释始于 C++ 语言，在 C99 标准中也引入到 C 语言中。行注释的书写风格比较简洁，也不太会出现块注释中因注释符号不匹配而引起的问题。

- 注释几乎可以出现在程序的任何位置上。
- 注释是给用户看的，而不是给机器"看"的。
- 注释信息在编译时会被忽略，不会对程序造成任何影响。即目标代码中并没有注释。
- 在编译器允许的前提下，块注释和行注释的作用是一样的，用户可根据自己的编程风格来选用。

数据的表现形式：常量和变量

2.2　变量和赋值

计算机的主要工作是计算，下面看一个简单的数学计算的例子。

【例 2-5】 计算并输出 7＋8 的值。

```
#include<stdio.h>
int main()
{
  printf("%d\n",7+8);          //计算并输出 7+8 的值
  return 0;
}
```

运行结果：

15

这是一个简单的程序，用于计算表达式 7＋8 的值，并将结果输出到屏幕上。

该程序中的数据是事先确定好的，如果不想计算 7＋8，而要计算 12＋3，则需要修改程序中的数据，再重新编译、链接、运行。这在实际使用中是非常不方便的。能否做到不修改源程序，而是根据键盘读取不同的数据内容从而得到不同的计算结果呢？答案是肯定的。见例 2-6。

【例 2-6】 单组数据 A＋B。（nbuoj1002）

输入任意两个整数，求和并输出结果。

```
#include<stdio.h>
int main()
{
  int num1,num2,sum;           //变量声明
  scanf("%d%d",&num1,&num2);   //从键盘输入数据,分别保存到变量 num1 和 num2 中
  sum=num1+num2;               //求和,并将结果保存到 sum 变量中
  printf("%d\n",sum);
  return 0;
}
```

运行结果：

```
5 6 ↵
11
```

该程序开始运行时,等待用户输入两个数据,当用户从键盘输入两个数据(如本例中输入数字 5 和 6)以后按 Enter 键,程序将根据输入的内容来给出运行结果。

  ☞ 当 scanf 中用两个连续的 %d 表示要输入两个整数时,实际输入时这两个数据之间默认用空格键、Enter 键或 Tab 键间隔。

从这个例子可以看出,程序在产生输出结果以前,往往需要执行一些计算,因此需要在程序执行过程中有临时存储数据的地方,这些存储单元被称为**变量**。

2.2.1　变量定义

语句:

```
int num1,num2,sum;
```

用来定义变量,将程序中使用的变量名告诉 C 编译器,同时告诉编译器,在每个变量中将会存储什么类型的信息,如 num1、num2 和 sum 这三个变量都是用来存储整型数据的。

  ☞ 变量定义语句的作用是向编译器通知程序中的变量名字和每个变量存储的信息类型。

变量定义的一般形式见表 2-5。

表 2-5　变量定义的形式

语　法	示　例	说　明
数据类型名 变量名;	int num1,num2; float sum,average; char ch;	(1) 声明 num1,num2 为整型变量;声明 sum,average 为浮点型变量;声明 ch 为字符型变量。 (2) 变量间以逗号间隔,最后以分号结尾

变量的命名要遵循用户自定义标识符的命名规则。程序运行时每个变量都会被分配一个存储单元。如对于:

```
int num1,num2,sum;
```

系统将分配如图 2-4 所示的变量的存储空间。

此时的变量空间还没有存储用户需要的数据,但并不是空的,里面有一些不确定的数值(随机数)。在程序设计过程中,程序员可以根据需要对这些变量赋予不同的新的内容。

图 2-4　变量的存储空间

  ☞ 系统给变量分配存储单元,用于存储数据,变量的值可以改变。

  ☞ 变量内存空间的值只能被修改而不可能为空。

  ☞ 未初始化的变量,其值为随机数。

2.2.2　变量取值

变量定义后,对应的存储空间里并没有任何确定的数值,而是一些随机数。使一个变量

第 2 章

顺序结构程序设计

获得值的方法一般有以下三种。

(1) 初始化：在定义变量的同时给定初值。例如，语句"int num1＝76;"使变量 num1 获得值 76。

(2) 赋值：定义变量后，通过赋值的方式修改变量空间中原有的内容。例如：

```
int num1;
num1 = 76;
```

(3) 输入：从键盘或磁盘文件中输入数据给变量。

例如，语句"scanf("%d%d",&num1,&num2);"通过输入函数使变量 num1 和 num2 获得值，见图 2-5。而语句"sum＝num1＋num2;"将 num1 变量和 num2 变量中的数值相加，然后将计算结果赋值给变量 sum，见图 2-6。

定义后没有及时获得数值的变量称作未初始化的，如果试图访问未初始化的变量（如用 printf 显示变量的值，或者在表达式中使用该变量），可能会得到不可预知的结果，见例 2-7。

【例 2-7】 访问未初始化的变量。

```
#include < stdio.h >
int main()
{
    int a,b,sum;        //声明 3 个变量
    a = 7;              //对变量 a 赋值
    sum = a + b;
    printf("a= %d,b= %d,a+b= %d\n",a,b,sum);
    return 0;
}
```

运行结果：

a = 7,b = -858993460,a+b = -858993453

本例中，变量 a 被赋值为 7，而变量 b 没有通过任何方式获得值。从输出结果可以看出，变量 a 的值为 7，而变量 b 由于未初始化，其值是一个随机数，因此，后面和 b 有关的计算结果是无意义的，内存分配示意图见图 2-7。

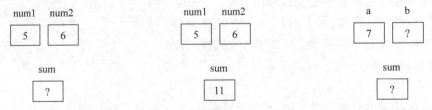

图 2-5　通过 scanf 输入数据到变量　图 2-6　对变量 sum 赋值　图 2-7　未初始化的变量其值不确定

事实上，这个程序在编译的时候系统会给出警告：

```
warning: local variable 'b' used without having been initialized
```

表示"变量 b 是未初始化的"，所以不要轻易忽略编译过程中出现的警告信息，它可能会对程序的运行造成影响。

🔏 在程序中定义的变量,如果没有被赋值,则它的值是不确定的(是一个随机值)。

【例 2-8】 计算月收入。(nbuoj1006)

某小型外贸公司员工月总收入的计算方法为:月基本工资加当月奖金。输入某员工月基本工资和当月奖金,计算该员工的月总收入。

```c
#include<stdio.h>
int main()
{
    double salary,bonus;
    scanf("%lf%lf",&salary,&bonus);   //输入月基本工资和当月奖金,本例输入 5000 1300.8
    salary = salary + bonus;
    printf("%.2f\n",salary);
    return 0;
}
```

运行结果:

```
5000 1300.8 ↵
6300.80
```

该例中出现了如下格式的赋值语句:

```
salary = salary + bonus;
```

不能用数学上代数等式的思维去理解这个表达式,这是 C 语言程序中较常见的一种赋值形式。该语句表示将变量 salary 与 bonus 中的值相加,计算结果依然保存到变量 salary 中,这意味着用相加后得到的结果对变量 salary 的值进行更新,salary 中原来的数值就被覆盖了,而变量 bonus 的值不发生变化,如图 2-8 所示。

图 2-8 语句 salary＝salary＋bonus 执行前后的内存效果图

再看一个变量赋值与空间内容变换的例子。

【例 2-9】 三变量法实现两数交换。

在程序中经常需要交换两个变量的值。常采用的一种交换方法是通过中间变量来实现的,即所谓的三变量法。

```c
#include<stdio.h>
int main()
{
    int a,b,t;
    scanf("%d%d",&a,&b);   //测试时输入 7 20
    printf("Step 1:a=%d,b=%d\n",a,b);
    t=a;                   //①
    a=b;                   //②
    b=t;                   //③
```

顺序结构程序设计

```
    printf("Step 2:a = % d,b = % d\n",a,b);
    return 0;
}
```

运行结果：

```
7 20 ↵
Step1:a = 7,b = 20;
Step 2:a = 20,b = 7
```

在本例中，首先通过 scanf()函数读取变量 a 和 b 的数值，此时的内存如图 2-9(a)所示。
接下来：

语句①，将变量 a 的值复制一份存储在变量 t 中，见图 2-9(b)。

语句②，将变量 b 的值复制一份到变量 a 中，覆盖变量 a 原有的数值，见图 2-9(c)。

语句③，将变量 t 的值复制一份到变量 b 中，更新变量 b 的内容，见图 2-9(d)。此时变量 a 和 b 的内容已经顺利交换了。

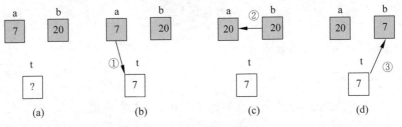

图 2-9　交换两个变量的过程

请读者结合本例分析，为什么不能用以下语句来实现两数的交换。

```
a = b;
b = a;
```

☞ 变量值可以不断被更新，这种思想在程序中非常有用，但也要注意因此可能带来的问题。

2.2.3　数据类型的转换

1. 赋值运算符两侧的类型转换

赋值运算符把右侧的值赋给左侧的变量，如"a=b*2;"将 b 乘以 2 的值赋给 a。执行赋值语句时，一般要求赋值运算符号两侧的数据类型相同，如果两侧的数据类型不一致，在可以兼容的情况下系统一般会进行自动转换，然后再赋值，如语句：

```
int number = 19.6;
```

试图将一个浮点数 19.6 赋给一个整型变量 number，则会自动丢弃浮点数的小数部分，整型变量 number 实际获得的值为 19。

☞ 当赋值运算符两侧的类型不一致时，其转换规则是将赋值运算符右侧数据的类型转换为左侧变量的类型，然后再进行赋值操作。此时可能会产生误差或数值溢出。

2. 隐式类型转换

一般来说,一个双目运算符的两个操作数的类型必须一样才能进行运算,如"a+b"中 a 和 b 的类型要一致。但 C 语言允许在一个表达式中存在不同数据类型的操作数,这种情况下编译系统会自动进行类型转换,称为隐式类型转换。隐式类型转换有以下两种规则。

(1) 无条件的隐式类型转换。所有的 char 型和 short 型都必须转换为 int 型,所有的 float 型都必须转换成 double 型。即使两个操作数是相同类型的(如 float 和 double 都是浮点类型),仍要进行类型转换。

(2) 统一类型的隐式类型转换。如果经过无条件的隐式类型转换后,多个操作数的类型还是不一致,则需要将较低的类型转换为较高的类型,然后再计算。

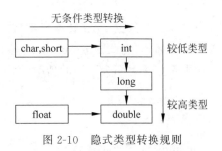

隐式类型转换规则如图 2-10 所示。例如,参加运算的两个操作数一个是 int 型,另一个是 double 型,则会自动将 int 型转换为 double 型,再执行运算。

图 2-10   隐式类型转换规则

3. 强制类型转换

有时候可以根据需要强制将某种类型的数据转换成另一种类型。强制类型转换的格式见表 2-6。

表 2-6   强制类型转换的形式

语　　法	示　　例	说　　明
(类型名)(表达式) 或 类型名(表达式)	(int)(grade); 或 int(grade)	强制类型转换只是在当前运算步骤将某种类型数据的值临时转换成另一种类型参加运算,并没有改变该数据原有的类型

【例 2-10】 自动类型转换与强制类型转换。

```
#include<stdio.h>
int main()
{
    int a=7,b=8;
    double div1=a/b;               //两个整数相除,结果赋给一个浮点数
    double div2=(double)a/b;       //对 int 型变量 a 进行强制类型转变,临时转变为 double 类型
    printf("div1=%f,div2=%f\n",div1,div2);
    return 0;
}
```

运行结果:

div1=0.000000,div2=0.875000

本例中,两个整数相除(a/b)的话,舍去余数得到的结果是 0(C 语言除法符号的特性详见 2.3.1 节),将该结果赋给 double 型变量 div,经过自动类型转换得到的结果是 0.000000。如果希望得到数学上计算的精确结果,则可以把其中一个操作数的值强制转换成浮点型,如(double)a 将变量 a 的值在当前运算步骤强制转换成浮点数据参加运算,因此表达式

顺序结构程序设计

(double)a/b 就是用浮点数除以整型数,结果就是 0.875000。

    ∽ 一般情况下,赋值时"="两边的类型要一致,如 int 型值赋给 int 型变量,float 型值赋给 float 型变量,混合类型赋值也是可以的(如将 int 型值赋给 float 型变量),但不一定安全,可能会造成精度等方面的问题。

【例 2-11】 强制类型转换与四舍五入。

前面自动类型转换中有一种现象,即在如下语句中:

```
int number = 19.6;
```

当将浮点型数据 19.6 转换成整型时,只会保留整数部分而不会进行四舍五入,小数部分被直接截断了,因此变量 number 得到的结果为 19。

如果希望考虑四舍五入的情况,则可以通过强制类型转换来实现,见如下程序。

```
#include<stdio.h>
int main()
{
    double x1 = 19.2, x2 = 19.8;
    int y1, y2;
    y1 = (int)(x1 + 0.5);
    y2 = (int)(x2 + 0.5);
    printf("x1 = %f, y1 = %d\n", x1, y1);
    printf("x2 = %f, y2 = %d\n", x2, y2);
    return 0;
}
```

运行结果:

```
x1 = 19.200000, y1 = 19
x2 = 19.800000, y2 = 20
```

    ∽ 表达式(int)(x+0.5)可实现对数 x 的四舍五入。

2.3　运算符与表达式

运算符是构建表达式的基本工具,C 语言提供了丰富的运算符号,如算术运算符、关系运算符、逻辑运算符等。用运算符号将运算对象连接起来的符合 C 语言语法规则的式子称为表达式。

算术运算符与表达式

2.3.1　算术运算符与表达式

大多数编程问题的解决都需要编写算术表达式,在编写算术表达式时需要使用各种算术运算符号。算术运算符是在很多编程语言中都广泛使用的一种运算符号,主要用于进行数值计算,用法基本上和数学上的用法相同,但要注意 C 语言中特有的一些书写和计算规则。

C 语言中常用的算术运算符号包括加、减、乘、除和求余,见表 2-7。其中,数学中的乘法符号"×"在 C 语言中用符号"*"代替,除法符号"÷"用符号"/"代替。这些算术运算符号作用在两个操作数上,所以又称为双目运算符。

表 2-7 常用算术运算符

运算符	+	−	*	/	%
名　称	加	减	乘	除	求余(模)
作　用	加法	减法	乘法	(1) 两个操作数都是整数时,计算结果是两数相除的整数部分; (2) 两个操作数中有一个以上是浮点数时,计算结果为数学上两数相除的结果	求两个整数相除的余数
示　例	7+8=15	7−8=−1	7 * 8=56	7/8=0 7.0/8=0.875	7%8=7

    ☞ 算术运算符"％"只用于整型(包括字符型)。

    ☞ 在 C99 中,如果两个操作数中有一个为负数,那么除法的结果总是向零取整。而在 C89 中,除法的结果既可以向上取整也可以向下取整。

    ☞ 在 C99 中,求余运算的操作数中有负数时,先取绝对值求余,余数的符号取被除数的符号。即 x％y 的符号与 x 的符号相同,例如,10％−7 的结果为 3,而−10％7 的结果为−3。而在 C89 中,x％y 的符号与具体实现有关。

运算符＋、−、* 和数学上的使用规则相同,而除法运算和求余运算的规则略有区别。下面先看几个简单的例子。

【例 2-12】　计算并输出 7÷8 的值。

```
#include<stdio.h>
int main()
{
  printf("%d\n",7/8); //计算并输出 7÷8 的值
  return 0;
}
```

运行结果:

0

运行结果是 0 而不是 0.875,这是怎么回事呢?

这里涉及 C 语言中除法运算符号"/"的特性。C 语言中,除法运算符的用法和数学上的除法运算有点儿区别,如果运算符两侧参加运算的操作数都是整数或字符,其运算结果是取数学上计算结果的商的部分。因此,数学上 7÷8=0.875,而在 C 语言中 7/8=0。又如 C 语言中 6/4=1,而不是 1.5,同理,(1/2)+(1/2)=0,而不是 1。

    ☞ C 语言中的除法运算可能产生意外的结果,即"整数/整数=整数",会丢失商的小数部分的数据。如 7/5 的结果为 1,7/8 的结果为 0。

如果希望得到 7÷8=0.875 的结果应该怎么办呢?下面是正确的程序。

【例 2-13】　计算并输出 7.0÷8 的值。

```
#include<stdio.h>
int main()
{
  printf("%f\n",7.0/8);   //计算并输出 7.0÷8 的值
```

```
  return 0;
}
```

运行结果：

```
0.875000
```

本例将表达式中的一个操作数改成浮点型数据,即 7.0/8,就可以得到两数相除的数学上的计算结果,这样运算的精度就得到了保障。改成 7.0/8.0 或者 7/8.0 也可以。

 ☃ 如果希望得到两个整数 a 与 b 相除的数学上的计算结果,可以用类似 1.0 * a/b 的形式,即使除法符号两边的操作数有一个以上是浮点类型的。

 ☃ 以 %f 控制浮点数输出时,默认保留 6 位小数。

在实际问题求解时,如果要获得数学上的除法的计算结果,可尽量采用浮点型数据,以避免出现 C 语言中两个整数相除可能带来的问题,见例 2-14。

【例 2-14】 温度转换。(nbuoj1007)

输入一个华氏温度,求出其对应的摄氏温度,输出保留 2 位小数。计算公式如下,其中,c 表示摄氏温度,f 表示华氏温度。

$$c = \frac{5(f-32)}{9}$$

```
# include< stdio. h>
int main()
{
  double c,f;
  scanf(" % lf",&f);              //输入华氏温度,本例输入 100
  c = 5 * (f-32)/9;
  printf(" %.2f\n",c);            //输出对应的摄氏温度,保留 2 位小数
  return 0;
}
```

运行结果：

```
100 ↵
37.78
```

本例采用浮点类型 double 来定义变量 f 和 c,表达式 5 * (f-32)经过隐式类型转换后是一个 double 类型的,这样一来,除法运算符两边的操作数至少有一个是 double 型的,因此计算结果是数学意义上的正确的除法的结果。

请读者思考,如果将例 2-14 中的语句"c=5 * (f-32)/9;"改写成"c=5/9 * (f-32);"结果会怎样? 为什么?

例 2-15 介绍了求余运算符的运用。

【例 2-15】 植树问题。(nbuoj1018)

某学校植树节开展植树活动,已知树苗有 m 株,参加植树的同学有 n 人(m>n),请问每位同学平均可以植树几株? 还有几株剩余?

```
# include< stdio. h>
int main()
```

```
{
    int m,n,ave,remain;
    scanf("%d%d",&m,&n);              //输入树苗数量 m 和学生人数 n
    ave = m/n;                        //每位同学平均植树的数量
    remain = m % n;                   //剩余的数目
    printf("%d %d\n",ave,remain);
    return 0;
}
```

运行结果：

163 32 ↵
5 3

表达式 m/n 求出每位学生可以植几株树苗，表达式 m%n 则求出还多余几株树苗。

  椴 求余运算符"%"取整数相除的余数，如 7%5 的结果为 2。该运算符不能用于浮点数的运算。

  椴 m%n 的大小一定小于除数 n。如果 m 是正数，那么 m%100 的值肯定为 0～99。当 n 为 0 时，操作无意义。

除法运算符和求余运算符可灵活应用于整型数据的处理，见例 2-16。

【例 2-16】 三位数的数位分离。（nbuoj1029）

给定一个任意的三位数，分别输出其个位、十位和百位上的数字。

```
int main()
{
    int num;
    int unit,tens,hundred;            //表示个位,十位,百位的变量
    scanf("%d",&num);                 //输入任意一个三位数,本例输入 367
    unit = num % 10;                  //对 10 取余,求出个位数
    tens = (num/10) % 10;             //先整除 10,再对 10 取余,求出十位数
    hundred = num/100;                //整除 100,求出百位数
    printf("%d %d %d\n",unit,tens,hundred);  //按个位数、十位数、百位数的顺序输出
    return 0;
}
```

运行结果：

367 ↵
7 6 3

从这个例子可以看出，如果 m 是一个 n 位的正整数（假设 n 为 3），则以下运算规则是成立的。

（1）m%10 的结果为 m 的个位数字，如 367%10＝7。

（2）m/10 的结果为去掉 m 的个位以后的数，如 367/10＝36。

（3）m/100 的结果为 m 的最高位数字，如 367/100＝3。

  椴 如果要取某数 m 的最高位的数字，则除数的大小和数 m 的位数有关，如果 m 是 3 位数，则 m/100，如果 m 是 4 位数，则 m/1000，以此类推。

顺序结构程序设计

2.3.2 赋值运算符与表达式

1. 简单赋值运算

C语言将赋值作为一种运算,定义了赋值运算符"＝",其作用是对一个变量进行赋值,它与数学中的等号意义不同,所以一般读作"赋值为"或"变为",而不是"等于"。可以将一个常量的值赋给一个变量,例如:

r = 10;

也可以将一个表达式的值赋给一个变量,例如:

area = PI * r * r;

☞ 赋值运算符的左边必须是一个变量,不可以是一个常量,也不可以是一个表达式,如 a+b＝c 是非法的。

2. 复合的算术赋值运算

在赋值运算符"＝"前面加上算术运算符,可以构成复合的算术赋值运算符,见表 2-8。

表 2-8　复合的算术赋值运算符

运　算　符	＋＝	－＝	* ＝	/＝	％＝
示　　例	a＋＝b	a－＝b	a * ＝b	a/＝b	a％＝b
等价形式	a＝a＋(b)	a＝a－(b)	a＝a * (b)	a＝a/(b)	a＝a％(b)

☞ 此表中的 b 指表达式,而不一定仅仅是一个变量或者一个常量。

引入复合赋值运算符能使语句更加简洁。例如:

age＋＝1 等价于 age＝age＋1,即把 age 加 1 以后的值作为新的 age 的值。

x－＝y 等价于 x＝x－y,即把 x 减去 y 以后的值作为新的 x 的值。

price * ＝(x＋2) 等价于 price＝price * (x＋2),即把 price 乘以(x＋2)的值作为新的 price 的值。

3. 赋值表达式

用赋值运算符将一个变量和一个表达式连接起来的式子称为赋值表达式。例如:

age = 20
sum = num1 + num2

赋值表达式的功能是计算"＝"右边的表达式的值,再赋给"＝"左边的变量。

赋值运算符具有右结合性,因此,如果要给变量 age1,age2,age3 都赋予数值 20 的话,也可以采用 age1＝age2＝age3＝20 这样的赋值形式,可理解为 age1＝(age2＝(age3＝20))。

2.3.3 自增运算符与自减运算符

自增运算符"＋＋"与自减运算符"－－"都属于算术运算符,只针对一个操作数,是单目运算符。

其中,自增运算符"＋＋"用于将整型或浮点型变量的值加 1。自减运算符"－－"用于将整型或浮点型变量的值减 1。两种运算符的操作方法类似,下面以＋＋运算符为例来说明具体用法,＋＋运算符的使用形式见表 2-9。

表 2-9　自增运算符＋＋的使用形式

语　法	示　例	说　明
变量名++ 或 ++变量名	age++ 或 ++age	自增运算符有两种用法: (1) 符号＋＋出现在变量前面,如＋＋age; (2) 符号＋＋出现在变量后面,如 age＋＋。 这两种用法都会使变量的值加 1,即相当于 age＝age＋1, 但符号＋＋写在变量前面还是后面是有区别的。＋＋ age 表示:先完成自增 1 的操作,再参与其他操作。age ＋＋表示:先参与其他操作,再完成自增 1 的操作

【例 2-17】　＋＋前置和＋＋后置的用法。

```c
# include < stdio.h >
int main()
{
  int age,new_age;
  age = 18;               //将 age 赋值为 18
  new_age = age++;        //①后置++
  printf("age = % d,new_age = % d\n",age,new_age);

  age = 18;               //重新将 age 赋值为 18
  new_age = 0;            //将 new_age 清零
  new_age = ++age;        //②++前置
  printf("age = % d,new_age = % d\n",age,new_age);
  return 0;
}
```

运行结果:

age = 19,new_age = 18
age = 19,new_age = 19

本例中的语句①和语句②假设都在 age＝18 的前提下分别执行 age＋＋和＋＋age 操作,对它们的实际操作步骤进行分解以后,其工作原理如表 2-10 所示。

表 2-10　age＋＋和＋＋age 的工作原理

语句序号	语句内容	等价效果	运行后结果
①	new_age = age + + ;	new_age = age; age = age + 1;	new_age = 18 age = 19
②	new_age = + + age;	age = age + 1; new_age = age;	age = 19 new_age = 19

语句①使用后置＋＋的形式,在执行过程中"先赋值,再自增",即把 age 的值 18 先赋给 new_age,使 new_age 得到 18,然后再对 age 进行加 1 操作,使 age 变成 19。

对 age 重新赋值 18 以后,语句②使用＋＋前置的形式,在执行过程中"先自增,再赋值",先使 age 自增 1 变成 19,然后再将更新后的 age 的值 19 赋给 new_age。因此,age 和

new_age 的值都是 19。

从这个例子可以看出,不管++前置还是后置,对执行++操作的变量而言,其最终结果都是自增 1,相当于"变量=变量+1"。如例子中的变量 age,不管++在前还是在后,最后都从 18 变到 19。但如果要将自增结果再赋给另一变量的话,++在前或在后就有区别,如例子中的 new_age,++在后的话就是先赋值再加 1,因此只能得到 18;++在前的话就是先加 1 再赋值,因此得到 19。

自增和自减运算符使程序的书写显得更简洁,主要用在以下两个方面。

(1) 用于循环语句,使循环控制变量增 1,如 i++。

(2) 用于指针变量,指向数组元素的指针变量自增 1 后将指向下一个元素。

自增运算符和自减运算符在和其他运算符一起使用时,比较难以理解,如类似"x=i++++j"的表达式在使用时很容易产生歧义。因此,在程序中,除了以上两种应用以外,其他场合通常不建议刻意去使用自增或自减运算符。

  ⅆ 自增和自减运算符可用于整型变量,也可用于浮点型变量。但实际应用中极少用于浮点型变量。

  ⅆ 自增和自减运算符只能作用于变量,不能用于常量或表达式。例如,9++或(a+b)++都是非法的。

2.3.4 位运算符

C 语言既具有高级语言接近用户的特点,又具有低级语言可对硬件编程的功能,支持位运算就是这种支持硬件编程功能的具体表现。

在计算机中,一个字节占 8 个二进制位。假设一个短整数 short 占 2B,即 16 位,则其二进制表示如图 2-11 所示,每个二进制位中只能存放一个 0 或 1。位运算以二进制位为单位进行运算。

15	14	13	12	11	10	9	8	7	6	5	4	3	2	1	0

图 2-11 短整数的二进制位表示

  ⅆ 通常将一个数据用二进制数表示后,最右边的二进制位称为最低位,最左边的二进制位称为最高位。

位运算对字节内的二进制位进行操作,因此,运算对象只能是 char 型或 int 型数据,而不能是 float、double 等复杂的数据类型。位运算结果的数据类型为整型。

C 语言中提供了 6 种位运算符,见表 2-11。

表 2-11 位运算符

运 算 符	含 义	示 例	示 例 说 明
&	按位与运算	a&b	a 和 b 按位与
|	按位或运算	a|b	a 和 b 按位或
∧	按位异或运算	a∧b	a 和 b 按位异或
∼	按位取反运算	∼a	求 a 的位反
<<	左移运算	a<<2	a 左移 2 位
>>	右移运算	a>>3	a 右移 3 位

其中,只有按位取反运算符"～"为单目运算符,其余 5 个都是双目运算符。

1. 按位与运算 &

运算规则:若两个运算对象对应的二进制位都为 1,则该位的运算结果为 1,否则为 0。即:0&0＝0;0&1＝0;1&0＝0;1&1＝1。

【例 2-18】 求 9&13 的计算结果。

写出整数 9 和 13 的二进制形式,则 9&13 的运算如下。

```
   00001001    (9 的二进制数)
&  00001101    (13 的二进制数)
   ─────────
   00001001
```

可见,9&13 的结果为 9。

可以通过以下语句获得这个结果。

```
printf("%d\n",9&13);   //运算结果为 9
```

✍ 为书写简单起见,只写出一个字节 8 位的二进制表示。

按位与运算常用来取某个数中的指定位。

【例 2-19】 假设 x 是一个字符(8 位),通过按位与运算将 x 的高 4 位清零,而保留低 4 位。

可以用如下赋值语句来实现本题的要求。

```
x = x&0x0f;
```

这里的 0x0f 被称为掩码(mask),其二进制形式为 00001111。上述过程可以表示如下。

```
   ********     (表示 x 的二进制码)
&  00001111    (掩码的内容)
   ─────────
   0000****
```

可见,对于 x 的高 4 位而言,不管原来是 0 还是 1,与掩码高 4 位的 0 进行按位与运算后,结果都变成 0,因此实现了对高 4 位的清零操作。而 x 的低 4 位,分别和 1 进行按位与操作,若原来是 0 的,0&1 以后还是 0,原来是 1 的,1&1 以后还是 1,即低 4 位保留原样。可见要取出某个位,只需将该位与 1 进行按位与运算即可。

2. 按位或运算 |

运算规则:参加运算的两个对象,只要对应的两个二进制位有一个为 1,则该位的运算结果为 1,否则为 0。即:0|0＝0;0|1＝1;1|0＝1;1|1＝1。

【例 2-20】 求 9|13 的计算结果。

9|13 的运算如下。

```
   00001001    (9 的二进制数)
|  00001101    (13 的二进制数)
   ─────────
   00001101
```

可见,9|13 的结果为 13。

可以通过以下语句获得这个结果。

```
printf("%d\n",9|13);   //运行结果为 13
```

按位或运算通常用于将某些位置 1,而其余位不变。

【例 2-21】 假设 x 是一个字符(8 位),通过按位或运算使 x 的低 4 位为 1。

任何数与 0 进行按位或运算,其结果为该数本身;任何数与 1 进行按位或运算,其结果为 1。因此可以用如下赋值语句来实现本题的要求。

```
x = x|0x0f;
```

该过程可以表示如下。

```
  ********
| 00001111
  ****1111
```

可见,经过上述运算后,x 的高 4 位保持不变,而低 4 位不管原来是 0 还是 1,进行按位或运算后都被置 1。

3. 按位异或运算^

运算规则:参加运算的两个对象,只要对应的两个二进制位相异(值不同),则该位的运算结果为 1,否则为 0。即:$0\wedge 0=0$;$0\wedge 1=1$;$1\wedge 0=1$;$1\wedge 1=0$。

【例 2-22】 求 $9\wedge 13$ 的计算结果。

$9\wedge 13$ 的运算如下。

```
  00001001   (9 的二进制数)
^ 00001101   (13 的二进制数)
  00000100
```

可见,$9\wedge 13$ 的结果为 4。

可以通过以下语句获得这个结果。

```
printf("%d\n",9^13);   //运行结果为 4
```

按位异或运算可用于将某些特定位的值翻转,即 0 变 1,1 变 0。

【例 2-23】 假设 x=10011010,用按位异或运算使 x 的低 4 位翻转。

由于 $0\wedge 1$ 结果为 1,$1\wedge 1$ 结果为 0,因此可以用如下赋值语句来实现本题的要求。

```
x = x^0x0f;
```

该过程可以表示如下。

```
  10011010
∧ 00001111
  10010101
```

即设立一个长度相同的二进制数,并将与 x 对应的要翻转的那些位设置为 1,其余位设置为 0,再进行异或即可。本例中 x 原来的低 4 位是 1010,异或后的低 4 位变成 0101,各个位都进行了翻转。

4. 按位取反运算～

运算规则:对参加运算的对象的各二进制位按位取反。即:～0=1;～1=0。

例如,～9 进行按位取反的运算可表示如下。

～00001001＝11110110

5. 左移运算<<

左移运算符"<<"的功能是:将一个二进制数的各位全部左移若干位,左侧原来的高位

丢弃,右侧低位补 0。

例如,假设 x＝3,则"x≪3"表示把 x 的各二进制位向左移动 3 位,移动后 x＝24。见图 2-12。若左移时舍弃的高位不包括 1,则每左移 1 位,相当于该数乘以 2。

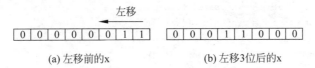

(a) 左移前的x   (b) 左移3位后的x

图 2-12　左移前后示意图

✍ 左移运算比乘法运算具有更高的执行效率。

6. 右移运算>>

右移运算符">>"的功能是:将一个二进制数的各位全部右移若干位。右移后,右侧低位丢弃,而关于左侧高位的处理,有以下几点说明。

(1) 对于无符号数,右移时左侧自动补 0。

(2) 对于有符号数:

① 正数右移时,左侧补 0。

② 负数右移时,左侧补 0 还是补 1 取决于编译系统的规定,有的系统补 0,有的系统补 1。补 0 的称为"逻辑右移",补 1 的称为"算术右移"。Turbo C 和 VC6.0 中都属于算术右移。

例如,假设 x＝48,则"x>>3"表示把 x 的各二进制位向右移动 3 位,移动后 x＝6,见图 2-13。将操作数每右移 1 位,相当于该数除以 2。

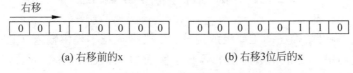

(a) 右移前的x   (b) 右移3位后的x

图 2-13　右移前后示意图

2.3.5　sizeof 运算符

C 语言提供 sizeof 运算符,其功能是返回一个类型或变量所占的内存字节数。该运算符的格式如下。

sizeof(类型名);

或

sizeof(变量名);

【例 2-24】　sizeof 运算符举例。

```
# include < stdio.h>
int main()
{
  char var_c;
  int var_i;
  float var_f;
  double var_d;
```

第 2 章

顺序结构程序设计

```
        printf("size of char = % d\n",sizeof(char));
        printf("size of var_c = % d\n",sizeof(var_c));
        printf("size of int = % d\n",sizeof(int));
        printf("size of var_i = % d\n",sizeof(var_i));
        printf("size of float = % d\n",sizeof(float));
        printf("size of var_f = % d\n",sizeof(var_f));
        printf("size of double = % d\n",sizeof(double));
        printf("size of var_d = % d\n",sizeof(var_d));
        return 0;
    }
```

运行结果：

```
size of char = 1
size of var_c = 1
size of int = 4
size of var_i = 4
size of float = 4
size of var_f = 4
size of double = 8
size of var_d = 8
```

例如，VC 6.0 中 char 型变量占 1B，因此 sizeof(char)等于 1，对字符型变量 var_c 进行的 sizeof(var_c)也等于 1。

2.4 数据的输入/输出

数据的输入/输出是程序的重要组成部分。C 语言本身不提供输入/输出语句，其输入/输出操作是通过调用 C 标准函数库中的函数来实现的，如 scanf()和 printf()、getchar()和 putchar()等。

    ✍ scanf()和 printf()不是 C 语言的关键字，而只是库函数的名字。

字符数据的
输入/输出

2.4.1 标准字符输入/输出函数 getchar()/putchar()

C 语言函数库提供了 getchar()、putchar()等以键盘、显示器等终端设备为标准输入/输出设备的一批"标准输入/输出函数"。在使用这些函数前，需用编译预处理命令将头文件 stdio.h 包括到源程序中。

1. 标准字符输入函数 getchar()

getchar()函数从标准输入设备(一般指键盘)读入一个字符，其调用格式见表 2-12。

表 2-12　getchar()函数的调用形式

语　　法	示　　例	说　　明
getchar()	char ch; ch = getchar();	getchar()函数的括号中没有参数。每次调用 getchar()函数时，它会读入一个字符并将其返回。为了保存这个字符，必须使用赋值操作将其及时存储到变量中，如通过 ch=getchar()的形式将读取的字符保存到 ch 变量中

2. 标准字符输出函数 putchar()

putchar()函数向标准输出设备(一般指显示器)输出一个字符,其调用格式见表 2-13。

表 2-13 putchar()函数的调用形式

语 法	示 例	说 明
putchar(c)	char ch = 'A'; putchar(ch);	putchar()函数的括号中有参数。每次调用 putchar()函数时,它会将一个字符写到标准输出设备上,这个字符的内容由参数的值来决定

【例 2-25】 字符自动应答器。(nbuoj1001)

输入任意一个字符,再将其显示到屏幕上。

```
#include<stdio.h>
int main()
{
  char ch;
  ch = getchar();          //读入一个字符,并保存到变量 ch 中.本例读入大写英文字母 Q
  putchar(ch);             //输出该字符
  putchar('\n');           //换行
  return 0;
}
```

运行结果:

Q↵
Q

本例运行时,先从键盘任意读入一个大写英文字母,程序运行后在屏幕上显示了这个大写英文字母。

☞ getchar()函数和 putchar()函数只能处理单个字符的输入输出。

执行 getchar()函数不仅可以从输入设备获得一个可显示的字符(如字母 Q),而且可以获得在屏幕上无法显示的字符,如换行符、空格符等,见例 2-26。

【例 2-26】 简单加密。(nbuoj1022)

输入任意两个字符,要求对它们进行加密。规则是:用原字符后的第 3 个字符来代替。如需要将信息"Hi"加密,H 后面第 3 个字符是 K,i 后面第 3 个字符是 l,因此"Hi"加密后变为"Kl"。为简化计算,本例保证输入的字符范围为 a~w 或 A~W。

```
#include<stdio.h>
int main()
{
  char ch1,ch2;
  ch1 = getchar();          //读入一个字符保存到变量 ch1 中
    ch2 = getchar();        //再读入一个字符保存到变量 ch2 中
  putchar(ch1 + 3);
    putchar(ch2 + 3);
  putchar('\n');
  return 0;
}
```

本例连续输入两个字母 Hi,然后按 Enter 键,则得到如下的运行结果 1。

```
Hi↵
Kl
```

可见,程序将 Hi 按照题目的要求进行了简单加密,得到正确的输出结果 Kl。

如果在输入时,字母 H 和 i 不是紧挨着的,而是中间多了一个空格,会得到什么样的输出结果呢?请见运行结果 2。

```
Hi↵
K♯
```

在运行结果 2 中得到的输出内容是 K♯ 而不是 Kl。请思考为什么会这样?

这是因为,此时的输入内容依次为:字母 H、空格符、字母 i,程序运行时将字母 H 赋给变量 ch1,将空格符赋给变量 ch2,而字母 i 没有送入任何变量,如图 2-14 所示。在输出时,得到的是 H+3 和空格符+3 的值,其中,空格符的十进制 ASCII 码值为 32,加 3 后得到 35,十进制 ASCII 码 35 对应的字符为 ♯,因此得到的输出结果是 K♯ 而不是 Kl。可见,运行程序时,测试数据给定的方式不正确也可能造成运行结果的错误。

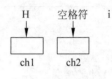

图 2-14 字符操作时的赋值状态

运行本例的程序时,当试图先输入一个 H,再按 Enter 键,再输入一个 i 时,会发现当按了 Enter 键后,程序马上得到运行结果 K,根本没有机会输入字母 i 了,见运行结果 3。

```
H↵
K
```

请思考这又是什么原因呢?

这是因为,此时输入的并不是只有一个字母 H,而是两个字符:H 和换行符,其中,字母 H 赋给变量 ch1,换行符赋给变量 ch2。字母 H+3 后得到输出是字母 K,而换行符+3 得到的是回车符,是屏幕上无法显示的字符。

 ☯ 在进行字符操作时要注意:换行符、空格符也是有效字符,会被当作一个字符读入。

 ☯ 在需要连续输入多个字符的地方,不要加空格或其他的间隔符,以免引起读入数据时的偏差。

2.4.2　格式化输出函数 printf()

printf 和 scanf

getchar()和 putchar()函数只能针对单个的字符数据进行处理。而 printf()和 scanf()函数的功能更加强大,使用更加广泛。

在前面的例子中已经大量出现了关于 printf()函数的运用,printf()函数是系统提供的库函数,在系统文件 stdio.h 中声明,所以在源程序开始时要使用预处理命令 #include <stdio.h>或 #include"stdio.h"。

printf()函数的调用格式见表 2-14。

表 2-14　printf()函数的调用形式

语　法	printf("格式字符串",输出列表); printf("普通字符串");

示　例	printf("%d %d\n",a,b);
	printf("The area = %.2f\n",area);
	printf("Input a number:");

说　明	(1) 格式字符串是用双引号括起来的一个字符串;输出列表中是程序要输出的若干数据,这些数据可以是常量、变量或表达式。 (2) 格式字符串中包含两种信息:格式声明和普通字符。格式声明由%和格式字符组成,不同类型的数据采用不同的格式声明,如 int 型用%d,float 型用%f,其作用是将输出的数据转换为指定的格式然后输出。普通字符表示在输出时需要原样输出的字符

图 2-15 描述了一个 printf()函数中的普通字符、格式声明和输出列表。

程序输出时,所有的普通字符(包括空格、换行\n)都被原样输出,而在格式声明两个%.2f 的位置上,会依次输出对应的变量 r 和 area 的值,并保留两位小数。

表 2-15 列出了 printf()函数中常用的格式控制说明。

printf("The radius=%.2f area=%.2f",r,area)

普通　格式普通　格式　输出
字符　声明字符　声明　列表

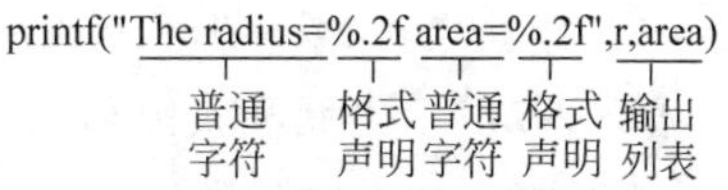

图 2-15　printf()函数中的普通字符、格式声明和输出列表

表 2-15　printf()函数常用的格式声明及功能说明

语　法	示　例	说　明
%d	int a = 10; printf("%d\n",a);　//输出 10	按实际长度输出带符号的十进制整数(正数省略符号)

%md	int a = 10,b = 20;
	printf("%5d%5d\n",a,b);
	//输出　　10　　20
	//每个数占 5 列,数据显示在这 5 列区域的右侧
		按给定域宽 m 输出带符号的十进制整数,数字的位数若小于 m,则前面补空格,即右对齐

%-md	int a = 10,b = 20;
	printf("%-5d%-5d\n",a,b);
	//输出 10　　20　　
	//每个数占 5 列,数据显示在这 5 列区域的左侧
		按给定域宽 m 输出带符号的十进制整数,数字的位数若小于 m,则后面补空格,即左对齐

%f	double x = 10; printf("%f\n",x);　//输出 10.000000	以十进制小数形式输出单(双)精度浮点数,输出默认保留 6 位小数
%.nf	double x = 10.127; printf("%.2f\n",x);//输出 10.13,四舍五入了	以小数形式输出单、双精度浮点数,小数部分占 n 位,会根据第 n+1 位小数的值四舍五入
%c	char ch = 'A'; printf("%c\n",ch);//输出字母 A	输出一个字符

%s	printf("%s\n","Hello!");//输出字符串
	　　　　　　　　//Hello!
		输出一个字符串

%e 或 %E	double x = 123.888;
	printf("%e\n",x);//输出 1.238880e + 002
	printf("%E\n",x);//输出 1.238880E + 002
		以指数形式输出一个浮点数

语　法	示　例	说　明
%o	int a = 10; printf("%o\n",a);　//输出 12	输出八进制整数。不输出前导符 0
%x	int a = 10; printf("%x\n",a);　//输出 a	输出十六进制整数。不输出前导符 0x

  ❧ 输出浮点数时要注意数据本身能提供的有效位数,如 float 型只能保证 5~6 位有
   效数字,double 型只能保证 15~16 位有效数字。不要以为计算机输出的所有结果
   都是绝对精确的。

  ❧ 域宽:显示一个数值所需的列数。如果设定的域宽大于要显示的数的位数,会自动
   在数据前(或后)加空格,反之,C 会自动扩展该域宽。

【例 2-27】 美元和人民币。(nbuoj1019)

假设美元与人民币的汇率是 1 美元兑换 6.5573 元人民币,编写程序输入美元的金额,
输出能兑换的人民币金额,输出保留两位小数。

```c
#include<stdio.h>
#define RATE 6.5573          //用符号常量表示汇率
int main()
{
  double rmb,dollar;
  scanf("%lf",&dollar);
  rmb = dollar * RATE;       //计算人民币金额
  printf("%.2f\n",rmb);
  return 0;
}
```

运行结果:

```
100 ↵
655.73
```

printf()函数的输出列表必须和格式字符串中的格式声明相对应,见例 2-28。

【例 2-28】 圆周长和圆面积。(nbuoj1008)

已知一个圆的半径 r,计算并输出圆周长和圆面积,输出结果保留两位小数。

```c
#include<stdio.h>
#define PI 3.14                      //符号常量 PI 表示圆周率
int main()
{
  double r;
  double cir,area;
  scanf("%lf",&r);                   //输入圆半径
  cir = 2 * PI * r;
  area = PI * r * r;
  printf("%.2f %.2f\n",cir,area);    //依次输出圆周长和圆面积
```

```
    return 0;
}
```

运行结果：

```
3 ↵
18.84 28.26
```

当双引号内格式声明有多个的时候,输出列表中的变量或
表达式的个数要和格式声明的个数一致,类型一致,对应的顺
序是:从左到右的格式声明对应从左到右的表达式。这种对应
关系如图 2-16 所示,第一个 %.2f 对应变量 cir,第二个 %.2f 对
应变量 area。

```
printf("%.2f %.2f\n",cir,area);
```

图 2-16　格式声明与输出
列表中多个内容的对应关系

如果 printf 中变量的格式声明与变量的类型不一致,则会导致错误的输出,见
例 2-29。

【例 2-29】　错误的格式化输出。

```
# include < stdio. h>
int main()
{
  int a = 10,b = 20;
  printf(" % d % f\n",a,b);    //变量 b 是 int 型,此处误用 % f 了
  return 0;
}
```

在本例的 printf 语句中,变量 b 是 int 型的,但误用了 %f,因此不会正常输出 20。得到
的是如下所示的错误的输出。

```
10 0.000000
```

☞ printf()函数不会进行不同数据类型之间的自动转换。

☞ printf()函数输出列表中变量(或表达式)的个数要与格式声明的个数相等,且对应
　 的类型要一致。

☞ 如果使用汉化的 C 编译系统,可以在 printf 的格式字符串中包含汉字,则在输出时
　 就能显示汉字。

2.4.3　格式化输入函数 scanf()

printf 和 scanf

前面提到,要将数据存储到内存中,除了赋值方法以外,还可以用输入函数 scanf()来完
成。scanf()函数用于从标准输入设备复制数据到内存中,大多数情况下,标准输入设备是
键盘,因此在程序运行时,用户只需要根据指令从键盘上输入合适的数据,就可以将其保存
到对应的内存中。

scanf()函数也是在 stdio. h 中定义的,用于从键盘上输入数据保存到特定的变量
中去。

scanf()函数的调用格式见表 2-16。

第
2
章

顺序结构程序设计

表 2-16　scanf()函数的调用形式

语　　法	scanf("格式字符串",地址列表);
示　　例	scanf("%d%d",&a,&b);
说　　明	(1) 程序运行时,scanf()函数将用户在键盘上输入的数据送到内存中。 (2) 格式字符串用双引号括起来,包含格式声明和普通字符。格式声明与 printf()函数相类似,而普通字符一般不建议在 scanf()函数中过多使用。 (3) 地址列表是由若干个变量地址(变量前加 &)组成的序列,而不是变量本身,如 &a 表示变量 a 的地址。这一点和 printf()函数不同,要特别引起注意。若有多个地址,以逗号间隔,如 &a,&b

用 scanf()函数输入多个数据时,各个数据之间可以用空格、Enter 键或 Tab 键作为间隔符,以使系统能区分多个不同的数值。例如,运行以下语句时需要输入三个数值,分别存入变量 a、b、c 中。

scanf("%d%d%d",&a,&b,&c);

可以使用以下三种输入方法。

(1) 方式 1:用空格间隔三个数据,结束时按 Enter 键。

17 18 19 ↵

(2) 方式 2:用 Enter 键间隔三个数据。

17 ↵
18 ↵
19 ↵

(3) 方式 3:用 Tab 键间隔三个数据,结束时按 Enter 键。

17[Tab]18[Tab]19 ↵

当然也可以用上述几种间隔方式的混合形式,但是那样会把简单的事情变复杂,不建议使用。

除了空格、Enter 键或 Tab 键外,用户还可以自己在 scanf 中指定其他字符作为间隔符,则对应的输入操作时要用这些指定的间隔符来作为数据之间的间隔。这种方式一般也不建议,会给输入带来很多不便。

表 2-17 列出了 scanf()函数中常用的格式控制说明。

表 2-17　scanf()函数常用的格式控制说明及功能说明

语　　法	示例(与 printf 结合说明)	说　　明
%d	int a; scanf("%d",&a);　　//输入 30 printf("%d\n",a);　　//输出 30	输入带符号的十进制整数,对应参数应为 int 型地址
%f	float x; scanf("%f",&x);　　//输入 5 printf("%f\n",x);　　//输出 5.000000	输入浮点数,对应参数应为 float 型地址

语　法	示例(与 printf 结合说明)	说　　明
%lf	double x; scanf("%lf",&x);　//输入 5 printf("%f\n",x);　//输出 5.000000	输入浮点数,对应参数应为 double 型地址
%c	char ch1; scanf("%c",&ch1);　　//输入 q printf("%c\n",ch1);　//输出 q	输入单个字符,对应参数应为 char 型地址
%s	char s[10]; scanf("%s",s);　　//输入 Hello printf("%s\n",s); //输出 Hello	输入字符串,对应参数应为 char 型数组的地址

在 scanf()中出现的变量的格式声明如果与变量定义时的类型不一致,则会导致数据无法正确读入到变量中或者程序无法正常运行,见例 2-30。

【例 2-30】　错误的格式化输入导致数据无法正确读取。

```
# include < stdio. h >
int main()
{
  float a;
  scanf("%d",&a);                //变量 a 是 float 型,此处误用了 %d
  printf("a = %f\n",a);
  return 0;
}
```

本例的变量 a 是 float 型,但在 scanf 语句中误用了%d,导致数据无法正确读入,假设输入 4,可以发现得到的运行结果是错误的。

```
4 ↵
a = 0.000000
```

由于空格、回车、标点符号等都属于字符类型,因此在程序运行时读取字符类型数据时容易出现一些错误,要注意分析原因,如例 2-31。

【例 2-31】　输入字符类型时容易出现的错误。

```
# include < stdio. h >
int main()
{
  char gender;
  int id;
  scanf("%d%c",&id,&gender);
  printf("ID = %d, Gender = %c\n",id,gender);
  return 0;
}
```

运行结果:

```
196001801 F ↵
ID = 196001801, Gender =
```

本例运行时,从键盘输入 196001801 给整型变量 id,又试图输入字母 F 给字符型变量 gender,但由于两个输入数据之间有一个空格,空格符也是一个字符,因此第二个格式控制%c 就会先接收这个空格符送到变量 gender 中,后面那个字母 F 被舍弃了,导致变量 gender 无法得到正确赋值。如果想得到正确的运行结果,则输入格式要改成:

```
196001801F ↵
```

即两个输入数据紧挨着,中间不要带空格,这样可以得到正确的赋值结果,输出为:

```
ID = 196001801,Gender = F
```

但是这样一来两个输入数据之间没有间隔,不太符合日常的使用习惯,因此可以考虑将代码改写成如下形式。

```
scanf("%d",&id);
getchar();   //抵消上一个输入的间隔符
scanf("%c",&gender);
printf("ID = %d,Gender = %c\n",id,gender);
```

在输入整数 id 的值后,加了一条语句"getchar();"。函数 getchar() 可以接收键盘输入的一个字符,此处没有对接收来的字符赋值给某个变量,相当于把接收到的字符抵消了,因此就可以在输入的两个变量之间加间隔符了(空格或换行都可以),运行结果如下。

```
196001801 F ↵
ID = 196001801,Gender = F
```

- ☞ scanf 中的格式声明和变量的数据类型应一一对应,且每个基本类型的变量前必须要加 & 符号。
- ☞ scanf 中尽量不要出现普通字符,尤其不能将输入提示放在其中。需要显示输入提示的地方尽量用 printf() 函数来实现。
- ☞ 空格、Enter 键和 Tab 键是输入数值型数据时默认的分隔控制键,当 scanf 的格式字符串中没有普通字符出现时,可使用这三个键作为输入的数值型数据之间的分隔符。
- ☞ double 型变量在 scanf 中用%lf 作格式声明,在 printf 中用%f 作格式声明。
- ☞ 程序本身正确,但如果输入格式与代码中要求不一致时,也会造成运行结果的错误。

2.5　用 C 编写数学公式

2.5.1　数学公式的 C 表达形式

通常数学公式中的乘法符号可以省略,将乘数和被乘数并列写出,例如 s = uv。然而在 C 语言中必须使用符号 * 表示乘法,即 s = u * v,如果写成 s = uv 的形式,编译器会认为要将一个名叫 uv 的变量值给变量 s,而不是将变量 u 乘以变量 v 的值赋给 s。

关于除法的书写,数学上通常的写法是将分子与分母写在不同的行上,例如:

$$y = \frac{a - b}{c - d}$$

然而在 C 语言程序的编辑过程中,无法通过键盘将分子分母输入成以上的形式,因此分子和分母要写在同一行上,例如:

$$y = (a-b)/(c-d)$$

这时要注意使用圆括号来区分分子和分母,如果写成 $y = a - b/c - d$ 就错了。

表 2-18 给出了几个用 C 语言表示的数学公式。

表 2-18 数学公式的 C 表达形式

数 学 公 式	C 表达形式	数 学 公 式	C 表达形式
$\dfrac{a-b}{c-d}$	(a−b)/(c−d)	$1+\dfrac{1}{x^2}$	1+1/(x * x)
πr^2	3.14 * r * r	ay−(w+v)	a * y−(w+v)
b^2-4ac	b * b−4 * a * c	$\dfrac{-b+d}{2a}$	(−b+d)/(2 * a)

  ✍ 在 C 程序中,要使用乘法符号 * 来显式地表示乘法运算。

  ✍ 在需要的地方使用圆括号来控制运算符的求值顺序。

2.5.2 常用的数学函数

在进行数据处理时,经常需要使用数学函数。头文件 math.h 中声明了许多数学函数,例如:

(1) 平方根函数 sqrt(x):计算 $\sqrt{x}$。如 sqrt(9.0)的值为 3.0。

(2) 幂函数 pow(x,y):计算 x^y。如 pow(2,3)的值为 8.0(即 2^3)。

(3) 绝对值函数 fabs(x):计算 $|x|$。如 fabs(−2.8)的值为 2.8。

(4) 指数函数 exp(x):计算 e^x。如 exp(2.7)的值为 14.879732。

(5) 自然对数函数 log(x):计算 lnx。如 log(4.4)的值为 1.481605。

math.h 中还声明了许多其他的数学函数,如 sin 求正弦,cos 求余弦等,可以查阅附录或其他 C 语言的参考手册。

【例 2-32】 卫生包干区的面积。(nbuoj1011)

已知包干区的形状是一个任意三角形,并且各条边的边长已测量好,请计算这块包干区的面积并输出,保留两位小数。

任意三角形的面积可用海伦公式求解:

$s = \sqrt{p(p-a)(p-b)(p-c)}$,其中,$p = (a+b+c)/2$。

为简化程序设计,本题假设输入的三条边长一定可以构成一个三角形,不需要判断。

```
# include < stdio.h >
# include < math.h >                    //包含数学函数的头文件
int main()
{
  double a,b,c,p,area;
  scanf("%lf%lf%lf",&a,&b,&c);          //输入三条边的长度
  p = (a+b+c)/2;
  area = sqrt(p*(p-a)*(p-b)*(p-c));    //用 sqrt()函数求平方根
  printf("%.2f\n",area);
```

```
    return 0;
}
```

运行结果：

```
3 4 5 ↵
6.00
```

【例 2-33】 平面上两点的距离。(nbuoj1013)

已知平面上任意两点的坐标，求这两点的距离，保留两位小数。

```
# include < stdio.h>
# include < math.h>
int main()
{
    double x1,y1;                          //第一个点的坐标(x1,y1)
    double x2,y2;                          //第二个点的坐标(x2,y2)
    double d;
    scanf("%lf%lf",&x1,&y1);               //输入第一个点的坐标值
    scanf("%lf%lf",&x2,&y2);               //输入第二个点的坐标值
    d = sqrt((x1-x2)*(x1-x2)+(y1-y2)*(y1-y2));
    printf("%.2f\n", d);
    return 0;
}
```

运行结果：

```
3.1 4.2 ↵
5 6 ↵
2.62
```

首先输入两个点的坐标，接着按照数学上计算平面上两点距离的公式 $d = \sqrt{(x_1 - x_2)^2 + (y_1 - y_2)^2}$ 进行计算。

2.6 实 例 研 究

2.6.1 四则运算

【例 2-34】 简单四则运算。(nbuoj1794)

输入任意两个整数，分别对两数进行加法、减法、乘法和除法运算，并输出计算结果。

```
# include < stdio.h>
int main()
{
    int a,b,sum,sub,multi,div;
    scanf("%d%d",&a,&b);
    sum = a + b;                           //加法
    sub = a - b;                           //减法
    multi = a * b;                         //乘法
    div = a/b;                             //除法
    printf("%d %d %d %d\n",sum,sub,multi,div); //依次输出运算结果
```

```
    return 0;
}
```

运行结果:

```
5 7 ↵
12 - 2 35 0
```

2.6.2 成绩管理

【例 2-35】 简单成绩管理。输入一个学生的学号、姓名以及三门课的成绩,求其平均成绩,并输出学号、姓名、三门课成绩以及平均成绩。

```
# include < stdio. h >
 int main()
 {
    char name;
    int ID;
    double g1,g2,g3,ave;
    printf("Enter name:");
    scanf(" % c",&name);                  //输入姓名
    printf("Enter Student ID:");
    scanf(" % d",&ID);                     //输入学号
    printf("Enter 3 grades:");
    scanf(" % 1f % 1f % 1f",&g1,&g2,&g3);  //输入三门课程的成绩
    ave = (g1 + g2 + g3)/3;                //求平均
    printf("Name: % c\n",name);
    printf("Id: % d\n",ID);
    printf("Grades: %.1f, %.1f, %.1f\n",g1,g2,g3);
    printf("Average = %.1f\n",ave);
    return 0;
}
```

运行结果:

```
Enter name:C ↵
Enter Student ID:18600801 ↵
Enter 3 grades:70 80 90 ↵
Name :C
Id:18600801
Grades:70.0,80.0,90.0
Average = 80.0
```

2.7 习 题

2.7.1 选择题

1. 关于 C 语言中数的表示,以下叙述正确的是(   )。

   A. 只有整型数在允许范围内能准确表示,实型数会有误差

   B. 只要在允许范围内,整型和实型都能准确表示

  C. 只有实型数在允许范围内能准确表示,整型数会有误差

  D. 只有十六进制表示的数不会有误差

2. 关于 C 语言常量的叙述错误的是( )。

  A. 常量可分为数值型和非数值型常量

  B. 所谓常量,是指在程序运行过程中其值不能被改变的量

  C. 常量有整型常量、实型常量、字符常量和字符串常量

  D. 经常被使用的变量可以定义为常量

3. C 语言中的整型常量不包括( )形式。

  A. 二进制形式   B. 十进制形式

  C. 八进制形式   D. 十六进制形式

4. C 语言规定:在一个源程序中,main()函数的位置( )。

  A. 必须放在程序的开头

  B. 必须放在程序的后面

  C. 可以放在程序的任何位置,但在执行程序时是从程序的开头执行的

  D. 可以放在程序的任何位置,但在执行程序时是从 main()函数开始执行的

5. 下列关于 C 语言用户标识符的叙述中正确的是( )。

  A. 用户标识符中可以出现下画线和中画线(减号)

  B. 用户标识符中不可以出现中画线,但可以出现下画线

  C. 用户标识符中可以出现下画线,但不可以放在用户标识符的开头

  D. 用户标识符中可以出现下画线和和数字,它们都可以放在用户标识符的开头

6. C 语言中最简单的数据类型包括( )。

  A. 整型、浮点型、逻辑型   B. 整型、浮点型、字符型

  C. 整型、字符型、逻辑型   D. 整型、浮点型、逻辑型、字符型

7. C 语言中,下列标识符合法的是( )。

  A. 12-a   B. retire_age   C. test.c   D. f(x)

8. 以下选项中不能作为 C 语言合法常量的是( )。

  A. 'hi'   B. '\n'   C. 1.2e3   D. "a"

9. C 语言中运算对象必须是整型的运算符是( )。

  A. /   B. %   C. +   D. =

10. 在 C 语言程序中,表达式 5/2 的结果是( )。

  A. 2.5   B. 2   C. 1   D. 3

11. 若有代数式 $\dfrac{5ab}{cd}$,则错误的 C 语言表达式是( )。

  A. (5 * a * b)/(c * d)   B. 5 * a * b/c * d

  C. 5 * a * b/c/d   D. a * b/c/d * 5

12. 设有以下语句,若要为变量 ch1 和 ch2 分别输入字符 Q 和 W,正确的输入形式应该

是( )。

```
char ch1,ch2;
scanf("%c%c",&ch1,&ch2);.
```

  A. Q 和 W 之间可以用逗号间隔   B. Q 和 W 之间可以用空格间隔

C. Q 和 W 之间不能有任何间隔　　　　　　　D. Q 和 W 之间可以用回车间隔

13. 以下哪一个是 C 语言中的换行符？（　　　）

  A. \t　　　　　　　B. \b　　　　　　　C. \r　　　　　　　D. \n

14. 若已经定义：int　a＝1,b＝1；则运行语句"b＝a＋＋;"后,a 和 b 的值分别等于（　　）。

  A. 1 1　　　　　　　B. 2 1　　　　　　　C. 1 2　　　　　　　D. 2 2

15. 设 int 型变量 x 已正确赋值,以下表达式中能将 x 的百位上的数字提取出来的是（　　）。

  A. x/10％100　　　B. x％10/100　　　C. x％100/10　　　D. x/100％10

16. 若有定义语句"int a＝10;double b＝80.5;",则表达式 a＋b＋ 'C'值的类型是（　　）。

  A. char　　　　　　B. int　　　　　　　C. double　　　　　　D. float

17. 以下选项中正确的定义语句是（　　）。

  A. int a;b;　　　　　　　　　　　　　B. int a＝6,b＝6;

  C. int a,6;　　　　　　　　　　　　　D. int a＝b＝6;

18. 以下程序中变量 c 的二进制值是（　　）。

```
int a = 5,b = 8,c;
c = a << 2^b;
```

  A. 00011011　　　B. 00011000　　　C. 00011100　　　D. 00001000

19. 若整型变量 a 和 b 的值都为 3,则下列表达式中值为 0 的是（　　）。

  A. a << b　　　　　B. a^b　　　　　　C. a&b　　　　　　D. a|b

20. 设有定义"int a＝1234；double b＝3.1415;",则语句"printf("%3d,%1.3f\n",a,b);"的输出结果是（　　）。

  A. 1234,3.141　　B. 1234,3.142　　C. 123,3.142　　D. 123,3.141

2.7.2　在线编程题

nbuoj 上的顺序结构编程

1. 数字自动应答器。（nbuoj1000）

输入任意两个整数,希望"听话"的计算机把这两个整数原样输出到屏幕上。

2. 三数求平均值。（nbuoj1005）

已知某位同学三门课程的成绩,请计算该同学的平均分,输出保留 1 位小数。

3. 圆柱体表面积。（nbuoj1009）

已知一个圆柱体的底面半径 r 和高 h,计算圆柱体的表面积并输出,输出保留 2 位小数。

4. 梯形面积。（nbuoj1205）

已知梯形上底和下底分别为 x 和 y,高为 h,求梯形面积,输出保留 2 位小数。

5. 商和余数。（nbuoj1017）

输入任意两个整数,求两整数相除的商和余数。

6. 两浮点数相除。（nbuoj1016）

输入任意两个浮点数 x 和 y,计算 x 除以 y 的值,输出保留 2 位小数。

顺序结构程序设计

7. 多项式求值。(nbuoj1024)

求 $y=2x^2+x+8$ 的值,本题从键盘输入整数 x,经过计算后,将 y 的值输出到屏幕上,输出保留 1 位小数。

8. 居民电费。(nbuoj1026)

某地居民用电是这样计算的,正常使用部分每度 0.538 元,阶梯部分每度 0.03 元。某用户家 9 月份正常部分用电量为 x 度,阶梯部分用电量为 y 度,请编程计算该用户 9 月份应该缴纳的电费。从键盘输入 x 和 y,输出应缴纳电费,输出保留 2 位小数。

9. 旅行时间和花费。(nbuoj1242)

CoCo 打算和朋友去自驾游,已知旅行的距离(千米)、汽车平均速度(千米/小时)、每升汽油可行驶的千米数及每升汽油的价格(元/升),求 CoCo 花在驾驶汽车上的时间(小时)和购买汽油的钱(元)。输出保留 1 位小数。

10. 求斜边长。(nbuoj1037)

已知一个直角三角形两条直角边的长 x 和 y,求斜边 z 的长度并输出。已知求斜边长的公式为:

$$z=\sqrt{x^2+y^2}$$

本题输入两个浮点数代表两条直角边的长,假设数据都是有效的。输出保留 2 位小数。

11. 小神探的小问题。(nbuoj1215)

小神探 CoCo 在某次案件调查中需要研究一些地图,但是其中一些地图使用千米为单位,而另一些使用英里为单位。假设 CoCo 希望全部采用千米计量,你可以帮她写出转换程序吗?已知 1 英里等于 1.609 千米。

本题输入以英里表示的距离,要求输出以千米表示的距离,输出保留 2 位小数。

12. 成绩预算。(nbuoj1021)

某课程的期末总评成绩由三部分组成,即总评成绩=平时成绩×10%+实验成绩×30%+期末笔试×60%。临近期末,小明已经知道了自己的平时成绩和实验成绩,如果他希望总评成绩能达到 90 分以上,你能帮他估计一下期末笔试至少需要考多少分吗?输出保留 1 位小数。

13. 四位数的数字和。(nbuoj1247)

输入任意一个四位正整数,求出该四位数的各位数字,并计算它们的和输出到屏幕上。

14. 零钱兑换。(nbuoj1243)

输入一个整数表示钱的总数目,试把它兑换成零钱,而且零钱个数要尽量少(零钱仅包括 10 元、5 元和 1 元三种面值)。

15. 鸡兔同笼。(nbuoj1014)

鸡和兔关在一个笼子里,鸡有 2 只脚,兔有 4 只脚。已知现在可以看到笼子里有 m 个头和 n 只脚,求笼子里的鸡和兔子各有多少只。(m 和 n 是从键盘输入的两个整数。)

16. 数字加密。(nbuoj1077)

输入一个四位数,将其加密后输出。加密规则如下:将该数每一位上的数字加 9,然后除以 10 取余作为该位上的新数字,最后将千位和十位上的数字互换、百位和个位上的数字互换,组成加密后的新数字,高位若为 0 的也要输出。保证输入的是有效的四位数。

17. 超市硬币处理机。(nbuoj1217)

超市门口的硬币处理机可以帮你把零钱换成存单。假设机器只支持 1 元、5 角、1 角三种币值,请依次输入三个整数表示 1 元、5 角、1 角的数目,编写程序按要求输出存单的内容。假如输入三个整数 3 10 25,则表示有 3 个 1 元硬币、10 个 5 角硬币和 25 个 1 角的硬币,此时输出的存单内容为:

```
Dollars = 10
Change = 50
```

　　表示存单上整钱的金额为 10 元,零钱金额为 50 分。

第
2
章

顺序结构程序设计

第3章 选择结构程序设计

大部分程序设计中都会用到选择结构。选择结构是指对给定的条件进行判断,然后根据判断结果去执行不同的操作,例如,根据考试成绩的高低来决定是否颁发合格证书,根据用户输入的密码来决定是否进入账户等。在 C 语言中,选择结构主要通过 if 语句和 switch…case 语句来实现。本章首先介绍关系运算和逻辑运算,然后介绍选择结构的不同实现方式。

3.1 关系运算符和关系表达式

在选择结构中通常需要判断表达式是"真"还是"假"。例如,对于表达式 a＜b,真值将说明 a 是小于 b 的。在许多编程语言中,类似 a＜b 这样的表达式具有特殊的"布尔"类型或"逻辑"类型,其值为"真"或"假"。而在 C 语言中,诸如 a＜b 这样的比较运算会产生两个整数:0 或 1。0 代表"假"(条件不成立),1 代表"真"(条件成立)。

☞ C89 中没有定义布尔类型,C99 中提供了名为 _Bool 的布尔类型。

关系运算符和关系表达式

3.1.1 关系运算

关系运算实际上是一种"比较运算",即用关系运算符对两个数进行比较,比较它们之间的"大小关系"。例如,关系表达式 a＞3 用于判断变量 a 的值是否大于 3。

关系运算符可以用于比较整数和浮点数,也允许比较混合类型的操作数。C 语言的关系运算符和数学上的＜、＞、≤、≥运算符号相对应,只是个别符号的书写形式有所不同,见表 3-1。

表 3-1 C 语言中的关系运算符

符　号	含　义	示　例	
＜	小于	3＜6	运算结果为 1
＞	大于	2.7＞5.4	运算结果为 0
<=	小于等于	'A'<='B'	运算结果为 1
>=	大于等于	'a'>='A'	运算结果为 1

☞ 字符按 ASCII 码值存储,根据 ASCII 码值大小进行比较,如'0'＞0 的值为 1。

【例 3-1】 求 x＝7＜3＜5 的值。

表达式 x＝7＜3＜5 相当于:

$$x = (7 < 3) < 5$$
$$= 0 < 5$$
$$= 1$$

因此,x 最后获得的值为 1。

需要注意的是,形如 x<y<z 的表达式在 C 语言中是合法的,这个表达式等价于(x<y)<z,即首先检测 x 是否小于 y,然后用比较后产生的结果(1 或 0)来和 z 进行比较。所以这个表达式并不是测试 y 是否介于 x 和 z 之间。假设要测试 y 是否介于 x 和 z 之间,则需要结合后面介绍的逻辑运算符才可以实现。

  🖉 关系运算的结果为 0 或 1,0 代表假(条件不成立),1 代表真(条件成立)。

  🖉 在某些场合下,为了明确运算顺序,增强程序的可读性,最好在需要的地方添加括号。例如,c=(a<=b)表示把关系表达式 a<=b 的结果赋给变量 c,它显然比 c=a<=b 直观明确。

【例 3-2】 判断成绩是否及格。

```c
# include < stdio. h>
int main()
{
    int grade;
    scanf(" % d",&grade);
    if(grade > = 60)          //判断成绩是否大于等于 60
        printf("pass\n");      //若条件成立,则输出及格信息
    return 0;
}
```

运行结果:

78 ↵
pass

本例通过关系表达式(grade>=60)来判断一个给定的成绩是否大于等于 60,如果条件成立,则输出及格的信息。

关系表达式主要用于选择结构中的条件判断,选择结构的内容将在本章后面详细介绍,由于 C 语言的书写比较接近自然语言,因此不会影响对本例的理解。

3.1.2 判等运算

C 语言中的判等运算符也属于关系运算符,但它们有着比较特殊的形式,见表 3-2。

表 3-2 C 语言中的判等运算符

符 号	含 义	示 例	
==	等于	5==6	运算结果为 0
!=	不等于	3!=5	运算结果为 1

由于一个等号"="在 C 语言中已经用来表示赋值运算符了,因此"等于"运算符就用相邻的两个等号"=="来表示。"不等于"运算符也是由两个字符!和=组成的"!="。

【例 3-3】 已知 ch='a',求 x=(ch=='b')的值。

表达式 x=(ch=='b')相当于:

$$x = ('a'=='b')$$
$$= 0$$

关系运算
符和关系
表达式

69

第 3 章

选择结构程序设计

即,x 最后获得的值为 0。

本例首先判断表达式(ch=='b')的值,由于 ch 存储的是字符常量'a',显然与字符常量'b'不相等,判断结果不成立,为 0,因此变量 x 最终获得的结果为 0。

【例 3-4】 简单密码判断。从键盘输入一个数字,与内部设定的密码数字相比较,如果一致则给出"OK"信息。

```c
# include < stdio. h >
int main()
{
  int password = 367, guess;      //内部设定密码值为 367
  scanf(" % d",&guess);
  if(password == guess)           //判断输入的数字与内部设定的密码是否一致
    printf("OK\n");               //若一致则输出 OK 信息
  return 0;
}
```

运行结果:

```
367 ↵
OK
```

本例判断两个数字是否相等,需要使用等于运算符"=="而不能写成赋值运算符"="。语句 if(password==guess)用来测试输入的 guess 是否等于 password,如果写成语句 if(password=guess),则是先把 guess 的值赋给 password,这样做的结果是修改了变量 password 中的数值,运行结果往往就背离了用户的期望。

   ↝ 不要混淆等于(==)运算符和赋值(=)运算符,这是最容易出现的 C 编程错误之一。

在第 2 章中曾经提到,浮点型数据在存储时会有误差,因此在用关系运算符直接对它们进行比较时,可能会得出错误的结果,见例 3-5。

【例 3-5】 浮点数的判等运算。

```c
# include < stdio. h >
int main()
{
  double d0  =  0.3;
  double d1  =  0.1;
  double d2  =  0.2;
  printf (" % d\n", d0 == (d1 + d2));
  return 0;
}
```

运行结果:

```
0
```

本例运行结果为 0,说明 d0 与(d1+d2)不相等,这显然不符合本题的情况,这种错误是由浮点数的存储误差造成的。因此,一般应避免对两个浮点数直接进行判等运算,而是采用判断两者的差的绝对值是否小于某个很小的数来实现,例如:

x = = y

可写成:

fabs(x - y)<1e-6

即如果 x 与 y 的差值非常小(小于 10^{-6}),就可以认为 x 与 y 是相等的。

☞ fabs 是 C 语言标准库中求绝对值的函数,具体用法见附录。

3.2 逻辑运算符和逻辑表达式

3.2.1 逻辑运算符

关系表达式只适用于描述单一的条件,对于较复杂的复合条件需要将若干个关系表达式连接起来才能描述,如描述"x 大于 0 且不等于 5",需要将两个关系表达式 x>0 和 x!=5 连接起来。

实现多个关系表达式的连接要用到逻辑运算符,C 语言提供了三个逻辑运算符,见表 3-3。其中,&&(逻辑与)和||(逻辑或)是双目运算符,它要求有两个操作数,!(逻辑非)是单目运算符,只要求有一个操作数。

表 3-3　C 语言中的逻辑运算符

符　号	含　义	示　　例
!	逻辑非	!(math <= 60)
&&	逻辑与	(math > 90)&&(science > 90)
||	逻辑或	(math > 90)||(science > 90)

逻辑运算符的操作规则如下。

(1) 逻辑非:当且只当 x 为零时,!x 的结果为 1。

(2) 逻辑与:当且只当 x 和 y 都为非零时,x&&y 的结果为 1。

(3) 逻辑或:当且只当 x 和 y 中至少有一个为非零时,x||y 的结果为 1。

表 3-4 为逻辑运算的真值表,表示当 a 和 b 的值为不同的组合时,各种逻辑运算所得到的值。

表 3-4　逻辑运算的真值表

a	b	! a	! b	a&&b	a||b
0	0	1	1	0	0
0	非 0	1	0	0	1
非 0	0	0	1	0	1
非 0	非 0	0	0	1	1

☞ C 语言把非零数据当作"真",把零当作"假"看待。

实际上,逻辑运算符两侧的运算对象可以是任何类型的数据。表 3-5 给出了几种逻辑运算的样例。

选择结构程序设计

表 3-5　各种逻辑运算示例

逻辑表达式	结　果	说　　明
!4	0	整数 4 为非 0,进行非运算后,结果为 0
5&&6	1	5 和 6 均为非 0,与运算后的结果为 1
'a'&&'b'	1	'a' 与 'b' 的 ASCII 码都不为 0,即非 0,与运算后的结果为 1
4||0	1	4 为非 0,或运算中只要有一个非 0,结果就是 1
!8||0	0	8 为非 0,"非"运算后! 8 的结果为 0,再与 0 进行或运算,结果为 0

3.2.2　用逻辑表达式表示条件

程序中经常需要将用文字或数学公式描述的条件转换为 C 语言的表达式。许多算法步骤需要检测某个变量的值是否位于指定的取值范围内。例如,假设用 min 表示取值范围的下限,max 表示取值范围的上限(min < max),如果要表示 x 的取值范围在 min 和 max 之间(含),则数学上可以用以下表达式来表示:

min ≤ x ≤ max

而写成 C 语言的表达式就应该是:

min < = x&&x < = max

图 3-1 用阴影表示了 x 的取值范围,如果 x 位于该范围内,表达式值为 1,否则表达式值为 0。

表 3-6 给出了一些条件的描述以及对应的 C 语言表达式。

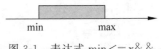

图 3-1　表达式 min <= x& & x <= max 为 1 时 x 的取值范围

表 3-6　用 C 表达式表示条件

条　　件	逻辑表达式
x 和 y 都大于 z	x > z&&y > z
x 位于 u 到 v 之间(含)(u < v)	u < = x&&x < = v
x 位于 u 到 v 之外(u < v)	x < u||x > v
x 能被 y 整除,但不能被 z 整除	x % y = = 0&&x % z!= 0
x 能被 y 整除,又能被 z 整除	x % y = = 0&&x % z = = 0

【例 3-6】　判断大写字母。根据 ASCII 码的排列规律,如果某字符处于大写字母 'A' 以及大写字母 'Z' 之间,则可以确定它是一个大写字母,输出"Upper case",否则不予处理。

```c
#include < stdio. h>
int main()
{
  char ch;
  ch = getchar();            //从键盘读入一个字符
  if(ch > = 'A'&&ch < = 'Z')    //判断字符 ch 是否大写字母
    printf("Upper case\n");
  return 0;
}
```

运行结果：

G↵
Upper case

本例需要判断字符 ch 是否在大写字母'A'和'Z'之间，即是否满足'A'≤ch≤'Z'。在 C 语言中可用"与"运算符将 ch>='A'和 ch<='Z'连接起来，即(ch>='A'&&ch<='Z')，或者('A'<=ch&&ch<='Z')也可以。但切记不能按数学上的习惯直接写成('A'<=ch<='Z')。表 3-7 对这两种写法进行了分析，用不同的测试数据来演示不同的写法对运算过程和运算结果的影响。

表 3-7 "判断字符 ch 是否在大写字母'A'和'Z'之间"的 C 表达式解析

逻辑表达式	运 算 步 骤	测 试 数 据	说　　明
（正确写法） 'A'<= ch&&ch <= 'Z' 或 ch>= 'A'&&ch <= 'Z'	(1) 先计算'A'<=ch (2) 再计算 ch<='Z' (3) 最后将(1)和(2)的计算结果进行"与"运算	ch='G'	(1) 'A'<=ch 结果为 1。 (2) ch<='Z'结果为 1。 (3) 两个 1 进行"与"运算，结果为 1。 **输出 Upper case**
		ch='a'	(1) 'A'<=ch 结果为 1。 (2) ch<='Z'结果为 0。 (3) 1 和 0 进行"与"运算，结果为 0。 **不输出 Upper case**
（错误写法） 'A'<= ch<= 'Z'	(1) 先计算'A'<=ch (2) 再计算(1)的结果是否小于等于'Z' (3) 等价于('A'<=ch)<='Z'	ch='G'	(1) 'A'<=ch 结果为 1。 (2) 1<='Z'结果为 1。 **输出 Upper case**
		ch='a'	(1) 'A'<=ch 结果为 1。 (2) 1<='Z'结果为 1。 **输出 Upper case**

根据表 3-7 的分析可知，判断字符是否大写字母时，如果将表达式误写成'A'<=ch<='Z'，那么其运算步骤就不一样了，虽然当测试字符为大写字母'G'时，也能误打误撞地输出 Upper case，但当测试字符为小写字母时，输出结果也是 Upper case，这就明显错误了，因为把小写字母'a'判断为大写字母了。因此需要正确书写表达式，同时在测试程序时要多测试各种不同数据，以发现程序中隐藏的问题。

根据前面的分析可知，在 C 语言程序中，如果要判断某一字符 ch 是否为小写字母，正确的逻辑表达式应为'a'<=ch&&ch<='z'，而如果要判断某一字符是否为数字字符，正确的逻辑表达式为'0'<=ch&&ch<='9'。

3.2.3　短路求值

在逻辑表达式的求解中，并不是所有的逻辑运算符都需要执行，有时只需要执行一部分运算符就可得出逻辑表达式的最后结果，这时就不会继续运算下去，这一现象被称作"短路求值"。&& 和 || 就是所谓的"短路"运算符，例如表达式 x&&y，只有当 x 为真时，才需要判断 y 的值，若 x 为假，就立即得出整个表达式为假，不必再判断 y 的值了。又如表达式 x||y，只要 x 为真，就立即得出整个表达式为真，不必再判断 y 了，只有当 x 为假时，才需要判断 y 的值。

【例 3-7】 短路求值分析。

```
#include<stdio.h>
int main()
{
    int a=1,b=2,c=3,d=4;
    int m=1,n=1,t;
    t=(m=a>b)&&(n=c>d);
    printf("t=%d,m=%d,n=%d\n",t,m,n);
    return 0;
}
```

运行结果：

t=0,m=0,n=1

对于逻辑表达式(m=a>b)&&(n=c>d)，首先计算(m=a>b)，由于 a>b 的结果为 0，因此 m=0，这时可立即得出整个逻辑表达式的结果 t 为 0，因此(n=c>d)不被执行，n 的值就不会发生变换，依然保持 1。

&& 短路求值：只要逻辑表达式的值能够确定，就停止对表达式求值。

用 if 语句
实现选
择结构

3.3 if 语句

if 语句通过对给定的条件进行分析、比较和判断来完成不同的操作。C 语言的 if 语句有三种表现形式：单分支 if 语句(if 语句)，双分支 if 语句(if…else 语句)，多分支 if 语句(if…else if 语句)。

3.3.1 单分支 if 语句

在前面的例 3-2 中出现过以下语句：

```
if(grade>=60)
    printf("pass\n");
```

这是单分支 if 语句。其流程图见图 3-2。

单分支 if 语句的用法见表 3-8。

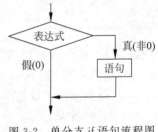

图 3-2 单分支 if 语句流程图

表 3-8 单分支 if 语句的用法

语 法	示 例	说 明
if(表达式) 语句	if(grade>=60) printf("pass\n");	(1) 先计算表达式的值，如果表达式的值为真，则执行语句；否则不做任何操作。 (2) 此处的"语句"可以是单条语句，也可以是复合语句。 (3) 表达式可以是任意类型。若表达式值为 0，按"假"处理；若表达式值非 0，按"真"处理。例如： if(1) printf("That's OK "); 该 if 语句是合法的，因为表达式的值为 1，按"真"处理，最后输出 That's OK

【**例 3-8**】 求整数的绝对值。(nbuoj1035)

输入一个整数,输出它的绝对值。

由于正数和零的绝对值就是其本身,因此不需要处理,而负数的绝对值则可通过类似 x=-x 的形式求取。程序如下。

```
# include < stdio. h >
int main()
{
    int a,temp;
    scanf(" % d",&a);
    temp = a;                   //将输入的数值复制到变量 temp 中
    if(temp < 0)
        temp = - temp;          //对 temp 进行判断,若是负数,则取反
    printf(" % d\n",temp);
    return 0;
}
```

运行结果:

```
- 9 ↵
9
```

在 if(表达式)的圆括号后面不能加分号,例如:

```
if(temp < 0);               //此处多加了分号,与设计初衷不符
    temp = - temp;
```

这样写语法检查时不会报错,但由于在 if(temp < 0)后面加了分号,表示空操作,即当 temp < 0 成立时执行空操作而不是执行 temp=-temp,因此代码的实现已经和原来的设计相背离了。

    ☞ 代码中用虚线框是为了突出选择结构的语句。

3.3.2 双分支 if 语句

【**例 3-9**】 成绩合格问题。(nbuoj1058)

输入一个整数表示课程成绩,判断学生成绩是否合格: 当分数大于等于 60 分时,输出合格信息,小于 60 分的,输出不合格信息。

```
# include < stdio. h >
int main()
{
    int grade;
    scanf(" % d",&grade);

    if(grade > = 60)            //判断成绩是否大于等于 60
        printf("pass\n");       //若条件成立,则输出及格信息
    else                        //否则说明表达式里的条件不成立,即成绩小于 60
        printf("failure\n");    //因此输出不合格信息
```

```
    return 0;
}
```

运行结果：

```
59 ↵
failure
```

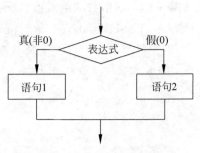

图 3-3   if…else 语句流程图

本例用到双分支的 if 语句,即 if…else 语句,其流程图见图 3-3。

if…else 语句是选择结构的标准使用形式,其用法见表 3-9。

表 3-9   if…else 语句的用法

语　法	示　例	说　明

if(表达式)
　语句 1
else
　语句 2
	if(grade >= 60)
	　printf("pass\n");
	else
	　printf("failure\n");
		(1) 先计算表达式的值,若值为真,则执行语句 1；否则执行语句 2。
		(2) 无论表达式的值为真还是假,只执行语句 1 和语句 2 中的某一个,不会两个都执行。
		(3) else 子句不能单独使用,它前面必须要有 if 配对使用

【例 3-10】   分段函数。(nbuoj1042)

输入一个整数 x,计算以下分段函数的值,输出保留 2 位小数。

$$y = \begin{cases} x^2 - 2 & x \geq 0 \\ \sqrt{5 - x} & x < 0 \end{cases}$$

```
#include <stdio.h>
#include <math.h>
int main()
{
    int x;
    double y;
    scanf("%d",&x);
    if(x >= 0)
        y = x * x - 2;
    else
        y = sqrt(5 - x);
    printf("%.2f\n",y);
    return 0;
}
```

运行结果：

```
4 ↵
14
```

本例中,x 的取值范围有两个区间,x≥0 区间以及 x<0 区间。当 x≥0 时,取值范围如图 3-4 所示,而

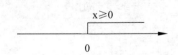

图 3-4   例 3-10 中 x≥0 的取值范围

当 x<0 时,取值范围刚好是表达式 x≥0 的取反,即除去 x≥0 以外的所有区间。因此,在 if…else 语句里,如果表达式 x≥0 不成立,则说明 x 是小于 0 的,就不需要再刻意强调 x<0 这一条件了。

【例 3-11】 两数求大值。(nbuoj1061)

从键盘输入任意两个整数 a 和 b,求出其中较大数的数值并输出。

可以再定义一个变量 max,用来存放 a,b 中较大数的值。算法流程图见图 3-5。

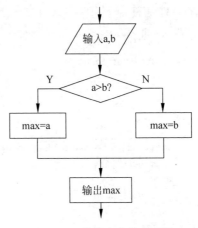

图 3-5 两数求大值的流程图

```
#include<stdio.h>
int main()
{
  int a,b,max;
  scanf("%d%d",&a,&b);
  if(a>b)          //将较大数存到变量 max 中
    max=a;
  else
    max=b;
  printf("%d\n",max);
  return 0;
}
```

运行结果:

3 8↵
8

通过 if…else 语句对两数进行比较,将较大数的值存到变量 max 中并输出。

前面几个例子用了单一的关系运算符,下面这个例子用关系运算符和逻辑运算符构成一个逻辑表达式。

【例 3-12】 判断是否为英文字母。(nbuoj1046)

任意输入一个字符,判断其是否为英文字母,是则输出 YES,否则输出 NO。

```
#include<stdio.h>
int main()
{
  char ch;
  scanf("%c",&ch);
  if(ch>='a'&&ch<='z'||ch>='A'&&ch<='Z')     //判断 ch 是否属于小写字母或大写字母
    printf("YES\n");
  else
    printf("NO\n");
  return 0;
}
```

运行结果:

S↵

选择结构程序设计

YES

【例 3-13】 是否闰年。(nbuoj1072)

输入一个整数 year 表示某一年,判断这一年是否闰年,是则输出 yes,否则输出 no。闰年的条件是符合下面两个条件之一:①能被 4 整除,但不能被 100 整除,如 2020;②能被400 整除,如 2000。

```
# include < stdio. h >
int main()
{
  int year;
  scanf(" % d",&year);
  if((year % 4 == 0&&year % 100!= 0)||year % 400 == 0)   //判断闰年的两个条件组成一个逻辑表达式
    printf("yes\n");
  else
    printf("no\n");
  return 0;
}
```

运行结果:

```
2021 ↵
no
```

对于关系比较复杂的逻辑表达式,建议适当地利用圆括号来明确运算的优先次序。

3.3.3 多分支 if 语句

实际编程时需要判断的条件往往不止两个,多分支的 if 语句可以解决多条件判断的问题。比如下面这个程序需要对学生成绩评级。

【例 3-14】 三级制成绩评级。(nbuoj1059)

输入一个整数形式的学生成绩(百分制),按以下规则计算并输出相应等级:[80,100]分为 A 等,[60,79]分为 B 等,小于 60 分为 C 等。(成绩范围为 0~100 分。)

```
# include < stdio. h >
int main()
{
  char ch;
  int score;
  scanf(" % d",&score);        //输入百分制的学生成绩
  if(score > = 80)
    ch = 'A';
  else if(score > = 60)
    ch = 'B';
  else
    ch = 'C';
  printf(" % c\n",ch);         //输出对应的成绩的等级
  return 0;
}
```

运行结果：

99 ↵
A

这个例子用到了多分支 if 语句，即 if···else if 语句，其流程图见图 3-6。

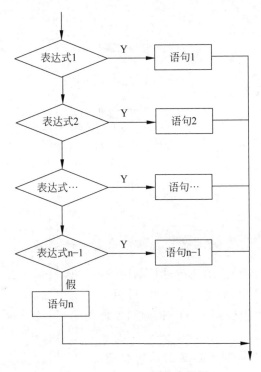

图 3-6　if···else if 语句流程图

if···else if 语句的用法见表 3-10。

表 3-10　if···else if 语句的用法

语　　法	示　　例	说　　明

if(表达式 1)
　语句 1
else if(表达式 2)
　语句 2
　…
else if(表达式 n−1)
　语句 n−1
else
　语句 n
	if(score >= 80)
	　ch = 'A';
	else if(score >= 60)
	　ch = 'B';
	else
	　ch = 'C';
		(1) 先计算表达式 1 的值，若表达式值为真，则执行语句 1，否则进行下一步判断。
		(2) 若表达式 2 的值为真，则执行语句 2，否则进行下一步判断。
		(3) 若前面所有的表达式都为假，则执行语句 n。
		(4) 只会执行语句 1 到语句 n 中的某一个，不会执行多个

如果有 n 个分支结构，则用最开始的 if 和最后一个 else 各处理一个分支，中间再连续写 n−2 个 else if 语句来处理剩余的 n−2 个分支。

【例 3-15】　单个字符类型判断。(nbuoj1049)

输入任意一个字符，判断该字符是小写字母、大写字母、数字字符或者其他类型字符，输

选择结构程序设计

出对应提示信息。

```
#include<stdio.h>
int main()
{
  char ch;
  scanf("%c",&ch);
  if(ch>='A'&&ch<='Z')
    printf("upper\n");        //大写字母则输出 upper
  else if(ch>='a'&&ch<='z')
    printf("lower\n");        //小写字母则输出 lower
  else if(ch>='0'&&ch<='9')
    printf("digit\n");        //数字字符则输出 digit
  else
    printf("other\n");        //其他字符则输出 other
  return 0;
}
```

运行结果:

d↵
lower

本例运用字符 ASCII 码值的规律进行判断,一共有四个分支,用第一个 if 处理大写字母,最后一个 else 处理其他字符,中间的两个 else if 分别处理小写字母和数字字符。

多分支 if…else if 语句并不是新的语句类型,它依然是普通的 if 语句,只是刚好有另外一条 if 语句作为 else 的子句,而且这条 if 语句又有另外一条 if 语句作为它自己的 else 子句,以此类推。如本例的多分支选择语句可以写成如图 3-7 所示的形式。

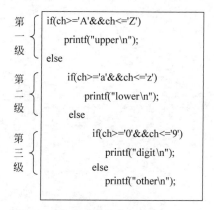

图 3-7　多分支 if 语句的缩进式书写

但是一般在书写多分支 if…else if 语句时不会对它进行缩进,避免需判断的条件太多引起过度缩进,而是如例 3-15 中的代码那样,把 else 与它后面的 if 写在同一行上,即:

```
if(表达式)
  语句
else if(表达式)
  语句
…
else if(表达式)
  语句
else
  语句
```

☞ 使用 if…else if 语句时,各个分支的条件一定要按照某种顺序书写。这样做既可以使程序条理清晰,而且也不容易出错。

☞ 用多分支 if…else if 语句时,最后的一个 else 语句不是总会出现的。

3.3.4 带复合语句的 if 语句

前面出现的 if 语句的各种形式中,语句部分都只有一条语句,如果想用 if 语句处理两条或多条语句,就需要使用复合语句。复合语句也称为语句块,通过在一组语句前后放置大括号,可以强制编译器将其作为一条语句来处理。

标准 if…else 语句中复合语句的书写形式见表 3-11。

表 3-11 选择结构中复合语句的用法

语 法	示 例	说 明

if(表达式)
{
　语句 1(系列语句)
}
else
{
　语句 2(系列语句)
}
	if(sum > 10000)
	{
	　discount = 0.68;
	　printf("Golden Card Discount = %.2f\n ", discount);
	}
	else
	{
	　discount = 0.88;
	　printf (" Ordinary card Discount = %.2f \n ", discount);
	}
		(1) 如果消费金额超过 1 万,则给出 0.68 的折扣,并显示金卡折扣为 0.68。
		(2) 如果消费金额没有超过 1 万,则给出 0.88 的折扣,并显示普卡折扣为 0.88。
		(3) 当表达式为"真"或"假"时,对应的复合语句要么全部执行,要么全部不执行

【例 3-16】 两整数排序。(nbuoj1062)

输入两个整数,按从小到大的顺序输出这两个数。

```
# include< stdio. h>
int main()
{
  int a,b,t;
  scanf("%d%d",&a,&b);
  if(a > b)
  {              //构成复合语句的左大括号
    t = a;       //①
    a = b;       //②
    b = t;       //③
  }              //构成复合语句的右大括号
  printf("%d %d\n",a,b);    //已将较小数存入 a,较大数存入 b,输出
  return 0;
}
```

运行结果:

```
9 3 ↵
3 9
```

本例通过三变量法实现两数的交换,当 a>b 时,将较小数放入 a 变量,而将较大数放入 b 变量。三变量法由三条语句构成一个完整的交换过程,当 a>b 条件成立时,①②③这三条语句都被依次执行,而当条件 a>b 不成立时,①②③这三条语句都不被执行。因此需要

使这三条语句组成一个整体,即将这三条语句组成一个复合语句。

如果本例的语句写成如下形式:

```
if(a > b)
  t = a;
  a = b;
  b = t;
```

此时读者可以分析一下,分别用 9 和 3 以及 3 和 9 这两组数据分别进行测试,看运行结果将会有怎样的变化。

☞ 复合语句的主要作用是把多个语句组成一个可执行的单元。

【例 3-17】 三整数排序。(nbuoj1065)

输入三个整数 a,b,c,按从小到大的顺序输出这三个数。

```
#include < stdio.h>
int main()
{
  int a,b,c,t;
  scanf("%d%d%d",&a,&b,&c);
  if(a > b)
    {t = a;a = b;b = t;}       //实现 a、b 交换,较小数存入 a,较大数存入 b
  if(a > c)
    {t = a;a = c;c = t;}       //实现 a、c 交换,较小数存入 a,较大数存入 c
  if(b > c)
    {t = b;b = c;c = t;}       //实现 b、c 交换,较小数存入 b,较大数存入 c
  printf("%d %d %d\n",a,b,c); //最终变量 a、b、c 中的数据按从小到大顺序存放
  return 0;
}
```

运行结果:

```
3 9 7↵
3 7 9
```

解决三个数的排序问题,有许多种方案。本例采用了数据交换的方法,将三个变量相互间各做一次比较,根据比较结果将最小数放入 a,中间数放入 b,最大数放入 c。算法思想表示如下。

if(a > b)将 a 与 b 交换,则 a 是 a、b 中的较小者。

if(a > c)将 a 与 c 交换,则 a 是 a、c 中的较小者,并且 a 是三者中的最小者。

if(b > c)将 b 与 c 交换,则 b 是 b、c 中的较小者,也是三者中的中间数。

☞ 复合语句一般出现在选择和循环语句中。

3.4 条件运算符和条件表达式

C 语言中有条件运算符"?:",它由两个符号"?"和":"组成,可以用来构造条件表达式。条件运算符的使用形式如表 3-12 所示。

表 3-12　条件运算符的使用形式

语　　法	表达式 1? 表达式 2：表达式 3
示　　例	(a > b)?a:b
说　　明	(1) 先求解表达式 1 的值,如果值为真,则计算表达式 2 的值来作为整个表达式的值; (2) 若表达式 1 的值为假,说明条件不成立,则计算表达式 3 的值来作为整个表达式的值; (3) 样例中的(a > b)? a:b 是一个条件表达式为,其执行方式为：如果 a > b 成立,则表达式取 a 的值,否则表达式取 b 的值

【例 3-18】　两数求大值。（nbuoj1061）

输入任意两个整数,用条件运算求出其中较大的数值并输出。

```c
#include < stdio.h >
int main()
{
  int a,b,max;
  scanf(" % d % d",&a,&b);
  max = (a > b)?a:b;        //用条件表达式,将 a、b 中较大的数值保存到变量 max 中
  printf(" % d\n",max); //输出保存在 max 变量中的较大值
  return 0;
}
```

运行结果：

```
6 19 ↵
19
```

再看一个与字符操作有关的例子。

【例 3-19】　大写字母变小写字母。（nbuoj1430）

用条件运算表达式实现将大写字母转换为小写字母,如果是其他字符则保持不变。

```c
#include < stdio.h >
int main()
{
  char ch,new_ch;
  scanf(" % c",&ch);                  //输入一个字符
  new_ch = (ch > = 'A'&&ch < = 'Z')?ch + 32:ch; //对大写字母加 32 可得到对应的小写形式
  printf(" % c\n",new_ch);
  return 0;
}
```

运行结果 1：

```
A ↵
a
```

运行结果 2：

```
# ↵
#
```

选择结构程序设计

本例先判断 ch 是否是大写字母，如果是大写字母，则根据 ASCII 码的排列顺序可知，加 32 就可以得到该字母对应的小写形式，否则保持不变。

条件运算表达式语句相当于一个简单的选择结构。一般当 if 语句中需要执行的语句为赋值语句，并且两个分支都是给同一个变量赋值的时候，可以用条件表达式来达到相同的效果，如果语句比较复杂的情况下不建议刻意使用条件表达式。

选择结构的嵌套

3.5　选择结构的嵌套

在 if 语句中又包含一个或多个 if 语句的形式称为 if 语句的嵌套。C 语言中 if 语句嵌套的形式比较灵活，图 3-8 给出了 if…else 语句二重嵌套的一般形式。

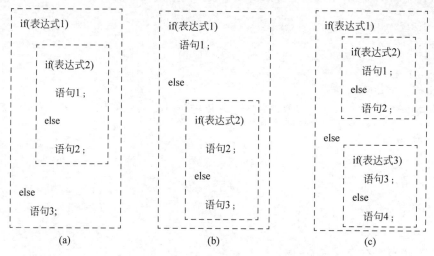

图 3-8　if…else 语句二重嵌套的一般形式

【例 3-20】　输入两个整数，比较它们的大小关系。

```c
#include<stdio.h>
int main()
{
  int a,b;
  scanf("%d%d",&a,&b);
  if(a!=b)
    if(a>b)
      printf("%d>%d\n",a,b);
    else
      printf("%d<%d\n",a,b);
  else
    printf("%d=%d\n",a,b);
  return 0;
}
```

运行结果 1：

7 12 ↵

```
7 > 12
```

运行结果 2：

```
9 -8↵
9 > -8
```

本例先将 a 与 b 的关系划分成两类，即"不等于"和"等于"，然后在"不等于"的情况下再进一步判断是"大于"还是"小于"，因此，在"不等于"的情况下出现了嵌套的 if 语句。

    ☞ 嵌套的 if 语句虽然占据多个书写行，但如果不构成复合语句的话，就无须用大括号括起来。

在嵌套的 if 语句中，特别要注意 if 与 else 的搭配问题，使用不当容易产生二义性。比如把嵌套关系写成如下形式：

```
if(表达式1)
  if(表达式2)
    语句1;
else
  语句2;
```

设计者把 else 与第 1 个 if 写在同一列，试图以此表示它们是匹配的。但根据 if 与 else 的配对规则，else 实际上是与第 2 个 if 配对的（else 总是与离它最近的未匹配过的 if 匹配）。可见，嵌套内的 if 语句既可以是 if 语句形式也可以是 if…else 语句形式，这就会出现多个 if 和多个 else 重叠的情况，此时要特别注意 if 和 else 的配对问题，一般地，else 总是与它前面一个最近的未匹配过的 if 配对，如图 3-9 所示。

图 3-9　if 和 else 的配对原则

当然，为了保险起见，也可以用大括号来强制确定配对关系。对于上述例子，如果设计者的意图是让 else 和第 1 个 if 匹配，那么可做如下处理。

```
if(表达式1)
{
  if(表达式2)
    语句1;
}
else
    语句2;
```

    ☞ C 语言不是以书写格式来分隔语句的，而是由逻辑关系决定的。

【例 3-21】　求一元二次方程 $ax^2+bx+c=0$ 的根。

本题可以分为以下两种情况来考虑。

（1）若 a 不等于 0，$d=b^2-4ac$，则需要进一步考虑 d 的取值，即：

① 若 $d \geqslant 0$，方程有两个实根：$x_{1,2}=\dfrac{-b \pm \sqrt{d}}{2a}$。

② 若 $d < 0$，方程有两个虚根：$x_{1,2}=\dfrac{-b \pm \sqrt{-d}i}{2a}$。

（2）若 a 等于 0，则为非二次方程，因此根 $x=-c/b$。

流程图如图 3-10 所示。

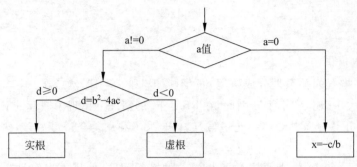

图 3-10   求一元二次方程根的流程图

```
# include < stdio. h >
# include < math. h >
int main()
{ double a,b,c,d,t1,t2;
  printf ("Input a b c:\n" );
  scanf(" % lf % lf % lf",&a,&b,&c);
  if (a!= 0)
  {
   d = b * b - 4 * a * c;
   t1 = ( - b)/(2 * a);
   t2 = sqrt(fabs(d))/(2 * a);
      if(d > = 0)
         printf("Two real roots:\nx1 = % .1f\nx2 = % .1f\n",t1 + t2,t1 - t2);
      else
         printf("Two complex roots:\nx1 = % .1f + % .1fi\nx2 = % .1f - % .1fi\n",t1,t2,t1,t2);
  }
  else
  printf("It's not quadratic,x = % .1f\n", - c/b);

  return 0;
}
```

运行结果 1：

```
Input a b c:
0 3 4 ↵
It's not quadratic,x = - 1.3
```

运行结果 2：

```
Input a b c:
2 3 4 ↵
Two complex roots:
x1 = - 0.8 + 1.2i
x2 = - 0.8 - 1.2i
```

运行结果 3：

```
Input a b c:
```

```
1 4 1 ↵
Two real roots:
x1 = - 0.3
x2 = - 3.7
```

利用 C 语言提供的关系运算、逻辑运算和 if 语句,可以完成各种复杂的选择结构的控制流程描述。然而,为了保证程序的可读性,不提倡使用嵌套层次过多的运算。

3.6 switch…case 语句

用 switch
实现多分
支选择

C 语言提供 switch…case 语句作为多分支选择结构的替代。switch…case 语句的用法如表 3-13 所示。

表 3-13 switch…case 语句的用法

语　　法	示　　例	说　　明

switch(表达式)
{
case 常量表达式 1:
　　　语句组 1;
　　　break;
case 常量表达式 2:
　　　语句组 2;
　　　break;
　… …
case 常量表达式 n:
　　　语句组 n;
　　　break;
default:
　　　语句组 n+1;
　　　break;
}
	switch(grade)
	{
	case 'A':
	　　　printf("80～100\n");
	　　　break;
	case 'B':
	　　　printf("60～79\n");
	　　　break;
	case 'C':
	　　　printf("<60\n");
	　　　break;
	default:
	　　　printf("Error\n");
	　　　break;
	}
		(1) switch 后面的表达式通常是整型或字符型变量,也允许枚举类型数据。
		(2) case 后面的常量表达式起到标记作用,用来标志一个位置。
		(3) switch 语句的流程是:先计算 switch 后面表达式的值,然后用此值依次与各个 case 后的常量表达式比较,若与某个 case 后面的常量表达式的值相等,就执行这个 case 后面的语句组,执行后遇到 break 就退出 switch 语句;若表达式的值与所有 case 后面的常量表达式都不相等,则执行 default 后面的语句组 n+1,然后退出 switch 语句

【例 3-22】 编制菜单程序:在屏幕上显示问候信息表,根据用户的选择,显示不同的问候信息。

```
include < stdio.h>
int main()
{
    char ch;
    printf("1 Morning\n");
    printf("2 Afternoon\n");
    printf("3 Evening\n");
    printf("Input your choice:\n");
    ch = getchar();    //从键盘输入用户的选择
```

第 3 章

选择结构程序设计

```
switch(ch)        //根据选择进行不同的处理
{
   case '1':printf("Good morning\n");break;
   case '2':printf("Good Afternoon\n");break;
   case '3':printf("Good Evening\n");break;
   default:printf("Selection Error\n");
}
```

```
   return 0;
}
```

运行结果：

```
1 Morning
2 Afternoon
3 Evening
Input your choice
2 ↵
Good Afternoon
```

当用户输入数字 2 时，switch 语句找到匹配的 case 子句，并执行后面的语句，输出问候语"Good Afternoon"，然后执行 break 语句，跳出 switch 语句。

使用 switch…case 语句需要注意以下几点。

（1）关键字 case 和后面的常量表达式之间有空格间隔。

（2）default 一般总是放在最后面，这时，default 后面不需要 break 语句。default 部分不是必需的。例如，在例 3-22 中如果没有 default 部分，当 switch 后面的表达式的值与 case 后面的常量表达式的值都不相等时，则不执行任何分支，直接退出 switch 语句。

（3）各个 case 常量表达式不一定要按其值的大小顺序来书写语句，但要求各个 case 后的常量表达式必须是不同的值，以保证分支选择的唯一性。例如：

```
case '2':语句 2;break;
case '1':语句 1;break;
case '3':语句 3;break;
case '1':语句 4;break;
```

前 3 个 case 语句都是合法的，但最后一个 case 语句与第 2 个 case 语句的常量表达式的值相同了，这是不允许的。

    建议尽量按照常量表达式值的大小顺序来书写语句，使语句条理更清晰。

（4）如果在 case 后面包含多条执行语句，不需要加大括号。在进入 case 后，会自动顺序执行当前 case 后面的所有执行语句。

（5）只有 default 中的 break 语句可有可无，而其余各分支中的 break 语句有或无时程序的流程是完全不同的，例如，在例 3-22 中如果 case '1'，case '2'，case '3'后面没有 break 语句，则当用户输入数字 1 以后，程序的输出结果为：

```
Good Morning
Good Afternoooon
Good Evening
Selection Error
```

这是因为 case 后面的常量表达式只起到标记的作用,而不起条件判断的作用。因此,一旦与 switch 后圆括号内表达式值匹配,就从这个标记开始执行,而且执行完一个 case 后面的语句后,若没有遇到 break 语句,会自动进入下一个 case 继续执行,而不再判断是否匹配。因此,若想执行一个 case 分支后立即跳出 switch 语句,就必须在此分支的最后添加一个 break 语句。

(6) 多个 case 可以共用一组执行语句。见例 3-23。

【例 3-23】 五级制成绩评级。(nbuoj1060)

输入一个整数表示百分制成绩(0~100),将其转换为对应的等级制并输出。对应规则为:[90,100]分为 A,[80,89]分为 B,[70,79]分为 C,[60,69]分为 D,小于 60 分为 E。

如果直接对分数进行判断:100 分为 A,99 分为 A,……,1 分为 E,0 分为 E,则会有101 个 case 分支,显然是不合理的。需要考虑如何减少 case 分支而又不影响程序的功能。首先将分数除以 10 取整,则将得到 10,9,8,7,6,5,4,3,2,1,0 这样 11 个分支,其中,10 和 9 这两个分支代表 90~100 分,分支 8 代表 80~89 分,分支 7 代表 70~79 分,分支 6 代表 60~69 分,分支 5,4,3,2,1,0 代表小于 60 分的。这样,分支数就大大减小了。最终的程序如下。

```c
#include < stdio.h >
int main()
{
    int score;
    char grade;
    scanf(" % d",&score);
    switch(score/10)
    {
        case 10:
        case 9: grade = 'A';break;      //case 10 和 case 9 两个 case 共用一组语句
        case 8: grade = 'B';break;
        case 7: grade = 'C';break;
        case 6: grade = 'D';break;
        case 5:
        case 4:
        case 3:
        case 2:
        case 1:
        case 0: grade = 'E';           //case 5 到 case 0 的六个 case 共用一组语句
    }
    printf(" % c\n",grade);
    return 0;
}
```

运行结果:

90 ↵
A

本例还可以进一步减少 case 分支,如将 5,4,3,2,1,0 这 6 个分支都归入到 default 分支,则对应代码段可改写成如下形式。

90

```
switch(grade)
{
  case 10:
  case 9:printf("A\n");break;
  case 8:printf("B\n");break;
  case 7:printf("C\n");break;
  case 6:printf("D\n");break;
  default:printf("E\n");break;
}
```

下面这个例子也是多个 case 子句共用一组语句的。

【例 3-24】 模拟万年历。(nbuoj1073)

输入两个整数表示年和月的数值,打印出这一年的这一个月的天数。如用户输入的信息是 2020 年的 2 月,则打印出该月的天数为 29。假设数据都是有效的。

根据历法,凡 1、3、5、7、8、10、12 月每月为 31 天,凡 4、6、9、11 月每月为 30 天;2 月份闰年 29 天,平年 28 天。闰年的判断条件需满足以下两个条件中的一个即可:①能被 4 整除但不能被 100 整除;②能被 400 整除。

```
#include<stdio.h>
int main()
{
  int year,month,days;
  scanf("%d%d",&year,&month);        //输入两个整数表示年和月
  switch(month)
  {
    case 1:
    case 3:
    case 5:
    case 7:
    case 8:
    case 10:
    case 12:
      days=31;
      break;
    case 4:
    case 6:
    case 9:
    case 11:
      days=30;
      break;
    case 2:                                  //2月的天数要根据闰年还是平年来定
    if(year%4==0&&year%100!=0||year%400==0)
      days=29;
    else
      days=28;
    break;
  }
```

```
    printf("%d\n",days);
    return 0;
}
```

运行结果:

```
2020 2↵
29
```

关于闰年的判断可以有很多的写法,请读者根据自己所掌握的知识尝试不同的设计思路。

3.7 实 例 研 究

第 2 章的实例研究中介绍了一个加、减、乘、除的简单程序,输入两个数据,根据固定的模式计算相应的结果。如果希望程序灵活一些,能根据用户输入的运算符号来决定进行加、减、乘、除中的哪一种运算,则需要对输入的运算符号进行判断。选择结构提供了这方面的支持。

3.7.1 四则运算

【例 3-25】 简单计算器。(nbuoj1084)

设计一个简单计算器程序,可根据输入的表达式,对两个数进行加、减、乘、除运算。输入形式为 AopB,其中,A 和 B 表示参加运算的两个浮点数,op 代表算术运算符+、-、*、/中的一种,如 2+5。计算结果保留两位小数。假设不会出现除数为 0 的情况。

```
#include<stdio.h>
int main()
{
    char op;
    double a,b,answer;
    scanf("%lf%c%lf",&a,&op,&b);    //输入计算公式,变量 op 存储运算符
    switch(op)                       //判断运算符 op
    {
        case '+':answer=a+b;break;   //若是加号,则执行加法运算
        case '-':answer=a-b;break;
        case '*':answer=a*b;break;
        case '/':answer=a/b;break;
    }
    printf("%.2f\n",answer);
    return 0;
}
```

运行结果:

```
7/2↵
3.50
```

本例所设计的计算器是由用户出题,由机器来回答,机器按照运算规则计算得到的肯定是正确答案,这个工作原理跟日常使用的计算器类似。

下面进一步模拟小学生四则运算的学习过程,需要在给出题目后,由用户来回答,然后由机器来判断用户的回答是否正确。

【例3-26】 小学生四则运算练习系统。编制一个可以完成加、减、乘、除运算的程序,输入一个算术表达式,如果运算符号是"+",则执行加法操作;为"−",则执行减法操作;为"*",则执行乘法操作;为"/",则执行除法操作。给出表达式后,从键盘再输入一个运算结果,若答案正确则输出正确信息,否则给出错误提示。(假设除法都是能整除的。)

```c
#include <stdio.h>
int main()
{
  int a,b,user_ans,res;              //user_ans 表示用户答案,res 表示标准答案
  char op;
  scanf("%d%c%d",&a,&op,&b);    //输入表达式
  switch(op)                              //先计算标准答案,存入变量 res
  {
    case '+': res = a + b; break;
    case '-': res = a - b; break;
    case '*': res = a * b; break;
    case '/':
       if(b!= 0)
       res = a/b;
       else
       printf("Division by zero,ERROR\n");    //若除数为 0 则给出错误提示
       break;
  }
  if(!(op == '/'&&b == 0))
  {
    printf(" = ");
    scanf("%d",&user_ans);          //输出等号,提醒用户输入答案
    if(res == user_ans)               //输入用户答案
      printf("Sucess:)\n");           //将用户答案 user_ans 与标准答案 res 进行比较
    else
      printf("Error:(\n");
  }
  return 0;
}
```

运行结果 1:

4 + 5 ↵
= 9 ↵
Success:)

运行结果 2:

7 * 8 ↵
= 67 ↵
Error:(

本例用了两个选择结构,一个由 switch 语句构成,判断算术运算符号然后计算出对应

的标准答案；一个由嵌套的 if 语句构成，在此输入用户答案，并将用户答案与标准答案进行对比，然后输出相应的提示信息。

3.7.2　随机数

【例 3-27】　随机数比大小。由系统随机产生两个随机数，比较两者的大小。

```
# include < stdio. h >
# include < stdlib. h >            //包含库函数 rand 和 srand 的原型
# include < time. h >
int main()
{
  int a,b;
  srand((unsigned)time(NULL));    //使随机函数 rand 的值随时间变化
  a = rand();                     //调用随机数函数 rand 产生一个数存入 a
  b = rand();                     //调用随机数函数 rand 产生一个数存入 b
  if(a > b)
    printf(" % d > % d\n",a,b);
  else
    printf(" % d < % d\n",a,b);
  return 0;
}
```

运行结果：

17035 > 14484

☞ 本题用到了随机数的产生，这是比较实用的一个功能，关于随机数的介绍如下。

在计算机中并没有一个真正的随机数发生器，但是可以做到使产生的数字重复率很低，看起来好像是真正的随机数，实现这一功能的程序叫伪随机数发生器。

不管用什么方法实现随机数发生器，都必须给它提供一个名为"种子"的初始值。而且这个值最好是随机的。现在的 C 编译器都提供了一个基于 ANSI C 标准的伪随机数发生器函数，用来生成随机数，它们就是 rand 和 srand 函数。这两个函数的工作过程如下。

（1）首先给 srand 提供一个种子，它是一个 unsigned int 类型，其取值范围为 0～65 535，如语句 srand((unsigned)time(NULL))。有了 srand() 函数，程序每次运行时产生的随机数都会不同；如果删除这条语句，则每次运行结果都是一样的。

（2）然后调用 rand() 函数，它会返回一个随机数（0～32 767）。

掌握了随机数的产生方法后，就可以对小学生四则运算练习系统进行进一步修改，由系统随机产生两个整数来参加四则运算。

【例 3-28】　改进的小学生四则运算练习系统。生成两个 100 以内的随机数，从键盘输入一个运算符号（+，−，* 或/），对这两个随机数进行对应的计算并输出结果。

```
# include < stdio. h >
# include < stdlib. h >
# include < time. h >
int main()
{
```

```
int a,b,answer;
char op;
srand((unsigned)time(NULL));
a = rand()%100;              //生成0~99的随机数
b = rand()%100+1;           //生成1~100的随机数
printf("请输入一个算术运算符号(+,-,*或/)");
scanf("%c",&op);            //输入算术运算的符号
switch(op)                  //根据运算符号执行对应的计算
{
  case '+':answer = a + b;break;
  case '-':answer = a - b;break;
  case '*':answer = a * b;break;
  case '/':answer = a/b;break;
}
printf("%d%c%d = %d\n",a,op,b,answer);
return 0;
}
```

运行结果：

请输入一个算术运算符号(+,-,*或/):/↵
95/37 = 2

本例运行时只需输入运算符(+,-,*或/)，而参加运算的两个数由程序中通过 rand()
函数自动生成。

✎ 由于C程序可能会在不同的集成环境下运行，所以在使用时要特别注意相关函数在
  不同环境下是否适用。本书代码都在 VC6.0 环境下运行，因此本题采用 rand()函数。

3.8 习　　题

选择结构
常见错
误解析

3.8.1 选择题

1. C语言中，关系表达式和逻辑表达式的值是(　　)。
   A. 真或假　　　　　B. 0或1　　　　　C. T或F　　　　　D. True或False

2. 设a为整型变量，不能正确表达数学关系 $10 < a < 15$ 的C语言表达式是(　　)。
   A. $10 < a < 15$
   B. $a==11||a==12||a==13||a==14$
   C. $!(a<=10)\&\&!(a>=15)$
   D. $a>10\&\&a<15$

3. 如果 int a=3,b=4;则条件表达式 a < b? a:b 的值是(　　)。
   A. 3　　　　　　　B. 4　　　　　　　C. 0　　　　　　　D. 1

4. 逻辑运算符两侧运算对象的数据类型(　　)。
   A. 只能是0或1　　　　　　　　　　　B. 只能是0或非0正数
   C. 只能是整型或字符型数据　　　　　D. 可以是任何类型的数据

5. 在嵌套使用 if 语句时，C语言规定 else 总是(　　)。

A. 和之前与其具有相同缩进位置的 if 配对

B. 和之前与其最近的 if 配对

C. 和之前与其最近的且不带 else 的 if 配对

D. 和之前的第 1 个 if 配对

6. 多分支选择语句 switch(表达式)中的"表达式"不允许是(　　)。

A. 整型变量　　　　B. 字符型变量　　　C. 常量表达式　　　D. 浮点型变量

7. 下列关系表达式中结果为假的是(　　)。

A. 3<=7　　　　　　　　　　　　　B. (a=2*2)==2

C. 0!=1　　　　　　　　　　　　　D. y=2+2

8. 判断字符 ch 是否是大写英文字母,正确的逻辑表达式是(　　)。

A. 'A'<=ch&&ch<='Z'　　　　　　　B. 'A'<=ch||ch<='Z'

C. A<=ch&&ch<=Z　　　　　　　　　D. A≤ch≤Z

9. 在 C 语言中,紧跟在关键字 if 后一对圆括号里的表达式(　　)。

A. 只能是逻辑表达式　　　　　　　B. 只能是关系表达式

C. 只能是逻辑表达式或关系表达式　D. 可以是任意合法的表达式

10. 下列语句中,输出结果与其他语句不同的是(　　)。

A. if(a) printf("%d\n",x); else printf("%d\n",y);

B. if(a==0) printf("%d\n",y); else printf("%d\n",x);

C. if(a==0) printf("%d\n",x); else printf("%d\n",y);

D. if(a!=0) printf("%d\n",x); else printf("%d\n",y);

11. 在以下各语句序列中,能够将变量 x 和 y 中较大值赋值到变量 t 中的是(　　)

A. if(x>y) t=x; t=y;　　　　　　　　B. t=x; if(x>y) t=y;

C. t=y; if(x>y) t=x;　　　　　　　　D. if(x>y) t=y; else t=x;

12. 设 x,y,z,t 均为 int 型变量,则执行以下语句后,t 的值为(　　)。

```
x = y = z = 1;
t = + + x || + + y && + + z;
```

A. 不定值　　　　　B. 4　　　　　　　C. 1　　　　　　　D. 0

13. 对于条件表达式(k)? (i++):(i--)来说,其中的表达式 k 等价于(　　)。

A. k==0　　　　B. k==1　　　　C. k!=0　　　　D. k!=1

14. 以下程序的运行结果为(　　)。

```
# include < stdio.h>
int main()
{
    char c = 'a';
    if('a'<c<='z') printf("LOW");
    else printf("UP");
    return 0;
}
```

A. LOW　　　　　　　　　　　　　　B. UP

C. LOWUP   D. 程序语法错误

15. 以下程序的运行结果为(　　　)。

```c
#include<stdio.h>
int main()
{ int a = 100,x = 10,y = 20,flag1 = 5,flag2 = 0;
  if(x < y)
  if(y!= 10)
  if(!flag1)a = 1;
  else if (flag2)a = 10;
  else a = -1;
  printf("%d\n",a);
  return 0;
}
```

A. -1   B. 100   C. 1   D. 10

16. 以下程序的运行结果为(　　　)。

```c
#include<stdio.h>
int main()
{
  int s = 15;
  switch(s/4)
  {
    case 1:    printf("One ");
    case 2:    printf("Two ");
    case 3:    printf("Three ");
    default:   printf("Over ");
  }
  return 0;
}
```

A. Three   B. Over

C. Three Over   D. One Two Three Over

3.8.2　在线编程题

NBUOJ 上
的选择结
构编程

1. 符号属性判断。(nbuoj1036)

输入任意一个浮点数 x,根据其符号属性,输出对应的 sign 值。

$$\text{sign}=\begin{cases} 1, & x>0 \\ 0, & x=0 \\ -1, & x<0 \end{cases}$$

2. 判断奇数偶数。(nbuoj1038)

写一程序判断输入的整数的奇偶性,若是奇数则输出 odd,若是偶数则输出 even。

3. 计算分段函数。(nbuoj1043)

输入浮点数 x,计算并输出下面分段函数 y 的值(保留两位小数)。

$$y=\begin{cases} (x+1)^2+2x+\dfrac{1}{x}, & (x<0) \\ \sqrt{x}, & (x \geqslant 0) \end{cases}$$

4. 第几象限。（nbuoj1044）

输入两个整数 x,y 值表示平面上的一个坐标点,判断该坐标点处于第几象限,并输出相应的结果,用数字 1,2,3,4 分别对应四个象限。假设坐标点不会处于 x 轴和 y 轴上。

5. 圆内圆外。（nbuoj1045）

有一个半径为 10 的圆,圆心坐标为(0,0),从键盘输入任意点的坐标(a,b),判断该点在圆内,在圆外,还是恰巧在圆周上。输出 in 表示在圆内,out 表示在圆外,on 表示在圆周上。

6. 单个字母大小写互换。（nbuoj1047）

输入一个字符,如果该字符是小写字母,则输出其大写形式。如果该字符是大写字母,则输出其小写形式。若是其他字符则原样输出。

7. 三数求大值。（nbuoj1064）

从键盘输入三个整数 x,y 和 z,求出最大数的值。

8. 平面上的三角形判断。（nbuoj1012）

输入三个数 a,b,c,请问以这三个数作为边长能否构成一个三角形? 如果可以构成三角形,则输出该三角形的面积,否则输出 Error。

9. 求 5 和 7 的整数倍。（nbuoj1070）

判断输入的正整数是否既是 5 又是 7 的整数倍。若是,则输出 yes,否则输出 no。

10. 鸡兔同笼。（nbuoj1066）

已知笼子里鸡和兔的总数量为 n,总的腿数为 m,请计算笼子里鸡的数目和兔的数目并输出;如果无解则输出 No answer。

11. 加油站加油。（nbuoj1078）

某加油站提供三种汽油和一种柴油,售价分别如下。

90 号汽油:5.14 元/升。

93 号汽油:5.54 元/升。

97 号汽油:5.90 元/升。

0 号柴油:5.13 元/升。

另外,加油站还提供"自助加油"和"协助加油"两个服务等级,如果是自助加油,则可以获得 5% 的优惠;如果是工作人员协助加油,则只有 2% 的优惠。输入三个浮点数分别表示加油量、油品类型(如 90)、加油类型(1 表示自助加油,2 表示协助加油),计算用户应付的金额。

12. 一元二次方程根。（nbuoj1081）

输入方程系数 a、b、c,求一元二次方程的根：$ax^2+bx+c=0$,假设 $b^2-4ac \geq 0$。

13. 求点的高度。（nbuoj1082）

假设有四个圆塔,圆心坐标分别为(2,2)(−2,2)(−2,−2)(2,−2),如图 3-11 所示。圆塔直径都为 1 米,圆塔高 50 米,其他都为平地(高度为 0)。输入任一坐标值(x,y),打印出该点的高度。

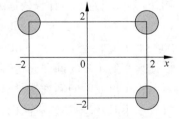

图 3-11　圆塔坐标图

14. 求 1~10 的英文单词。（nbuoj1083）

输入 1~10 中任意一个数字,输出相应的英文单词(首字母大写)。如果输入其他数字则输出 Error。

15. 石头剪刀布。（nbuoj1232）

CoCo 和 Tom 玩石头剪刀布的游戏,规则是石头砸剪刀、剪刀剪布、布包石头。他们用数字代替手势来完成石头剪刀布的游戏。假设 0 表示石头,1 表示剪刀,2 表示布,每人在纸上写一个数字(数字范围局限于 0、1、2),然后同时展示所写的数字,如果 CoCo 的数字胜出了,则输出 Win,否则一律输出 Lose。

16. 正方形还是圆形。(nbuoj1218)

首先从键盘读入一个浮点数 x,然后再读入一个小写字母(s 或 c),如果读入的字母是 s,则计算并输出正方形面积(此时 x 作为边长);如果读入的字母是 c,则计算并输出圆面积(此时 x 作为半径)。

17. 今天星期几。(nbuoj1198)

输入一个正整数表示一个星期中的某一天,若此数字在[1,7]内,则输出对应英文星期名,否则输出错误提示。例如,输入 2,则输出"Tuesday";输入 7,则输出"Sunday";输入非法数值 16,则输出"Illegal day"。(输出不包括双引号。)

18. 四数比大小。(nbuoj1230)

输入 4 个整数,将这 4 个数从大到小输出。

19. 计算个人所得税(老版算法)。(nbuoj1048)

已知个人所得税有如下的计算公式,输入一个浮点数表示某人本月的计税依据,输出本月应交的个人所得税,保留两位小数。计税依据如表 3-14 所示。

表 3-14　计税依据

级　　数	全月应纳税所得额(TL)	税率/%	速算扣除数	计算公式
1	TL≤1500	3	0	TL×0.03
2	1500≤TL≤4500	10	105	TL×0.1−105
3	4500≤TL≤9000	20	555	TL×0.2−555
4	9000≤TL≤35000	25	1005	TL×0.25−1005
5	35000≤TL≤55000	30	2755	TL×0.3−2755
6	55000≤TL≤80000	35	5505	TL×0.35−5505
7	TL≥80000	45	13505	TL×0.45−13505

计税方法:

(1) 计税依据=(工资、津贴等各项收入应发数之和)−(公积金、失业保险、养老保险、医疗保险之和)

(2) 全月应纳税所得额=计税依据−3500

(3) 所得税额=应纳税所得额×适用税率−速算扣除数

例如,某人当月 9 号计税依据为 13500 元,则其应交个人所得税税额为:

(13500−3500)×25%−1005=1495 元。

20. 计算火车运行时间。(nbuoj1492)

根据火车的出发时间和到达时间,计算整个旅途经过的时间。输入为两个四位的整数,分别表示火车出发时间和到达时间(只考虑出发时间和到达时间是同一天的情况),其中前两位数表示小时(00~23),后两位表示分钟(00~59)。如出发时间为 4 点 21 分,到达时间为 21 点 8 分,则输入为 0421 2108。输出整个旅途的时间,用小时和分钟表示。如针对输入数据 0421 2108,输出为:16 hour 47 minute。

第4章 循环结构与基础算法

到目前为止所设计的程序,程序体内的语句都只执行一遍。但是在实际问题中会遇到很多具有规律性的重复运算或操作,如输入多个学生的成绩、求若干组数据的和等,这就需要用到循环结构。循环结构是结构化程序设计的基本结构之一,它与顺序结构、选择结构共同作为各种复杂程序的基本构造单元。

C语言提供了三种循环语句:while 语句、do…while 语句和 for 语句,这三种循环语句将以不同的方式组织循环条件和循环体,以满足各种循环处理的需求。本章根据循环结束条件的不同将循环归纳为计数循环、标记控制循环、条件循环、文件结束控制循环这四种形式,为循环结构的使用提供了更加清晰的思路。除此以外,本章还介绍了一些基础算法,如枚举、迭代、递推等。

4.1 程序中的重复

循环的
基本概念

现实生活中的许多问题往往具有规律性的重复。为了描述这些问题,C语言中使用循环语句来控制流程,在指定的条件下重复执行某些操作。

什么时候需要循环? 什么时候结束循环? 这是设计循环结构时必须考虑的两个问题。图 4-1 对于如何确定程序中是否需要循环,以及该用哪种循环结束条件给出了一个初步的建议。

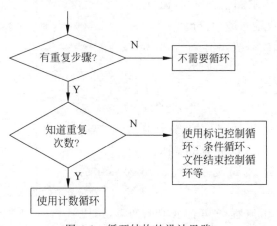

图 4-1　循环结构的设计思路

在解决问题时,首先分析该问题中是否有需要重复操作的地方,如果有,则可以确定要用的循环结构。其次,分析需要重复几次,如果能够确定重复次数,则可以使用计数循环,即不断计算已经重复的次数,当次数到达设定的数值时就结束循环。比如体育课老师要求学生绕操场跑3圈,这个数字3就是重复次数,学生每跑一圈计一个数,跑完3圈就可以休息了。如果重复的次数不能确定,可以考虑用各种其他条件来结束循环,比如标记控制循环、条件循环、文件结束控制循环等。

（1）计数循环：在循环执行前可确定重复的次数。如明确告知需要处理 n 个数据等。

（2）标记控制循环：用一个正常情况下不会出现在数据中的值来作为循环结束的标记。如输入学生成绩时以负数作为结束标记。

（3）条件循环：重复操作直到期望的条件满足。如累加的和达到某一数值,或者计算的精度达到某一数值。

（4）文件结束控制循环：用 EOF 来判断输入是否结束。

不管采用哪种循环结束条件,都可以用 while、do…while、for 来实现循环结构,但是在实现过程中会有些区别,所以在解决问题时,要注意不同的循环结束条件的区别,以便针对问题选用最合适的循环结构。

4.2　while 语句

本节采用 while 语句来介绍计数循环、标记控制循环、条件循环以及文件结束控制循环。事实上,任何一种循环语句都可以书写循环的程序,具体用 while、do…while 还是 for 语句取决于个人的习惯,并适当考虑题目的要求以选择较适合的方式。

计数循环
和标记控
制循环

4.2.1　计数循环

如果在循环操作执行以前能够准确地知道解决问题所需要的循环次数,就可以使用计数器来控制循环。下面用 while 语句来实现一个计数循环。

【例 4-1】　N 个成绩求和。（nbuoj1107）

输入学生的 N 个成绩,计算总分。

首先输入一个整数 N,表示有 N 个成绩,接着输入 N 个数据。三个主要的变量说明如下。

（1）N：表示成绩的数量。

（2）score：临时保存输入的一个成绩,有新的成绩读入时,新数据需要及时累加到 sum 变量中,否则等下一个成绩进来了就会把原来的成绩覆盖掉。

（3）sum：记录总分,对每次输入到 score 变量中的数据进行累加。

为了使思路清晰,用流程图来表示本例的算法,见图 4-2。

根据流程图可写出清晰的代码。

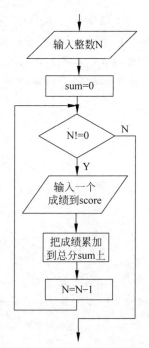

图 4-2　"N 个成绩求和"的算法

```
#include<stdio.h>
int main()
```

```
{
    int N, sum, score;
    scanf(" % d",&N);            //N表示成绩的个数
    sum = 0;
    while(N)
    {
        scanf(" % d",&score);    //输入一个成绩存入变量 score
        sum += score;            //将成绩累加到变量 sum
        N = N - 1;               //每输入一个成绩,N 的值减 1
    }
    printf(" % d\n",sum);
}
```

运行结果:

3 ↵
60 70 80 ↵
210

本例采用 while 语句,其工作方式为:当循环条件表达式为真,就执行循环体语句,否则退出循环。可以看出,while 循环的特点是先"判断条件表达式"后"执行循环体语句"。它的使用格式见表 4-1。

表 4-1   while 语句的使用格式

语　　法	示　　例	说　　明

while(表达式)
语句
	while(N)
	{
	　　scanf(" % d",&score);
	　　sum += score;
	　　N = N - 1;
	}
		(1)"表达式"是决定循环是否重复的条件,"语句"表示循环体。
		(2) 若表达式为"真",则执行循环体,接着再次计算表达式。只要表达式的值每次都是"真",循环体就被重复执行。
		(3) 若表达式为"假",退出循环。
		(4) 如果表达式第 1 次求值就为"假",则循环体一次也不执行。
		(5) 如果循环体部分有多条语句,则需要构成复合语句的形式。否则,循环的范围只能到 while 后面的第一个分号处

     控制循环重复的变量称为循环控制变量,需要在循环开始之前对其进行初始化或赋值,如例 4-1 中的变量 N。

     虽然 C 语言允许计数循环控制变量为浮点型,但一般建议将计数循环控制变量设置为整型。因为浮点型数据的存储误差会导致一些运行次数不确定的问题。

     在循环体中应有使循环趋于结束的语句,形如"N=N-1",当 N 达到终止值时,循环条件不满足,循环到此结束。否则,循环控制变量的值一直不变,循环永不结束,会造成"无限循环",或称为"死循环"。

计数循环
和标记控
制循环

4.2.2 标记控制循环

在很多情况下,循环的次数并不能事先确定。见例 4-2。

循环结构与基础算法

【例 4-2】 成绩求平均。(nbuoj1112)

输入若干整数作为学生的成绩,计算平均分,输出保留 1 位小数。当输入负数时结束输入。假设至少有一个有效的成绩。

本例要求计算学生的平均分,但并没有明确告知有几个学生,因此无法知道循环次数,但仍然可以设置一个特殊的数据值来结束循环,这个特殊的数据值称为"标记值"。如学生成绩一般都是非负数值,正常情况下不会出现负数,因此可以考虑在输入一系列有效数据后,再输入一个负数来结束循环。

```c
#include <stdio.h>
int main()
{
    float sum = 0, ave = 0;      //sum 保存总分,ave 保存平均值
    float score;                 //score 存储输入的分数
    float cnt = 0;               //cnt 统计有效成绩的个数
    scanf("%f", &score);         //读取第一个数据到变量 score
    while(score >= 0)            //若没有遇到标记值(负数)
    {                            //则执行循环体
        sum = sum + score;
        cnt++;
        scanf("%f", &score);     //读取下一个数据到变量 score
    }
    ave = sum/cnt;               //计算平均值
    printf("%.1f\n", ave);
    return 0;
}
```

运行结果:

```
70 80 80 90 -1 ↵
80.0
```

本例将负数作为标记值,当输入数据为非负数时将执行循环体,而一旦输入数据为一个负数(标记值)则结束循环,该标记值不会被统计到总分中。

本例代码中出现了两处"scanf("%f", &score);",如下所示。

```c
scanf("%f", &score);         //①
while(score >= 0)
{
    …
    scanf("%f", &score);     //②
}
```

语句①的作用是读入第一个数据保存到变量 score 中,接着循环语句会判断此时 score 的值是否大于等于 0,若表达式为真,则执行循环体。而循环体内的语句②在每次循环时都会再读一个新的数据保存到变量 score 中,然后返回去判断此时 score 的值是否大于等于 0,可见,有了语句②,才能在循环体中不断读入新的数据到变量 score 中。

  ✍ 标记值:一系列数据的最后一项,作为结束标记。

  ✍ 标记值的选择依据:正常情况下不会出现在有效数据中的值。

再看一个标记控制循环的例子。

【例 4-3】 字符分类统计。(nbuoj1053)

从键盘输入若干字符,统计其中英文字母、数字、空格以及其他字符的个数。用换行符结束输入。

本例以换行符('\n')作为输入结束的标记,换行符不需要被统计。对每一个读取的字符都要先判断其是否为标记值'\n',若不是标记值则执行循环体,若是标记值则结束循环。

```c
#include<stdio.h>
int main()
{
  char ch;
  int letter = 0, digit = 0, space = 0, other = 0;
  ch = getchar();                                    //读取第一个字符到变量 ch
  while(ch!= '\n')                                   //若没有遇到标记值(换行符'\n')
  {                                                  //则执行循环
    if(ch>= 'a'&&ch<= 'z'||ch>= 'A'&&ch<= 'Z')
      letter++;
    else if(ch>= '0'&&ch<= '9')
      digit++;
    else if(ch== ' ')
      space++;
    else
      other++;
    ch = getchar();                                  //读取下一个字符到变量 ch
  }
  printf("%d %d %d %d\n",letter,digit,space,other);  //依次输出字母、数字、空格、其他
                                                     //字符的个数
  return 0;
}
```

运行结果:

```
Hello Boy. It is 30 july.↵
16 2 5 2
```

本例在读取字符时用到了以下形式。

```c
ch = getchar();                  //读取第一个字符到变量 ch
while(ch!= '\n')                 //判断 ch 中的值是否'\n'
{
  …
  ch = getchar();                //读取下一个字符到变量 ch
}
```

这里用到了两次"ch=getchar();"语句,利用 getchar()函数读取一个字符并保存到变量 ch 中,接着对 ch 变量进行判断和处理,然后再读取下一个字符接着进行判断。这里的语句也可以改写成以下形式。

```c
while((ch=getchar())!= '\n')     //读取一个字符到变量 ch,并判断 ch 的值是否'\n'
{
```

第 **4** 章

循环结构与基础算法

```
    …
}
```

将"ch=getchar()"放在 while 语句的表达式中,将"读取字符""赋值""判断"这三个步骤全部结合到表达式中,这样操作也是允许的。此时,原先循环体内的语句"ch=getchar()"就不需要了。需要注意的是,考虑到运算符号的运算优先级,while 表达式中的(ch=getchar())应该用圆括号括起来。

但是,如果对前面例 4-2 中的语句也做类似修改,改写成如下形式则是错误的。

```
while(scanf(" % f",&score)> = 0)    //错误的输入方式
{
    …
}
```

如果试图用这样的语句来读取一个成绩,并且判断该成绩是否大于等于 0,将不会得到正确的结果。这里涉及 scanf()函数的返回值问题,见例 4-4。

【例 4-4】 scanf()函数的返回值。

```
# include < stdio. h >
int main()
{
  int num1,num2,num3;
  int a,b;
  a = scanf(" % d",&num1);              //①
  b = scanf(" % d % d",&num2,&num3);    //②
  printf("num1 = % d,num2 = % d,num3 = % d\n",num1,num2,num3);
  printf("a = % d,b = % d\n",a,b);
  return 0;
}
```

运行结果:

```
60 70 80 ↵
num1 = 60,num2 = 70,num3 = 80
a = 1,b = 2
```

本例用两个 scanf 语句读取三个数据并保存到变量 num1、num2 和 num3 中,同时将两个 scanf()函数的返回值分别赋给变量 a 和变量 b。从运行结果可见,scanf()函数的返回值是其成功读入的数据项数,而不是读入的数据值。即语句①用 scanf()函数成功读入一个数据,因此变量 a 的值为 1。语句②用 scanf()函数成功读入两个数据,因此变量 b 的值为 2。读取的内容则分别存放到变量 num1、num2 和 num3 中。

因此,如果使用以下语句:

```
while(scanf(" % f",&score)> = 0)
```

只要有一个数据输入,scanf()函数就会返回值 1,而 1>=0 是始终成立的,说明只要有数据输入,循环就会一直执行,即使输入负数也是如此,这就和题目要求不符合了。

    ☞ scanf()函数的返回值是成功读入的数据项数,而不是数据值。如果未能成功读入,返回值为 0。读入数据时遇到"文件结束"则返回值为 EOF(−1)。

4.2.3 条件循环

条件循环指在循环次数无法预知的情况下,重复数据处理直到期望的条件满足。

【例 4-5】 用公式 $\dfrac{\pi}{4} \approx 1 - \dfrac{1}{3} + \dfrac{1}{5} - \dfrac{1}{7} + \cdots$ 求 π 的近似值,直到某一分数项的绝对值小于 10^{-6} 为止(该项不累加)。

题目中用一个分数序列的累加值 $1 - \dfrac{1}{3} + \dfrac{1}{5} - \dfrac{1}{7} + \cdots$ 近似表示 $\dfrac{\pi}{4}$ 的值,只要能求出该分数序列的和,再将该值乘以 4 就是 π 的近似值。分析该分数序列可以发现,相邻两个分数项之间存在如下一些规律。

(1) 相邻项的符号相反,可以设置一个符号变量 sign,用 sign=−sign 来改变相邻项的符号。

(2) 每一项的分子都为 1。

(3) 后一项的分母是前一项的分母加 2,如果当前分数项的数值部分是 $\dfrac{1}{n}$,则下一个分数项的数值部分将是 $\dfrac{1}{n+2}$。

(4) 如果分母用 n 表示,则分数项 t 可以用 $\dfrac{sign}{n}$ 来表示。随着 sign 的变化,分数项的符号会改变,而随着 n 的变化,分数项的分母会改变。

最后要考虑循环结束的条件,本题重复次数无法确定,给出的条件是"直到某一分数项的绝对值小于 10^{-6}",也就是说,如果某一个分数项的绝对值大于等于 10^{-6},说明还没有达到精度要求,将继续循环求解,反之如果该项的绝对值小于 10^{-6} 就可以结束循环。因此对于分数序列的每一项,都要判断其绝对值是否大于等于 10^{-6},以决定是否继续循环。求 $\dfrac{\pi}{4}$ 这部分值的算法思想如图 4-3 所示。

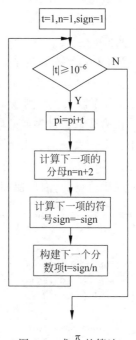

图 4-3 求 $\dfrac{\pi}{4}$ 的算法

根据以上分析,最终设计的程序如下。

```c
# include < stdio. h>
# include < math. h>
int main()
{
  int sign;
  float n,t,pi;
  pi = 0;                    //pi 代表多项式值,最后乘以 4 表示 π 的值
  t = 1;                     //t 代表当前分数项的值,初值为 1
  n = 1.0;                   //n 表示分母,初值为 1
  sign = 1;                  //sign 表示分数项的符号,初值为正
  while(fabs(t)> = 1e-6)     //用库函数 fabs()求绝对值,判断当前分数项的绝对值是否大于等于 10⁻⁶
  {
    pi = pi + t;             //将当前分数项的值 t 累加到 pi 上
```

循环结构与基础算法

```
        n = n + 2;              //n + 2 是下一项的分母
        sign = - sign;          //下一项的符号求反
        t = sign/n;             //构建下一个分数项
    }
    pi = 4 * pi;                //多项式的值乘以 4,就是 π 的近似值
    printf("PI = % f\n",pi);
    return 0;
}
```

运行结果:

```
PI = 3.141594
```

本例根据各分数项的规律,在程序中设计具体的算法来描述每一个分数项 t,并不断地测试循环条件,当条件"直到某一分数项的绝对值小于 10^{-6}"得到满足时,循环就结束了。

再看一个例子。

【例 4-6】 数据逆序显示。(nbuoj1031)

输入一个任意长度的正整数,然后逆序输出,最高位的 0 不要输出。如输入 3765 则输出 5673,而输入 340 则输出 43。

在第 2 章做过类似的题目,只是当时给出的整数的长度是确定的,如 3 位数,因此可直接用三个步骤分别求出个位、十位和百位的数字。而本题整数的长度并不确定,如果位数很多,采用第 2 章中的处理方法程序代码会很长,而且程序也缺少通用性。考虑到数位的分离是有规律可循的,因此使用循环结构来进行处理。

```
# include < stdio. h>
int main()
{
    int num,newnum = 0,low;     //low 保存分离出的最低位数字
    scanf(" % d",&num);          //输入一个正整数,存入变量 num
    while(num!= 0)
    {
        low = num % 10;           //分离出当前 num 的最低位
        newnum = newnum + low;    //将分离出的最低位数字累加到 newnum 变量
        newnum = newnum * 10;     //对 newnum 放大 10 倍
        num = num/10;             //把当前数的最低位去掉
    }
    printf(" % d\n",newnum/10);
    return 0;
}
```

运行结果:

```
340 ↵
43
```

这个题目的解题思路很多,这里介绍其中的一种。假设原数为 num = $a_1 a_2 a_3 a_4$(如 3456)则逆序操作后的数 newnum 就是 $a_4 a_3 a_2 a_1$(即 6543),输出时高位为 0 的需舍去。循环操作时第一趟循环的内容如下。

(1) num = $a_1 a_2 a_3 a_4$,用语句"low = num % 10;"分离出最低位的数字 a_4,保存在 low 变

量中。

（2）用分离出来的数字逆序构成一个新的数 newnum，经过语句"newnum＝newnum＋low;"后，newnum 中存储了数字 a_4。

（3）语句"newnum＝newnum * 10;"将 newnum 放大了 10 倍，成为 $a_4 \times 10$（如果 a_4 的数值为 6，newnum 现在就是 60）。

（4）语句"num＝num/10;"去掉了原数的最低位，此时原数变成 num＝$a_1a_2a_3$（如 345）。若此时的 num!＝0，则进入第二趟循环。

（5）num＝$a_1a_2a_3$，用语句"low＝num％10;"分离出最低位数字 a_3，保存在 low 变量中。

（6）用分离出来的数字逆序构成一个新的数 newnum，经过语句"newnum＝newnum＋low;"后，newnum 中又增加了数字 a_3，形成了 a_4a_3。（如上一步留下的 newnum 是 60，加上新的数字 5，就变成 65。）

（7）语句"newnum＝newnum * 10;"将 newnum 放大了 10 倍。（此时 newnum 变成 650。）

（8）语句"num＝num/10;"去掉了原数的最低位，此时原数变成 num＝a_1a_2（如 34）。

重复类似的操作，直到条件表达式不成立。

从这两趟循环可以看出，原数 num 每次分离掉一个最低位，用来构建新的数 newnum，在这个过程中，newnum 最高位的 0 会被忽略。另外在构建过程中，newnum 会被放大 10 倍，所以最后输出时除以 10 即可。

4.2.4 文件结束控制循环

条件循环和
文件结束
控制循环

C 语言中，EOF 常被作为文件结束的标志（End Of File），它是一个常量，定义在头文件 stdio.h 中，其数值是－1。前面曾经提过，scanf()函数的返回值是它成功读入的数据的项数，若读入数据失败则返回 0，若遇到文件结束则返回 EOF。

在循环程序的设计过程中，有时候既没有给定特殊标记值，也没有给定什么条件，只是希望当输入结束的时候，循环也结束，这个时候就可以借助 EOF 来设置循环结束的条件，从而达到处理任意长度的一系列数据的目的。具体可以采用如下的形式。

```
while(scanf(" % d",&a)!= EOF)
{
    //循环体
}
```

当 scanf()函数的返回值不是 EOF 的时候，说明有输入值，则继续执行循环体。一旦 scanf()函数返回值为 EOF，说明输入结束了，则结束循环。

Windows 系统下用按 Ctrl＋Z 组合键来人为产生一个 EOF，告诉系统输入结束了，然后再按回车键（回车只是让程序开始运行）即可。

【例 4-7】 一组整数求平均。（nbuoj1108）

输入一些整数，求出它们的平均值。

题目没有告诉输入数据的个数，也没有标记值和结束条件，因此采用文件结束控制循环。即当输入数据完毕以后，按 Ctrl＋Z 组合键，然后按回车键，表示数据的输入到此结束。

```
# include < stdio.h >
```

循环结构与基础算法

```
int main()
{
  int x, sum = 0;
  int cnt = 0;                    //统计实际输入的数据个数
  while(scanf(" % d",&x)!= EOF)   //文件结束控制循环
  {
    sum = sum + x;                //累加
    cnt++;
  }
  printf(" % .2f\n",1.0 * sum/cnt);
  return 0;
}
```

运行结果:

```
1 2 3 ↵
^Z ↵
2.00
```

当按下 Ctrl+Z 组合键后,屏幕上将出现^Z这样的符号。

前面所编写的程序,每运行一次,只能测试一组数据,如果需要从不同角度测试多组数据,则需要多次运行程序,而有了文件结束控制循环的方法,就可以在一次运行中反复测试数据,直到用户停止测试为止。见例 4-8。

【例 4-8】 两数比大小。(nbuoj1809)

输入两个整数,比较它们的大小关系。

```
# include < stdio. h >
int main()
{
  int a,b;
  while(scanf(" % d % d",&a, &b)!= EOF)   //①
  {
    if(a > b)        printf(" % d > % d\n",a,b);
    else if(a < b)   printf(" % d < % d\n",a,b);
    else             printf(" % d = % d\n",a,b);
  }
  return 0;
}
```

运行结果:

```
4 5 ↵
4 < 5
9 8 ↵
9 > 8
7 7 ↵
7 = 7
^Z ↵
```

这是在例 3-20 出现过的一个例题,此处用文件结束控制循环的方法对其进行改写,见语句①。经过改写后,当输入一组测试数据"4 5"以后,程序返回结果"4<5",此时程序还在

运行中,继续等待用户输入,接着输入"9 8",程序返回结果"9 > 8",程序还是处于运行状态,用户可继续输入数据进行测试,一直到用户按 Ctrl+Z 组合键,循环才会结束。在这种循环控制方式下,输入数据的组数没有限制,程序是以 EOF 来作为循环结束标记的,体现在输入形式上就是按 Ctrl+Z 组合键,再按回车键确认。

do⋯while
循环

4.3　do⋯while 语句

do⋯while 语句本质上就是 while 语句,只不过它是"先执行语句""后判断条件"的。其使用格式见表 4-2。

表 4-2　do⋯while 语句的使用格式

语　法	示　例	说　明

do
语句
while(表达式);
	do
	{
	　sum = sum + i;
	　i++;
	}while(i <= 100);
		(1) 先执行循环体,再计算表达式的值。若表达式为"真",则再次执行循环体,然后再次计算表达式。若执行完循环体后,表达式值变为"假",则退出循环。
		(2) do⋯while 语句的循环体至少会执行一次,而 while 语句的循环体可能一次也不执行

【例 4-9】　用 do⋯while 语句求 $\text{sum} = \sum\limits_{n=1}^{100} n$ 。

根据题意先画出用 do⋯while 结构表示的算法流程图,见图 4-4。

根据流程图可写出如下代码。

```c
#include <stdio.h>
int main()
{
  int sum,i;
  sum = 0;
  i = 1;
  do
  {
    sum = sum + i;
    i++;
  }while(i <= 100);
  printf("1 + 2 + 3 + ⋯ + 100 = %d\n",sum);
  return 0;
}
```

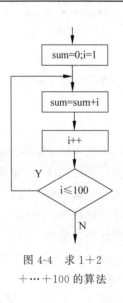

图 4-4　求 1+2 +⋯+100 的算法

运行结果:

1 + 2 + 3 + ⋯ + 100 = 5050

☞ 在 do⋯while 语句中,while(表达式)后面的分号不能省略。

一般情况下,对同一个问题,既可以用 while 语句来处理,也可以用 do⋯while 语句来处理,如果两者的循环体一样,运行结果也就一样。但如果 while 后面表达式的值一开始就

循环结构与基础算法

为"假",则两种循环的结果是不同的,见例 4-10。

【例 4-10】 while 和 do…while 语句的区别。求 i+(i+1)+(i+2)+…+10,其中 i 由键盘输入。

```
程序 1: 用 while 语句实现
#include<stdio.h>
int main()
{
  int sum = 0,i;
  sum = 0;
  scanf("%d",&i);
  while(i<=10)
  {
    sum = sum + i;
    i++;
  }
  printf("Sum = %d\n",sum);
  return 0;
}
```

```
程序 2: 用 do…while 语句实现
#include<stdio.h>
int main()
{
  int sum = 0,i;
  sum = 0;
  scanf("%d",&i);
  do
  {
    sum = sum + i;
    i++;
  }while(i<=10);
  printf("Sum = %d\n",sum);
  return 0;
}
```

程序 1 第一次运行结果:

1 ↵
Sum = 55

程序 1 第二次运行结果:

11 ↵
Sum = 0

程序 2 第一次运行结果:

1 ↵
Sum = 55

程序 2 第二次运行结果:

11 ↵
Sum = 11

当输入的 i 值小于或等于 10 时,两个程序运行结果相同。而当输入的 i>10 时,程序 1 先进行条件判断,发现条件不成立,因此循环体一次都不执行,sum 保持 0 不变。而程序 2 先执行一次循环体,使 sum 更新为 11,i 也被更新为 11,接着判断条件不成立,退出循环。因此可以认为: 在具有相同循环体的情况下,如果 while 后面的表达式第一次的值为"真",则两种循环结构的运行结果相同,否则两者结果可能不同。

do…while 语句对于至少需要执行一次的循环来说是比较方便的。见例 4-11。

【例 4-11】 计算整数的位数。(nbuoj1034)

输入一个任意长度的整数 N(N≥0),判断它是几位数,如 367 是一个 3 位数。

```
#include<stdio.h>
int main()
{
  int digit = 0,num,n;
  scanf("%d",&num);
  n = num;
  do{
    n = n/10;
    digit++;
  }while(n>0);
```

```
    printf(" % d\n",digit);
    return 0;
}
```

运行结果：

```
367 ↵
3
```

计算整数位数的方法就是把输入的整数反复除以 10,直到结果变为 0,此时除法的次数就是所求的位数。这里用 do…while 语句会更加合适,因为每个整数(包括 0)至少有一位数字,即循环体至少要执行一次。如果改成如下 while 语句:

```
while(n > 0)
{
  n = n/10;
  digit++;
}
```

则当输入的整数为 0 时,循环一次也不会执行,程序将判断整数 0 的位数是 0,这是错误的。

4.4 for 语句

for 循环

4.4.1 for 语句基本用法

for 语句是 C 语言中使用最广泛、最灵活的一种循环语句。for 语句非常适合应用在计数循环中,当然也可以灵活用于其他类型的循环中。

for 语句的使用格式见表 4-3。

表 4-3 for 语句的使用格式

语　　法	for(表达式 1; 表达式 2; 表达式 3) 　语句
示　　例	for(i = 1;i < = 10;i + +) 　sum = sum + i;
说　　明	(1) 表达式 1 一般为赋值表达式,在进入循环之前给循环控制变量赋初值,仅执行一次。如样例中给循环控制变量 i 赋值为 1。 (2) 表达式 2 一般为关系表达式或逻辑表达式,用于判断循环条件,它与 while 语句、do…while 语句中的表达式的作用完全相同。如样例中判断 i <=10 是否成立。 (3) 表达式 3 一般为赋值表达式或自增、自减表达式,用于修改循环控制变量的值。当一次循环执行完以后,要对循环控制变量进行修改,如样例中的 i++。 (4) for 语句最容易理解的形式可以表示为: for(循环变量赋初值; 循环条件判断; 循环变量修改) (5) 相邻表达式之间用分号间隔,而不是逗号

for 语句的执行步骤如图 4-5 所示。

✍ 在整个 for 语句中,表达式 1 只计算一次,表达式 2 和 3 则可能计算多次。

循环结构与基础算法

☞ 在整个 for 语句中，循环体可能执行多次，也可能一次都不执行。

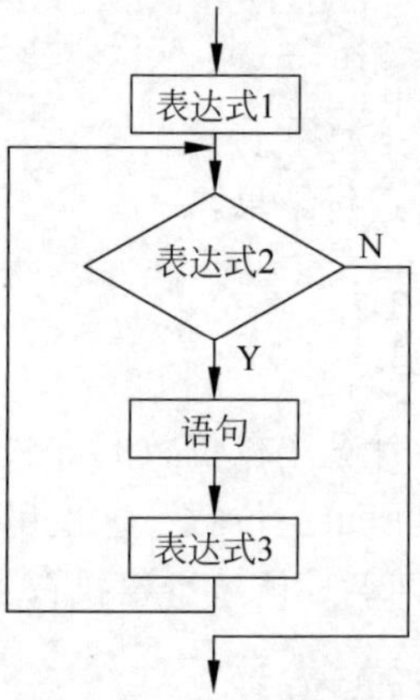

【例 4-12】 用 for 语句求 $sum = \sum_{n=1}^{100} n$。

```c
#include <stdio.h>
int main()
{
    int i, sum = 0;
    for(i = 1; i <= 100; i++)
        sum += i;
    printf("1 + 2 + … + 100 = %d\n", sum);
    return 0;
}
```

图 4-5　for 循环的流程图

运行结果：

```
1 + 2 + … + 100 = 5050
```

本例的算法思想和运行结果与前面用 while 或 do…while 语句处理是一样的，可以看出它相当于以下形式。

```c
i = 1;                  //表达式 1
while(i <= 100)         //表达式 2
{
    sum += i;
    i++;                //表达式 3
}
```

下面再看一个例子。

【例 4-13】 用 for 语句求解数列 $1+3+5+…+97+99$ 的和。

```c
#include <stdio.h>
int main()
{
    int sum, i;
    sum = 0;
    for(i = 1; i < 100; i += 2)    //此处用了 i += 2
    {
        sum = sum + i;
    }
    printf("%d", sum);
    return 0;
}
```

运行结果：

```
2500
```

在很多例子中，循环控制变量都是以步长 1 自增的，事实上，步长可以是随意的，而且循环控制变量可以是自增，也可以是自减。

对于循环控制变量自增或自减的循环来说,for 语句通常是理想的选择,其常用格式参考如下。

(1) 从 0 向上加到 n−1:for(i=0;i<n;i++)。

(2) 从 1 向上加到 n:for(i=1;i<=n;i++)。

(3) 从 n−1 向下减到 0:for(i=n−1;i>=0;i−−)。

(4) 从 n 向下减到 1:for(i=n;i>0;i−−)。

4.4.2 for 语句中省略表达式

由于 for 语句中的表达式可以是 C 语言中任何有效的表达式,因此 for 语句有灵活多样的各种变化形式,常见的有省略表达式的形式。

for 语句的三个表达式都可以省略,但圆括号里面的两个分号不能省略。结合求 $sum = \sum\limits_{n=1}^{100} n$ 的这个例题,表 4-4 给出了省略各个表达式时,for 语句的格式变化情况及程序处理方法。

表 4-4 for 语句中省略各个表达式的格式

省略内容	省略表达式 1	省略表达式 2	省略表达式 3	省略全部表达式

示　例	n=1;
	for(;n<=100;n++)
	sum += n;
		for(n=1;;n++)
		{
		    if(n>100) break;
		    sum = sum + n;
		}
			for(n=1;n<=100;)
			{
			    sum += n;
			    n++;
			}
				n=1;
				for(;;)
				{
				    if(n>100) break;
				    sum += n;
				    n++;
				}

说　明	将循环控制变量 n 的初始化提前到循环体外	在循环体内用 if 和 break 控制循环终止,否则会造成无限循环	需要在循环体内对循环控制变量 n 进行更新,否则也会造成无限循环	将循环控制变量的初始化提前到循环体外;在循环体内控制循环退出;在循环体内更新循环控制变量
注　意	必须在循环体前面进行"循环控制变量的初始化"	必须在循环体内体现"循环条件判断"这一环节	必须在循环体内体现"循环控制变量更新"这一环节	这种写法已经基本失去使用 for 语句的意义了,不提倡使用

  ☞ 圆括号内的表达式都可以省略,但两个分号都不能省略。

  ☞ 建议按 for 语句标准形式书写程序,不提倡省略表达式的写法,否则 for 语句的优势就体现不出来了。

不管省略哪个表达式,在程序中都要按构成循环结构的基本成分进行相应的处理,即保证"循环控制变量的初始化""循环条件的判断""循环控制变量的更新"这三部分内容都能得到恰当的体现,否则会造成出错或无限循环。

4.4.3 逗号表达式

C语言提供逗号运算符,用它将几个表达式连接起来可构成逗号表达式。逗号表达式使用的场合并不是很多,在 for 语句里可以适当使用逗号表达式。

如程序段:

```
sum = 0;
for(i = 1; i <= 100; i++)
    sum += i;
```

如果希望在 for 语句里对两个变量 sum 和 i 同时进行初始化,则可以把程序改写成如下形式。

```
for(sum = 0, i = 1; i <= 100; i++)
    sum += i;
```

for 语句里面初始化变量的操作只允许用一个表达式来体现,而现在要对两个变量初始化,因此,利用逗号运算符将两个表达式"连"在一起构成一个表达式,也就是说,"sum=0,i=1;"会被认为是一个表达式,而如果写成"sum=0;i=1;"则被认为是两个表达式。

  for 语句圆括号内只能有两个分号。

4.5 循环的嵌套

嵌套循环

一个循环体内又包含另一个完整的循环结构时,称为循环的嵌套。前一个循环称为外循环,后一个循环称为内循环。内循环中还可以再嵌套循环,这就是多层嵌套循环。C 语言中循环嵌套的形式比较灵活,三种循环语句 while、do…while 以及 for 不仅可以各自嵌套,而且可以互相嵌套。

【例 4-14】 有两个红球,三个黄球,四个白球,任意取四个球,其中必须有一个红球,编程输出所有可能的方案。

假设用变量 i、j、k 分别代表所取得红、黄、白球的个数,则可知 i+j+k=4。根据题目给定的约束条件,对所有可能的情况进行一一测试,从中找出符合条件的所有解。

已知红球的取值范围为 1 或 2,黄球的取值范围是 0～3,当红、黄球的数目确定以后,白球的取值就可以用 k=4-i-j 计算得到。

```
# include < stdio. h>
int main()
{
    int i, j, k;
    printf(" - Red - Yellow - White - \n");
    for(i = 1; i <= 2; i++)              //i 表示红球
        for(j = 0; j <= 3; j++)          //j 表示黄球
        {
            k = 4 - i - j;               //k 表示白球
            if(k >= 0)
                printf(" % 3d % 5d % 6d\n", i, j, k);
```

```
    }
    return 0;
}
```

运行结果：

```
-Red-Yellow-White-
    1    0    3
    1    1    2
    1    2    1
    1    3    0
    2    0    2
    2    1    1
    2    2    0
```

本例的嵌套结构里有两个循环语句,称为双重循环。其执行过程如图 4-6 所示,说明如下。

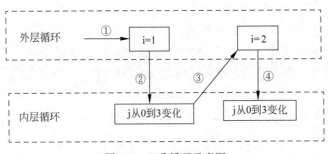

图 4-6　双重循环示意图

（1）先执行外循环,外层的循环控制变量 i(表示红球)取初值 1。

（2）接着执行内循环,内层的循环控制变量 j(表示黄球)从 0 依次变化到 3,每变化一次都执行循环体的内容。在这期间,外层的循环控制变量 i 始终保持 1 不变。

（3）内层循环结束后,退到外层循环,i 的值增为 2。

（4）再次执行内层循环,内层的循环控制变量 j 再次从 0 变化到 3,并执行循环体。

当外层循环控制变量 i 超过终值 2 时,整个双重循环就执行完毕。

  使用嵌套循环时,应注意一个循环结构应完整地嵌套在另一个循环体内,不允许循环体之间交叉。

【例 4-15】　利用双层 for 循环打印 9×9 乘法表。

```
#include<stdio.h>
int main()
{
    int i,j;
    for(i=1;i<=9;i++)              //i控制输出有多少行
    {
        for(j=1;j<=i;j++)          //j控制输出每行中有多少个等式
            printf("%d*%d=%d",i,j,i*j);
        printf("\n");
    }
```

```
        return 0;
    }
```

程序运行结果：

```
1 * 1 = 1
2 * 1 = 2 2 * 2 = 4
3 * 1 = 3 3 * 2 = 6 3 * 3 = 9
4 * 1 = 4 4 * 2 = 8 4 * 3 = 12 4 * 4 = 16
5 * 1 = 5 5 * 2 = 10 5 * 3 = 15 5 * 4 = 20 5 * 5 = 25
6 * 1 = 6 6 * 2 = 12 6 * 3 = 18 6 * 4 = 24 6 * 5 = 30 6 * 6 = 36
7 * 1 = 7 7 * 2 = 14 7 * 3 = 21 7 * 4 = 28 7 * 5 = 35 7 * 6 = 42 7 * 7 = 49
8 * 1 = 8 8 * 2 = 16 8 * 3 = 24 8 * 4 = 32 8 * 5 = 40 8 * 6 = 48 8 * 7 = 56 8 * 8 = 64
9 * 1 = 9 9 * 2 = 18 9 * 3 = 27 9 * 4 = 36 9 * 5 = 45 9 * 6 = 54 9 * 7 = 63 9 * 8 = 72 9 * 9 = 81
```

九九乘法表共有 9 行，所以外层循环的控制变量 i 从 1 到 9 依次变化，用于控制行的输出。第 i 行需要输出的等式有 i 个，如果用 j 来作为内层循环的控制变量控制输出的列数的话，则 j 的取值应该是依赖于当前的 i 值的。

下面给出用嵌套循环结构输出图形的例子。

图 4-7　五层的字母金字塔

【例 4-16】　字母金字塔。输入一个整数 n，输出 n 层的字母金字塔。如图 4-7 所示是一个五层的字母金字塔。（nbuoj1861）

从图中可以得到几个信息：①第 i 行要输出 $2 \times i - 1$ 个字母；②第 i 行要输出的字母的 ASCII 码是 'A'+i−1。因此可用以下循环结构实现字母的输出。

```
for(j = 1;j < = 2 * i - 1;j++)      //控制第 i 行输出 2 * i - 1 个字符
    putchar('A' + i - 1);          //控制第 i 行输出的字符内容为'A' + i - 1
```

由于图形是居中对齐的，每一行字母的前面要输出一些空格。假设第 n 行左边不留空格，与边界齐，则第 n−1 行左边需要输出 1 个空格，…，第 i 行左边需要输出 n−i 个空格，可用如下循环来实现：

```
for(j = 1;j < n - i + 1;j++)
    putchar(' ');
```

完整的程序如下。

```
# include < stdio. h>
int main()
{
    int i,j,n;
    scanf(" % d",&n);              //整数 n 表示要输出的图形有 n 行
    for(i = 1;i < = n;i++)          //枚举输出行数
    {
        for(j = 1;j < n - i + 1;j++)
            putchar(' ');          //输出每行字母左边的空格
        for(j = 1;j < = 2 * i - 1;j++)  //第 i 行输出 2 * i - 1 个字符
            putchar('A' + i - 1);      //第 i 行输出的字符内容为'A' + i - 1
        putchar('\n');            //控制换行
    }
```

```
    return 0;
}
```

4.6 基础算法

在前面的程序设计环节中,已经接触到很多的算法思想,本节对一些基础的算法进行专门的举例讲解,主要介绍的算法为:枚举、迭代和递推。

4.6.1 枚举算法

枚举算法又叫穷举法、试探法、暴力法,是最简单、最基本的搜索算法。当需要求解的问题存在大量可能的答案,而暂时又无法用逻辑方法排查出其中的正确答案时,就可以将所有可能的答案一一列举,逐一验证它们是否是问题的解,这就是枚举算法的基本思想。其解题思路就是列举出问题的所有可能状态,将它们逐一与目标状态进行比较以得到符合条件的解。

枚举方法看起来有点儿笨拙,但它却是计算机擅长的处理方式。实施大量的重复运算对于人来说是一件十分麻烦的事情,但对于拥有高速运算速度的计算机而言,却是一件得心应手的事情。

枚举的基本控制流程是一个循环处理过程,在 C 程序中可以利用各种循环控制语句加以实现。

【例 4-17】 水仙花数。(nbuoj1126)

输入一个正整数 n(n<1000),输出小于 n 的水仙花数,若无解则输出 No Answer。所谓"水仙花数"是指一个三位数 ABC,其各位数字的立方和等于该数本身,即 $ABC = A^3 + B^3 + C^3$。例如,370 是一个水仙花数,因为 $370 = 3^3 + 7^3 + 0^3$。

三位数范围是 100~999,题目要求的是 100~n 的水仙花数。用枚举法测试 100~n 的每一个三位数,判断其每一位数字的立方和是否等于该数本身。

```
# include < stdio. h >
int main()
{
  int n,a,b,c;
  int i,cnt = 0;
  scanf(" % d",&n);
  for(i = 100; i < n; i++)              //枚举 100~n 的所有三位数
  {
    a = i % 10;                        //分解当前数的个位数字
    b = (i/10) % 10;                   //分解当前数的十位数字
    c = i/100;                         //分解当前数的百位数字
    if(i == a * a * a + b * b * b + c * c * c)   //判断是否为水仙花数
    {
      printf(" % d\n",i);              //输出一个水仙花数
      cnt++;                          //统计 100~n 的水仙花数的个数
    }
  }
```

```
    if(cnt == 0)
      printf("No Answer\n");
    return 0;
}
```

运行结果：

```
1000 ↵
153
370
371
407
```

【例 4-18】 判断完全数。(nbuoj1127)

输入一个正整数 num，判断其是否是完全数，是完全数则输出 yes，不是完全数则输出 no。

如果一个正整数恰好等于它所有的真因子(即除了自身以外的因子)之和，则称之为完全数(又称完美数)。如 $6=1+2+3$，则 6 是一个完全数。

本题最直接的方法就是用枚举法求出 num 的所有真因子，再将所有的真因子累加求和。方法如下。

(1) 求出某数 num 的所有因子(在 1~num-1 中枚举出每一个数，判断它是否是 num 的真因子)，是则累加到 sum 中。

(2) 判断因子之和 sum 是否等于原数 num，如果相等则 num 是完全数，否则 num 不是完全数。

```c
#include<stdio.h>
int main()
{
  int i,num,sum = 0;
      scanf("%d",&num);          //输入一个整数 num
  for(i = 1;i < num;i++)          //枚举 1~num-1 的每个数
    {
      if(num % i == 0) sum = sum + i;    //若 i 是一个真因子,则累加到 sum
    }
      if(sum == num) printf("yes\n");   //判断真因子之和 sum 与原数 num 是否相等
    else printf("no\n");
    return 0;
}
```

运行结果：

```
6 ↵
yes
```

枚举法是基本的、重要的编程方法之一，程序中只要有循环、循环中有 if 语句，其实就是用到了枚举的思想了。由于枚举算法要通过求解问题状态空间内所有可能的状态来求得满足题目要求的解，因此，在问题规模变大时，其效率会比较低。但是，枚举算法也有它特有的优点，那就是多数情况下容易编程实现，因此，枚举算法通常用于求解规模比较小的问题。

【例 4-19】 百钱百鸡问题。(nbuoj2095)

中国古代数学家张丘建提出了著名的"百钱买百鸡"问题。假设某人有钱一百枚,希望买一百只鸡。已知公鸡 5 枚钱一只,母鸡 3 枚钱一只,而小鸡 3 只值一枚钱。现将问题扩展到 N 钱 N 鸡的问题,即:如果用 N 枚钱买 N 只鸡,可以买几只公鸡、几只母鸡和几只小鸡(要求每种至少买 1 只)?

根据题意,假设公鸡、母鸡、小鸡各买 x、y、z 只,则可列出方程组:

$$\begin{cases} x+y+z=N \\ 5x+3y+\dfrac{z}{3}=N \end{cases}$$

用枚举法编程,考虑用三重循环,每一重循环的取值范围如下。

公鸡 x:1~N/5。

母鸡 y:1~N/3。

小鸡 z:3~3N,应是 3 的整倍数。

```c
#include<stdio.h>
int main()
{
  int money,x,y,z;
  scanf("%d",&money);                          //输入钱的数目
  for(x=1;x<=money/5;x++)                       //对公鸡可能的数目枚举
    for(y=1;y<=money/3;y++)                     //对母鸡可能的数目枚举
      for(z=3;z<=3*money;z+=3)                  //对小鸡可能的数目枚举
        if(x+y+z==money&&5*x+3*y+z/3==money)    //判断是否 N 钱 N 鸡
          printf("%d %d %d\n",x,y,z);
      return 0;
}
```

运行结果:

```
100 ↵
4 18 78
8 11 81
12 4 84
```

程序运行时间的长短与枚举的次数成正比,如果能够想办法压缩循环的嵌套重数,则可以将枚举法进一步优化。

从前面方程组的第一个式子可以得到 z=N−x−y,将其代入另一个式子化简得 7x+4y=N,因此可将三重循环压缩到二重循环,相应代码更改如下。

```c
for(x=1;x<=money/5;x++)              //枚举公鸡可能的数目
for(y=1;y<=money/3;y++)             //枚举母鸡可能的数目
  if(7*x+4*y==money)               //化简得到的条件
    printf("%d %d %d\n",x,y,money-x-y);  //若 x,y 已确定,则 z 也随之明确
```

☞ 枚举法不是理想的方法,也不是万能的方法,而是没有办法的办法,但往往又是高效的办法,有时还是唯一有效的办法。

4.6.2 迭代算法

在很多问题中,新的状态是在旧状态的基础上产生的。在程序设计中,这样的新状态的产生可以用两种方法来实现,一种是迭代法,另一种是递推法。为了方便对比,以下简述这两种方法的基本思想。

(1)迭代法,也称辗转法,其算法思想是:用同一个变量既描述新状态又描述旧状态,变量的新值在其旧值的基础上产生,即用新值不断代替旧值。

(2)递推法,其算法思想是:新状态用新的变量描述,新变量的值是在旧变量的基础上推出来的,即在旧变量值的基础上推出新变量值。

【例 4-20】 求阶乘之和。(nbuoj1105)

输入一个正整数 n(n≤12),求 $\sum_{1}^{n} k!$ 的和并输出。

本题的思路比较简单,就是求出每个数的阶乘 k!,然后累加。

```c
#include<stdio.h>
int main()
{
  int n,k;
  int sum = 0,f = 1;
  scanf("%d",&n);
  for(k = 1;k <= n;k++)
  {
    f = f * k;          //①迭代公式,通过累乘计算 k!,不断产生 f 的新值
    sum = sum + f;      //②迭代公式,累加求和,不断产生 sum 的新值
  }
  printf("%d\n",sum);
  return 0;
}
```

运算结果:

3 ↵
9

语句①是一个迭代公式,随着循环控制变量 k 的变化,该公式的变化为:

k=1 时,f=f×k=1×1=1!

k=2 时,f= f×k =1×2=2!

k=3 时,f= f×k =2!×3=3!

k=4 时,f= f×k =3!×4=4!

...

可见,在求新的 k!的时候,利用前一步已经计算出来的(k-1)!的值,即 k!=(k-1)!×k,每次用 f=f*k 来取代 f 的旧值。在这里,阶乘的新值和旧值都用同一个变量 f 来表示。

语句②也是一个迭代公式,在累加的过程中,每次用新的 sum+f 来取代 sum 的旧值,即 sum=sum+f。在这里,阶乘之和的新值和旧值都用同一个变量 sum 来表示。

☞ 循环结构中,要正确设置有关变量的初始值。如作为累加结果的初始值应设置为0,而作为累乘结果的初始值应设置为1。

【例 4-21】 等比数列求和。给定等比数列的首项以及前后两项之间的比例,计算这个数列的前 10 项的和。

构成等比数列的数据,其后项和前项之间存在一个固定的比例关系。例如序列 1、2、4、8,其初值为 1,后项与前项是 2 倍的关系,即前一项乘以 2 得到后一项,即比例为 2。可以得到等比数列的求和公式。

$x_n = x_{n-1} \times rate$ (后项 x_n 等于前项 x_{n-1} 乘以比例值 rate)

$s_n = s_{n-1} + x_n$ (前 n 项之和 s_n 等于前 n−1 项之和 s_{n-1} 加上当前项 x_n)

如果已知某个等比数列的第一项 x_1 以及比例 rate,就可以依次算出后面的任意一项的值。

```c
#include <stdio.h>
int main()
{
    int x,rate,sum,i;
    printf("Input the first item and rate:\n");
    scanf("%d%d",&x,&rate);
    sum = x;
    for(i = 2;i <= 10;i++)
    {
        x = x * rate;          //迭代公式,新旧状态都用 x 表示
        sum = sum + x;         //迭代公式,新旧状态都用 sum 表示
    }
    printf("Sum = %d\n",sum);
    return 0;
}
```

运行结果:

```
Inut the first item and rate:
1 2↵
Sum = 1023
```

4.6.3 递推算法

4.6.2 节已经介绍了递推算法的思想,下面通过具体例子来了解递推法。

【例 4-22】 斐波那契数列。(nbuoj1125)

输入一个整数 n,求 Fibonacci 数列的前 n 项。这个数列有如下特点:第一、第二个数都为 1,从第三个数开始,每个数都是其前面两个数的和。

$$f(n) = \begin{cases} 1, & n = 1 \\ 1, & n = 2 \\ f(n-2) + f(n-1) & n \geqslant 3 \end{cases}$$

已知数列的第 1、2 项均为 1,可不断推出第 3、4、…、n 项,在递推过程中可以设置 3 个变量:f_1、f_2(初值皆为 1)和 f,根据 f_1 和 f_2 可推出新值 f,然后更新 f_1 和 f_2 的值,为求下一项

新值做准备,直到求出第 n 项为止。

程序如下。

```c
#include<stdio.h>
int main()
{
    int i,n;
    int f,f1=1,f2=1;
    scanf("%d",&n);
    if(n==1) printf("%d",f1);
    else if(n==2) printf("%d %d",f1,f2);
    else if(n>=3)
    {
        printf("%d %d",f1,f2);
        for(i=3;i<=n;i++)              //从第3项开始计算
        {
            f=f1+f2;                  //递推公式,新状态用f表示,旧状态用f1和f2表示
            printf("%d ",f);
            f1=f2; f2=f;              //更新f1和f2,为下一次递推做准备
        }
    }
    printf("\n");
    return 0;
}
```

程序运行结果:

```
10 ↵
1 1 2 3 5 8 13 21 34 55
```

可以看出,递推法和迭代法非常相似,递推是通过其他变量来演化,而迭代则是自身不断演化。

  不要试图定义形如 f(n)或者 f(n−1)这样的变量,C 语言中对变量名的要求是"由字母、数字或下画线"组成,显然符号"("和")"不在有效字符行列中。

4.7　提前结束循环的流程控制

改变循环
执行的状态

在前面介绍的循环结构中,都是根据事先指定的循环条件正常执行所有步骤,直到表达式为假时才终止循环。但有时当出现一些特殊情况时,希望能提前结束循环。C 语言提供了 break 语句和 continue 语句辅助循环结构中的流程控制。

4.7.1　用 break 语句提前终止循环

break 语句可以用来从循环体内跳出循环体,即提前结束循环。见例 4-23。

【例 4-23】　判断素数。(nbuoj1130)

输入一个整数 num(num≥2),判断其是否为素数,是的话输出 yes,否的话输出 no。

所谓素数是指除了 1 和它自身以外,没有其他因子的一个大于 1 的自然数。本例需要

判断从 2 到 num-1 的自然数是否是 num 的一个因子,只要找到一个因子,则 num 就不是素数(不需要继续找剩下的因子了)。这里使用了"枚举法",流程图见图 4-8。

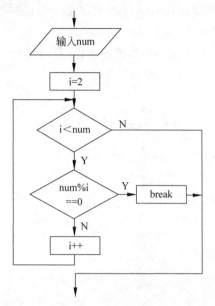

图 4-8 带 break 语句的循环结构流程图

```
#include<stdio.h>
int main()
{
    int num,i;
    int flag = 0;                              //flag 作为标记,初值 0,如找到因子则将 flag 置 1
    scanf("%d",&num);                          //输入一个正整数
    for(i = 2;i < num;i++)                     //for 语句中需判断表达式 1,即 i < num
        if(num % i == 0) {flag = 1;break;}     //if 语句中需判断表达式 2,即 num % i == 0
    if(flag == 0) printf("yes\n");             //flag 作为标记,保持 0 不变说明是素数
    else printf("no\n");                       //若 flag 为 1 则说明不是素数
    return 0;
}
```

运行结果:

9↵
no

本例输入的整数 num 为 9,for 循环本来应该执行 7 次(i 的取值为 2~8)。但是当 i 为 3 时,num%i 为 0,说明出现了 num 的一个因子,此时可判定 9 不是素数,就不需要再去执行后面的循环了,因此用了 break 语句强行终止当前的整个循环。变量 flag 用来做标记,其初值为 0,一旦找到 num 的一个因子,flag 就变为 1,循环结束后可通过对 flag 的值的判断来确认 num 是否素数。

    ☞ break 语句只能用于循环语句和 switch 语句中。

4.7.2 用 continue 语句提前结束本次循环

continue 语句的作用是在当前循环中,跳过循环体尚未执行的语句,结束本次循环,而

循环结构与基础算法

进行下一次循环条件的判断,以决定是否继续下一次循环。

【例 4-24】 不能被 3 整除的数。(nbuoj1089)

输入正整数 n1 和 n2,试编程输出[n1,n2]不能被 3 整除的数。每行输出 5 个数字。

本题的算法思想见图 4-9,枚举[n1,n2]的每一个数 i,当 i 能被 3 整除时,执行 continue 语句,跳过本次循环,不执行后面与输出有关的代码,而是进入下一次循环去判断下一个数,只有 i 不能被 3 整除时才会执行后面的输出部分。

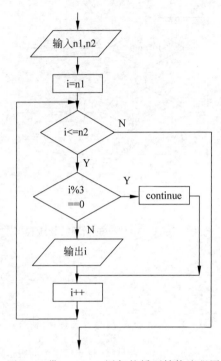

图 4-9 带 continue 语句的循环结构流程图

```c
#include<stdio.h>
int main()
{
    int n1,n2;
    int i,cnt=0;;
    scanf("%d%d",&n1,&n2);
    for(i=n1;i<=n2;i++)              //枚举 i 的所有取值
    {
        if(i%3==0) continue;        //若 i 被 3 整除,则结束本次循环
        printf("%d,",i);            //输出不能被 3 整除的数
        cnt++;                      //统计不能被 3 整除的数的个数
        if(cnt%5==0) printf("\n");  //一行输出 5 个数据后换行
    }
    printf("\n");
    return 0;
}
```

运行结果:

```
100 120 ↵
100,101,103,104,106
107,109,110,112,113
115,116,118,119,
```

本例不用 continue 的形式也可以实现,对循环语句进行修改,可写成如下形式。

```
for(i = n1;i < = n2;i++)
{
    if(i % 3!= 0)
    {
        printf(" % d,",i);
        cnt++;
        if(cnt % 5 == 0) printf("\n");
    }
}
```

4.8 实例研究

4.8.1 四则运算(1)

【例4-25】 小学生四则运算练习系统。要求对四则运算程序进一步扩充,实现以下功能。

(1) 提供加、减、乘、除四种运算供用户选择,显示简单的菜单。

(2) 当用户选择一种运算(如加法)以后,由系统随机产生两个数(数值范围为1~9)进行相应运算,提醒用户输入答案,如果用户回答正确,则给出正确的信息,否则给出错误提示。

(3) 由用户根据菜单选择何时退出程序。

```
# include < stdio. h >
# include < stdlib. h >
# include < time. h >
int main()
{
    int a,b,ans,res,t;
    int op;
    srand((unsigned)time(NULL));
    while(1)
    {
        printf("\n--- 小学生四则运算练习系统 --- \n"); //简单的菜单显示
        printf(" 1.加法运算\n");
        printf(" 2.减法运算\n");
        printf(" 3.乘法运算\n");
        printf(" 4.除法运算\n");
        printf(" 5.退出练习\n");
        printf(" 请输入数字1~5:");
        scanf(" % d",&op);                          //输入用户的选项
        switch(op)
        {
```

```
         case 1:printf(" -- 请进行加法运算 -- \n");
             a = rand( ) % 9 + 1;                        //产生 1~9 的随机数
             b = rand( ) % 9 + 1;
             res = a + b;                                //计算标准答案
             printf(" % d + % d = ",a,b);
             scanf(" % d",&ans);                         //输入用户答案
             if(ans == res)                              //判断用户答案与标准答案是否一致
                printf("Very Good! \n");
             else
                printf("Wrong Answer! \n");
             break;
         case 2:printf(" -- 请进行减法运算 -- \n");
             a = rand( ) % 9 + 1;
             b = rand( ) % 9 + 1;
             if(a < b) {t = a;a = b;b = a;}              //确保被减数大于减数
             res = a - b;                                //计算标准答案
             printf(" % d - % d = ",a,b);
             scanf(" % d",&ans);                         //输入用户答案
             if(ans == res)
                printf("Very Good! \n");
             else
                printf("Wrong Answer! \n");
             break;
         case 3:printf(" -- 请进行乘法运算 -- \n");
             a = rand( ) % 9 + 1;
             b = rand( ) % 9 + 1;
             res = a * b;                                //计算标准答案
             printf(" % d * % d = ",a,b);
             scanf(" % d",&ans);                         //输入用户答案
             if(ans == res)
                printf("Very Good! \n");
             else
                printf("Wrong Answer! \n");
             break;
         case 4:printf(" -- 请进行除法运算 -- \n");
             a = rand( ) % 9 + 1;
             b = rand( ) % 9 + 1;
             res = a * b/b;           //为确保能整除,以 a * b 作为被除数,以 b 作为除数
             printf(" % d/ % d = ",a * b,b);             //要求计算的是(a * b)/b
             scanf(" % d",&ans);                         //输入用户答案
             if(ans == res)
                printf("Very Good! \n");
             else
                printf("Wrong Answer! \n");
             break;
             case 5:return 0;
             default:printf("\nIllegal digital. Try again! \n");
          }
      }
   return 0;
}
```

运行结果：

--- 小学生四则运算练习系统 ---
1. 加法运算
2. 减法运算
3. 乘法运算
4. 除法运算
5. 退出练习
请输入数字 1~5:2 ↵
--- 请进行减法运算 ---
4 - 2 = 1 ↵
Wrong Answer!
--- 小学生四则运算练习系统 ---
1. 加法运算
2. 减法运算
3. 乘法运算
4. 除法运算
5. 退出练习
请输入数字 1~5:4 ↵
--- 请进行除法运算 ---
14/7 = 2 ↵
Very Good!

本例选择某种运算后，每次只给出一道题目，如果希望多给出几个题目，则可以进一步调整程序。下面对其中的加法运算进行调整，使其能给出 5 道题目进行测试，也请读者自行修改其他三种运算的内容。

4.8.2　四则运算（2）

【例 4-26】　修改例 4-25 的小学生四则运算练习系统中的加法步骤，使其能一次给出 5 道题目，并能统计正确答题的百分比。

```c
# include < stdio. h >
# include < stdlib. h >
# include < time. h >
# define N 5                    //每次可给出 5 道题目
int main()
{
  int a, b, ans, res;
  int i, count;                 //count 用来统计正确答题的数目
  int op;
  srand((unsigned)time(NULL));
  while(1)
  {
    printf("\n--- 小学生四则运算练习系统 --- \n");
    printf(" 1.加法运算\n");
    printf(" 2.减法运算\n");
    printf(" 3.乘法运算\n");
    printf(" 4.除法运算\n");
    printf(" 5.退出练习\n");
```

```
        printf(" 请输入数字 1~5:");
        scanf(" % d",&op);
        switch(op)
        {
        case 1:printf(" -- 请进行加法运算 -- \n");
                count = 0;
                for(i = 1;i < = N;i++)                              //可给出 N 道题目
                {
                a = rand( ) % 9 + 1;
                b = rand( ) % 9 + 1;
                res = a + b;
                printf(" % d + % d = ",a,b);
                scanf(" % d",&ans);
                if(ans = = res)
                {
                    printf("Very Good! \n");
                    count++;
                }
                else
                    printf("Wrong Answer! \n");
                }
                printf(" *** 正确率为 % .0f % % *** \n",100.0 * count/N); //计算正确率,百分比显示
                break;
        case 2://此处省略
                break;
        case 3://此处省略
                break;
        case 4://此处省略
                break;
        case 5:return 0;
        default:printf("\nIllegal digital. Try again! \n");

        }
    }
    return 0;
}
```

运行结果：

```
---小学生四则运算练习系统---
    1. 加法运算
    2. 减法运算
    3. 乘法运算
    4. 除法运算
    5. 退出练习
请输入数字 1~5:1 ↵
6 + 9 = 15 ↵
Very Good!
2 + 9 = 11 ↵
Very Good!
2 + 7 = 9 ↵
```

Very Good!

4 + 6 = 10 ↵

Very Good!

5 + 3 = 7 ↵

Wrong Answer!

　*** 正确率为 80 % ***

注意本题关于答题正确率的输出形式为"80％"，C 语言中如果要输出一个百分符号
"％"，则需要在格式控制中连续写两个"％％"，同时，考虑到是用百分比来表示结果，要对计
算所得的小数扩大 100 倍，因此程序中用了如下的语句来实现答题正确率的输出。

```
printf(" *** 正确率为 % .0f % % *** \n",100.0 * count/N);
```

4.9　习　　题

4.9.1　选择题

1. 循环结构的特点是(　　)。

    A. 从上至下，逐个执行

    B. 根据判断条件，执行其中一个分支

    C. 满足条件时反复执行循环体

    D. 以上都对

2. 以下 for 语句，书写正确的是(　　)。

    A. for(i=1;i<5;i=i+2)　　　　　　　B. for(i=1,i<5,i++)

    C. i=1;for(i<5;i++)　　　　　　　　D. for(i=1,i<5,)i++

3. 下列关于 for 循环的描述，正确的是(　　)。

    A. for 循环只能用于循环次数已经确定的情况

    B. for 循环是先执行循环体语句，后判断表达式

    C. for 循环的循环体语句中，可以包含多条语句，但必须用大括号{ }括起来

    D. 在 for 循环中，不能用 break 语句跳出循环

4. 以下说法正确的是(　　)。

    A. do…while 语句构成的循环不能用其他语句构成的循环来代替

    B. do…while 语句构成的循环只能用 break 语句退出

    C. 用 do…while 语句构成的循环，在 while 后的表达式为非零时结束循环

    D. 用 do…while 语句构成的循环，在 while 后的表达式为零时结束循环

5. 在循环语句的循环体中，break 语句的作用是(　　)。

    A. 继续执行 break 语句之后的循环体各语句

    B. 提前结束当前循环，接着执行该循环语句后续的语句

    C. 结束本次循环

    D. 暂停程序的运行

6. 以下语句正确的是(　　)。

    A. 用 1 作 while 循环的判断条件，则循环一次也不执行

B. for 循环表达式括号内的 3 个表达式均不可以省略

C. 所有类型的循环都可以进行嵌套使用

D. 程序有死循环的时候,上机编译不能通过

7. 下列叙述中正确的是( )。

A. break 语句只能用于 switch 语句中

B. break 语句只能用在循环体和 switch 语句内

C. continue 语句的作用是使程序的执行流程跳出包含它的所有循环

D. 在循环体内使用 break 语句和 continue 语句的作用相同

8. 有以下程序段,则 while 循环体执行的次数是( )。

```
int   k = 0;
while(k) k + + ;
```

A. 无限次

B. 有语法错,不能执行

C. 一次也不执行

D. 执行一次

9. 以下程序段的输出结果是( )。

```
int i,s = 0;
for(i = 0;i < 10;i += 2)   s += i + 1;
printf("% d\n",s);
```

A. 自然数 1~9 的累加和

B. 自然数 1~10 的累加和

C. 自然数 1~9 中的奇数之和

D. 自然数 1~10 中的偶数之和

10. 以下程序运行后的输出结果是( )。

```
# include < stdio. h>
int main()
{
   int num = 0;
   while(num < = 2)
{   num++;
     printf("% d ␣",num);
}
   return 0;
}
```

A. 1 2 3   B. 1 2   C. 1   D. 2

11. 以下程序运行后的输出结果是( )。

```
# include < stdio. h>
int main()
{ int i,s = 1,m = 0;
   for(i = 1;i < = 3;i++)
     s = s * 11 % 1000;
   do {
     m += s % 10;
     s = s/10;
   }while(s);
```

```
    printf("m = % d\n",m);
    return 0;
}
```

A. m＝6   B. m＝1   C. m＝7   D. m＝0

12. 以下程序运行后的输出结果是(   )。

```
# include < stdio. h >
int main()
{ int i,s = 0;
  for(i = 0;;i++)
  {
    if(i < = 3) continue;
    if(i == 4) break;
    s += i;
  }
  printf(" % d\n",s);
  return 0;
}
```

A. 0   B. 10   C. 4   D. 死循环

13. 以下程序运行后的输出结果是(   )。

```
# include < stdio. h >
int main()
{
  int x = 6;
  do{
    printf(" % d ",x-- );
  }while(!x);
  return 0;
}
```

A. 6 5 4 3 2 1   B. 6   C. 5   D. 5 4 3 2 1 0

14. 以下程序运行后的输出结果是(   )。

```
# include < stdio. h >
int main()
{
  int s = 0,n;
  for(n = 0;n < 3;n++)
  {
    switch(s)
    {
      case 0:
      case 1:s = s + 1;
      case 2:s = s + 2;break;
      case 3:s = s + 3;
      default:s = s + 4;
    }
    printf(" % d,",s);
```

131

第4章

循环结构与基础算法

```
    }
    return 0;
}
```

A. 1,2,4   B. 3,10,14   C. 1,3,6   D. 3,6,10

15. 以下程序运行后的输出结果是（   ）。

```
#include<stdio.h>
int main()
{
    int n = 2,k = 0;
    while(k++&&n++>2);
    printf("%d,%d\n",k,n);
    return 0;
}
```

A. 1,2   B. 0,2   C. 1,3   D. 5,7

nbuoj
上的循环
结构编程

4.9.2   在线编程题

1. 简单数字打印。（nbuoj1086）

输入一个整数 n，在屏幕上输出数字 1,2,3,…,n，要求每个数字占据一行。

2. N 组数据 A+B。（nbuoj1004）

首先输入一个整数 N，表示有 N 组数据。接下来的 N 行，每行输入两个整数 a 和 b，计算并输出 a+b 的值。

3. 多组数据 A+B。（nbuoj1003）

输入包含多组测试数据，每组输入两个整数 a 和 b，计算并输出 a+b 的值。当输入为 0 0 时测试结束，不需要输出 0 加 0 的结果。

4. 各位数字求和。（nbuoj1032）

输入一个任意长度的正整数，计算组成该数的各位数字的和。例如，输入 237，其各位的数字分别为 2,3,7，加起来的和应该为 2+3+7=12。

5. 计算最高位数字。（nbuoj1033）

输入一个任意长度的非负整数，求出其最高位数字。例如，输入 237，则最高位数字为 2。

6. n 个数内的奇数和/偶数和。（nbuoj1040）

先输入一个正整数 n，接着依次输入 n 个正整数，计算其中的奇数和与偶数和并输出。

7. 字符个数统计。（nbuoj1050）

输入一行字符，统计字符的个数。输入以换行符结束。

8. 字母个数统计。（nbuoj1051）

输入一行字符，统计其中英文字母的个数。输入以换行符结束。

9. 数字字符统计。（nbuoj1052）

输入一行字符，统计出其中的数字字符的个数。输入以换行符结束。

10. 相邻字符判相等。（nbuoj1054）

输入一行字符（长度小于等于 1000），判断其中是否存在相邻两个字符相同的情形，若有，则输出该相同的字符并结束程序（只需输出第一种相等的字符即可）。否则输出 No。

11. 1～n 连续求和。（nbuoj1090）

输入一个正整数 n，要求计算 1＋2＋3＋4＋…＋n 的和并输出。

12. 符号变化的整数数列求和。（nbuoj1091）

输入一个正整数，计算并输出 1-2＋3-4＋…＋（－）n。

13. 1～n 奇数求和。（nbuoj1092）

输入一个奇数 n(1＜n＜1000)，计算并输出 1＋3＋5＋…＋97＋n。

14. 特殊的整数数列求和。（nbuoj1097）

输入两个整数 a(1≤a≤9)和 n，求 a＋aa＋aaa＋…＋aaa…a(最后一项有 n 个 a)的值。例如，当 a＝2，n＝5 时，式子为 2＋22＋222＋2222＋22222。

15. 分数数列求和(1)。（nbuoj1098）

输入一个正整数 n，输出 $S = 1 + \frac{1}{2} + \frac{1}{3} + \frac{1}{4} + \frac{1}{5} + \cdots \frac{1}{n}$ 的值。

16. 分数数列求和(2)。（nbuoj1099）

输入一个正整数 n，输出 $S = 1 + \frac{1}{3} + \frac{1}{5} + \frac{1}{7} + \cdots$ 的前 n 项之和。

17. 分数数列求和(3)。（nbuoj1101）

输入一个正整数 n，输出 $S = \frac{2}{1} + \frac{3}{2} + \frac{5}{3} + \frac{8}{5} + \frac{13}{8} + \frac{21}{13} + \cdots$ 前 n 项之和。

18. 符号变化的分数数列求和。（nbuoj1100）

输入一个正整数 n，输出 $S = 1 - \frac{1}{2} + \frac{1}{4} - \frac{1}{8} + \frac{1}{16} + \cdots$ 前 n 项的和。

19. 计算 n!。（nbuoj1104）

给定整数 n，计算 n! 的值并输出。

20. 一组整数求平均。（nbuoj1108）

输入一些整数，求出它们的平均值。数据的个数事先不确定，在输入过程中以按 Ctrl＋Z 组合键(EOF)作为输入结束的标记。

提示：输入用 while(scanf("%d",&a)!=EOF)形式。

21. 平均分及不合格人数。（nbuoj1111）

输入一个正整数 n 表示学生的个数，再输入 n 个学生的成绩，计算平均分，并统计不及格同学的个数。

22. 正/负数统计。（nbuoj1113）

先输入一个整数 N，接着输入这 N 个整数，统计所输入的这 N 个整数中有多少个正数、多少个负数、多少个零。

23. 分解质因数。（nbuoj1128）

根据数论的知识可知，任何一个合数都可以写成几个质数相乘的形式，这几个质数都叫作这个合数的质因数。例如，24＝2×2×2×3。现在从键盘输入一个正整数，请编程输出它的所有质因数。

24. 勤劳的蚂蚁。（nbuoj1233）

有两只勤劳的蚂蚁在准备食物，编程统计哪只蚂蚁在一段时间内准备的食物多一些。输入有若干行，每行两个数字，第一个整数表示蚂蚁(1 表示 1 号蚂蚁，2 表示 2 号蚂蚁，不会出现其他数字)。第二个整数表示该蚂蚁带回的食物数量,假设该数据都在合法范围内。输出拖回食物多的蚂蚁的编号和食物总数量。如果相同,输出 equal。

25. 回流的时光。(nbuoj1235)

电影"波斯王子——时之刃"里时之刃里的沙子流过沙漏时,时光就会倒流。现在假设时之刃里的沙子有不同的颜色,一粒红色沙子可以让时光回流 4 秒,一粒黄色沙子可以回流 3 秒,一粒白色沙子可以回流 1 秒,其他颜色无效。请根据题目条件计算王子这次能回流的时光有几秒。输入共三行,每一行包含沙子的颜色(0、1、2 分别表示红色、黄色、白色)和粒数。输出回流时光的总秒数。

26. 还是鸡兔同笼。(nbuoj1211)

一个笼子里面关了鸡和兔子(鸡有 2 只脚,兔子有 4 只脚)。已经知道了笼子里面脚的总数 a,问笼子里面至少有多少只动物?至多有多少只动物?

27. 角谷猜想。(nbuoj1458)

所谓角谷猜想是指:对于任意大于 1 的自然数 n,若 n 为奇数,则将 n 变为 $3 \times n + 1$,否则将 n 变为 n 的一半。经过若干次这样的变换,一定会使 n 变为 1。本题输入一个整数 n,要求输出将原始 n 变换为 1 所需的变换次数。

28. 计算等式。(nbuoj1103)

在算式 123_45_67_8_9＝N 的下画线部分填上加号(＋)或减号(－),使该等式成立(保证存在满足的等式)。本题要求输入一个整数 N,输出满足条件的等式。若不存在满足的等式,则输出 impossible。

29. 多组整数求和。(nbuoj1109)

计算多组整数的和。输入包含多组测试数据,每组测试数据首先包含一个整数 N(表示有 N 个数),接着输入这 N 个整数。例如,3 2 4 5 表示有 3 个数需要求和,这 3 个数分别为 2,4,5。最后以 EOF 作为结束标记。

30. 九九乘法表的值。(nbuoj1119)

给定一个正整数 n,打印 1～n 的乘法表上每个位置的数值。n 小于等于 9。

31. 稀疏字母金字塔。(nbuoj1166)

从键盘输入一个整数 n,输出 n 行的字母金字塔。如图 4-10 所示的是一个 n 为 6 的字母金字塔,注意每个字母后面都有空格。

32. 打印菱形。(nbuoj1214)

输入一个整数 n(奇数),表示菱形的行数,打印出一个由符号"＊"组成的菱形图案。如图 4-11 所示是一个 5 行的菱形。

图 4-10　字母金字塔

图 4-11　菱形

33. 将 N 表示成两个数的平方和。(nbuoj1222)

输入一个正整数 N,找出所有满足 $X^2 + Y^2 = N$ 的正整数对 X 和 Y,输出时要求按照

X≤Y 的顺序排列。如果无解则不需要输出任何信息。

34．哥德巴赫猜想。(nbuoj1174)

所谓哥德巴赫猜想是指，任一大于 2 的偶数都可以写成两个质数之和。例如 6＝3＋3，8＝3＋5，…，18＝7＋11。试编写程序，验证任一大于 2 的偶数都能写成两个质数之和。(可能有多种情况，请输出两数差最大的那组。)

本题输入一个大于 2 的偶数 N，要求输出两个质数和的形式，小的质数在前，大的质数在后，如 16＝3＋13。

4.9.3　课程设计——四则运算基础版

综合案例：
四则运算
基础版

1．程序功能。

要求实现一个能提供加减乘除运算的小型系统，进行整数的加、减、乘、除等运算。

2．设计目的。

通过本程序综合掌握顺序结构、选择结构、循环结构、随机数等知识的使用。

3．设计要求。

(1) 要求实现简单的菜单显示，提供加、减、乘、除等运算供用户选择，例如：

　　　1 加法运算

　　　2 减法运算

　　　3 乘法运算

　　　4 除法运算

　　　5 混合运算

　　　0 退出

(2) 在每一种运算下，由系统随机产生两个数(数值大小为 1～100)参加运算，当用户根据系统提供的公式进行计算，并输入计算结果后，系统判断结果的对错。如果结果正确，则显示"Very Good"，否则显示"Wrong！！！"。

(3) 每次选择一种运算后，系统随机产生 5 道题目，当用户运算完毕后，系统给出正确率。如用户答对了 3 题，则显示正确率为 60％。每道题目可以考虑最多给两次答题机会。运算完毕后，系统将返回主菜单，供用户再次选择。

4．设计方法。

可以考虑对答题过程给出时间限制，超出一定时间未给出答案的判断此题答错。可以设计一个倒计时。

5．撰写课程设计报告。

内容包括：功能结构图、程序流程图、各部分功能简介及完整的源程序(包含必要的注释)、程序运行结果等。

(注意：微课视频给出了基本的示范，功能比较简单，仅供参考。)

第 5 章   数   组

    前面章节中使用的数据都属于简单数据类型,使用单一的存储单元来存储一个变量,如整型、浮点型、字符型。但是在实际应用中,常常需要处理大量同类型的相关数据,如 1000 个学生的成绩等,若定义 1000 个简单类型的变量肯定是不合适的。类似这样的数据在 C 语言中可以通过数组来处理。

    本章主要介绍一维数组和二维数组的定义及使用,其中着重介绍一维数组,因为一维数组的使用更加频繁。同时,考虑到字符型数组与数值型数组在某些使用方式上会有区别,因此,对字符数组和字符串将单独进行介绍。

一维数组的
定义与引用

5.1   一 维 数 组

    数组是含有多个数据项的数据结构,这些数据项称为数组元素,同一数组中的每个元素都属于同一个数据类型,可以根据元素在数组中所处的位置把它们一个个区分开来。

    ☞ 一个数组是具有相同类型的数据项的集合。

5.1.1   一维数组定义

    最简单的数组类型就是一维数组。假设有 10 个学生的成绩需要处理,可以定义一个长度为 10 的一维数组:

```
int score[10];
```

    编译器将 10 个存储单元与数组名 score 相关联,这些存储单元在内存中是相邻的,每一个单元都可以存储一个 int 型的数据,见图 5-1。

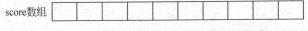

score数组

图 5-1   有 10 个元素的一维整型数组示意图

    与其他变量一样,数组也需要"先定义后使用"。为了定义数组,需要指明数组元素的类型和个数,数组元素的类型可以是 C 语言允许的任何类型,数组元素的个数可以用任何整数类型的常量表达式来指定。

    一维数组的定义形式见表 5-1。

表 5-1   一维数组的定义形式

语　法	类型标识符 数组名[数组长度];
示　例	int score[10];　//定义一个长度为 10 的整型数组
说　明	(1) 数组名的命名规则和变量名相同,遵循标识符的命名规则。 (2) 方括号内的数组长度表示元素个数。注意不是圆括号,如 int a(10)是错误的。 (3) 数组长度是整型的,可以是常量(表达式)或符号常量,不能是变量

C 语言不允许对数组的大小做动态定义,如以下语句是错误的。

```
int len;
scanf("%d",&len);    //企图临时输入数值作为数组大小
int a[len];          //用变量 len 作为数组长度,为错误的应用
```

    ◦ C99 中,数组的长度可以用不是常量的表达式指定。前提是数组不具有静态存储
期限且数组定义时未进行初始化。

一个数组中包含多个数组元素,为了存取特定的某个数组元素,可以在数组名的后面加
一个用方括号括起来的整型数值来表示具体的数组元素,这种引用数组元素的方法称为"下
标法",即:

数组名[下标]

假设 a 数组的长度为 10,则其各个元素用下标法表示如图 5-2 所示,分别为 a[0]、a[1]、
a[2]、…、一直到 a[9]。

图 5-2   下标法表示一维数组中各个元素

需要特别注意的是,C 语言中,对数组元素引用时的下标是从 0 开始,而不是从 1 开始。
即长度为 N 的数组,其第 1 个元素用 a[0]表示,第 2 个元素用 a[1]表示,……,第 N 个元素
用 a[N-1]表示。

数组元素的作用相当于一个同类型的简单变量,因此,该类型的简单变量能进行的运
算,数组元素也能进行。例如:

```
int score[10];
score[0] = 80;          //给下标为 0 的元素赋整数值
score[1] = score[0];    //将 score[0]元素的值赋给 score[1]元素
```

需要注意,定义数组时用到的"数组名[整型常量表达式]"和引用数组元素时用到的"数
组名[下标]"从形式上看是相同的,但其实含义不同,例如:

```
int score[10];    //这里的 score[10]表示一个叫 score 的数组,其包含 10 个元素
temp = score[9];  //这里的 score[9]表示引用 score 数组中序号为 9 的那个元素,即第 10 个元素
```

    ◦ 数组下标:在数组名后的方括号内的数值或表达式,用于区分数组中的不同
元素。

    ◦ 长度为 N 的数组,其各个元素的下标应该是从 0 到 N-1,而不是从 1 到 N。

5.1.2 一维数组初始化

在定义数组的同时,可以给各数组元素赋值,这称为数组的初始化。数组初始化的形式有多种,下面通过几个简单的例子进行示范。

【例5-1】 给全部数组元素赋初值。某学生期中考试4门课程的成绩分别为88,91,80,79,求其本次考试的平均成绩。

```c
#include<stdio.h>
int main()
{
    float a[4] = {88,91,80,79};        //给全部数组元素赋初值
    float sum = 0,ave = 0;
    sum = a[0] + a[1] + a[2] + a[3];   //求总分
    ave = sum/4;                        //求平均成绩
    printf("Average = %.1f\n",ave);
    return 0;
}
```

运行结果:

```
Average = 84.5
```

本例采用在定义数组时"给全部元素赋初值"的形式初始化数组,语句:

```c
float a[4] = {88,91,80,79};
```

将数组元素的值按顺序放在一对大括号内,经过这样的初始化后,a数组各元素的取值如图5-3所示。

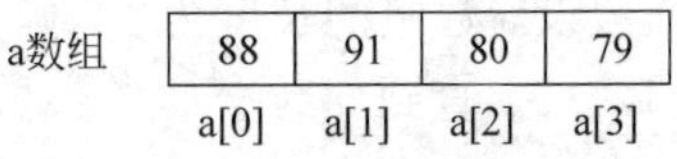

a数组	88	91	80	79
	a[0]	a[1]	a[2]	a[3]

图5-3 全部元素初始化后一维数组中各元素的取值

对于数值型数组而言,只能给数组元素逐个赋值,而不能给数组整体赋值。比如要对长度为4的数组中所有元素都赋值3,则应写成:

```c
int a[4] = {3,3,3,3};                  //给每个元素都赋值3
```

而不能贪图方便写成:

```c
int a[4] = {3};                        //本例仅表示给a[0]元素赋值3,而其他三个元素赋值0
```

也不能写成:

```c
int a[4] = 3;                          //这是错误的数组初始化形式
```

【例5-2】 给部分数组元素赋初值。求某学生4门课程的平均成绩,并将平均成绩放置在数组的最后一个元素中。

```c
#include<stdio.h>
int main()
{
    float a[5] = {88,91,80,79};        //给前4个元素赋初值
    float sum = 0;
    sum = a[0] + a[1] + a[2] + a[3];   //计算总成绩
```

```
    a[4] = sum/4;                    //计算平均成绩并存储到数组的最后一个元素 a[4]中
    printf("Average = %.1f\n",a[4]);
    return 0;
}
```

本例的运行情况与例 5-1 相同。本例的数组定义及初始化语句如下。

```
float a[5] = {88,91,80,79};
```

此处将学生 4 门课程成绩和平均分都放在同一个数组中,因此数组的长度应为 5。其
中,4 门课程的成绩是已知的,而平均分暂时未知,
可见数组前 4 个元素初值是可以确定的,而最后一
个元素的初值不能确定,因此对数组中的"部分元
素赋初值",初始化后各元素取值情况如图 5-4
所示。

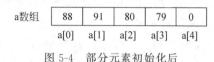

图 5-4　部分元素初始化后
一维数组中各元素的取值

这时候,未初始化的元素 a[4]的值为 0,当程序后面部分的语句计算出平均值,并将平
均值赋给 a[4]元素后,a[4]元素才获得更新后的值。

    *在定义数值型数组时,指定了数组长度并对其初始化,将按照大括号内的次序依次
对数组中的各元素初始化,而未被赋初值的元素系统自动将它们初始化为 0。*

    若要对所有数组元素赋初值为 0,可以采用如下方式。

```
int a[10] = {0,0,0,0,0,0,0,0,0,0};
```

或

```
int a[10] = {0};
```

除了前面提到的"给全部元素赋初值"和"给部分元素赋初值"以外,还有一种初始化的
方式,即在对全部数组元素初始化时,由于数据个数已确定,因此可以不指定数组长度。例
如,在例 5-1 中的语句:

```
float a[4] = {88,91,80,79};      //给全部数组元素赋初值
```

可以写成:

```
float a[] = {88,91,80,79};       //给全部数组元素赋初值
```

在第二种写法中,大括号内有 4 个数,此时,虽然没有在前面的方括号中指定数组长度,
但系统会根据大括号中数据的个数确定 a 数组有 4 个元素。但是,如果数组实际长度与提
供初值的个数不相同,则方括号内的数组长度不能省略。例如,想定义一个长度为 10 的数
组,其中有 5 个数值是已知的,则写成如下的语句是错误的。

```
float a[] = {80,90,80,70,60};    //该数组实际长度只有 5
```

必须写成:

```
float a[10] = {80,90,80,70,60};  //定义一个长度为 10 的数组,只初始化前 5 个元素,后 5 个
                                 //元素为 0
```

    在定义数组的同时进行初始化时,尽量在方括号内给出数组长度,而不要省略长度

的描述。

☞ 如果定义数组时没有给数组元素初始化,数组元素的值是一个不确定的数据。

5.1.3 用循环结构存取数组

5.1.2 节通过初始化的方式使数组元素获得值。但是,在实际应用中,数组元素的值往往需要通过交互方式获得,因此,在定义数组时进行初始化的方式并不是很实用,更多的是通过输入语句对数组中的元素赋值。

考虑到数组中的元素都是依次存放的,下标也是有规律可循的,因此可以结合循环语句来存取数组元素。

【例 5-3】 一维数组基本练习。(nbuoj1149)

已知某学生期中考试 4 门课程的成绩,请将这 4 个成绩存放到数组中,然后计算其本次考试的平均成绩并输出,输出保留 1 位小数。

```c
# include < stdio. h>
int main()
{
  float score[4];          //数组长度为 4,可存放 4 个成绩
  int i;
  float sum = 0;
  for(i = 0;i < 4;i++)      //用循环处理,控制数组元素下标从 0 到 3 进行变化
  {
    scanf(" % f",&score[i]);  //输入一个成绩,保存到数组元素 score[i]中
    sum += score[i];          //每次输入的成绩及时累加到 sum 变量
  }
  printf(" % .1f\n",sum/4);
  return 0;
}
```

运行结果:

```
80 80 90 90 ↵
85.0
```

变量 i 是元素下标的计数器,它决定在每次循环过程中要操作数组的哪个元素。通常使用循环控制变量来担任这一角色,因为循环控制变量自增 1 更新以后,下一个数组元素就被自动选中了。

C 语言不要求检查下标的范围,当下标超出范围时,编译器不会给出错误信息,程序也能正常运行,但会读取一些非法的内存空间从而得到错误的结果。

下标超出范围的主要原因是忽略了长度为 N 的数组其元素的下标是从 0 到 N−1,而不是从 1~N,因此在使用过程中常会出现以下两种错误情况。

(1) 将数组元素 a[1]作为数组的起点,而忽略了元素 a[0]。

(2) 将数组的最后一个元素的下标误认为是 N。

错误形式见例 5-4。

【例 5-4】 一维数组逆序显示。(nbuoj1155)

输入 10 个整数保存到数组中,再逆序显示这 10 个数据。以下代码是错误的。

```c
#include<stdio.h>
int main()
{
  int a[10],i;
  for(i=0;i<10;i++)      //输入10个元素,下标从0到9
    scanf("%d",&a[i]);
  for(i=10;i>=0;i--)   //下标出错,误引用a[10]元素了
    printf("%d",a[i]);
  printf("\n");
  return 0;
}
```

（错误的）运行结果：

1 2 3 4 5 5 4 3 2 1 ↵
1703792 1 2 3 4 5 5 4 3 2 1

本例在输出语句中误用了元素下标,对长度为10的数组出现了下标为10的元素,即 a[10],这种情况下编译不会出错,程序也能运行,但 a[10]元素的值不是我们期望的内容, 如果将该元素列入计算范围的话,就会对结果造成影响。正确的做法是将输出语句改成如 下形式。

```c
for(i=9;i>=0;i--)       //长度为10的数组,元素下标只能是从0到9
  printf("%d",a[i]);
```

下面再看一个用数组解决斐波那契问题的例子。

【例 5-5】 斐波那契数列。(nbuoj1125)。

输入一个整数 n(1≤n≤12),输出斐波那契数列的前 n 项。

```c
#include<stdio.h>
#define N 12
int main()
{
  int f[N]={1,1};          //对最前面两个元素f[0]和f[1]初始化为1
  int n,i;
  scanf("%d",&n);
  for(i=2;i<n;i++)         //从第三个元素f[2]开始,用公式计算
    f[i]=f[i-1]+f[i-2];
  for(i=0;i<=n-1;i++)   //输出前n项,即从f[0]到f[n-1]这n个数组元素
    printf("%d",f[i]);
  printf("\n");
  return 0;
}
```

运行结果：

6 ↵
1 1 2 3 5 8

可以发现,用数组解决斐波那契数列问题比用简单变量来得更加方便和直观。

🖎 对数值型数组的输入或输出只能针对单个元素操作,不能整体地输入或输出一个

数组,假如有定义"int a[10];",则不能用"scanf("%d",a);",也不能用"printf("%d",a);"试图对整个数组元素进行输入或输出,而应该结合循环语句对元素逐个进行处理,如输入语句为:

```
for(i = 0;i < 10;i++)
  scanf("%d",&a[i]);
```

而输出语句为:

```
for(i = 0;i < 10;i++)
  printf("%d",a[i]);
```

顺序查找
及二分查找

5.1.4　顺序查找与二分查找

查找是指根据某个给定的条件,在一组数据中搜索是否存在满足该条件的数据的过程。如果存在,则表示查找成功,给出成功标志;否则表示查找不成功,给出失败标志。

常用的查找方法有顺序查找和二分查找。

1. 顺序查找

顺序查找的基本思想是:把要查找的数据依次与待查的数比较,如果能够找到,则查找成功,否则查找失败。见例5-6。

【例5-6】 无序数组的查找。(nbuoj1151)

输入10个整数存入一维数组,假设这10个元素各不相同,再输入一个待查找的数据key,查找数组中是否存在值为key的元素。如果有,则输出相应的下标,否则输出not found。已知数组无序排列。

本题需要将待查找数据key依次与数组中的元素比较,一旦发现有相同数值说明查找成功,则可提前结束循环并输出所在位置的下标,而如果10个元素都比较完了依然没有相同元素出现,则查找失败。

```c
#include<stdio.h>
int main()
{
  int key,num[10],i;
  int flag = 0;                  //flag标记查找是否成功,初值0
  for(i = 0;i < 10;i++)          //输入10个数据存入数组
    scanf("%d",&num[i]);
  scanf("%d",&key);              //输入一个待查找的值存入key变量
  for(i = 0;i < 10;i++)          //顺序查找
  {
    if(key == num[i])            //如找到相同值
    {
      printf("%d\n",i);          //输出该数组元素下标
      flag = 1;                  //将标记flag置1,说明查找成功
      break;                     //可提前退出循环
    }
  }
  if(flag == 0)                  //若查找失败,则输出对应提示信息
    printf("not found\n");
```

```
      return 0;
}
```

运行结果：

```
6 70 − 9 80 83 54 3 88 10 2 ↵
80 ↵
3
```

【例 5-7】 最大数和最小数。(nbuoj1874)

输入任意 10 个整数，从中找出最大数值和最小数值并输出。

本题要求在 10 个数据间进行比较，分别求出一个最大数值和一个最小数值并输出。首先假设数组中的第一个元素(下标为 0)为最大值(最小值)，然后从第二个元素(下标为 1)开始逐一比较，看后面是否有更大(更小)的元素值。具体代码如下。

```
# include < stdio. h >
int main()
{
  int s[10],i,min,max;          //max 变量存放最大数值,min 变量存放最小数值
  for(i = 0;i < 10;i++)
    scanf(" % d",&s[i]);
  max = s[0];                   //假设数组首元素为当前最大值,存入 max 变量
  min = s[0];                   //假设数组首元素为当前最小值,存入 min 变量
  for(i = 1;i < 10;i++)         //从下标为 1 的元素开始逐一比较
  {
    if(max < s[i]) max = s[i];  //寻找最大值
    if(min > s[i]) min = s[i];  //寻找最小值
  }
  printf(" % d\n % d\n",max,min);
  return 0;
}
```

运行结果：

```
1 2 5 4 7 8 3 54 13 20 ↵
54
1
```

顺序查找对于数据没有要求，可以是未排序的数列，也可以是已排序的数列。

2. 二分查找

二分法查找法是在已经排好序的数中查找，并不需要将每个数据都和待查数比较，而是采用以下的方法(假设待查数据为 key，并且数据已经按从小到大顺序排列)，即每次用 key 与位于查找区间中央位置的元素进行比较，比较结果将会有以下三种情况。

(1) 如果相等，说明查找成功。

(2) 如果 key <中央位置元素，则如果有解的话，解应该位于查找区间的左半部分。此时将查找区间缩小为原来的一半(即左半部分)，并在这一半的区间中继续用相同的方法查找。

(3) 如果 key >中央位置元素，则如果有解的话，解应该位于查找区间的右半部分。此

时将查找区间缩小为原来的一半(即右半部分),并在这一半的区间中继续用相同的方法查找。

可以看出,用 key 与当前查找区间的中央位置元素比较后,要么找到数据 key,要么将查找区间缩小一半。如果查找区间不存在了依然没找到 key,则说明该数据序列中不存在 key。

【例 5-8】 有序数组的查找。(nbuoj1158)

输入 10 个升序排列的整数(假设没有重复数值)存入一个数组中,然后再输入一个待查找的数据 key,查找数组中是否存在值为 key 的数组元素。如果有,则输出相应的下标,否则输出 not found。

```
#include<stdio.h>
#define N 10
int main()
{
    int sucess = 0;                    //用 sucess 来标记是否查找成功
    int location;                      //标识找到的数值的下标
    int a[N],i;
    int low,high,mid,key;
    for(i = 0;i<10;i++)                //输入 10 个数
        scanf("%d",&a[i]);
    scanf("%d",&key);                  //输入待查找数
    //二分查找法
    low = 0; high = N-1;
    while(low<=high)
    {
        mid = (low+high)/2;
        if(key == a[mid]) {sucess = 1;location = mid;break;}
        if(key<a[mid])    high = mid-1;
        else              low = mid+1;
    }
    if(sucess == 1) printf("%d\n",location); //输出对应数的下标
    else printf("not found\n");
    return 0;
}
```

运行结果:

```
45 67 70 82 85 89 90 91 94 98 ↵
91 ↵
7
```

以本题为例,二分查找法首先用变量 low 和 high 来保存数组的首、尾元素的下标,low 与 high 之间的区域就是查找区域,且要求 low≤high。计算 mid=(low+high)/2,使 mid 保存中央位置元素的下标,见图 5-5(a)。接下来进行查找。

若 key=91,则 key>a[mid],因此执行"low=mid+1;",将查找区域缩小到右半区,并重新计算 mid 的值,见图 5-5(b)。

此时 key==a[mid],查找成功,该数值在数组中的下标为 7。

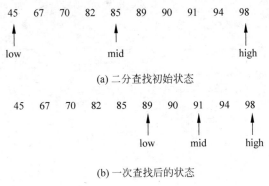

(a) 二分查找初始状态

(b) 一次查找后的状态

图 5-5　二分查找示意图

☞ 对于大小随机排列的数列,适合用顺序法查找,对于已经按大小排序的数列,用二分查找法效率更高。

5.1.5　一维数组的删除

要执行删除操作,首先要查找待删除的元素是否存在,若存在,则执行删除操作;否则报出错信息。

数组确定以后,其各个元素的空间也是确定的,不能"抹"去某一个元素空间,同时,元素空间中的数据也不能"撤销",只能更新。因此,对数组元素的删除一般采用以下方法:将待删除数据后面的所有数据元素依次向前移,覆盖被删除的那个元素,这就相当于删除操作了。见例 5-9。

【例 5-9】　一维数组的删除。(nbuoj1154)

有 5 个整型数据存储在数组中,再输入一个数值 key,删除数组中第 1 个等于 key 的元素。如果 key 不是该数组中的元素,则显示 not found。

```c
# include < stdio.h >
# define N 5
int main()
{
  int a[N];
  int i,j,key;
  for(i = 0;i < N;i++)              //输入原始数据
    scanf(" % d",&a[i]);
  scanf(" % d",&key);              //输入待删除数据
  for(i = 0;i < N&&a[i]!= key;i++) ;  //查找 key 是否存在,此处循环体为空语句
  if(i == N)                      //下标越界,说明待删除元素不存在
  {
    printf("not found\n");          //输出错误信息后就返回了
    return 0;
  }
  else
  {
    for(j = i;j < N - 1;j++)         //待删除元素下标为 i
      a[j] = a[j + 1];             //后面的元素向前移动
```

```
    for(i = 0;i < N - 1;i++)            //若删除成功,则输出剩下的 N - 1 个元素
        printf("% d ",a[i]);
        putchar('\n');
    }
    return 0;
}
```

运行结果:

```
80 65 93 100 81 ↵
93 ↵
80 65 100 81
```

本题的操作步骤如下。

(1) 查找待删除元素的位置,使用了以下语句:

```
for(i = 0;i < N&&a[i]!= key;i + +);
```

此处只是查找位置,不进行其他操作,因此循环体为空语句,用单独的分号表示。

(2) 查找成功,待删除位置的下标为 2,见图 5-6(a)。

(3) 将删除位置后面的元素向前移,覆盖待删除的元素(做形如 a[j]＝a[j＋1]的操作),见图 5-6(b)。

(4) 重复步骤(3),直到删除位置后的所有元素都前移,见图 5-6(c)。

从最终的图中可以看出,数组最后一个元素前移后其原有位置上的值并没有消失,因此最后一个元素有两份拷贝。这种元素前移的形式实现了对某个元素的"删除"效果,最后该数组的有效长度要相应减 1。

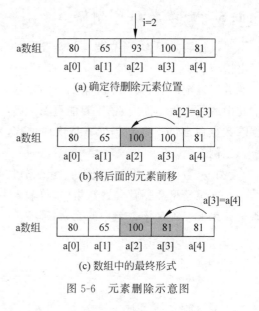

图 5-6　元素删除示意图

5.1.6　一维数组的插入

数据插入是指把一个给定的数据插到一个有序的数列中,并使数列依然保持有序。插入位置有以下两种情况。

(1) 在最后一个数组元素的后面。这是比较理想的一种插入位置,只要找到最后一个元素,在其后面添加待插入元素即可。这仅需要增加一个空间,而不涉及元素的移动。

(2) 除(1)中提到的位置以外的任何一个位置。这种情况是从数组最后一个元素至插入位置的元素,依次向后移一个位置,以"腾出"一个位置给待插入元素。

【例 5-10】　一维数组的插入。(nbuoj1153)

数组 a 中的 5 个数据按升序排列,从键盘输入一个待插入值 key,将其插入到数组中,使数组依然保持升序。

```
# include < stdio. h >
```

```
#define N 5
int main()
{
    int a[N+1]={0};              //至少多留一个数组空间,以便插入新的元素
    int i,j,key;
    for(i=0;i<N;i++)             //输入原始数据
        scanf("%d",&a[i]);
    scanf("%d",&key);            //输入待插入数据
    for(i=0;i<N&&a[i]<key;i++);  //查找待插入的位置i,循环停止时的i就是
    if(i==N)                     //若插入点在最后一个元素的后面
        a[N]=key;                //则直接将待插入元素加在最后面
    else
    {
        for(j=N-1;j>=i;j--)      //元素依次后移,腾出空位
            a[j+1]=a[j];
        a[i]=key;                //在下标为i的位置插入元素
    }
    for(i=0;i<N+1;i++)           //输出插入以后的全部数组元素
        printf("%d ",a[i]);
    putchar('\n');
    return 0;
}
```

运行结果:

61 65 78 87 95 ↵
86 ↵
61 65 78 86 87 95

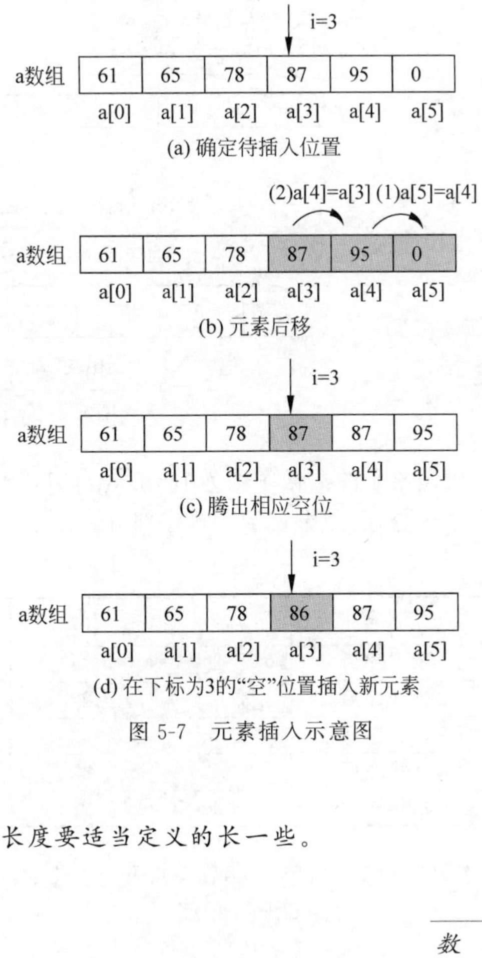

以插入元素 86 为例,本题的操作步骤如下。

(1) 查找待插入位置,使用了以下语句:

```
for(i=0;i<N-1&&a[i]<key;i++);
```

最后查找到插入位置的下标 i 为 3,见图 5-7(a)。

(2) 从最后一个元素到待插入位置的元素依次后移,腾出相应位置(做形如 a[j+1]=a[j]的操作,用递减循环实现),见图 5-7(b)。注意,最后一个元素先开始后移。

(3) 重复步骤(2),直到腾出相应的“空”位置。待插入位置的元素也有了两个拷贝,即相当于有了一个“空”位置,见图 5-7(c)。

(4) 在“空”位置插入新元素,即“a[i]=key;”,见图 5-7(d)。

(a) 确定待插入位置

(b) 元素后移

(c) 腾出相应空位

(d) 在下标为3的“空”位置插入新元素

图 5-7 元素插入示意图

☞ 插入数据要有多余的空间,因此,数组长度要适当定义的长一些。

5.2 一维数组与排序

将一组无序的数列重新排列成升序(从小到大)或降序(从大到小)的形式是经常用到的操作,如从高到低显示学生成绩,或从低到高显示物品价格等,这种问题称为数的排序。排序的算法有很多种,本节主要介绍选择排序、冒泡排序。

选择排序

5.2.1 选择排序

选择排序是一种简单的排序算法,以升序为例,其基本的算法思想是:每一趟从待排序的元素中选中关键字最小的元素,顺序放在已排好序的子表的最后,直到全部元素排序完毕。

假如要对元素序列 $a_1 \sim a_n$ 按升序排序,则基本的操作思想如下。

(1) 在待排序的 n 个数 $a_1 \sim a_n$ 中找出最小数,将它与 a_1 交换。此时 a_1 成为更新后的有序部分内容,$a_2 \sim a_n$ 是新的待排序部分内容。

(2) 在剩下的待排序的 n−1 个数 $a_2 \sim a_n$ 中找出最小数,将它与 a_2 交换。此时 a_1、a_2 成为更新后的有序部分,$a_3 \sim a_n$ 是待排序部分。

(3) 用同样方法每趟从待排序的 $a_i \sim a_n$ 中选择最小的元素,将其与待排序部分的第一个元素 a_i 交换,见图 5-8(a)。交换后,a_i 成为新的有序部分的最后一个元素,见图 5-8(b)。

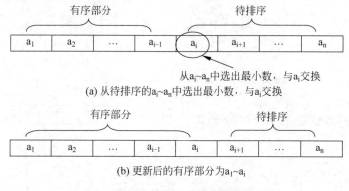

(a) 从待排序的 $a_i \sim a_n$ 中选出最小数,与 a_i 交换

(b) 更新后的有序部分为 $a_1 \sim a_i$

图 5-8 选择排序示意图

假设给定的数据序列为 78,64,37,21,22,77,则排序过程可如表 5-2 所示,其中,阴影表示有序部分,无阴影表示待排序部分。

表 5-2 选择排序过程

初始状态	78	64	37	21	22	77
第 1 次排序后	21	64	37	78	22	77
第 2 次排序后	21	22	37	78	64	77
第 3 次排序后	21	22	37	78	64	77
第 4 次排序后	21	22	37	64	78	77
第 5 次排序后	21	22	37	64	77	78

【例 5-11】 简单一维数组排序。(nbuoj1156)

输入10个学生的成绩,按从高到低的顺序显示这10个成绩。

本题要求按降序方式排序,在选择排序的过程中,每次要选出一个当前区域最大的数值。

```c
#include<stdio.h>
#define N 10
int main()
{
  int a[N];
  int i,j,maxloc,temp;
  for(i=0;i<N;i++)
    scanf("%d",&a[i]);
  //选择排序
  for(i=0;i<N-1;i++)     //若有N个数,则需要选择交换N-1次
  {
  maxloc=i;                  //先假设待排序区域的第一个数为最大值,将其下标i保存到maxloc中
  for(j=i+1;j<N;j++)     //寻找i~N-1中真正最大的数值,记录其下标到maxloc中
    if(a[j]>a[maxloc])
      maxloc=j;
    if(maxloc!=i)
    {      //若最后选出的最大值不是原来假设的待排序区域的第一个数,则对这两个数进行交换
    temp=a[i];      a[i]=a[maxloc];      a[maxloc]=temp;
    }
  }
    for(i=0;i<N;i++)
    printf("%d",a[i]);
  printf("\n");
  return 0;
}
```

运行结果:

90 80 70 60 50 91 72 18 2 0↵
91 90 80 72 70 60 50 18 2 0

5.2.2　冒泡排序

冒泡排序是较为常用的一种排序方法,它是一种具有"交换"性质的排序方法。以升序为例,其基本思想是:每次比较相邻的两个数,将小数放在前面,大数放在后面。

假设有5个数9、8、7、6、5需要按升序排序,则冒泡排序的过程可以描述如下。

第一趟:先比较第一、二个数,即9和8,将小数8放前,大数9放后。然后比较第二、三个数,即9和7,将小数7放前,大数9放后,如此继续,直至将第n-1个数与第n个数进行比较为止。第一趟排序结束后,将n个数中的最大数9放到了序列的尾部,即第n个位置上。如图5-9所示,经过第一趟(4次比较和交换)后,最大数9已经"沉底",而小的数都向上"浮"了一位。

第二趟:对剩下的n-1个数进行同样操作,一直比较到倒数第二个数(倒数第一的位置上已经是最大的9),第二趟排序结束,在倒数第二的位置上得到一个新的最大数8(在整个数列中是第二大的数)。如图5-10所示,经过第二趟(3次比较和交换)后,得到次大的数8。

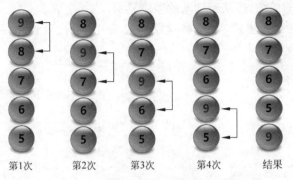

图 5-9　冒泡排序的第一趟过程示意图

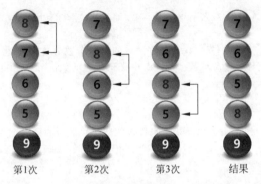

图 5-10　冒泡排序的第二趟过程示意图

如此进行下去,当执行完第 n−1 趟的冒泡排序后,就可以完成所有数的排序过程。

由于在(升序)排序过程中总是小数往前放,大数往后放,相当于气泡往上升,所以称作冒泡排序。但在实际使用中,也可以将大数往前放,小数往后放,完成降序的排序过程。

按照图 5-9 和图 5-10 的思路分析下去可知,一个包含 n 个元素的序列要进行 n−1 趟的冒泡排序。

【例 5-12】 简单一维数组排序。(nbuoj1156)

输入 10 个学生的成绩,按从高到低的顺序显示这 10 个成绩。本例用冒泡排序法完成。

本题要求按降序方式排序,在冒泡排序的过程中,两两比较时,要将大数放前面,小数放后面。

```c
#include<stdio.h>
#define N 10
int main()
{
    int a[N];
    int i,j,temp;
    for(i=0;i<N;i++)
        scanf("%d",&a[i]);
    //冒泡排序
    for(i=0;i<N-1;i++)      //10 个数据需要 9 趟排序
        for(j=0;j<N-1-i;j++) //在第 i 趟排序中,比较 9-i 次
        {
```

```
        if(a[j]<a[j+1])          //相邻元素比较
        {
          temp = a[j];
          a[j] = a[j+1];
          a[j+1] = temp;
        }
    }
    for(i = 0;i < N;i++)
      printf(" % d ",a[i]);
    printf("\n");
    return 0;
}
```

运行结果：

10 80 70 60 50 91 72 18 2 0 ↵
91 80 72 70 60 50 1810 2 0

5.3 二 维 数 组

二维数组的
定义及使用

在很多场合需要用到二维数组,例如,有三个学生,每位学生有四门课程的成绩,要求对学生成绩用数组保存并处理,就需要用到二维数组,见图 5-11。这里有 3 行,每行代表一个学生的成绩,有 4 列,每列代表一门课程的成绩,这种按行(row)、列(column)排列的形式,有助于理解二维数组的逻辑结构。

	成绩1	成绩2	成绩3	成绩4
学生1	90	91	95	90
学生2	85	83	88	80
学生3	78	76	78	75

图 5-11 三个学生的四门课程成绩

5.3.1 二维数组的定义和引用

二维数组的定义与一维数组的定义相类似,其一般形式见表 5-3。

表 5-3 二维数组的定义形式

语　　法	类型标识符 数组名[长度1] [长度2];
示　　例	int s[3][4]; //定义一个 3 行 4 列的整型数组,有 12 个元素
说　　明	(1) 类型标识符号、数组名、长度 1 和长度 2 的要求同一维数组。 (2) 长度 1 表示行数,长度 2 表示列数。 (3) 长度 1 和长度 2 分别用两个方括号括起来,若写成 int s[3,4] 是错误的。 (4) 引用一个二维数组的元素,必须同时给出行下标和列下标,如 s[0][0] 表示 0 行 0 列的元素。 (5) 若行数为 m,列数为 n,则行下标的范围为 0～m−1,列下标的范围为 0～n−1。对于 m 行 n 列的二维数组,不存在形如 s[m][n] 的元素

例如:

int s[3][4];

定义 s 为 3 行 4 列的数组,第一个下标 3 表示行数,第二个下标 4 表示列数,该数组一共包含 12(3×4)个元素。

二维数组在逻辑上可以看作一个由若干行组成的特殊的一维数组,例如,把 s 看作一个特殊一维数组,它有 3 个元素 s[0]、s[1]、s[2](可以把 s[0]、s[1]、s[2]看作 3 个特殊的一维数组的名字),而每个元素又是一个包含 4 个元素的一维数组,如 s[0]包含 s[0][0]、s[0][1]、s[0][2]和 s[0][3],见图 5-12。

图 5-12　二维数组逻辑结构示意图

虽然以表格形式显示二维数组,但是实际上二维数组元素在内存中占用一片连续的存储空间,其值是"按行顺序存放"的,即先存放行下标为 0 的各元素,接着存放行下标为 1 的各元素,以此类推。图 5-13 显示了 s 数组的存储示意图。

图 5-13　二维数组存储结构示意图

假设数组 s 存放在从字节编号 1000 开始的一段内存单元中,每个数据元素占 4B,则 1000~1015 的字节存放第 0 行的 4 个元素,1016~1031 的字节存放第 1 行的 4 个元素,1032~1047 的字节存放第 2 行的 4 元素,见图 5-14。

第0行元素				第1行元素				第2行元素			
s[0][0]	s[0][1]	s[0][2]	s[0][3]	s[1][0]	s[1][1]	s[1][2]	s[1][3]	s[2][0]	s[2][1]	s[2][2]	s[2][3]
1000	1004	1008	1012	1016	1020	1024	1028	1032	1036	1040	1044

图 5-14　二维数组内存示意图

二维数组元素的表示形式为:

数组名[行下标][列下标]

例如,s[1][2]表示 s 数组中行号为 1、列号为 2 的元素。

☞ 表示一个二维数组元素时,行下标和列下标都要用独立的方括号括起来,如 s[1][0] 是正确的表示形式,而 s[1,0]则是错误的表示形式。

☞ 在引用数组元素时,下标值应在已定义的数组大小的有效范围内。如在"int s[3][4];" 所定义的 s 数组中,不存在 s[3][4]这样的数组元素。

5.3.2　二维数组的初始化

与一维数组一样,可以在定义二维数组的同时为其元素赋值,即初始化。见例 5-13。

【例 5-13】 按行分段初始化。有三位同学参加了数学、英语、C 语言三门课程的考试，在程序中对各门成绩初始化，并求出每位同学的平均成绩。

```c
# include < stdio. h >
# define M 3                             //表示有三位学生
# define N 3                             //表示有三门课程
int main()
{
  int i,j;
  float score[M][N] = {{95,68,78},{65,77,88},{94,82,73}};      //按行分段初始化
  float sum[M] = {0},ave[M] = {0};        //表示每位同学的总分和平均分
  for(i = 0;i < M;i++)
  {
    for(j = 0;j < N;j++)
      sum[i] = sum[i] + score[i][j];      //求每位同学三门课程的总分
    ave[i] = sum[i]/N;                     //求每位同学的平均分
  }
  printf("Student -- Math -- English -- C Language -- Average\n");
  for(i = 0;i < M;i++)                     //输出三位同学三门课程的成绩,以及每位同学的平均分
  {
    printf("NO % 2d",i + 1);
    for(j = 0;j < N;j++)
      printf(" % 8.1f",score[i][j]);
    printf(" % 12.1f\n",ave[i]);
  }
  return 0;
}
```

运行结果：

```
Student--Math--English--C Language--Average
NO  1   95.0    68.0    78.0    80.3
NO  2   65.0    77.0    88.0    76.7
NO  3   94.0    82.0    73.0    83.0
```

本例采用如下语句对数组进行初始化。

```c
float score[M][N] = {{95,68,78},{65,77,88},{94,82,73}};
```

这是一种"按行分段初始化"的方式，把内层第一个大括号内的数据赋给 0 行的元素，第二个大括号内的数据赋给 1 行的元素，……，即按行给二维数组元素赋初值。本例的初始化效果见图 5-15。

也可以把所有的初值写在一对大括号内，按数组元素排列的顺序对各元素赋值，称为"按行连续初始化"，例如：

```c
float score[M][N] = {95,68,78,65,77,88,94,82,73};
```

在给数组中所有元素都赋值的情况下，这两种方法是等效的。但是按行分段初始化的方法更好，一行对一行，

score数组		
0行	95	68	78
1行	65	77	88
2行	94	82	73

图 5-15　按行分段给
二维数组赋初值

比较清晰直观。对于按行连续初始化的方法，如果数据很多的话，容易遗漏，也不容易检查。

如果对全部元素初始化，则在定义二维数组时长度 1 可以不指定，但长度 2 不能省。例如：

```
float score[3][3] = {95,68,78,65,77,88,94,82,73};
```

与下面的定义等价：

```
float score[ ][3] = {95,68,78,65,77,88,94,82,73};
```

系统会根据大括号内数据的总个数和长度 2 算出长度 1 的值。这里大括号内一共有 9 个元素，每行 3 列，则可以确定长度 1 的值为 3。

初始化时也可以只对数组中的部分元素进行初始化，见例 5-14。

【例 5-14】 对部分元素初始化。题目内容同例 5-13。现要求将平均成绩放在每行的最后一个位置进行处理。

按照题目要求，需要设计 3 行 4 列的二维数组 score[3][4]，多出的这一列存放每位同学的平均成绩。这最后一列数据的值在初始化时尚不能确定，需要在程序运行过程中计算得到，因此初始化语句可以写成如下形式。

score数组

0行	95	68	78	0
1行	65	77	88	0
2行	94	82	73	0

图 5-16 对部分元素初始化

```
float score[3][4] = {{95,68,78},{65,77,88},{94,82,73}};
```

即只对每行的前 3 列赋初值，其余元素自动为 0，见图 5-16。

```c
# include < stdio. h>
# define M 3                          //表示有三个学生
# define N 4                          //列数增加到4,最后一列表示平均分
int main()
{
  int i,j;
  float score[M][N] = {{95,68,78},{65,77,88},{94,82,73}};
                                      //只对每行前3列元素初始化,其余自动为0
  float sum[M] = {0};                 //每位同学的总分
  for(i = 0;i < M;i++)
  {
    for(j = 0;j < N - 1;j++)
      sum[i] = sum[i] + score[i][j];  //求每位同学三门课程的总分
    score[i][N - 1] = sum[i]/(N - 1); //求每位同学平均分,保存到该行最后一列的位置上
  }
  printf("Student --- Math -- English -- C Language -- Average\n");
  for(i = 0;i < M;i++)
  {
    printf("NO % 2d",i + 1);
    for(j = 0;j < N;j++)
      printf(" %9.1f",score[i][j]);   //输出三门课程的成绩及平均分
    printf("\n");
  }
```

```
    return 0;
}
```

运行结果：

```
Student---Math--English--C Language--Average
NO  1    95.0    68.0    78.0    80.3
NO  2    65.0    77.0    88.0    76.7
NO  3    94.0    82.0    73.0    83.0
```

☞ 与一维数组一样,引用二维数组元素时,注意行下标和列下标都不要越界。

5.3.3 用循环结构存取二维数组

for 循环和一维数组的使用紧密结合,而嵌套的 for 循环则是处理多维数组的理想选择。当然用 while 和 do…while 来实现也是可以的。

【例 5-15】 单位矩阵初始化。(nbuoj1140)

输入一个整数 n,输出 n×n 的单位矩阵。单位矩阵在主对角线上的值为 1,而其他位置的值为 0,并且主对角线上的行、列下标是一样的。假设数组维数不超过 100。

```c
#include<stdio.h>
#define max 100                    //最大维数
int main()
{
  int i,j;
  int a[max][max];
  int n;                           //n表示实际维数
  scanf("%d",&n);                  //输入一个整数表示当前需要的实际维数
  for(i=0;i<n;i++)
    for(j=0;j<n;j++)
      if(i==j) a[i][j]=1;          //生成主对角线上元素
      else     a[i][j]=0;          //其他元素为0
  for(i=0;i<n;i++)                 //输出单位矩阵
  {
    for(j=0;j<n;j++)               //输出第 i 行的所有元素
      printf("%d ",a[i][j]);
    printf("\n");                  //一行输出结束后需换行
  }
  return 0;
}
```

运行结果：

```
4↵
1 0 0 0
0 1 0 0
0 0 1 0
0 0 0 1
```

【例 5-16】 杨辉三角形。(nbuoj1165)

输入一个整数 n(1≤n≤15),输出如下形式的 n 行的杨辉三角形,此处显示的是 n 为 5

的杨辉三角形。

```
1
1 1
1 2 1
1 3 3 1
1 4 6 4 1
```

已知杨辉三角形有如下的规律。

(1) 每行首尾的元素都为 1,即对角线上的元素和第 0 列元素都是 1。

(2) 其余元素的值为上一行的同列元素与前一列元素之和。如第 5 行第 3 个数为 6,它是第 4 行第 3 个数 3 和第 4 行第 2 个数 3 的和。因此,可以使用以下公式计算元素的值。

$$a[i][j] = a[i-1][j] + a[i-1][j-1]$$

具体代码如下。

```c
#include < stdio. h>
#define N 15                       //最大行数
int main()
{
    int a[N][N],n;
    int i,j;
    scanf("%d",&n);                //实际行数
    for(i = 0;i < n;i++)            //设置每行的首尾为 1
    {
        a[i][0] = 1;
        a[i][i] = 1;
    }
    for(i = 2;i < n;i++)           //其余元素
        for(j = 1;j < i;j++)
        a[i][j] = a[i-1][j] + a[i-1][j-1];
    for(i = 0;i < n;i++)
    {
        for(j = 0;j <= i;j++)
        printf("%d ",a[i][j]);
        printf("\n");
    }
    return 0;
}
```

运行结果:

```
5↵
1
1 1
1 2 1
1 3 3 1
1 4 6 4 1
```

5.4 字符数组和字符串

实际应用中会涉及大量的文本,文本处理的对象是字符串,例如,人的姓名(Frank)、单位的名称(Ningbo University)、住址信息(Zhongshan road)等。C语言中只有字符类型,没有字符串类型,用字符类型定义的字符变量只能存储单个字符而不能存储多个字符,因此字符串的存取需要用字符数组来实现。

5.4.1 字符数组定义

字符数组的数据类型为char,其中存放的元素都是字符,一个元素对应一个字符。字符数组跟普通的数组一样,可以是一维的,也可以是多维的。

一维字符数组的定义方式见表5-4。

表5-4 一维字符数组的定义形式

语　　法	类型标识符 字符数组名[数组长度];
示　　例	char str[10];
说　　明	str数组可包含10个字符

表5-4的样例中定义str为字符数组,包含10个元素,最多可以存放10个字符。下面的10个赋值语句依次给10个数组元素赋一个字符值。

str[0] = 'G';　str[1] = 'o';　str[2] = 'o';　str[3] = 'd';　str[4] = ' ';
str[5] = 'N';　str[6] = 'i';　str[7] = 'g';　str[8] = 'h';　str[9] = 't';

赋值后的数组状态见图5-17。

	str[0]	str[1]	str[2]	str[3]	str[4]	str[5]	str[6]	str[7]	str[8]	str[9]
str数组	G	o	o	d		N	i	g	h	t

图5-17 赋值后的一维数组状态

字符数组也可以是二维的或者多维的。二维字符数组的定义方式见表5-5。

表5-5 二维字符数组的定义形式

语　　法	类型标识符 字符数组名[整型常量表达式1][整型常量表达式2];
示　　例	char name[5][10];
说　　明	name数组共5行10列。可用来存储5个人的姓名,每个姓名的长度不超过10个字符

5.4.2 字符数组初始化

在定义字符数组时,可对数组元素进行初始化,有以下两种初始化方法。

1. 初始化列表

这种方法比较容易理解,相当于给出一个初始化列表,把字符常量依次放在一对大括号内,逐个赋给对应的字符数组元素。

【例5-17】 用初始化列表对一维字符数组逐个元素初始化。

```c
#include<stdio.h>
int main()
{
    char str[5]={'F','r','a','n','k'};        //将字符常量依次赋给字符数组中的各元素
    int i;
    for(i=0;i<5;i++)
        printf("%c",str[i]);                  //逐个输出字符数组的元素
    printf("\n");
    return 0;
}
```

运行结果：

Frank

  ∽ 单个字符的输入输出，用格式控制符%c。

  ∽ 字符常量外面的单引号只是在书写代码时起到界定符的作用，在存储或输出时都不会显示。

本例的字符数组 str 有 5 个数组元素，大括号内也有 5 个字符常量。初始化后，str 数组的存储情况如图 5-18 所示，5 个字符常量依次赋给了 str[0] 到 str[4] 的 5 个数组元素。

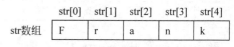

图 5-18　逐个字符赋给数组中的各元素

用初始化列表时要注意以下三种情况。

（1）若大括号内的初值个数（即字符个数）大于数组长度，编译时将出现语法错误。

（2）若大括号内的初值个数小于数组长度，则将这些字符依次赋给数组中前面的那些元素，其他元素自动赋空字符 '\0'（空字符在字符数组中有特殊含义，作为字符串结束标志）。例如，将上例中的初始化语句改为：

```c
char str[8]={'F','r','a','n','k'};
```

则 str 存储情况如图 5-19 所示，共有 8 个数组元素，前 5 个数组元素存储了有效的字符内容，后 3 个数组元素自动为空字符。

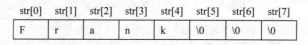

图 5-19　字符个数小于数组长度的初始化

（3）若大括号内的初值个数与预定的数组长度相同，则在定义时可以省略数组长度，系统会自动根据初值字符的个数来决定数组大小，例如：

```c
char str[ ]={'F','r','a','n','k'};
```

此时系统将数组 str 的长度自动定义为 5。

可以定义和初始化一个二维字符数组，见例 5-18。

【例5-18】 用初始化列表对二维字符数组逐个元素初始化。

```
#include<stdio.h>
int main()
{
  char tri[3][5] = {{' ',' ','A'},
                    {' ','A','A','A'},
                    {'A','A','A','A','A'}};
  int i,j;
  for(i = 0;i < 3;i++)
  {
    for(j = 0;j < 5;j++)
      printf("%c",tri[i][j]);
    printf("\n");
  }
  return 0;
}
```

运行结果:

```
  A
 AAA
AAAAA
```

本例通过对二维字符数组的初始化,最后输出一个由大写字母 A 组成的三角形。

2. 用字符串常量初始化

用逐个字符赋给数组中的各元素初始化字符数组的形式,虽然比较清晰,但实际使用时很不方便,每个字符常量书写时都要加单引号,是一件比较烦琐的事情。C 语言中对于字符数组的初始化,除了逐个元素赋值以外,还允许用字符串常量进行初始化。

字符串常量是由双引号括起来的字符序列,如"Hello"或空字符串""。无论双引号内是否包含字符,包含多少个字符,都代表一个字符串常量。

为了便于确定字符串长度,C 编译器会自动在字符串末尾添加一个"字符串结束标志",即一个 ASCII 码值为 0 的空字符('\0'),空字符是一个不可显示的字符,只作为字符串结束的标志。

由于字符串常量具有以'\0'结尾的特性,因此当用字符串常量初始化字符数组时,就会出现特别的地方,见例 5-19。

【例 5-19】 用字符串常量对字符数组初始化。

```
#include<stdio.h>
int main()
{
  char str[6] = {"Frank"};      //用字符串常量初始化字符数组
  int i;
    for(i = 0;i < 5;i++)
      printf("%c",str[i]);
  printf("\n");
  return 0;
}
```

运行结果:

```
Frank
```

本例用字符串常量"Frank"初始化字符数组,书写上简便了许多,而且赋值的内容也显得更加直观。

细心的读者可能会发现这里字符数组 str 的长度变成了 6,而不是 5。请注意,这决不是一个可有可无的改变,如果用字符串常量来初始化字符数组的话,字符数组的长度一定要至少比字符串的有效长度加 1。例如,"Frank"字符串常量的有效长度为 5,则存储它的字符数组的长度至少要为 6。

原因还是前面提到的字符串常量以'\0'结尾的这一特性。当以字符串常量对字符数组初始化时,系统会自动在最后面添加'\0'作为字符串的结束标志,此时 str 数组的存储情况将如图 5-20 所示。

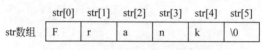

图 5-20　用字符串常量初始化数组

其中,str[0]到 str[4]存储的是有效字符,另外还需要 str[5]来存储字符串结束标志,因此,虽然字符串"Frank"的有效字符只有 5 个,但是存储它的字符数组的长度至少需要 6 个。

如果用以下形式来初始化:

char str[5] = {"Frank"};　//错误

这是错误的,因为字符串"Frank"至少需要 6B 的存储单元,而数组的长度为 5,无法存储字符串结束标志,从而导致系统无法处理该字符串。

用字符串常量初始化字符数组的话,还有更简洁的书写形式,即可以省略大括号,直接写成如下形式。

char str[6] = "Frank";

☞ C 语言中,字符串以空字符 '\0' 作为结束标志,空字符在输出时不会被显示出来。

☞ C 语言并不要求所有的字符数组的最后一个字符都必须是'\0',如"char str[5] = {'F','r','a','n','k'};"也是正确的。但如果用字符串常量的形式初始化字符数组,系统必将在字符串后面自动加'\0'。

☞ 对于有效字符个数为 n 的字符串,其占用内存为 n+1 个字符所占空间大小。

【例 5-20】　计算字符串的有效长度,并输出该字符串。

```c
#include <stdio.h>
int main()
{
  int i,len = 0;
  char str[20] = "Programming C";       //用字符串常量初始化字符数组
  for(i = 0;str[i]!= '\0';i++)          //若 str[i]不等于'\0'则继续循环
    len++;                              //计算字符串有效长度的计数器增 1
  printf("String is:");
  for(i = 0;i < len;i++)
```

```
    printf("%c",str[i]);
  printf("\nLength=%d\n",len);
  return 0;
}
```

运行结果：

```
String is:Programming C
Length=13
```

由于字符串常量以'\0'结尾,因此在计算字符串有效长度时,先按照下标递增的顺序逐个处理元素,一旦遇到某个元素是'\0',则说明字符串已经结束了。

字符串的有效长度和字符数组的长度是两回事,本例中字符数组的长度是 20,而字符串"Programming C"的有效长度只有 13。

在字符串的有效长度 len 已经确定的情况下,对字符串处理时可通过比较数组下标与 len 的大小来判断字符串是否结束,如本例采用的形式:

```
for(i=0;i<len;i++)
```

当然也可以继续用'\0'来控制循环,例如:

```
for(i=0;str[i]!='\0';i++)
```

 ⁈ 空字符'\0'不计入字符串的长度。

 ⁈ 当遍历一个字符数组时,如果遇到空字符'\0',就认为字符串结束。

5.4.3　字符数组的输入/输出

如果在定义字符数组的时候,没有进行初始化工作,可以在程序运行后通过输入语句实现为字符数组赋值的工作。

字符数组的输入/输出主要有三种方式。

1. 单个字符输入/输出

如果已知字符个数,可以用 scanf()/printf()函数按%c 格式控制单个字符的输入/输出,结合循环语句,就可以处理多个字符。

【例 5-21】　从键盘输入 5 个字符,存入数组中,然后再输出这 5 个字符。

```
#include<stdio.h>
int main()
{
  char s[5];
  int i;
  for(i=0;i<5;i++)                //输入 5 个字符到 s 数组
    scanf("%c",&s[i]);
  for(i=0;i<5;i++)                //输出 s 数组中的 5 个字符
    printf("%c",s[i]);
  printf("\n");
  return 0;
}
```

运行结果：

```
hello ↵
hello
```

用 getchar()和 putchar()来处理单个字符也是可以的,如本例的输入/输出部分可改写为：

```
for(i = 0;i < 5;i++)        //输入 5 个字符到 s 数组
  s[i] = getchar();
for(i = 0;i < 5;i++)        //输出 s 数组中的 5 个字符
  putchar(s[i]);
```

通过控制个数来输入/输出单个字符的方法在实际使用中很不方便,容易出错,一般不建议采用这种方式。

2. 整个字符串输入/输出

可以用 scanf()/printf()函数按%s 格式控制整个字符串的输入/输出,但是要注意,scanf()函数接收的字符串中不可以包含空格。

【例 5-22】 从键盘输入一个字符串(不带空格),统计其中的数字字符有多少个。

```
#include<stdio.h>
int main()
{
  char str[20];
  int i = 0,count = 0;
  scanf("%s",str);        //输入一行字符,不带空格,以回车结束
  while(str[i]!= '\0')
  {
    if(str[i]> = '0'&&str[i]< = '9')
      count++;            //统计数字字符个数的计数器
    i++;
  }
  printf("String is:");
  printf("%s",str);        //整个字符串输出,到结束标志'\0'则认为字符串结束
  printf("\nDigit = %d\n",count);
  return 0;
}
```

运行结果：

```
Hello007 ↵
String is:Hello007
Digit = 3
```

在语句"scanf("%s",str);"中,地址表部分是字符数组名,不需要再加取地址符号"&",因为在 C 语言中数组名代表该数组的起始地址。

在语句"printf("%s",str);"中,输出项也是字符数组名,而不是某个数组元素的名字。

scanf()函数按%s 格式输入字符串时,如果以空格、回车、制表符(Tab)作为间隔符,则

不能得到完整的输入内容。见例 5-23。

【例 5-23】 字符串输入/输出。(nbuoj1088)

输入任意长度的字符串(小于 100 个字符),以换行结束,并输出。

```
#include<stdio.h>
int main()
{
    char str[100];
    scanf("%s",str);
    printf("%s",str);
    putchar('\n');
    return 0;
}
```

运行结果:

```
Hello Boy ↵
Hello
```

程序运行时从键盘输入"Hello Boy",但实际上只接收空格前的"Hello"存入 str 数组,并在后面增加一个'\0',而把空格后面的内容"Boy"丢弃了,见图 5-21。

	str[0]	str[1]	str[2]	str[3]	str[4]	str[5]	str[6]	str[7]	…	str[99]
str数组	H	e	l	l	o	\0				

图 5-21 str 数组的存储情况

☞ 用 scanf() 函数按%s 格式输入字符串时,遇到空格、回车、制表符,系统认为字符串输入结束。

本题用 scanf()按%s 格式来输入字符串,只能接收不带空格的字符串,如果要接收带空格的字符串则需要用到下面介绍的 gets() 函数。

3. 用字符串处理函数 gets()和 puts()进行输入/输出

C 语言提供的字符串处理函数 gets()可以接收带空格的字符串。gets()函数的作用是从终端输入一个字符串到字符数组,其调用形式见表 5-6。

表 5-6 gets()函数的调用形式

语 法	示 例	说 明
gets(字符数组);	char str[100]; gets(str);	(1) 从终端输入一个字符串到字符数组,输入正确时,返回值为字符数组的起始地址;输入失败时,返回 NULL 指针。 (2) 输入的字符串以换行符'\n'为结束标记。在向字符数组赋值时,自动将'\n'转换成'\0',作为字符串的结束标记

☞ gets()函数一次只能输入一个字符串,不能写成 gets(str1,str2)。

☞ gets()函数接收的字符串中可以包含空格。

因此,例 5-23 的代码改写为:

```
char str[100];
gets(str);    //用 gets()函数可读取带空格的字符串
```

```
printf("%s",str);
putchar('\n');
```

就可以接收带空格的字符串。

puts()函数的作用是将一个字符串(以'\0'结束的字符序列)输出到终端,其调用形式见表 5-7。

表 5-7　puts()函数的调用形式

语　　法	示　　例	说　　明
puts(字符数组);	char str[100]; … puts(str);	(1) 将一个字符串(以 '\0'结束的字符序列)输出到终端。 (2) 在输出时将字符串结束标记'\0'转换成 '\n',即输出字符串后自动换行

☞ 用 puts()函数输出的字符串中可以包含转义字符。例如:

char str[30] = "Hello\nNice to meet you";

输出为:

```
Hello
Nice to meet you
```

【例 5-24】 字符变换。(nbuoj1057)

输入任意一个字符串(长度小于等于 1000),将字符串中的大写英文字母转换成对应的小写英文字母,而将小写英文字母转换成对应的大写英文字母,其余字符不变。输出转换后的字符串。

```c
#include<stdio.h>
#include<string.h>
int main()
{
  char str[1001];
  int i = 0;
  gets(str);          //输入一个字符串,以换行结束
  while(str[i]!= '\0')
  {
    if(str[i]>= 'a'&&str[i]<= 'z')
      str[i] = str[i] - 32;
    else if(str[i]>= 'A'&&str[i]<= 'Z')
      str[i] = str[i] + 32;
    i++;
  }
  puts(str);          //输出字符串
  return 0;
}
```

运行结果:

```
hELLO bOY! ↵
Hello Boy!
```

puts()函数的作用等同于 printf("%s\n",字符数组名)。不过 puts()函数一次只能输出一个字符串,而 printf()函数可以一次输出多个字符串,如 printf("%s %s\n",字符数组名 1,字符数组名 2)。

✍ gets()函数在读取字符串时将删除结尾的换行符'\n',而 puts()函数在写字符串时将在结尾添加一个换行符。

5.4.4 字符数组输入/输出的异常情况

与数值型数组一样,如果在定义字符数组后没有给数组元素赋值,数组元素的值是一个不确定的数据。

【例 5-25】 数组元素没有正确赋值时的输出异常。

```c
#include<stdio.h>
int main()
{
  char s[10];                    //定义数组时没有初始化
  int i;
  for(i=0;i<5;i++)               //仅对前 5 个数组元素赋值
    scanf("%c",&s[i]);
  puts(s); //或 printf("%s",s);  //试图输出整个字符串
  return 0;
}
```

运行结果:

Frank ↵
Frank 烫烫烫蘊 □

本例在定义 s 数组时没有对其初始化,因此 10 个数组元素的值都是不确定的。在循环语句中只对前 5 个数组元素进行了读入,数组元素的存储示意图见图 5-22,由于后 5 个数组元素没有读入任何数据,其值是不确定的。

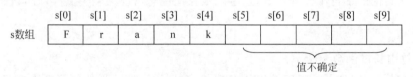

图 5-22 对字符数组不正确赋值时的存储示意图

如果本例的输入/输出采用如下形式:

```c
for(i=0;i<5;i++)               //仅对前 5 个数组元素赋值
  scanf("%c",&s[i]);
for(i=0;i<5;i++)               //仅输出前 5 个数组元素
  printf("%c",s[i]);
```

那么在输入 Frank 后能正确输出 Frank,即仅对前 5 个数组元素操作。但是本例在输出时用了 put(s)(或 printf("%s",s)),由于 puts()函数(或 printf 按%s 格式)在输出时以'\0'作为字符串结束标志,而通过图 5-22 可知,后 5 个数组元素的值不确定,没有字符串结束标志'\0',因此输出时会出现乱码。

字符串往往在整体出现时才有意义,如人的名字"Frank",打招呼的语句"Hello Boy",课程名字"Programming C"等,因此建议在输入/输出时采用整体输入/输出的方式,而不要采用%c单个字符处理的方式。以下两种方式都可对字符串进行整体操作。

```
char s[10];
scanf("%s",s);        //整体输入字符串,不可接收带空格字符串
printf("%s",);        //整体输出字符串
```

或者

```
char s[10];
gets(s);              //整体输入字符串,可接收带空格字符串
puts(s);              //整体输出字符串
```

用 scanf("%s",s)输入字符串,按空格键或回车键后,系统会将空格或回车之前的内容赋给数组元素,然后自动在末尾加字符串结束标志'\0'。同样,用 gets(s)输入字符串,按回车键后,系统会将回车之前的内容赋给数组元素,然后自动在末尾加字符串结束标志'\0'。因此在有效字符的后面出现了字符串结束标志'\0',见图 5-23,此时用 puts 或%s 整体输出时就不会出现乱码。

图 5-23 对字符数组正确赋值后的存储示意图

常用字
符串处
理函数

5.4.5 字符串处理函数

C 语言的库函数中提供了丰富的字符串处理函数,除了上面已介绍的 gets()和 puts()外,还有一些其他的字符串处理函数,这些函数在使用时需要加上头文件 string.h,即:

```
#include<string.h>
```

1. 字符串长度函数 strlen()

前面的例子中实现了测试字符串的有效长度,C 语言库函数也提供了测字符串长度的函数,即 strlen()函数,其调用形式见表 5-8。

表 5-8 strlen()函数的调用形式

语　法	示　例	说　明

strlen(字符数组名)	char st[20] = "hello boy";
	int len;
	len = strlen(st);
	printf("%d\n",len);
		strlen()函数的返回值是字符串的实际长度,不包括'\0'。如示例中 len 获得的值为 9,不是 10,也不是 20

2. 字符串连接函数 strcat()

strcat()函数的作用是将两个字符数组中的字符串连接起来,组成一个新的字符串。其

调用形式见表 5-9。

表 5-9　strcat() 函数的调用形式

语　法	示　例	说　明
strcat(字符数组 1,字符数组 2);	strcat(str1,str2); (假设 str1,str2 是数组名)	(1) 将字符串 2 连接到字符串 1 的后面,结果放到字符数组 1 中,函数调用后返回字符数组 1 的地址。 (2) 字符数组 1 必须足够大,以便容纳连接后的新字符串

【例 5-26】　输入两个字符串,然后把它们连接起来。

```c
# include < stdio.h >
# include < string.h >
int main()
{
  char str1[80],str2[30];
  int i = 0;
  printf("Enter the first string:");
  gets(str1);
  printf("Enter the second string:");
  gets(str2);
  strcat(str1,str2);   //用 strcat 函数实现两个字符串连接,结果放在第一个字符数组
  printf("New string:");
  puts(str1);           //输出第一个字符数组内容,即连接后的新字符串
  return 0;
}
```

运行结果:

Enter the first string:Hello ↵
Enter the second string:Boy ↵
New string:HelloBoy

꙼ 连接前两个字符串的后面都有一个 '\0',连接后原来的第一个字符串末尾的 '\0' 被覆盖,只在新形成的字符串末尾加一个 '\0'。

꙼ 连接两个字符串时不会自动添加其他字符,比如输入第一个串 Hello 后面没有空格,则连接后内容 HelloBoy 在 Hello 后面也不会有空格。

可以自己编码来实现 strcat() 函数的功能。见例 5-27。

【例 5-27】　编程实现 strcat() 函数的功能。

```c
# include < stdio.h >
int main()
{
  char s[15],t[10];
  int i = 0,j = 0;
  printf("Enter the first string:");
  gets(s);              //输入第一个字符串存入 s 数组
  printf("Enter the second string:");
```

```
gets(t);                        //输入第二个字符串存入 t 数组
while(s[i]!= '\0') i++;         //搜索到字符串 1 的末尾
while(t[j]!= '\0')              //若字符串 2 未遇到'\0',则执行连接操作
{
  s[i] = t[j];                  //将字符串 2 的内容逐一复制到字符数组 1
    i++;
  j++;
}
s[i] = '\0';                    //在新的字符串末尾添加 '\0'作为结束标记
printf("New String is:");
puts(s);                        //输出连接后形成的新的字符串
return 0;
}
```

运行结果:

```
Enter the First String:Good. ↵
Enter the second string:Thanks! ↵
New String: Good.Thanks!
```

连接前,s 数组中存放"Good.",t 数组中存放"Thanks!",见图 5-24(a)。代码中第一个 while 循环对 s 数组搜索,遇到'\0'停下,此时已到字符串"Good."的末尾,i 的值为 5。第二个 while 循环实施连接操作,不断执行"s[i]=t[j]",直到第二个字符串遇到'\0'停下,见图 5-24(b)。

(a) 连接前的两个字符数组

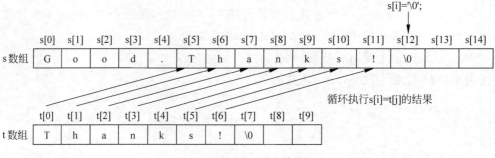

(b) 连接后的两个字符数组

图 5-24 连接前后两个字符数组的存储示意图

⁞ 程序最后的"s[i]='\0';"不能省略，否则 s 数组中的字符串没有结束标志，会造成输出错误。

⁞ 连接的是两个字符串，而不是两个字符数组。

3. 字符串复制函数 strcpy()

C 语言中，不能像基本变量一样直接用赋值号进行字符串之间的复制，需要使用循环逐个对字符进行复制，并在最后加上字符串结束标志'\0'。C 语言提供的 strcpy()函数可以实现这个功能，将字符串 2 的内容复制到字符数组 1 中，其调用形式见表 5-10。

表 5-10   strcpy()函数的调用形式

语　　法	示　　例	说　　明
strcpy(字符数组 1,字符串 2);	strcpy(str1,str2); 或 strcpy(str1,字符串常量) (假设 str1,str2 是数组名)	(1) 字符数组 1 必须足够大，以便容纳被复制的内容，至少不能小于字符串 2 的长度。 (2) 字符数组 1 必须写成数组名形式，字符串 2 可以是字符数组名，也可以是字符串常量。 (3) 字符串 2 后面的'\0'也一同被复制到字符数组 1

例如：

```
char str1[80],str2[20] = "Good luck! "
strcpy(str1,str2);
```

则 str1 数组中存放的内容也将是"Good luck! "。

注意：C 语言中不能用赋值号将一个字符串或字符数组直接复制给另一个字符数组，例如，下面的赋值语句是错误的。

```
char str1[20],str2[10] = "Bye Bye! "
str1 = "Bye Bye! "   //错误
str1 = str2;         //错误
```

因为数组名是数组的首地址，是一个常量，不可以给常量赋值。

可以自己编码来实现 strcpy()函数的功能，见例 5-28。

【例 5-28】 编程实现 strcpy()函数的功能。

```
# include< stdio. h>
int main()
{
  char s[10],t[10];
  int i = 0,j = 0;
  printf("T String is:");
  gets(t);             //输入第二个字符串
  while(t[i]!= '\0')   //若字符串 2 未遇到'\0',则执行复制操作
  {
    s[i] = t[i];       //将 t 数组的内容逐一复制到 s 数组
    i++;
  }
  s[i] = '\0';         //在新的字符串末尾添加'\0'作为结束标记
```

```
    printf("S String is:");
    puts(s);            //输出 s 数组的内容
    return 0;
}
```

170

运行结果：

T String is:Hello Boy ↵
S String is:Hello Boy

4. 字符串比较函数 strcmp()

strcmp()函数的作用是对两个字符串进行比较,其用法见表 5-11。

表 5-11　strcmp()函数的调用形式

语　　法	示　　例	说　　明
strcmp(字符串 1,字符串 2);	strcmp(str1,str2); (假设 str1,str2 是数组名)	对两个字符串从左到右逐个字符比较(按 ASCII 码值大小比较),直到出现不同字符或遇到'\0'。比较结果返回一个函数值。 (1) 若全部字符相同,则认为两个字符串相等,函数返回 0。 (2) 若出现不相同字符,则以第 1 对不相同的字符的比较结果为准,若字符串 1 大于字符串 2,函数返回一个正整数;若字符串 1 小于字符串 2,函数返回一个负整数

例如：

```
int k;
k = strcmp("Hi","Hello");
```

本例中的 k 是一个正整数,说明字符串"Hi"大
于字符串"Hello",因为"Hi"中的第 2 个字符是'i',
"Hello"中的第 2 个字符是'e',显然字母'i'的 ASCII
码值大于字母'e'的 ASCII 码值,见图 5-25。

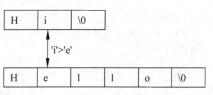

图 5-25　字符串比大小的示意图

  ✍ 字符串比大小,比的是对应字符 ASCII 码值的大小,而不是比两个字符串的
   长度。

字符串比大小的功能在类似字符串排序的过程中非常有用,见例 5-29。

【例 5-29】 输入两个人的姓名,按字典顺序进行输出。

```
# include < stdio. h >
# include < string. h >
int main()
{
    char s1[20],s2[20];
    printf("Enter first name:");
    gets(s1);
    printf("Enter second Name:");
```

```
  gets(s2);
  if(strcmp(s1,s2)< 0||strcmp(s1,s2) == 0)    //比较两个字符串大小
    printf(" % s  % s\n",s1,s2);               //按字典序输出
  else
    printf(" % s  % s\n",s2,s1);
  return 0;
}
```

运行结果：

Input first name:Susan ↵
Input second name:Anney ↵
Anney Susan

 ✍ 不能用关系运算符比较两个字符串，假设 str1 和 str2 是两个字符串，则以下写法是
   错误的。

```
if(str1 = = str2) printf("Equal\n");               //写法错误
```

  应该写成：

```
if(strcmp(str1,str2) = = 0) printf("Equal\n");        //写法正确
```

5.5 高精度加法

    高精度计算，是指参与运算的数大大超出标准数据类型所能表示的范围的运算。例如，两个 1000 位的数相加，或者求斐波那契数列的前 1000 位等，用已知的数据类型无法正确实现这些运算。

    在 C 语言中，可以用数组模拟大数的运算，数组的每个元素代表大数的某一位，然后按位处理进位、借位问题，处理完以后再将该数组用规定的格式输出即可。基本步骤如下。

    (1) 读入数据：建议用字符串方式读入，优点是字符串输入较方便。

    (2) 存储数据：建议转换为整型数组存储，这样计算的时候比较方便。

    (3) 实施运算：模拟数学计算，从个位开始向高位逐位计算。

    (4) 输出结果：用规定格式输出计算结果。

【例 5-30】 大数的输入/输出。(nbuoj1909)

输入一个不超过 200 位的正整数，并输出该数。

```
# include < stdio. h >
# include < string. h >
int main()
{
  int i,len,a[201];
  char s[201];
  gets(s);                                    //用字符串形式读入大数
  len = strlen(s) - 1;
  for (i = 0; i < = len; i++)a[i] = s[i] - '0';     //将字符数组 s 的每一位转换成整数
  printf("The Number:");
```

```
    for (i = 0; i <= len; i++) printf("% d",a[i]);        //用整数形式输出数组 a 的每一位
    printf("\n");
    return 0;
}
```

运行结果：

1112223334445556667777888999 ↵
The Number: 1112223334445556667777888999

本例如果用 int 型处理会溢出，用 double 型处理则会失真。

用数组可以实现大数的输入和输出，那么如何实现两个大整数的加法呢？首先以 9768＋523＝10291 为例，来看一个加法运算的实现过程。将这个过程写成竖式，见图 5-26。

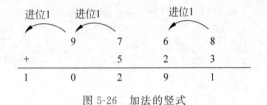

图 5-26　加法的竖式

加法需要尾对齐，从个位开始模拟。

个位：8＋3＝11，个位取 1，向高位进位 1。

十位：6＋2＋1(低位进位)＝9，十位取 9，进位为 0。

百位：7＋5＝12，百位取 2，向高位进位 1。

千位：9＋1(低位进位)＝10，千位取 0，向高位进位 1。

万位：万位为 1，来自低位的进位。

在加法的每个步骤都要考虑是否有来自低位的进位，以及是否需要向高位进位。

由于加法需要个位对齐，如果两个数直接从左到右存入数组的话，会错位，给计算带来麻烦，因此考虑将数据逆序存放到数组中，即从左到右依次存放个位、十位、百位、……，见图 5-27。计算时，将两个数组中的元素逐位相加即可。输出时，要注意再次实施逆序操作，按数据的正常格式输出计算结果。

图 5-27　大数相加时数据在数组中的存放形式

假设两个大数已分别存放在数组 a 和 b 中，相加的结果存回数组 a，则两个大数加法的核心部分的参考程序如下。

```
c = 0;                        //进位初值 0
for(i = 0;i < len;i++)
{
  a[i] = a[i] + b[i] + c;        //逐位相加,并加上进位,存入 a[i]
```

```
      if(a[i]> = 10)                  //若大于 10 则进位
        {
          a[i] = a[i] % 10;           //保留小于 10 的数值
          c = 1;                      //进位 1
        }
        else c = 0;                   //若小于 10 则无进位
}
if(c > 0) {a[len] = c;len++;}  //最后一次计算还有进位
```

【例 5-31】 大数相加。(nbuoj2830)

输入任意长度(不超过 1000 位)的两个正整数,计算两数相加的结果并输出。

```
# include < stdio. h>
# include < string. h>
int main()
{
  char sa[1002],sb[1002];
  int a[1002] = {0},b[1002] = {0};
  int i,j,lensa,lensb,len,c;
  gets(sa); gets(sb);                 //用字符串形式读入两个大数
  lensa = strlen(sa);lensb = strlen(sb);//测出每个字符串的长度
  j = 0;
  for(i = lensa - 1;i > = 0;i-- )      //将第一个数逆序转换为整型数组形式,即低位在前
        a[j++] = sa[i] - '0';
  j = 0;
  for(i = lensb - 1;i > = 0;i-- )      //将第二个数逆序转换为整型数组形式,即低位在前
        b[j++] = sb[i] - '0';
  if(lensa > = lensb) len = lensa;     //len 取两数中最大的位数
      else len = lensb;
  //进行两个大数的加法
  c = 0;                              //进位初值 0
  for(i = 0;i < len;i++)
  {
    a[i] = a[i] + b[i] + c;           //逐位相加,并加上进位,存入 a[i]
    if(a[i]> = 10)                    //大于 10 则进位
        {a[i] = a[i] % 10;c = 1;}
      else c = 0;
  }
  if(c > 0) {a[len] = c;len++;}        //最后一次计算还有进位
  //逆序输出
  for(i = len - 1;i > = 0;i-- )
    printf(" % d",a[i]);
  printf("\n");
  return 0;
}
```

运行结果:

111222333444555666777888999 ↵
1 ↵
111222333444555666777889000

两个数都是以字符串形式输入的,分别存入字符数组 sa 和 sb。接着测出每个字符串的长度(也就是该数的位数),因为字符串不能直接进行运算,所以将字符串形式的数据逆序转换为整型数组的形式(例如输入两个数为 1234 和 5678,则转换为整型数组形式存储为 4321 和 8765,让低位在前,使运算更方便),然后进行运算。加法计算完成后,在数组 a 中低位在前,高位在后,因此在输出时,需要再做一次逆序操作,使高位在前,低位在后。

5.6 实 例 研 究

5.6.1 统计单词数

【例 5-32】 统计单词数。(nbuoj1176)

输入一行由英文字母、数字和空格组成的字符串,遇到换行符时表示输入结束。单词间以空格分隔,可能有多个空格。文章最多由 1000 个字符组成。试统计其中的单词个数并输出。

本题的关键是如何判断出现了新的单词。判断是否有新单词,可以由是否有空格来决定(一行开头的空格不算,连续出现的多个空格记为 1 次)。如果当前字符为空格,说明没有新单词出现。如果当前字符非空格,而它前面的字符为空格,说明"新的单词开始了"。如果当前字符非空格,而它前面的字符也是非空格,说明仍然是前面那个单词的延续,未出现新单词。一个基本的流程图见图 5-28。

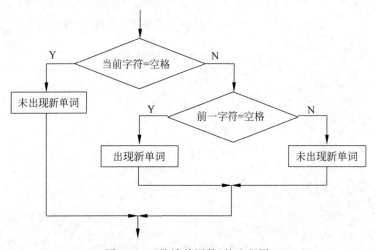

图 5-28 "统计单词数"的流程图

假设:用变量 is_word=0 表示前一字符为空格,is_word 初值为 0,is_word=1 表示前一字符不是空格。用变量 num 记录单词数,初值为 0。

则具体操作如下:如果当前字符是空格,说明未出现新单词,此时使 is_word 为 0,num 保持原值不变。如果当前字符不是空格,而前一个字符是空格(is_word=0),说明出现新单词,此时使 is_word=1,num 加 1;如果当前字符不是空格,前一字符也不是空格(is_word=1),说明未出现新单词,维持 is_word=1 不变,并且 num 保持不变。

```
#include<stdio.h>
```

```c
int main()
{
    char str[1001];
    int i,num = 0,is_word = 0;
    char ch;
    gets(str);                    //读入一行字符
    for(i = 0;str[i]!= '\0';i++)
    {
        if(str[i] == ' ')          //若当前字符是空格,说明未出现新单词
            is_word = 0;           //使 is_word = 0,num 不变
        else                       //若当前字符不是空格
            if(is_word == 0)       //若前一字符是空格
            {                      //说明出现新单词
                is_word = 1;
                num++;             //num 加 1,说明出现新单词
            }
    //若当前字符不是空格,前一字符也不是空格,说明未出现新词,is_word 和 num 都不变
    }
    printf(" % d\n",num);
    return 0;
}
```

运行结果:

He comes from Thailand ↵
4

5.6.2 成绩管理

【例 5-33】 输入 n 名学生的学号、姓名以及 c 门课的成绩,并输出这些信息。其中,n 和 c 也是从键盘输入的。

本题定义三个二维数组:二维字符数组 id 存储学生的学号,二维字符数组 name 存储学生的姓名,二维浮点型数组 score 存储每位同学的若干门课的成绩。

```c
# include < stdio. h >
# define S_NUM 100               //假设学生最大数 100
# define C_NUM 10                //假设课程最大数 10
int main()
{
    int i,j;
    char id[S_NUM][10];          //学号
    char name[S_NUM][20];        //姓名
    double score[S_NUM][C_NUM];  //课程成绩
    int n,c;                     //实际学生数及课程门数
    printf("Enter student number:\n");
    scanf(" % d",&n);            //输入学生实际人数
    printf("Enter course number:\n");
    scanf(" % d",&c);            //输入课程实际数量
    for(i = 0;i < n;i++)
    {
```

```
            printf(" ------------------------ \n");
            printf("Student % d's ID:",i + 1);
            scanf(" % s",id[i]);              //输入学号
            getchar();                        //抵消上一个输入的回车符
            printf("Student % d's Name:",i + 1);
            gets(name[i]);                    //输入姓名
            printf("Student % d's % d Scores:",i + 1,c);
            for(j = 0;j < c;j++)
                scanf(" % lf",&score[i][j]);  //输入成绩
        }
        printf(" ----------- Information ------------ \n");
        for(i = 0;i < n;i++)
        {
            printf(" % - 10s % - 20s",id[i],name[i]);
            for(j = 0;j < c;j++)
                printf(" % 5.1f",score[i][j]);
            printf("\n");
        }
        return 0;
    }
```

运行结果：

```
Enter student number:
2 ↵
Enter course numbet
3 ↵
------------------------
Student 1's ID:1963001 ↵
Student 1's Name:Chen lin ↵
Student 1's 3 Scores:90.5 90 90 ↵
------------------------
Student 2's ID:1963002 ↵
Student 2's Name:Li ning ↵
Student 2's 3 Scores:80 80 80.5 ↵
----------- Information ------------
1963001   Chen lin    90.5 90.0 90.0
1963002   Li ning     80.0 80.0 80.5
```

本题有一个二维字符数组 name,存储每个学生的姓名。图 5-29 展示了 name 数组的存储情况,数组的大小为 100×20,即有 100 行 20 列,可存储 100 个学生的姓名,每个姓名的最大长度为 19 列(name 数组每行可容纳 20 个字符,但字符串结束标志'\0'要占用一个位置,因此姓名最大长度为 19 列)。实际使用时,不一定每次都要存储 100 个学生的信息,因此本例输入一个实际学生的数目保存到变量 n 中,即只使用了二维数组 name 的部分元素。

如前所述,可以把 name[0],name[1],…,name[i],…看作若干个一维字符数组(它们各有 20 个元素),可以把它们如同一维字符数组那样处理,在循环体中用"gets(name[i]);"读入每个学生的姓名。

name[0]	C	h	e	n		l	i	n	\0	...
name[1]	L	i		n	i	n	g	\0		...
...										...
name[i]										...
...										...
name[n−1]										...
...										...
name[99]										...

图 5-29　二维字符数组 name

5.6.3　城市名排序

【例 5-34】　城市名排序。（nbuoj1185）

输入 n 个城市的名称,进行升序排序并输出。先输入一个整数 n,表示有 n 个城市,n 不超过 100。接着输入 n 个字符串,每个字符串代表一个城市名,一个字符串内部不包含空格,字符串长度不超过 100。

```c
#include<stdio.h>
#include<string.h>
int main()
{
  int n,i,j,min;
  char city[101][101],temp[101];  //temp 数组可临时保存一个字符串
  scanf("%d",&n);getchar();
  for(i=0;i<n;i++)
    gets(city[i]);                //输入 n 个城市名称
  for(i=0;i<n-1;i++)              //选择排序
  {  min=i;
     for(j=i+1;j<n;j++)
        if(strcmp(city[min],city[j])>0) min=j;
     if(min!=i)
        {strcpy(temp,city[i]);strcpy(city[i],city[min]);strcpy(city[min],temp);}
  }
  for(i=0;i<n;i++)
    puts(city[i]);               //输出排序后的城市名称
  return 0;
}
```

运行结果:

```
3 ↵
Ningbo ↵
Hangzhou ↵
Shanghai ↵
Hangzhou
Ningbo
Shanghai
```

本题用二维字符数组 city 来存储若干个城市名称,存储示意图见图 5-30。可以用 city[i]来表示某个城市(整体处理表示城市名的字符串),在选择排序中用形如"strcmp(city[min],city[j])"的语句对两个字符串比较大小,用形如"strcpy(city[i],city[min])"的语句实现字符串的复制。

city[0]	N	i	n	g	b	o	\0		…
city[1]	H	a	n	g	z	h	o	u	\0	…
…	S	h	a	n	g	h	a	i	\0	…
city[i]									
…									
city[n-1]									
…									
city[100]								…

图 5-30　二维字符数组 city 表示城市名

5.6.4　扑克游戏

【例 5-35】　扑克游戏。模拟扑克游戏中的发牌过程,当用户输入需要的牌的张数时,就随机发给用户对应数目的牌。显示用户手上牌的花色和牌点。

本题可定义两个数组分别表示牌的花色和点数,其中表示花色的数组中,用字母'c'表示 clubs(梅花),用字母'd'表示 diamonds(方块),字母'h'表示 hearts(红桃),字母's'表示 spades(黑桃)。

```c
# include < stdio. h >
# include < stdlib. h >
# include < time. h >
# define SUITS 4                          //牌的花色有 4 种
# define RANKS 13                         //每种花色有 13 张牌
int main()
{
    int in_hand[SUITS][RANKS] = {0};      //记录每张纸牌是否被发过,初值为 0
    char rank_code[] = {'2','3','4','5','6','7','8','9','T','J','Q','K','A'};    //13 张牌的牌点
    char suit_code[] = {'c','d','h','s'}; //牌的 4 种花色
    int num;                              //玩家手头牌的张数
    int suit,rank;                        //每次抽取的牌的花色和牌点
    int count = 0;                        //控制每行输出几组牌
    srand((unsigned)time(NULL));
    printf("Enter number of cards:\n");
    scanf(" % d",&num);                   //输入需要发牌的张数
    printf(" ---------------- Your Cards ----------------- \n");
    while(num > 0)
    {
        suit = rand() % SUITS;            //随机产生一种花色
        rank = rand() % RANKS;            //随机产生一个牌点
        if(! in_hand[suit][rank])         //判断该牌是否被发过,没被发过的牌本次可以发出
        {
            in_hand[suit][rank] = 1;
```

```
        num -- ;
        printf("( % c, % c) ",suit_code[suit],rank_code[rank]);
        count++;
        if(count % 5 == 0) putchar('\n');
    }
}
putchar('\n');
return 0;
}
```

运行结果：

```
Enter number of cards:
12 ↵
----------------- Your Cards ------------------
(s,2) (d,Q) (h,J) (c,5) (d,7)
(h,2) (h,4) (d,5) (c,8) (d,J)
(c,7) (s,K)
```

为了避免两次发同样的牌，需要记录已经发过的牌。本例定义了二维数组 in_hand 来执行这个操作，该数组有 4 行 13 列，每行表示一种花色，每列表示一种牌点。在程序开始时，该数组的所有元素都置 0，表示都没有被发出去过。每次随机抽取一张纸牌后，对应的元素值就变为 1，则下次就不会被再抽取了。

5.7 习　　题

5.7.1　选择题

1. C 语言中，以下关于数组的描述正确的是(　　)。
    A. 数组大小固定，但是可以有不同类型的数组元素
    B. 数组大小可变，但是所有数组元素的类型必须相同
    C. 数组大小固定，所有元素的类型必须相同
    D. 数组大小可变，可以有不同类型的数组元素

2. 若有定义"int score[10];"，则对 score 数组中的元素的正确引用是(　　)。
    A. score(1)　　　　　B. score[10]　　　　C. score[6.0]　　　D. score[0]

3. 若有定义"int a[]={5,4,3,2,1},i=4;"，则以下对 a 数组元素的引用错误的是(　　)。
    A. a[--i]　　　　　B. a[a[0]]　　　　C. a[a[1 * 2]]　　　D. a[a[i]]

4. 以下能正确定义一维数组的选项是(　　)。
    A. int   num [ ];
    B. #define N 100
       int num [N];
    C. int num[0..100];
    D. int N=100,num[N];

5. C 语言中，下面能正确定义一维数组并初始化的选项是(　　)。
    A. int a[5]={0,1,2,3,4,5};　　　　　　　　B. int a[5]={3};
```
```

C. int a[5]=5； D. int a[N]={1,2,3}；

6. 设有定义"int a[3][4]；",则对数组元素引用正确的是（　　）。

    A. a[2][4]　　　　　　　B. a[2][0]　　　　　　C. a[3][3]　　　　　D. a[0][4]

7. 若有说明：int a[][3]={{1,2,3},{4,5},{6,7}}；则数组 a 的第一维的大小为（　　）。

    A. 2　　　　　　　　　B. 3　　　　　　　　　C. 4　　　　　　　　D. 无确定值

8. 若有初始化语句"int a[3][4]={0}；",则下面正确的叙述是（　　）。

    A. 只有元素 a[0][0]可得到初值 0

    B. 此初始化语句不正确

    C. 数组 a 中每个元素都可得到初值 0

    D. 数组 a 中各元素都可得到初值,a[0][0]初值 0,其他元素初值为随机数

9. 下述对 C 语言字符数组的描述错误的是（　　）。

    A. 字符数组中的内容不一定是字符串

    B. 可以用输入语句把字符串整体输入给字符数组

    C. 可以在赋值语句中通过赋值运算符"="对字符数组整体赋值

    D. 字符数组中没有'\0'也可以正确输出其中的内容

10. 下面是对数组 s 的初始化,其中错误的语句是（　　）。

    A. char s[5]={"boy"}； B. char s[5]={ 'b','o','y'}；

    C. char s[5]=" "； D. char s[5]="Frank"；

11. 已有定义"char a[ ]="boy",b[ ]={'b','o','y'}；",则以下叙述中正确的是（　　）。

    A. 数组 a 和数组 b 长度相同　　　　　B. 数组 a 的长度小于数组 b 的长度

    C. 数组 a 的长度大于数组 b 的长度　　　D. 上述说法都不对

12. 函数调用 strcat(strcpy(s1,s2),s3)的功能是（　　）。

    A. 将串 s1 复制到串 s2 中,然后再连接到 s3 之后

    B. 将串 s1 连接到串 s2 之后,再复制到 s2 之中

    C. 将串 s2 复制到 s1 中,再将串 s3 连接到串 s1 之后

    D. 将串 s2 复制到 s1 中,再将 s1 连接到串 s3 之后

13. 下列叙述错误的（　　）。

    A. 空字符串也占用内存,其内存空间大小是 1B

    B. 两个连续的单引号可表示合法的字符常量

    C. 两个连续的双引号可表示合法的字符串常量

    D. 不能用关系运算符比较字符串的大小

14. 设有定义"int a[2][3]；",则以下的叙述错误的是（　　）。

    A. a[0]可看作是由 3 个整型元素组成的一维数组

    B. a[0]和 a[1]数组名,分别代表不同的地址常量

    C. 可以用语句"a[0]=0；"为数组所有元素赋初值

    D. 数组 a 包含 6 个元素

15. 以下程序运行后的输出结果为（　　）。

```
# include< stdio. h>
int main()
```

```
    {
      char str[3][5] = {"AAAA","BBB","CC"};
      printf(" % s\n",str[1]);
      return 0;
    }
```

    A. AAAA   B. BBB   C. CC   D. BBBCC

16. 有以下程序,在运行时输入 how do you do <回车>,则输出结果为(　　)。

```
    # include < stdio. h >
    int main( )
    {
      char a[20],b[20],c[20];
      scanf(" % s % s",a,b);
      gets(c);
      printf(" % s % s % s\n",a,b,c);
      return 0;
    }
```

    A. Howdoyoudo   B. Howdo you do

    C. How do you   D. Howdoyou do

17. 以下程序运行后的输出结果为(　　)。

```
    # include < stdio. h >
    int main( )
    { int A[10] = {9,3,2,15,12};
      int i,t,n = 5;
      A[n] = 10;
      i = n - 1;
      while((i > = 0)&&(A[i] > A[i + 1]))
      {
        t = A[i];A[i] = A[i + 1];A[i + 1] = t;
        i -- ;
      }
      n++;
      for(i = 0;i < n;i++)
        printf(" % d ",A[i]);
      return 0;
    }
```

    A. 2,3,9,10,12,15   B. 9,3,2,10,15,12

    C. 15,12,10,9,3,2   D. 9,3,2,15,12,10

18. 以下程序运行后的输出结果为(　　)。

```
    # include < stdio. h >
    int main( )
    {
      int a[3][4] = {5,4,6,7,3,9,0,2,8,1,3,5 };
      int t[3],i,j;
      for (i = 0; i < 3; i++)
      {
```

```
      t[i] = a[i][0];
      for(j = 1; j < 4; j++)
         if(a[i][j]> t[i]) t[i] = a[i][j];
   }
   for (i = 0; i < 3; i++)
      printf(" % d ", t[i]);
   return 0;
}
```

A. 4　0　1　　　　　　B. 7　4　9　　　　　C. 7　9　8　　　　　D. 5　3　8

19. 以下程序运行后的输出结果为(　　)。

```
# include < stdio. h>
# include < string. h>
int main()
{
   char str[100] = "How do you do";
   strcpy(str + strlen(str)/2,"es she");
   printf(" % s\n",str);
   return 0;
}
```

A.　How do you do 　　　　　　B.　es she

C.　How are you 　　　　　　　D.　How does she

20. 以下程序运行后的输出结果是(　　)。

```
# include < stdio. h>
int main()
{
   int a[6] = {2,4,6,8,10,12};
   int b[6] = {6,8,10,7,5,1};
   int i,j;
   for (i = 0; i < 6; i++)
   {
      for (j = 0; j < 6; j++)
         if (a[i] == b[j]) break;
      if (j < 6) printf(" % d ", a[i]);
   }
   printf("\n");
   return 0;
}
```

A. 2 4 6 8 10 12　　　B. 10 7 5　　　　C. 2 4 12　　　　D. 6 8 10

5.7.2　在线编程题

1. 简单评委打分。(nbuoj1147)

学生参加项目结题汇报,假设有 8 位老师作为评委。计算学生最终得分的方法如下:去掉一个最高分和一个最低分,计算剩余 6 个分数的平均值,所得结果就是该学生的最后得分。本题先输入 8 个分数,去掉一个最高分和一个最低分后计算平均得分。输出保留两位小数。

2. 求年月日。(nbuoj1075)

输入两个整数分别代表某一年和这一年的第几天(假设数据都在有效范围内),要求输出具体的年、月、日的信息。如输入 2011 20,则输出 2011-1-20。

3. 最高分和最低分。(nbuoj1157)

已知有 10 个同学的成绩,求最高分和最低分以及相应分数所在的位置。本题输入 10 个整数,假设这 10 个数互不相同,且无序排列。请找出其中最大数及它在数组中的下标,以及最小数和下标。

4. 十进制转换成八进制。(nbuoj1172)

输入一个十进制整数,把这个数转换为八进制的数输出。

5. 百灯判熄。(nbuoj1122)

有 M 盏灯,编号为 1~M,分别由相应的 M 个开关控制。开始时全部开关朝上(朝上为开,灯亮),然后进行以下操作:编号凡是 1 的倍数的灯反方向拨一次开关;是 2 的倍数的灯再反方向拨一次开关;是 3 的倍数的灯又反方向拨一次开关,……,直到是 M 的倍数的灯又反方向拨一次开关。本题输入一个整数 m(1≤m≤100)代表灯的数量,要求输出最后为熄灭状态的灯(不亮)的数量以及编号。

6. Susan 的货币兑换。(nbuoj1167)

Susan 到中国观光旅游,她不太熟悉人民币,因此分别将 1 角,2 角,5 角,1 元,2 元,5 元,10 元,20 元,50 元,100 元的人民币依次排序号(从 1 开始排序号),她每天将自己手中不同面值人民币的张数输入 iPAD,以计算手头的人民币数额。请帮她编写一个程序,可以根据她手中的不同面值人民币的张数,计算出对应的人民币数额。本题输入人民币序号及张数,每种面值占据一行,如 5 20 表示序号为 5 的人民币有 20 张,当输入序号或张数为负数时结束,要求输出对应的人民币数值。输出保留两位小数。

7. 对角线元素和。(nbuoj1164)

输入一个整数 n,然后输入 n×n 个数据建立一个方阵,计算并输出方阵主对角线元素的和。

8. 上三角置零。(nbuoj1298)

输入一个 5 行 5 列的二维矩阵,输出上三角置零后的二维矩阵。

9. 二维数组最大值。(nbuoj1161)

输入 12 个整数构成一个 3×4 的二维数组,求出该数组的最大元素并输出。

10. 二维数组每行最大值。(nbuoj1191)

输入 12 个整数构成一个 3×4 的二维数组,求出每行的最大元素并输出。

11. 内部和。(nbuoj1299)

输入两个整数 m 和 n(范围为 1~9),接着输入 m×n 个数据建立一个二维矩阵,计算并输出矩阵内部元素(不包括最上下两行及最左右两列)的和。

12. 特定字符出现次数。(nbuoj1056)

输入一个字符串(长度小于等于 1000),再输入一个待查找的特定字符 key,统计 key 在字符串中的出现次数

13. 相邻字符判相等。(nbuoj1054)

输入一行字符(长度小于等于1000),判断其中是否存在相邻两个字符相同的情形,若有,则输出该相同的字符并结束程序(只需输出第一种相等的字符即可),否则输出No。

14. 单词译码。(nbuoj1139)

输入一个单词,长度不超过9(假设输入内容全部都是英文字母,不存在其他字符)。对该单词进行译码并输出结果。译码规律是:用原来字母后面的第4个字母代替原来的字母,并能循环译码。例如,字母A后面第4个字母是E,用E代替A;同理,字母y用c代替。如单词China应译为Glmre,单词Today应译为Xshec。

15. 回文数字。(nbuoj1144)

给定一个数字字符串,长度不超过100,判断它是否是回文数字。例如,121,1221是回文数字,123不是回文数字。若是回文输出Yes,否则输出No。

16. 回文字符串。(nbuoj1145)

给定一个字符串,长度不超过100,判断它是否是回文串。例如,aba,abcba是回文,abc,xyy不是回文。若是回文输出Yes,否则输出No。

17. 数组字符数出现频率。(nbuoj1148)

输入一行文本,统计其中数字字符0~9出现的频率并输出。没有出现的数字字符不要显示。

18. 字母出现频率。(nbuoj1159)

输入一行文本(小于1000字符),统计其中每个英文字母出现的频率,输出出现过的英文字母及其次数,未出现过的字母不需要显示。为了简化问题的复杂度,假设在统计过程中不区分字母的大小写,即'A'与'a'被认为是一种字母。

19. C语言合法标识符。(nbuoj1190)

输入一个长度不超过50的字符串,判断其是否为C语言合法的标识符。

20. 输出最短字符串。(nbuoj1201)

输入五个字符串,输出其中最短的字符串,若长度相同则输出出现较早的那一个。每个字符串长度不大于1000。

21. 判断字符串类型。(nbuoj1199)

输入一个字符串(长度不超过1000),其中只包括数字或字母。对应输入的字符串,输出它的类型。如果仅由数字构成的则输出digit,如果仅由字母构成的则输出character,如果是由数字和字母一起构成的则输出mixed。

22. 你能找出多少个整数?(nbuoj1315)

输入一个字符串,由空格、英文字母、数字组成,长度小于1000。输出字符串中的整数的个数(不是数字字符)。

23. 查找最大字符串。(nbuoj1175)

输入一行长度不超过100的字符串,字符串仅由大小写字母构成,查找其中最大字母(按ASCII码大小排),在该字母后面插入字符串"(max)",不包括引号。如果存在多个最大的字母,就在每一个最大字母后面都插入"(max)"。

24. 去过的城市。(nbuoj1352)

CoCo喜欢旅游,每次都会去一个地方,并且每去过一个地方都会记录一下地名,当然有些地方去过多次也都会一一记录下来的。现在列出了CoCo去过的n个城市的名称(会有重复的),然后再输入一个城市的名称,请你帮忙计算一下这个城市 CoCo 去过几次了。本题先输入一个正整数 n(n≤1000),接下来 n 行依次输入 n 个字符串表示 CoCo 去过的城市名,每个字符串的长度小于等于 100 字符,并且字符串中无空格。然后再输入一个城市名表示待查找字符串,要求输出该城市 CoCo 已经去过几次了。

25. 加法的进位。(nbuoj1451)

多位数的加法通常会有进位,如 555+555 有三次进位。从键盘输入两个正整数,计算它们在进行加法运算时有几次进位。(每个数不超过 20 位。)

第6章　　　　函　　数

结构化程序设计方法的核心是自顶向下,逐步求精,具体的实现策略是将一个复杂的大问题分解成若干个简单的小问题,通过对小问题的成功求解,来实现对大问题的求解。这样有利于降低解决问题的难度,提高程序开发的效率。例如,前面出现过的小学生四则运算练习系统可以被分解成如图 6-1 所示的若干个小问题。

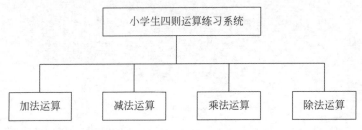

图 6-1　小学生四则运算系统的问题分解

相对于总体问题而言,每个分解后的子问题的规模都会缩小,复杂度也会降低。如果需要的话,子问题还可以继续分解下去,直到子问题足够简单为止。通常将子问题称作模块,将一个问题分解成若干子问题的过程称作模块化。

将总体问题分解后,可以先从解决底层的问题着手,逐一解决每个子问题。有了子问题的解决方案,再按照解决总体问题的操作过程把各个子问题组装起来就可以了。例如上面的四则运算程序,将加、减、乘、除等各个子问题妥善解决后,按照一定的执行顺序分别调用它们就可以了。

模块化不但可以将一个复杂的大问题分解成几个相对简单的子问题,还可以提高程序代码的重用性。例如,将一些常用的操作设计成相对独立的模块,使用的时候就不需要重复编写了,在 C 语言中,模块可以用函数实现,比如 sqrt() 函数可实现求平方根操作。简单地说,函数就是功能,每一个函数用来实现一个特定功能,可以通过函数名来标识不同的功能模块。之前已经学习了很多系统提供的库函数,本章将学习如何自定义函数。

6.1　函数的基本概念

函数的
基本概念

函数是 C 程序的基本组成部分。从用户使用的角度来看,可以把函数分成以下两类。

(1) 库函数(即系统函数):库函数是由编译系统提供的(不同编译系统提供的库函数会略有差别)。前面已经接触了很多库函数,如输入/输出函数 scanf()/printf()、数学函数 sqrt()、字符串函数 strcmp() 等。用户调用库函数无须定义或声明,只要在程序的源文件中包含库函数的头文件即可,如使用 sqrt() 函数需要包含 math.h 头文件。

（2）用户自定义函数：如果库函数不能满足程序设计的需求，那么用户可以自行编写函数来完成特定的功能需求，这类函数称为用户自定义函数。

例 6-1 展示了一个用户自定义函数。

【例 6-1】 判断亲密数。（nbuoj1213）

如果整数 A 的全部因子（包括 1，不包括 A 本身）之和等于 B，并且整数 B 的全部因子（包括 1，不包括 B 本身）之和等于 A，则称整数 A 和 B 为亲密数。任意输入两个正整数，判断它们是否为亲密数。若是亲密数，则输出 1，否则输出 0。

图 6-2 是本题的流程图，其中，"计算 A 的因子之和 sum1"和"计算 B 的因子之和 sum2"这两个模块的功能是一样的，都是"计算某数的因子之和 sum"，因此可以设计一个"计算某数的因子之和 sum"的自定义函数，来实现这个通用的功能。

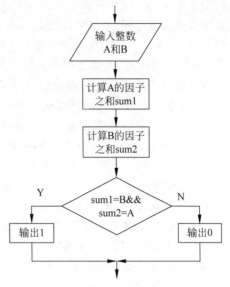

图 6-2 "判断亲密数"的流程

程序代码如下。

```
# include < stdio.h >
int factor(int a)            //自定义函数,功能是:计算某数的因子之和
{
  int i, s = 0;
  for(i = 1; i < a; i++)      //计算 a 的因子之和
    if(a % i == 0) s = s + i;
  return s;                  //向主调函数返回因子之和 s
}
int main()                   //主函数
{
  int A, B;
  int sumA, sumB;           //sumA 存放 A 的因子和,sumB 存放 B 的因子和
  scanf("% d % d", &A, &B);
  sumA = factor(A);         //调用自定义函数计算 A 的因子和
  sumB = factor(B);         //调用自定义函数计算 B 的因子和
  if(sumA == B&&sumB == A)  //如果 A 的因子和等于 B,且 B 的因子和等于 A
    printf("1\n");          //则输出 1
  else
    printf("0\n");
  return 0;
}
```

运行结果：

220 284 ↵
1

本例的 factor 是用户自定义函数的名字，其功能是计算一个整数的因子之和，该函数的

返回值类型为 int,说明计算得到的因子之和是 int 类型的,在 main()函数中执行 factor(A)就会把整数 A 的因子之和带回到 main()函数,执行 factor(B)就会把整数 B 的因子之和带回到 main()函数。有了自定义函数 factor(),程序中需要"计算某数因子之和"时只需要调用 factor()函数即可,不需要把相关代码重复书写。

本例简单示范了自定义函数的使用,具体的函数定义及调用将在后续的章节中展开。

  ⌇ 关于 C 程序结构的说明如下。

(1) 一个 C 语言源程序由一个或多个函数和其他内容组成(如数据定义等),一个源程序是一个编译单位,可单独编写、编译、调试。

(2) 一个 C 程序有且只有一个 main()函数。

(3) C 程序的执行总是从 main()函数开始,如果在 main()函数中调用其他函数,在调用结束后流程返回 main 函数,在 main()函数中结束整个程序的运行。

(4) 所有函数都是平行的,即在定义函数时是分别进行、互相独立的。一个函数不从属于另一个函数,即函数不能嵌套定义。

(5) 函数可以相互调用或嵌套调用,但其他函数都不能调用 main()函数,main()函数是被操作系统调用的。

函数的
基本概念

6.2 函数定义

C 语言规定,所有的函数必须"先定义,后使用"。函数定义应该包括以下几方面内容。

(1) 函数的名字,以便在程序中按名调用。

(2) 函数的返回类型,即函数返回值的类型。

(3) 函数参数的名字和类型,以便在函数调用时向参数传递数据。无参函数不需要传递数据。

(4) 函数的功能,即函数需要完成的操作。

C 语言函数定义的一般格式见表 6-1。

表 6-1 函数定义的一般格式

语 法	返回类型 函数名 (形参表)　　　//函数首部 { 　　　　　　　　　　　　　　//函数体 　　　　声明 　　　　语句 }
说 明	(1) 函数定义包括"函数首部"和"函数体"两部分,其中,函数首部由函数的返回类型、函数名和形参表组成;函数体包括一对大括号在内的若干条声明语句和可执行语句,体现函数的实现过程。 (2) 圆括号是组成函数首部的不可缺少的语法成分。 (3) 一个函数可以带参数,也可以没有参数。若有参数,则参数内容写在函数名后的圆括号内,称为"形参";若没有参数,则圆括号内可以为空,也可以写上 void 来表示没有参数,但圆括号不能舍弃。 (4) 一个函数可以有返回值,也可以没有。若有返回值,需要在函数名前声明返回值的类型,并在函数体中利用 return 语句将函数值返回。若无返回值,在函数名前声明 void。如果省略返回类型,则函数的返回值默认为 int 型

188

从函数执行结果看,函数可以分为有返回值函数和无返回值函数。

(1) 有返回值函数。这类函数执行完后,会向主调函数返回一个执行结果,该结果称为函数返回值,如例 6-1 中的 factor()函数有返回值。

(2) 无返回值函数。这类函数执行完后,无须向主调函数返回执行结果。如例 6-2 中的 menu()函数,只执行函数内容。

【例 6-2】 打印小学生四则运算系统中加、减、乘、除的提示菜单。

```
#include<stdio.h>
void menu() //无参、无返回值的函数
{
  printf("1 加法运算\n");
  printf("2 减法运算\n");
  printf("3 乘法运算\n");
  printf("4 除法运算\n");
}
int main()
{
  menu();
  return 0;
}
```

运行结果:

```
1 加法运算
2 减法运算
3 乘法运算
4 除法运算
```

从数据传输的角度看,函数可以分为有参函数和无参函数。

(1) 有参函数:在定义函数时,函数名后面的圆括号内有参数。如 int factor(int a)中的参数 a 称为形式参数(简称形参),有参函数被调用时,要给定参数,如"sumA=factor(A);"中的 A 就是实际参数(简称实参)。函数执行时会把实参传递给形参。

(2) 无参函数:在定义函数时,函数名后面的圆括号内没有参数。如例 6-2 中的 menu()函数,只需要显示菜单,不需要传递数据,因此在函数定义时没有参数。

    ❰ 顾名思义,"形参"是形式上的参数,本身没有具体数值,其值依赖于传值给它的实参。"实参"是实际要参加运算的参数。

6.2.1 有参函数的定义

【例 6-3】 已知三角形三边长,求任意三角形的面积。(假设边长都在有效范围内。)

本题可以用海伦公式求解,将海伦公式的实现过程设计成一个单独的函数。

```
#include<stdio.h>
#include<math.h>
double triangle(double x,double y,double z)      //求三角形面积的函数,有参、有返回值
{ double s,p;
  p=(x+y+z)/2;
  s=sqrt(p*(p-x)*(p-y)*(p-z));
```

```
    return s;                                    //返回面积 s
}
int main()
{ double a,b,c,p,area;
    scanf("%lf%lf%lf",&a,&b,&c);                //输入三条边的边长
    area=triangle(a,b,c);                      //调用自定义函数 triangle()
    printf("Area=%.2f\n",area);
    return 0;
}
```

运行结果：

```
3 4 5↵
Area=6.00
```

本例中的自定义函数 triangle()的组成见图 6-3。

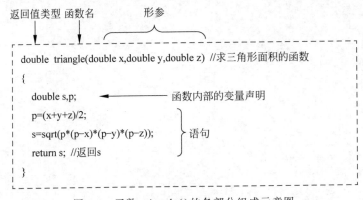

图 6-3　函数 triangle()的各部分组成示意图

函数 triangle()相当于一个可以完成特定操作的黑盒,具有三个输入和一个输出,如果输入三个值到变量 x、y、z,经过内部加工后,它会产生一个计算结果到变量 s,见图 6-4。

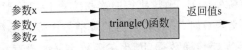

图 6-4　有三个输入、一个输出的 triangle()函数

main()函数中用语句"area=triangle(a,b,c);"调用 triangle()函数,起到的作用是将三个实际参数 a、b、c 的值传给 triangle()函数,最后 triangle()函数会得到一个计算结果,保存在变量 s 中,并返回给主调函数。

   函数定义时,函数名后面圆括号的外面不能加分号。

   return 语句将函数计算的结果返回。

   在 main()函数中调用了 triangle()函数,因此称 main()函数为主调函数,称 triangle()函数为被调函数。

定义有参函数时,要将参数以列表形式在圆括号内列出,有多少个参数就必须列出多少个,而且每个参数都必须用类型名修饰。

本题的函数有三个输入,函数首部的书写形式如下。

```
double triangle(double x,double y,double z)
```

圆括号内有三个形参,都是 double 类型,在每个参数前都要写上类型名。而不能写成如下形式。

```
double triangle(double x,y,z)      //错误的写法
```

  定义变量时,可以用一个类型名定义多个同类型变量,例如:

```
double x,y,z;
```

但在定义函数时,函数首部的每个参数都必须分别用类型名修饰,例如:

```
double triangle(double x,double y,double z)
```

虽然"函数"这个术语来自数学,但是 C 语言的函数不完全等同于数学函数,在 C 语言中,函数不一定要计算数值进行返回。对于无返回值的函数,需要指明这类函数的返回类型是 void,见例 6-4。

【例 6-4】 稀疏字母金字塔。(nbuoj2632)

输入一个整数 n,输出 n 行的字母金字塔。

```
#include<stdio.h>
void pyramid(int n)               //有参、无返回值函数,返回类型为 void
{
  int i,j;
  for(i=1;i<=n;i++)               //需要输出的行数
  {
    for(j=1;j<=n-i;j++)           //输出每行左边的空格
      printf(" ");
    for(j=1;j<=i;j++)
      printf("%c ",i+64);         //输出每行的字母,第 1 行为 1 个 A,第 2 行为 2 个 B,…
    printf("\n");
  }
}
int main()
{
  int n;
  scanf("%d",&n);
  pyramid(n);                     //调用无返回值的函数
  return 0;
}
```

运行结果:

```
3↵
  A
 B B
C C C
```

本题的函数 pyramid()只要求根据参数 n 输出 n 层的字母金字塔,直接以屏幕输出的方式体现,并不需要计算出什么结果并返回给 main()函数,因此,将 pyramid()函数类型设

置成 void,表明该函数没有返回值。

        在没有返回值的函数定义中,函数名前面的 void 不能省略;否则,函数类型默认为 int 型。

6.2.2 无参函数的定义

C 语言中的函数不一定要有参数,见例 6-5。

【例 6-5】 定义无参函数,返回用户菜单选择的结果。

```c
#include< stdio.h>
int menu()                    //无参、有返回值函数
{
    int op;
    printf("\n--- 小学生四则运算练习系统 ---\n");
    printf(" 1.加法运算\n");
    printf(" 2.减法运算\n");
    printf(" 3.乘法运算\n");
    printf(" 4.除法运算\n");
    printf(" 5.退出练习\n");
    printf("--------------------------- \n");
    printf("请输入数字(1~5):");
    scanf(" %d",&op);      //输入用户的选择
    return op;            //返回用户选择的结果
}
int main()
{
    int iSelect;
    iSelect = menu();
    switch(iSelect)
    {
        case 1:printf("-- 加法运算 --\n");break;
        case 2:printf("-- 减法运算 --\n");break;
        case 3:printf("-- 乘法运算 --\n");break;
        case 4:printf("-- 除法运算 --\n");break;
        case 5:printf("-- 再见 --\n");break;
    }
    return 0;
}
```

运行结果:

```
--- 小学生四则运算练习系统 ---
1.加法运算
2.减法运算
3.乘法运算
4.除法运算
5.退出练习
---------------------------
请输入数字(1~5):3 ↵
-- 乘法运算 --
```

函数 menu()输出小学生四则运算练习系统的菜单选项,并返回用户选择结果。该函数有返回值,没有形参。

6.3　函数调用

函数调用及
参数传递

函数定义只说明了函数的接口形式及函数的操作内容,只有用函数调用语句调用函数时,函数才被真正执行。

在调用函数时,需要向函数提供必要的参数;函数执行完毕后,有可能返回相应的结果。这些都依赖于函数的定义格式。

☞ 函数不会被自动执行,需有明确的调用语句。

6.3.1　函数调用的形式

前面已出现过一些函数调用形式:

```
menu();                 //调用无参、无返回值的函数
pyramid(n);             //调用有参、无返回值的函数
area = triangle(a,b,c); //调用有参、有返回值的函数
```

函数调用的一般形式为:

```
函数名(实参表);
```

如果调用的是无参函数,则实参表中可以没有内容,但圆括号不能省略。有参函数的调用需要对照形参表中形参个数和类型传递对应的实参列表,有多个实参的,则各实参之间用逗号隔开。

☞ 实参可以是常量、变量、表达式或函数返回值。形参必须是变量。

函数调用的方式一般分为以下三种。

1. 函数调用语句

函数调用单独作为一条语句。一般无返回值的函数调用通常只能作为一条语句。例如:

```
pyramid(n);
```

这时不要求函数带回值,只要求函数完成特定操作。

2. 表达式

函数调用作为表达式的一部分。有返回值的函数可以作为表达式或者表达式的一部分,例如:

```
area = triangle(a,b,c);
```

这里 triangle(a,b,c)是一次函数调用,它是赋值表达式的一部分。

3. 函数参数

函数调用作为另一个函数的参数。有返回值函数可以作为另一个函数的参数,例如:

```
printf("Area = %.2f\n",triangle(a,b,c));
```

这里把 triangle() 函数的调用结果作为 printf() 函数的一个参数。

【例 6-6】 判断区域内的素数。(nbuoj2633)

输入两个整数 k1 和 k2(3≤k1≤10000,3≤k2≤10000),求[k1,k2]的所有素数。要求设计一个自定义函数,判断某数是否为素数。

本题的流程图见图 6-5。

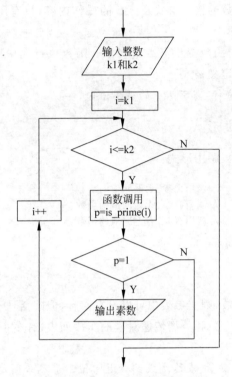

图 6-5 "判断区域内素数"的流程图

```
# include < stdio. h >
# include < math. h >
int is_prime(int n)                //判断 n 是否素数的函数
{
  int i;
  for (i = 2; i < = (int)sqrt(n); i++)
    if (n % i == 0) return 0;      //若非素数则返回 0
  return 1;                        //若是素数则返回 1
}
int main()
{
  int k1, k2, i, cnt = 0;
  int p = 0;
  scanf(" % d % d", &k1, &k2);
  for (i = k1; i < = k2; i++)
  {
    p = is_prime(i);               //调用判断素数的函数,判断当前 i 是否素数
    if (p == 1)
    {
```

```
        printf ("% - 6d", i);
        cnt++;
        if (cnt % 5 == 0) printf("\n");
      }
    }
  printf ("\n");
  return 0;
}
```

运行结果：

```
100 200 ↵
101   103   107   109   113
127   131   137   139   149
151   157   163   167   173
179   181   191   193   197
199
```

☞ 被调用的函数必须是已经存在的函数,可以是库函数,也可以是用户自定义函数。

6.3.2　形参和实参

函数定义时函数名后面圆括号中的变量称为"形式参数"(简称形参)。主调函数中调用一个函数时,函数名后面圆括号内的参数称为"实际参数"(简称实参),实参可以是变量、常量或表达式。

可以把函数比作一个加工模块,该模块可对相关材料加工并形成产品。被加工的材料称为函数"参数",形成的产品称为函数"返回值"。在定义函数时只说明该函数可以加工的对象,但具体对象尚不存在。比如某加工厂可以加工螺帽,但它没开工的时候具体的加工对象不存在,因此定义函数时的参数称为"形参",相当于一个抽象的概念。当程序中调用函数时,会把具体"材料"传给函数,以"加工"出实际产品,所以函数调用时传入的"材料"称为"实参",是实际要操作的数据。

6.3.3　传值调用

下面用一个简单的 a+b 程序来演示函数调用过程中参数的传递过程。

【例 6-7】　两整数相加。(nbuoj2627)

输入两个整数 a 和 b,设计函数,实现两整数相加的功能。要求用自定义函数实现 a+b的功能,并在 main()函数中调用此函数。

```
# include < stdio. h >
int add(int a, int b)        //求两数之和的函数 add(),有两个 int 型的形参 a 和 b
{
  int s;
  s = a + b;
  return s;
}
int main()
{
```

```
    int x,y,sum;
    scanf("%d%d",&x,&y);
    sum = add(x,y);              //函数调用,两个 int 型的实参 x 和 y
    printf("%d+%d=%d\n",x,y,sum);
    return 0;
}
```

运行结果:

8 9↵
8 + 9 = 17

本题的参数传递过程见图 6-6。

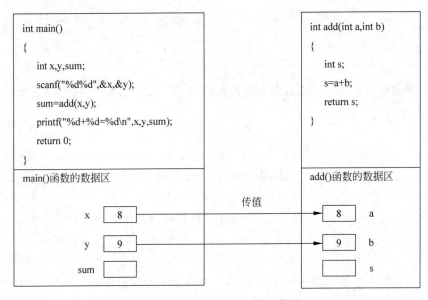

图 6-6   实参与形参间的数据传递

假设本例运行时输入两个整数 8 和 9,程序分析如下。

(1) 函数 add() 在被调用前,并不分配存储空间,只有在被调用时,才为形参 a、b、s 临时分配内存空间。

(2) 函数调用时,将实参 x 的值赋给形参 a,实参 y 的值赋给形参 b。

(3) 在执行 add() 函数期间,利用形参进行计算"s=a+b;"。

(4) 通过 return 语句将函数返回值 s 带回主调函数,主调函数中的 sum 可以获得 s 的值。

(5) 函数调用结束,形参单元被释放。返回主调函数继续执行后面的语句,此时实参单元仍保留并维持原状。

这个参数传递以及计算结果返回的工作过程如图 6-7 所示。

从这个参数间的数据传递过程可以看出,实参传给形参的过程实际上是一个赋值的过程,相当于以下两个赋值语句。

a = x;
b = y;

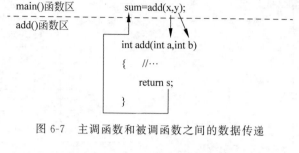

图 6-7 主调函数和被调函数之间的数据传递

这种参数传递行为具有"单向传递"的特征,即实参能将数据传送给形参,而形参的值不能再反向传送给实参。因此在函数调用过程中,形参的值对实参不会产生影响。这种参数传递方式被称为"传值调用"或"值传递"。

【例 6-8】 传值调用。编写函数实现两数按升序排序。在主函数中调用并验证。

本例试图在自定义函数中实现两个形参的升序排序,并能影响到实参,使实参也变成升序排序的,但是按照当前传值调用的方式,并不能实现这个功能。请看以下代码,分析不能成功的原因。

```c
# include < stdio.h >
void sort(int a,int b)          //两数升序排序的函数
{
  int t;
  if(a > b)
  {
    t = a; a = b;b = t;          //三变量法交换形参 a 和 b 的值
  }
}
int main()
{
  int x,y;
  scanf("%d%d",&x,&y);
  sort(x,y);                    //实参为变量 x 和 y
  printf("%d, %d\n",x,y);
  return 0;
}
```

运行结果:

9 3 ↵
9,3

在主函数中调用 sort() 函数时,把实参 x、y 的值(9 和 3)传递给形参 a 和 b,使 a=9,b=3,如图 6-8(a)所示。接着执行 sort() 函数的函数体,在函数体内对形参 a、b 的值进行互换,此时较小数 3 在 a 变量中,较大数 9 在 b 变量中,见图 6-8(b)。调用结束后,返回主函数中输出 x、y 的值。由于实参和形参间的数据是单向传递的,因此,虽然 sort() 函数中的变量 a、b 值发生了改变,但主函数中的 x、y 值不会受到影响,仍然输出 x 为 9,y 为 3。

☞ 本例的 sort() 函数仅交换形参 a 和 b 的值,未能改变实参 x 和 y 的值。

在这个题目中,由于传值过程具有单向传递的特性,因此无法通过这种方式实现对实参

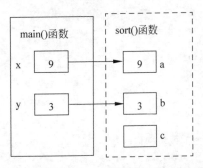
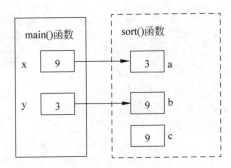

(a) 实参x,y的值传给形参a和b   (b) 交换形参a和b的值

图 6-8 以传值方式调用 sort() 函数的过程

x 和 y 的交换。函数 sort() 内涉及两个变量的值的变化,即使用 return 语句来返回值也不可以,因为 return 语句只能返回一个数值。要解决这个问题,需要用到指针的概念,请见 7.6.1 节的例 7-17。

      ✎ 实参和形参的类型应相同。

      ✎ 实参可以是变量、常量或表达式,函数调用时要求实参有确定的值。

      ✎ 函数调用时,实参的值传给形参。

      ✎ 实参和形参在内存中占有不同的存储单元。

6.3.4 函数的返回值

    函数的返回值是通过函数中的 return 语句获得的。函数体在遇到 return 语句或者最后一条语句执行结束后返回主调函数,并撤销在函数调用时为形参分配的临时存储空间。

    其中,return 语句称为函数返回语句,其一般形式见表 6-2。

表 6-2 return 语句的使用形式

语 法	return; 或 return 表达式;
说 明	return 语句的作用: (1) 改变程序流程,从所在函数中退出,返回到调用它的主调函数中。 (2) 最多返回 1 个值给主调函数。若没有 return 语句,则不能返回函数值。 (3) 若 return 后面没有表达式,则只做返回主调函数的操作

    如果 return 语句中表达式的类型和函数的返回类型不匹配,那么系统会把表达式的类型转换成函数的返回类型。例如,如果定义函数返回类型为 int,但 return 语句包含 float 类型表达式,那么系统会把表达式的值转换成 int 类型。

【例 6-9】 求两数最大值。(nbuoj 2634)

输入两个整数,计算并返回最大值。自定义一个函数 max() 求两个数中的大数。

```
#include <stdio.h>
int max(int a, int b)          //求两数最大值的函数
{
    int temp;
```

```
    if(a > b)                    //将较大数存入 temp
       temp = a;
    else
       temp = b;
    return temp;                 //返回 temp 的值
}

int main()
{
    int x,y,m;
    scanf("%d%d",&x,&y);
    m = max(x,y);                //调用求两数最大值的函数
    printf("%d\n",m);            //输出最大值 m
    return 0;
}
```

运行结果：

7 10 ↵
10

本例通过一个 return 语句将计算结果 c 返回到主调函数。

函数里面也可以出现多个 return 语句，这个时候如何操作呢？见例 6-10。

【例 6-10】 带多个 return 的例子。自定义函数来实现以下分段函数的求值。

$$y = \begin{cases} x^2 - 3, & x \geqslant 0 \\ \sqrt{4-x}, & x < 0 \end{cases}$$

```
#include<stdio.h>
#include<math.h>
double function(double x)
{
    if(x >= 0)
       return(x * x - 3);
    else
       return(sqrt(4 - x));
}
int main()
{
    double x,y;
    scanf("%lf",&x);
    y = function(x);
    printf("y=%.2f\n",y);
    return 0;
}
```

运行结果：

-6 ↵
y = 3.16

本例的自定义函数中有两个 return 语句，函数将根据形参值选择 if…else 中的某一个

分支去执行对应的 return 语句。一旦执行到某个 return 语句,自定义函数的执行就结束了,将返回到主调函数,函数体中即使还有其他代码也不会执行。

    ☞ return 语句只能向主调函数返回一个值。如果函数执行后得到两个以上的结果,是无法通过 return 语句将多个结果全部返回主调函数的。

    ☞ 函数中可以出现多个 return 语句,但只有第一个执行的 return 语句起作用。

    ☞ return 语句中的表达式类型一般应该跟定义函数时指定的函数返回值类型一致。如果不一致,则以定义时指定的函数返回值类型为准,对数值型数据,可以自动进行类型转换。

    ☞ 不带返回值的函数,应定义为 void 类型,且在函数体内不要出现 return 语句。

6.4 函数声明

函数声明的目的是通知编译系统关于该函数的基本信息,以便在遇到函数调用时,编译系统能正确识别该函数并检查调用是否合法。

6.4.1 函数声明概述

在一个函数中调用另一个函数需要满足以下条件。

(1) 被调函数必须是已经定义的函数,可以是库函数或用户自定义函数。

(2) 如果被调函数是库函数,应该在文件开头用 #include 指令将相应库函数所需的头文件包含到当前文件中来。

(3) 如果被调函数是用户自定义函数,而且被调函数的定义在同一文件的主调函数的后面,则需要对被调函数做函数声明。函数声明的作用是向编译器提供被调函数的原型,即被调函数的函数名、函数类型、参数个数、参数类型、参数顺序等信息,使编译器能对函数调用的合法性进行检查。函数声明的尾部必须要有分号,它是一条函数说明语句。

在前面的例子中,函数的定义都写在主调函数前面,就像普通变量一样,满足“先定义,后使用”,所以不需要写函数声明。但由于 C 语言源文件中各个函数之间呈平等关系,各个函数的先后位置没有限制,允许把函数定义写在主调函数之后,这时就需要进行函数声明。

【例 6-11】 输入三个实数,求它们的平均数。要求用自定义函数求平均值。

```
#include <stdio.h>
int main()                              //主调函数写在被调函数定义的前面
{
    double x,y,z;
    double result;
    scanf("%lf%lf%lf",&x,&y,&z);
    result = ave(x,y,z);                //函数调用
    printf("Average = %.2f\n",result);
    return 0;
}
double ave(double a,double b,double c)  //被调函数的定义出现在主调函数之后
{
```

```
    double average;
    average = (a + b + c)/3;
    return average;
}
```

本例代码在 VC6.0 下编译时,会显示如下出错信息,显示 ave 是未声明的标识符。

```
error : 'ave' : undeclared identifier
error : 'ave' : redefinition; different type modifiers
```

出错原因是被调函数 ave 的定义在同一文件的主调函数 main()之后,且在主调函数中或在源文件开头(所有函数之前)未对被调函数 ave()进行声明。

程序编译时是从上到下逐行进行的,当编译到本例的第 7 行时,编译系统无法确定 ave()是不是函数名,因而无法进行正确性检查。

对例 6-11 进行修改,增加函数声明,见例 6-12。

【例 6-12】 例 6-11 的修改,增加函数声明。

```
# include < stdio. h >
int main()
{
    double ave(double a, double b, double c);  //函数声明,在主调函数体内
    double x, y, z;
    double result;
    scanf("% lf % lf % lf", &x, &y, &z);
    result = ave(x, y, z);                      //函数调用
    printf("Average = % .2f\n", result);
    return 0;
}
double ave(double a, double b, double c)       //函数定义
{
    double average;
    average = (a + b + c)/3;
    return average;
}
```

本例在主调函数 main()内的第一条语句对被调函数 ave()做了声明,此时编译系统记下了 ave()函数的信息,在对第八行"result = ave(x, y, z);"进行编译时就"有章可循",可以根据 ave()函数的声明对调用 ave()函数的合法性进行检查。

函数声明的位置可以在主调函数体内,也可以位于文件开头,在所有函数体外。如以下代码中的第二行,将函数 ave()的声明放在文件开头所有函数之前,且在函数外部,则在主调函数 main()中不需要对函数 ave()再做声明。

```
# include < stdio. h >
double ave(double a, double b, double c);  //将函数声明放在文件开头,所有函数之前,且在函数
                                           //外部
int main()
{
    // …
    return 0;
```

```
}
double ave(double a,double b,double c) //函数定义
{
  //…
}
```

☞ 写在所有函数前面的外部声明在整个文件范围内有效。

6.4.2 函数定义与函数声明的区别

函数声明与函数定义中的第一行(函数首部)基本相同,只差一个分号(函数声明比函数首部多一个分号),但是函数声明与函数定义是两个不同的概念。函数定义是对函数功能的确定,需要指定函数名、函数返回值类型、形参类型、形参个数、形参顺序,并且要指定函数要执行的操作(函数体)。函数声明的作用则是把函数名、函数返回值类型、形参类型、形参个数、形参顺序这些信息通知编译系统,以便在调用该函数时系统可进行对照检查(如实参与形参类型是否一致),函数声明不包括函数体。

函数声明与函数定义形式上的区别见表6-3。

表6-3 函数声明与函数定义的区别

	函 数 声 明	函 数 定 义

语 法	函数类型 函数名(形参列表);	函数类型 函数名(形参列表)
		{
		　　声明
		　　语句
		}

示 例	double ave(double a,double b,double c);
	或
	double ave(double ,double,double);
		double ave(double a,double b,double c)
		{
		　double average;
		　average = (a + b + c)/3;
		　return average;
		}

(1) 函数首部是定义函数时不可缺少的部分,包含函数的基本信息(函数名、函数类型、参数个数、参数类型、参数顺序),函数首部不是语句,因此尾部没有分号;对于有参函数,其参数名不能省略。

(2) 函数声明是当书写程序时,将函数定义放置在主调函数之后才需要的,是一条声明语句,尾部需加分号;对于有参函数,参数名可以省略,但参数类型不能省略。

6.5 函数的嵌套调用

函数的嵌套调用和递归

在C语言程序中,各函数的定义是互相平行的、独立的,不允许在一个函数体内定义另一个函数,即不能嵌套定义函数。但一个函数可以调用其他函数,也可以被其他函数所调用,这种调用方式称为函数的嵌套调用。

图6-9表示函数的嵌套调用,其执行顺序按图中数字①～⑨标识的顺序进行。

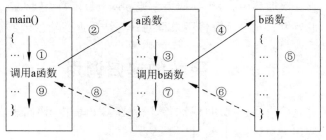

图 6-9　函数的嵌套调用

下面看一个函数嵌套调用的例子。

【例 6-13】　计算 $\sum\limits_{n=1}^{9} n!$ 。

本题需要求 1!+2!+…+9!，可以直接用一个主函数来得到结果，也可以根据题目要求设计成函数的嵌套调用。用累乘算法设计函数 power() 来计算 n!；再用累加算法设计函数 sum() 求 1!+2!+…+9!。

```c
#include <stdio.h>
int power(int n)                    //求 n! 的函数
{
  int i;
  int p = 1;
  for(i = 1; i <= n; i++)
    p = p * i;
  return p;
}
int sum(int m)                      //求和函数,求 1! + … + m!
{
  int i;
  int s = 0;
  for(i = 1; i <= m; i++)
    s = s + power(i);               //将 i! 累加到 sum,调用 power() 函数
  return s;
}
int main()
{
  int i;
  int result;
  result = sum(9);                  //调用 sum() 函数
  for(i = 1; i <= 8; i++)
    printf("%d! + ", i);
  printf("%d!= %ld\n", 9, result);
  return 0;
}
```

运行结果：

1!+ 2!+ 3!+ 4!+ 5!+ 6!+ 7!+ 8!+ 9!= 409111

在本题中，主函数 main() 调用 sum() 函数将实参 9 传递给形参 m，程序转去执行 sum() 函

数的函数体,期间,在 9 次循环中,每次都调用一遍 power() 函数,依次求出 1!、2!、…、9!,并累加到 s 变量上。最后由 sum() 函数将所求得的最终结果返回给主函数输出。

函数的嵌套
调用和递归

6.6　函数的递归调用

递归算法是一种直接或间接调用自身的算法。在 C 语言中,递归表现为函数直接调用自己或通过一系列调用语句间接调用自己。

递归的例子很多,下面以求阶乘为例来说明函数的递归调用。

【例 6-14】 用递归法计算 n!。

阶乘的数学定义可描述如下。

$$n! = \begin{cases} 1, & n = 0 \\ n(n-1)!, & n \geqslant 1 \end{cases}$$

用 (n−1)! 的值来求 n! 的值就是一种递归,因此可编写出对应的递归函数。

```c
#include <stdio.h>
int factorial(int n)            //求 n!的递归函数
{
    int r;
    if(n == 0)
        r = 1;
    else
        r = n * factorial(n-1);   //递归
    return r;
}
int main()
{
    int k;
    k = factorial(5);           //函数调用,计算 5!
    printf("%d!= %d\n",5,k);
    return 0;
}
```

运行结果:

5!= 120

在本例中,函数 factorial() 中的语句"result = n * factorial(n-1);"调用了自身,说明该函数是递归调用的。该程序计算 5 的阶乘,整个问题的求解靠主函数中的 factorial(5) 函数调用来解决,该函数的调用过程见图 6-10。

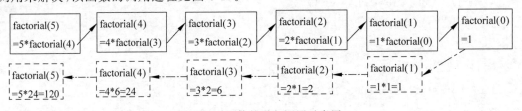

图 6-10　函数的递归调用示意图

从图中可以看出,递归的过程可分解成两个阶段:第一阶段是递推,即图中实线箭头指向的过程,将 factorial(n)表示成 n * factorial(n−1),而 factorial(n−1)依然不知道,再递推下去,直到 factorial(0)=1,则不必再继续推下去了。然后开始第二阶段,回归阶段,即图中虚线箭头指向的过程,已知 factorial(0),则可以计算出 factorial(1),从 factorial(1)又可以计算出 factorial(2)……,一直可以计算出 factorial(5)。从这里也可以看出,如果希望递归能够终止,而不是无限制进行下去,则必须要有一个递归终止的条件,例如本题中的 factorial(0)=1 就是递归结束条件。

在设计递归算法时要注意以下几点。

(1) 每个递归函数都必须要有一个非递归定义的初始值,作为递归结束的标志。如例 6-14 中的"if(n==0) r=1;"。如果一个递归算法中没有这样一个非递归定义的初始值,那么该递归算法无法得到结果,递归调用无法结束。

(2) 在设计递归算法时,要解决的问题本身需要具有递归特性。

(3) 递归算法是一种自身调用自身的算法,随着递归深度的增加,其运行效率会降低。因此对于一些对时间和空间要求较高的程序,建议尽量使用非递归方法。

【例 6-15】 用递归求解斐波那契问题。

斐波那契问题在第 4 章中曾经用递推方法进行了求解,本节用递归方法求解这一问题。

```c
#include< stdio.h>
int func(int n)                        //递归函数,求斐波那契数列的第 n 个数
{
  int result;
  if(n==1)
    result = 1;
  else if(n==2)
    result = 1;
  else
    result = func(n-1) + func(n-2);    //递归
  return result;
}
int main()
{
  int i;
  for(i = 1;i < 10;i++)                //计算斐波那契数列的前 9 个数
    printf(" % d ",func(i));
  printf("\n");
  return 0;
}
```

运行结果:

1 2 3 4 5 6 13 21 34

下面再看一个经典的递归问题。

【例 6-16】 Hanoi(汉诺塔)问题是递归算法的经典问题,它只适合用递归方法而很难用其他方法来实现。问题简单描述为:有三根柱子 A、B、C,其中,A 柱上有 64 个大小不等的圆盘,并且大的在下,小的在上。要求把这 64 个圆盘从 A 柱移动到 C 柱上,每次只能移

函 数

动一个圆盘,移动时可以借助 B 柱来进行,但在任何时候,任何柱上的圆盘都必须保持大盘在下,小盘在上。求移动的过程。初始状态见图 6-11。

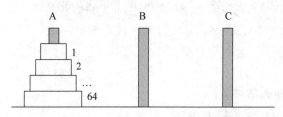

图 6-11　汉诺塔问题的初始状态示意图

先分析这个移动过程是如何实现的。

(1) 假如只有一个盘子的话,可以直接将盘子从 A 柱移动到 C 柱,即 A→C。

(2) 假如有两个盘子,则先把 A 上的小盘子移动到 B 柱,接着把 A 上的大盘子移动到 C 柱,最后把 B 上的小盘子移动到 C 柱,整个移动结束。其顺序为:

A→B

A→C

B→C

(3) 假如有三个盘子,则情况开始复杂,移动顺序为:

A→C

A→B

C→B

A→C

B→A

B→C

A→C

当盘子数量继续增加时,再继续这种分析是非常困难的。但可以根据上面的三种移动得出一些规律,即当有 n 个盘子需要移动时,通常的方法如下。

(1) 把 A 柱上 n−1 个盘子借助 C 柱移动到 B 柱上。只有这样,C 柱才能为空,则 A 柱上的第 n 个盘子(最大的那个)才能直接移动到 C 柱上。

(2) 将 A 柱上的剩下的第 n 个盘子移动到 C 柱上。这个盘子已最后到位,不需要再移动了。

(3) 再将 B 柱上的 n−1 个盘子借助 A 柱移动到 C 柱。

可见,汉诺塔问题可以转换成上述的 3 个小问题,其中第 1 步和第 3 步都变成从某个柱子借助另一个柱子将 n−1 个盘子移动到第 3 个柱子的问题,这正符合了递归的条件,即"要解决的问题可以转换为一个新的问题,而这个新的问题的解法与原来问题的解法相同"。并且第 2 步可以构成递归的结束条件。因此,完整的程序如下。

```
#include<stdio.h>
void move(char source,char target)      //打印从 source 移动到 targe 的函数
{
    printf("%c->%c\n",source,target);
}
void hanoi(int n,char A,char B,char C)  //递归函数,借助 B,把 n 个盘子从 A 移动到 C
```

```
{
    if(n==1) move(A,C);
    else
    {
        hanoi(n-1,A,C,B);          //借助 C,把 n-1 个盘子从 A 移动到 B
        move(A,C);                 //把第 n 个盘子从 A 移动到 C
        hanoi(n-1,B,A,C);          //借助 A,再把 n-1 个盘子从 B 移动到 C
    }
}
int main()
{
    int n;
    printf("Input n:\n");
    scanf(" %d",&n);               //输入盘子的个数
    hanoi(n,'A','B','C');
    return 0;
}
```

运行结果：

```
Input n:
3 ↵
A->C
A->B
C->B
A->C
B->A
B->C
A->C
```

这里仅以 3 层 Hanoi 塔问题为例,得到盘子的移动步骤。

6.7　实例研究

6.7.1　四则运算

【例 6-17】　要求用函数形式改写小学生四则运算练习系统。

```
# include <stdio.h>
# include <stdlib.h>
# include <time.h>
void menu();                       //菜单函数声明
void add();                        //加法函数声明
void sub();                        //减法函数声明
void multi();                      //乘法函数声明
void div();                        //除法函数声明
int main()
{
    int op;
    srand((unsigned)time(NULL));
    while(1)
    {
```

综合案例：
四则运算
函数版

```
        menu();                         //调用菜单显示函数
        scanf(" % d",&op);
        switch(op)
        {
        case 1:add();                   //调用加法函数
            break;
        case 2:sub();                   //调用减法函数
            break;
        case 3:multi();                 //调用乘法函数
            break;
        case 4:div();                   //调用除法函数
            break;
        case 5:return 0;
        default:printf("\nIllegal digital. Try again!\n");
        }
    }
    return 0;
}
void menu()                             //定义菜单函数
{
    printf("\n--- 小学生四则运算练习系统 --- \n");
    printf(" 1.加法运算\n");
    printf(" 2.减法运算\n");
    printf(" 3.乘法运算\n");
    printf(" 4.除法运算\n");
    printf(" 5.退出练习\n");
    printf("--- 请输入数字 1~5 --- \n");
}
void add()                              //定义加法函数
{ int a,b,ans,res;
    printf("-- 请进行加法运算 -- \n");
    a = rand() % 9 + 1;
    b = rand() % 9 + 1;
    res = a + b;
    printf(" % d + % d = ",a,b);
    scanf(" % d",&ans);
    if(ans == res)
      printf("Very Good!\n");
    else
      printf("Wrong Answer!\n");
}
void sub()                              //定义减法函数
{
    int a,b,ans,res,t;
    printf("-- 请进行减法运算 -- \n");
    a = rand() % 9 + 1;
    b = rand() % 9 + 1;
    if(a < b) {t = a;a = b;b = a;}      //确保被减数大于减数
    res = a - b;
    printf(" % d - % d = ",a,b);
    scanf(" % d",&ans);
```

```
    if(ans == res)
      printf("Very Good!\n");
    else
      printf("Wrong Answer!\n");
}
void multi()                          //定义乘法函数
{
  //请读者完善
}
void div()                            //定义除法函数
{
  //请读者完善
}
```

运行结果略。

本题着重体现模块化设计的结构,实现了对菜单显示函数、加法函数、减法函数、乘法函数及除法函数的声明,其中对菜单显示函数、加法函数和减法函数进行了简单的定义。请读者将乘法和除法函数的定义补充完整,并可以对加、减、乘、除函数的功能进行增强。

6.7.2 成绩管理

【例 6-18】 输入 n 名学生的学号、姓名以及三门课的成绩。计算每位学生的平均分并输出相关信息。

```
# include < stdio.h >
# define S_NUM 100                            //假设学生最大数 100
double stu_aver(double a,double b,double c);   //函数声明,求每个学生 3 门课的平均分
int main()
{
  int i,j;
  char id[S_NUM][10];                          //学号
  char name[S_NUM][20];                        //姓名
  double score[S_NUM][3];                      //课程成绩
  double ave[S_NUM];                           //每个学生的平均分
  int n;                                       //实际学生数
  printf("Enter student number:\n");
  scanf(" % d",&n);                            //输入 n 表示学生实际人数
  for(i = 0;i < n;i++)
    {
        printf(" ------------------------- \n");
        printf("Student % d's ID:",i + 1);
        scanf(" % s",id[i]);                   //输入学号
        getchar();                             //抵消上一个输入的回车符
        printf("Student % d's Name:",i + 1);
        gets(name[i]);                         //输入姓名
        printf("Student % d's 3 Scores:",i + 1);
        for(j = 0;j < 3;j++)
          scanf(" % lf",&score[i][j]);         //输入三门课成绩
        ave[i] = stu_aver(score[i][0],score[i][1],score[i][2]); //调用函数求学生的平均分
    }
```

```
        printf(" ------------ Information ------------ \n");
        for(i = 0;i < n;i++)
        {
          printf(" % - 10s % - 20s",id[i],name[i]);
          for(j = 0;j < 3;j++)
            printf(" % 5.1f",score[i][j]);
          printf(",average = % 5.1f",ave[i]);
          printf("\n");
        }
        return 0;
     }
     double stu_aver(double a,double b,double c)          //函数定义,求三门课的平均分
     {
       double sum,ave;
       sum = a + b + c;
       ave = sum/3;
       return ave;
     }
```

运行结果:

```
Enter student number:
2 ↵
 ------------------------
Student 1's ID:1963001 ↵
Student 1's Name:Chen lin ↵
Student 1's 3 Scores:90.5 90 90 ↵
 ------------------------
Student 2's ID:1963002 ↵
Student 2's Name:Li ning ↵
Student 2's 3 Scores:80 80 80.5 ↵
 ------------ Information ------------
1963001     Chen lin      90.5      90.0      90.0,average = 90.2
1963002     Li ning       80.0      80.0      80.5,average = 80.2
```

本题将计算平均分的过程设计成一个函数 stu_aver,有三个 double 型的形参 a、b 和 c,自定义函数的功能是求 a,b,c 的平均值并返回该平均值。主函数中用语句"ave[i] = stu_aver(score[i][0],score[i][1],score[i][2]);"调用自定义函数 stu_aver(),实参是某个学生的三门课程,以数组元素的形式呈现,每个数组元素都是一个 double 型的变量。这一参数的传递过程如图 6-12 所示。可见数组元素作函数形参,与基本变量作函数形参是一样的,都属于值传递。

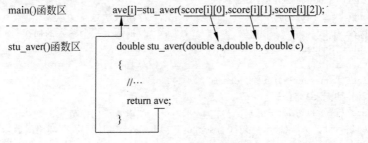

图 6-12　数组元素作函数形参

6.8 习　　题

6.8.1　选择题

1. C 语言规定,简单变量作实参时,实参和对应的形参之间的数据传递方式是(　　)。
   A. 地址传递
   B. 单向值传递
   C. 由实参传给形参,再由形参反馈给实参
   D. 由用户指定传递方式

2. 关于实参和形参,以下错误的说法是(　　)。
   A. 实参可以是常量、变量或表达式
   B. 形参可以是常量、变量或表达式
   C. 实参可以为任意类型
   D. 如果形参和实参的类型不一致,以形参类型为准

3. 函数在定义时,若省略函数类型说明符,则该函数值的类型为(　　)。
   A. int　　　　　　　B. void　　　　　　C. double　　　　　D. float

4. 函数的返回值类型是由(　　)决定的。
   A. return 语句中的表达式类型
   B. 调用该函数的主调函数类型
   C. 定义函数时所指定的函数类型
   D. 调用函数临时

5. 以下对 C 语言函数的有关描述中,正确的是(　　)。
   A. 函数的定义可以嵌套,但函数的调用不可以嵌套
   B. 函数的定义不可以嵌套,但函数的调用可以嵌套
   C. 函数的定义和调用均可以嵌套
   D. 函数的定义和调用均不可以嵌套

6. 若函数调用时的实参为普通变量,下列关于函数形参和实参的叙述中正确的是(　　)。
   A. 函数的实参和其对应的形参共占同一存储单元
   B. 形参只是形式上的存在,不占用具体存储单元
   C. 同名的实参和形参占同一存储单元
   D. 函数的形参和实参分别占用不同的存储单元

7. 关于函数相关内容,以下叙述中错误的是(　　)。
   A. 用户定义的函数中可以没有 return 语句
   B. 用户定义的函数中可以有多个 return 语句,以便可以调用一次返回多个函数值
   C. 用户定义的函数中若没有 return 语句,则应当定义函数为 void 类型
   D. 函数的 return 语句中可以没有表达式

8. 若程序中定义了以下函数,并将其放在调用语句之后,则在调用之前应该对该函数进行声明,以下选项中错误的是(　　)。

```
double myadd(double a,double b)
{
  return (a+b);
}
```

    A. double myadd(double a,b);

    B. double myadd(double,double);

    C. double myadd(double b,double a);

    D. double myadd(double x,double y);

9. 以下关于结构化程序设计的叙述中正确的是(　　)。

    A. 一个结构化程序必须同时由顺序、分支、循环三种结构组成

    B. 结构化程序使用 goto 语句会很便捷

    C. 在 C 语言中,程序的模块化是利用函数实现的

    D. 由三种基本结构构成的程序只能解决小规模的问题,不能解决复杂的大问题

10. 在 C 语言函数的定义和引用中,以下描述正确的是(　　)。

    A. 不同函数中,不能使用重名的形参

    B. 定义成 void 类型的函数中可以带 return 语句

    C. 没有 return 语句的自定义函数,在执行结束时不能返回到被调用处

    D. 形参可以有,也可以没有

11. 以下程序运行后的输出结果是(　　)。

```
#include<stdio.h>
void f(int v,int w)
{ int t;
  t=v;v=w;w=t;
}
int main()
{
  int x=1,y=3,z=2;
  if(x>y) f(x,y);
  else if(y>z) f(y,z);
  else f(x,z);
  printf("%d,%d,%d\n",x,y,z);
  return 0;
}
```

    A. 1,2,3   B. 3,1,2   C. 1,3,2   D. 2,3,1

12. 以下程序运行后的输出结果是(　　)。

```
#include<stdio.h>
int f(int n)
{ int s;
  if(n==1||n==2) s=2;
  else s=n-f(n-1);
  return s;
}
int main()
```

```
{ int i;
  for(i = 3;i < = 5;i++)
      printf(" % d ",f(i));
  printf("\n");
  return 0;
}
```

    A. 1 3 2   B. 1 2 3   C. 2 2 3   D. 3 4 5

13. 设有如下函数定义,则执行 fun(3) 的话函数一共被调用的次数是(　　)。

```
int fun( int k)
{
  if(k < 1) return 0;
  else if(k == 1) return 1;
  else return fun(k - 1) + 2;
}
```

    A. 2   B. 3   C. 4   D. 5

6.8.2 在线编程题

1. 大写字母变小写。(nbuoj2628)

设计函数,对于给定的任意一个字符,判断它是否大写字母,若是大写字母则将其转换成对应的小写字母并返回;若不是大写字母,则保持原样。在主函数中验证。

2. 求阶乘。(nbuoj2629)

设计函数,对于给定的整数 n,求 n! 的值并返回。在主函数中验证。

3. 多项式求值。(nbuoj2630)

设计函数,对于给定的浮点数 x,计算 $2x^2 + 1$ 的值并返回。在主函数中验证。

4. 求两数平均值。(nbuoj2631)

设计函数,对于给定的任意两个浮点数,计算平均值并返回。在主函数中验证。

5. 是否完全数。(nbuoj2635)

设计函数,对于给定的一个整数 n,判断其是否完全数。在主函数中验证,是完全数则在主函数中输出 yes,不是完全数则输出 no。

如果一个正整数恰好等于它所有的真因子(即除了自身以外的因子)之和,则称之为完全数(又称完美数)。如 $6 = 1 + 2 + 3$,6 是一个完全数。

6. 是否素数。(nbuoj2636)

设计函数,对于给定的一个整数 n(n>1),判断其是否为素数。在主函数中验证,是素数则在主函数中输出 yes,不是素数则输出 no。

素数的定义为:一个大于 1 的整数,如果除了 1 和其自身以外没有其他正因子,则称此数为素数或质数。

7. 求最大公约数。(nbuoj2644)

设计函数,求两个整数的最大公约数。在主函数中验证。

8. 不一样的斐波那契。(nbuoj2645)

设计函数,求解 Fibonacci 数列中大于 n 的第一个数及其在 Fibonacci 数列中的序号。

在主函数中输入 n（n≥1）进行验证。

9. 计算组合数。（nbuoj2040）

设计函数，计算组合数 $C_m^n = \dfrac{m!}{n!(m-n)!}$。在主函数中输入 m 和 n 进行验证。

10. 从十六进制到十进制转换。（nbuoj1859）

设计函数，输入一个十六进制数，输出相应的十进制数。在主函数中验证。

6.8.3 课程设计——四则运算函数版

1. 程序功能。

要求实现一个能提供加、减、乘、除运算的小型系统，进行整数的加、减、乘、除等运算。

2. 设计目的。

通过本程序综合掌握顺序结构、选择结构、循环结构、随机数、函数等知识的使用。

3. 设计要求。

（1）要求实现简单的菜单显示，提供加、减、乘、除等运算供用户选择，例如：

    1 加法运算

    2 减法运算

    3 乘法运算

    4 除法运算

    5 混合运算

    0 退出

（2）在每一种运算下，由系统随机产生两个数（数值大小为 1～100）参加运算，当用户根据系统提供的公式进行计算，并输入计算结果后，系统判断结果的对错。如果结果正确，则显示"Very Good"，否则显示"Wrong！！！"。

（3）每次选择一种运算后，系统随机产生 5 道题目，当用户运算完毕后，系统给出正确率。如用户答对了 3 题，则显示正确率为 60%。每道题目可以考虑最多给两次答题机会。运算完毕后，系统将返回主菜单，供用户再次选择。

4. 可以考虑对答题过程给出时间限制，超出一定时间未给出答案的判断此题答错。可以设计一个倒计时。

5. 设计方法。

采用模块化设计，独立的计算功能（如加、减、乘或除）应在各个自定义函数中实现。

6. 撰写课程设计报告。

内容包括：功能结构图、程序流程图、函数列表、各函数功能简介及完整的源程序（包含必要的注释）、程序运行结果等。

第7章   指   针

指针是 C 语言的一个重要特色,正确而灵活地运用指针,可以使程序简洁、紧凑、高效。

7.1   指针的基本概念

什么是
指针

为了理解指针的概念,首先要了解数据在内存中的存储和读取原理。

内存区由若干个连续的字节组成,每个字节都有一个编号,这就是常说的"地址",它相当于每个房间的房间号。如果在程序中定义了一个变量,在对程序进行编译时,系统根据这个变量的数据类型为其分配一个由若干字节组成的内存单元,其中第一个字节的编号就是该存储单元的"地址"。

例如:

```
int a = 5,b = 12;
char ch = 'w';
```

假设一个 int 型数据占 4B,一个 char 型数据占 1B,图 7-1 展示了两个 int 型变量 a 和 b,以及一个字符型变量 ch 的存储示意图(每个字节的地址用十六进制表示)。

通过图 7-1 了解到一个变量具有以下三个属性。

(1) 变量名。指标识符,用来区分不同的数据。变量在定义时会被指定数据类型,系统对不同数据类型的变量分配对应长度的存储空间,如一个 int 型变量占 4B。变量名其实是地址的符号化,通过变量名可以找到存储单元的地址。

(2) 变量值。指内存单元的内容,即存储的数据的值。

(3) 变量地址。指分配给该变量的存储单元的地

图 7-1   变量的内存存储示意图

址,计算机通过它可以找到操作数在内存中的位置。如图 7-1 所示给 int 型变量 a 分配由 19ff00、19ff01、19ff02、19ff03 这 4 个连续字节组成的内存单元,第一个字节的编号 19ff00 就是 a 变量占用的存储单元的地址。同理,b 变量占用的存储单元的地址是 19ff04。

C 程序通过变量名(最终映射为地址)找到数据所在的存储单元的位置,然后存取相应数据。可见,通过地址能找到所需的变量单元,即"地址指向变量单元",因此,将变量的地址形象化地称为"指针",意思是通过它能找到(指向)以它为地址的内存单元。例如,根据地址 19ff00 能找到变量 a 的存储单元。

⌔ 不同的编译系统在不同次的编译中,分配给变量的存储单元的地址会有所不同。

⌔ 本书假设在 VC6.0 环境下编程,一个 int 型数据长度为 4B,一个 char 型为 1B,一个 float 型为 4B,一个 double 型为 8B。

⌔ 一般情况下,用户并不关心变量的地址是多少,而是关心变量里存储的内容是多少(即变量值)。但了解变量值(存储单元的内容)和变量地址(存储单元的地址)的概念有助于灵活、正确地编程。

前面提到,知道了某个存储单元的地址就可以访问某个内存存储单元。例如:

```
int a,b,sum;
scanf("%d%d",&a,&b);
```

以上语句会把从键盘输入的两个数值分别送到变量 a、b 所在存储单元,系统通过取地址运算 &a 和 &b 获得 a、b 变量地址,其值分别为 19ff00 和 19ff04,输入的数据值(假设 5 和 12)分别送入地址为 19ff00 以及 19ff04 开始的两个存储单元中。如果有语句:

```
sum = a + b;
```

则从 19ff00～19ff03 字节取出 a 的值(5),再从 19ff04～19ff07 字节取出 b 的值(12),将它们相加后把结果 17 送到 sum 所占用的 19ff08～19ff0b 字节中,见图 7-2。

⌔ 为简单起见,从本节开始,图示中将一个变量占用的若干字节合并显示成一个矩形块。

上述这种直接通过标识符(如变量名、数组元素名、函数名等)访问的方式,称为"直接访问"方式。

还可以采用另一种称为"间接访问"的方式,见图 7-2。将变量 a 的地址 19ff00 存放在另一个特殊变量 pi 中,需要访问 a 变量时先找到这个特殊变量 pi,通过其存放的内容 19ff00 找到 a 变量的地址,从而访问 a 变量。这个特殊变量 pi 中存放了变量 a 的地址,pi 与普通变量 a 不同,被称为"指针变量"。可见,指针是一个(内存单元的)地址,而指针变量是存放(其他内存单元)地址的变量。图 7-2 中,pi 是指针变量,存放了变量 a 的地址。

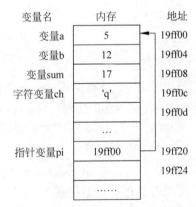

图 7-2 变量和指针变量的存储示意图

⌔ 指针是一个(变量的)地址。指针变量是专门用来存放(另一个变量的)地址的变量。

⌔ 请注意图 7-2 中,指针变量 pi 自身的地址(19ff20,即 &pi)与指针变量 pi 的值(19ff00,这是另一个变量 a 的地址,即 &a)之间的区别。

⌔ 通常将指针类型的数据(指针常量、指针变量的值)简称为指针。

7.2 指针变量的使用

怎样定义及使用指针变量

从 7.1 节已知:存放地址的变量是指针变量,它用来指向另一个对象(如变量、数组、函数等)。在 C 语言程序中,可以定义这种特殊的指针变量,用它来存放地址。

7.2.1 指针变量的定义和赋值

1. 指针变量的定义

定义指针变量的一般形式见表 7-1。

表 7-1 指针变量定义的形式

语　法	示　例	说　明
类型名 * 指针变量名；	int * pi; float * pf; char * pc;	(1) 符号 * 用来区别指针变量和普通变量。 (2) 指针变量在使用前必须先被赋值。 (3) 指针变量的值是一个内存地址

其中有以下几点要注意。

(1) 类型名可以是任何有效的 C 语言数据类型，用来规定该指针变量可以指向的数据类型。例如，表 7-1 中定义的指针变量 pi 为"指向整型"的指针变量，这意味着可以在 pi 中存放整型变量的内存地址。同理，pf 为"指向浮点型"的指针变量，pc 为"指向字符型"的指针变量。

(2) 变量名前面的符号 * 仅表示该变量为指针变量，符号 * 不是变量名的构成部分，也不是运算符。严格地说，指针变量的类型是指针类型，即表 7-1 中变量 pi 的类型是 int *，变量 pf 的类型是 float *，变量 pc 的类型是 char *。

(3) 对于用 int * 声明的指针变量 pi，并不是说 pi 的取值是 int 型，而是说明通过这个指针变量 pi 可以访问 int 型的存储单元中的数据。

(4) 指针变量也有存储空间，用来存放地址，例如图 7-2 中的指针变量 pi。无论什么类型的指针变量，它们分到的存储单元的长度都是相同的。例如，在 32 位计算机中，用 32 位(4B)二进制数来表示一个地址，因此各类型指针变量都需要 4B 的存储单元。

这里读者可能会有疑问，既然不同类型的指针变量分到的存储空间都相同，那为什么在定义指针变量时，还要区分数据类型？这是因为不同类型的数据在内存中所占字节数不同，例如，整型变量 a 占 4B，字符变量 ch 占 1B。如果想通过指针引用一个变量，只知道该变量地址是不够的，如在用指针变量 pi 指向 a 变量时，只知道地址 19ff00，那么是从地址为 19ff00 的这个字节中取出一个字符型数据，还是从 19ff00～19ff03 这 4B 中取出一个整型数据？可见必须知道该数据的类型，才能按存储单元长度正确读取数据。假设 a 变量是一个整型数据，那就按 4B 读数据，如果是字符型数据，就按 1B 读数据。如果指针变量指向整型数据，则以"4B"为一个操作单位，如果指向字符型数据，则以"1B"为一个操作单位，因此定义指针变量时必须指定类型，即规定该指针变量可以访问什么样的数据类型。

  ☞ 一个指针变量必须有类型。

  ☞ 一个指针变量被指定为某种类型后，只能指向同类型的变量。如表 7-1 中的 pi 只
     能指向整型数据，而 pf 只能指向浮点型数据。

2. 指针变量的赋值

对指针变量赋值后，该指针变量就指向一个确定的内存存储单元。例如：

```
int a = 5;
int * pi;   //pi 为指向 int 型变量的指针变量,简称 int 型指针变量
```

pi = &a;   //将 a 的地址存入指针变量 pi 中

系统分别为 int 型变量 a 和 int 型指针变量 pi 分配存储空间。语句"pi=&a;"将变量 a 的地址赋给指针变量 pi。

图 7-3 是经过上述赋值后的一个结果示意图，可以画一个从指针变量 pi 到变量 a 的箭头，表示 pi"指向"a。假设变量 a 的地址是 19ff00，指针变量 pi 的值就是普通变量 a 的地址。

图 7-3   指针变量及其指向的存储单元

可以在定义指针变量的同时对它初始化，如上述赋值语句可以改写为：

```
int a = 5;
int * pi = &a;    //定义指针变量 pi,并指向 a 变量
```

用这种初始化的方式，一边给指针变量 pi 分配存储单元，一边将变量 a 的地址赋给指针变量 pi，使指针变量 pi 指向 a 变量。

指针变量中只能存放地址，如果将非地址类型的数值赋给指针变量将会出错。例如：

```
int * pi;
pi = 1000;    //pi 是指针变量,1000 是整型常量,类型不同赋值不合法
```

系统无法判断整数 1000 是一个地址，因此这个赋值语句是非法的。

7.2.2   指针变量的基本运算

指针可以进行多种运算。本节先介绍取地址运算 &、指针的间接访问运算 *，其他几种运算在后续介绍。

1. 取地址运算

例如：

```
pi = &a;    //取 a 的地址赋给指针变量 pi
```

指针变量 pi 的值是变量 a 的地址，即 pi 指向 a。

2. 间接访问运算

假设已经执行了"pi=&a;"，即指针变量 pi 指向了整型变量 a，则：

```
printf(" % d\n", * pi);
```

该语句的作用是输出指针变量 pi 所指向的变量的值，即变量 a 的值。

见例 7-1。

【例 7-1】   变量的直接访问和间接访问。(nbuoj2637)

输入两个整数。先用直接访问方式输出这两个整数。再通过指针变量用间接访问方式输出这两个整数。

```
# include < stdio. h>
int main()
{
    int a,b;                    //定义两个普通变量
    int * pa, * pb;             //定义两个指向整型变量的指针变量
```

```
scanf("%d%d",&a,&b);              //输入两个数存入变量 a 和 b
pa = &a;                          //①将变量 a 的地址存入 pa
pb = &b;                          //②将变量 b 的地址存入 pb
printf("a = %d,b = %d\n",a,b);    //③直接访问,输出变量 a、b 的值
printf("a = %d,b = %d\n", * pa, * pb);  //④间接访问,通过指针变量输出变量 a、b 的值
return 0;
}
```

运行结果:

```
1 2↵
a = 1,b = 2
a = 1,b = 2
```

本例的指针变量 pa 和 pb 被赋值以前,和普通变量 a、b 没有任何联系,见图 7-4(a)。语句①和②分别将变量 a 和 b 的地址赋给指针变量 pa 和 pb,指针变量 pa 就指向变量 a,指针变量 pb 指向变量 b,见图 7-4(b),此时 * pa 与变量 a 访问同一个存储单元,* pb 与变量 b 访问同一个存储单元,因此对普通变量 a 和 b 的引用,既可以用直接访问形式,如语句③,也可以通过对应的指针变量来引用,即 * pa、* pb 这样的间接访问形式,如语句④。

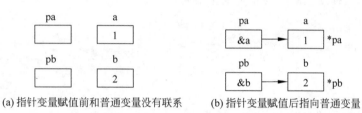

(a) 指针变量赋值前和普通变量没有联系   (b) 指针变量赋值后指向普通变量

图 7-4　指针变量赋值示意图

在例 7-1 中,有两处出现了符号 *,这两处出现的符号 * 意义不同。在定义语句"int * pa, * pb;"中出现的 * 是指针变量的一种标识,说明所定义的 pa 和 pb 是指针变量。而语句④中 * pa、* pb 中出现的 * 是一个间接访问运算符,表示访问 pa、pb 指针所指向的内存单元的值,即访问变量 a、b。

一个指针变量如果没有被赋值,其存储单元中的内容是随机的,如果利用这样的指针执行间接访问,会在程序中留下隐患。见例 7-2。

【例 7-2】　不要使用未赋值的指针变量。

```
# include < stdio. h>
int main()
{
  int * p;
  * p = 5;        //使用未赋值的指针,错误
  printf("%d\n", * p);
  return 0;
}
```

该程序编译能通过,但是运行时程序没有任何响应,原因是未对指针变量赋值,此时该指针变量没有指向一个普通变量,见图 7-5,可见这时的间接访问运算 * p 无意义。

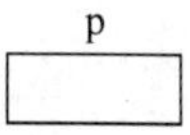

图 7-5　未赋值的指针变量

未赋值的指针变量会给程序留下隐患,因此在程序的初始状态,可以给一个指针变量先赋空值,使之不指向任何一个存储单元,但却符合语法规则。例如:

```
int * pi;
pi = NULL;    //或 pi = 0;
```

NULL 在头文件 stdio.h 中定义,其值为 0。

☞ 避免使用没有赋值的指针变量,虽然不会导致编译错误,但会导致运行时的错误。

☞ 值为 NULL 的指针没有访问(指向)任何存储单元。

☞ 指针变量名不包括 *,因为 * 不是合法的构成标识符的符号。定义时的 * 只是用来表明后面跟的变量是一个指针变量的名字,如 int * pa,指针变量名为 pa。

☞ 取地址运算符 &,如 &a 是变量 a 的地址。

☞ 间接访问运算符 *,如 *p 表示指针变量 p 指向的内存单元的值。

7.2.3 指针变量的引用

【例 7-3】 指针变量的值与指针变量指向单元的值。

```
# include < stdio.h >
int main()
{
  int a;
  int * pa;
  scanf("%d",&a);
  pa = &a;
  * pa = * pa + 5;              //等价于 a = a + 5;
  printf("%x\n",&a);           //输出变量 a 的地址值
  printf("%x\n",pa);           //输出指针变量 pa 的值
  printf("%d \n", * pa);       //输出指针变量 pa 所指向的存储单元的值
  return 0;
}
```

运行结果:

```
4 ↵
19ff2c
19ff2c
9
```

指针变量 pa 指向变量 a,指针变量 pa 的值就是变量 a 的地址(&a),而指针变量 pa 指向的存储单元的值就是变量 a 的值,也可以用 *pa 表示,见图 7-6。所以语句"*pa= *pa+5;"等价于"a=a+5;"。

图 7-6 指针变量的值与指针变量指向的单元的值

【例 7-4】 两数排序。(nbuoj 2640)

输入两个整数,按升序输出。要求使用指针变量完成。

本题用指针方法来处理这个问题,不交换整型变量的值,而是交换两个指针变量的值。

```c
#include < stdio. h>
int main()
{
  int a,b;
  int * p1, * p2, * p;
  scanf("% d % d",&a,&b);
  printf("before ordering: % d  % d\n",a,b);        //输出排序前的两数
  p1 = &a;                                          //将变量 a 的地址赋给指针变量 p1
  p2 = &b;                                          //将变量 b 的地址赋给指针变量 p2
  if(a > b)
  {
    p = p1;p1 = p2;p2 = p;                          //①通过变量 p 将 p1 与 p2 的值互换
  }
  printf("after ordering: % d  % d\n", * p1, * p2);  //输出排序后的两数
  return 0;
}
```

运行结果:

```
8 6↵
before ordering:8 6
after ordering:6 8
```

说明:

(1) 当输入 a 为 8,b 为 6,并将变量 a、b 的地址赋给指针变量 p1、p2 后,内存示意图见图 7-7(a)。

(2) 由于 a>b,需要将 p1 与 p2 交换,交换后,p1 存储变量 b 的地址(&b),p2 存储变量 a 的地址(&a),因此,p1 指向变量 b 而 p2 指向变量 a,见图 7-7(b)。这样在输出 * p1 和 * p2 时,实际上输出变量 b 和 a 的值,所以先输出 6,再输出 8。

本例中的语句①用三变量法交换两个变量的值,该语句可以改写为:

```c
p1 = &b;p2 = &a;
```

即直接对指针变量 p1 和 p2 赋以新值,这样可以不必定义中间变量 p。

在例 7-4 中,指针变量 p1 和 p2 交换了各自所指向的内存单元,使 p1 指向较小值,p2 指向较大值,而并没有交换变量 a 和 b 的值。当然也可以交换变量 a 和 b 的值,增加一个整型变量 t,然后将选择部分的语句做如下改动即可。

```c
if(a > b)
{
  t = * p1; * p1 = * p2; * p2 = t;    //①通过变量 p 将 p1 与 p2 的值互换
}
```

交换前内存示意图与图 7-7(a)同,而交换后内存示意图见图 7-8。仅对变量 a 和 b 的值进行了交换,采用指针间接访问的方式实现了这种交换。

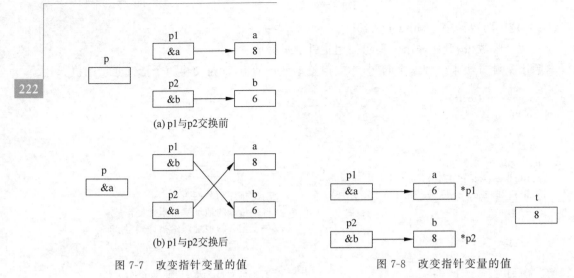

(a) p1与p2交换前

(b) p1与p2交换后

图 7-7　改变指针变量的值　　　　　　图 7-8　改变指针变量的值

   本节的几个案例都是为了说明指针变量与普通变量建立联系后,怎样使用指针变量。如果仅从案例自身而言,这些简单例子都不是必须要用指针的。

7.3　指针与一维数组

指针与
一维数组

一维数组在主存中占连续的存储空间,数组名代表的是这片连续存储空间的首地址。可以定义一个指针变量,把数组首地址赋值给指针变量,则通过指针变量的运算,可以方便地访问数组的每个元素。

   数组名代表数组的首地址,是一个指针常量。

7.3.1　一维数组的指针

指向一维数组的指针变量,其类型应与数组元素相同,假如有以下的定义:

```
int a[5];      //整型数组
int * p;       //指向整型的指针变量
```

为了使指针变量 p 指向数组 a,应该把数组 a 的首地址赋给指针变量 p,或者把数组 a 的首元素的地址赋给指针变量 p。

表 7-2 列出了使指针变量 p 指向同类型的一维数组 a 可采用的几种方法。

表 7-2　使指针变量 p 指向一维数组 a 首地址的方法

序　号	语　句	说　明
1	int a[5], * p; p = a;	把数组 a 的首地址赋给指针变量 p
2	int a[5], * p; p = &a[0];	把数组 a 的首元素 a[0]的地址赋给指针变量 p
3	int a[5], * p = a;	用初始化方式,把数组 a 的首地址赋给指针变量 p
4	int a[5], * p = &a[0];	用初始化方式,把数组 a 的首元素 a[0]的地址赋给指针变量 p

表 7-2 中这 4 种方法都是等价的,都是使指针变量 p 指向数组 a 的首元素,实际运用时使用其中一种方法即可,见图 7-9。

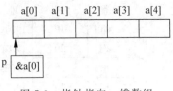

图 7-9　指针指向一维数组

  ☞ 数组名代表数组首地址,语句"p＝a"表示将数组 a 首地址赋给指针变量 p,而不是将数组 a 各元素的值赋给指针变量 p。

7.3.2　引用数组元素时的指针运算

前面已介绍取地址(指针)运算和间接访问运算。当指针指向数组元素时,还可以对指针进行加、减运算。

(1) 加一个整数,如 p+1。

(2) 减一个整数,如 p-1。

(3) 自加运算,如 p++或++p。

(4) 自减运算,如 p--或--p。

(5) 比较运算,如 p<q(只有 p 和 q 都指向同一数组中的元素时才有意义)。

(6) 两个指针相减,如 p2-p1(只有 p1 和 p2 都指向同一数组中的元素时才有意义)。

1. 指针的加减运算

指针的加减运算与整数数据类型的加减操作意义不同,以加法为例,例如:

```
int a[5] = {10,20,30,40,50}, * p;
p = &a[0];   //指针变量 p 指向数组元素 a[0]
```

其内存示意图见图 7-10。如果指针变量 p 指向数组元素 a[0],则 p+1 指向同一数组中的下一个元素,即数组元素 a[1]。

执行 p+1 并不是将 p 的值简单地加数字 1,而是加上一个数组元素所占用的字节数。如 a 数组的元素是 int 型,每个元素占 4B,则 p+1 使 p 的值加 4B,使它指向下一个元素。例如,p 的值为 19ff1c,p+1 的值就是 19ff1c+4 等于 19ff20,而不是 19ff1d,可见在执行加 1 操作时,系统会根据指针变量的类型为其加上对应的字节数,比如 int 型就加了 4B,这样,指针变量 p 就指向 a 数组的下一个数组元素,而不是下一个字节。

总之,指针加(如 p+n)、减(如 p-n)运算是使指针指向当前指向的存储单元之后的第 n 个或之前的第 n 个存储单元,即:

p±n*d　(d 是所访问的变量的数据类型所占的字节数,如 int 型为 4)

  ☞ 指针加减是以指针所指向的数据类型所占的字节数为步长的。

2. 指针的自加、自减

假设有以下语句,内存初始状态见图 7-11。

```
int * p,a[5] = {10,20,30,40,50};
p = a;
```

试分析下面的几个语句。

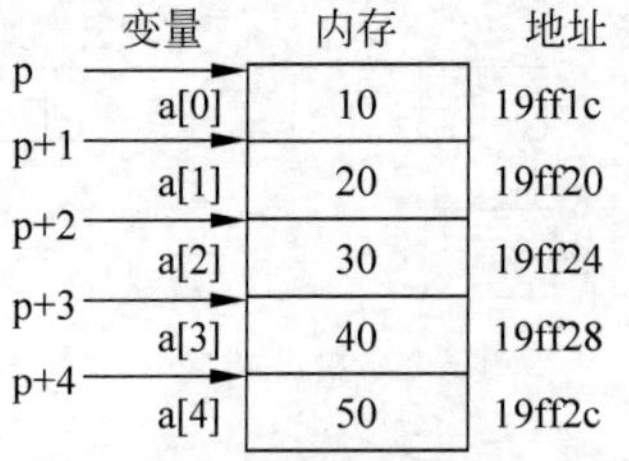

图 7-10　引用数组元素时的指针运算

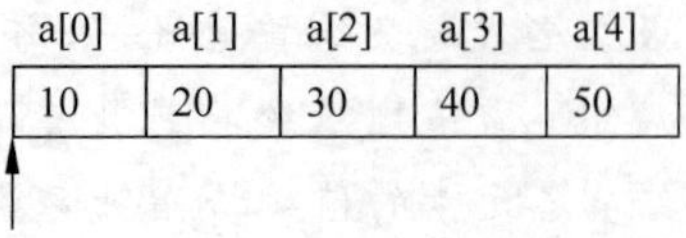

图 7-11　初始状态

1）p++

```
p + +;
printf("%d\n", * p);
```

p++使指针变量 p 指向下一个元素 a[1]，* p 就表示 a[1]的值 20，本例输出 20。

2）* p++

```
printf("%d\n", * p+ +);
```

由于++和 * 优先级相同，结合方向为自右向左，因此 * p++等价于 * (p++)。先引用 p 的值，实现 * p 操作，本例输出 a[0]的值 10，然后再执行 p+1，使指针变量 p 指向下一个元素 a[1]。

3）*（++p）

```
printf("%d\n", * ( + +p));
```

先执行 p+1 使指针变量 p 指向下一个元素 a[1]，再取 * p 的值，本例输出 20。

4）++（* p）

```
printf("%d\n", + +( * p));
```

* p 表示指针变量 p 所指向的元素，++（* p）则表示 p 所指向的元素加 1，比如当前 p 指向首元素 a[0]，则++（* p）等价于++a[0]，本例输出 11。

5）*（p——）

假设 p 当前指向 a 数组中的第 i 个元素 a[i]，则 * (p——)表示先进行 * p 运算，再使 p 减 1。

6）*（——p）

假设 p 当前指向 a 数组中的第 i 个元素 a[i]，则 * (——p)表示先使 p 减 1，再进行 * p 运算。

将++与——运算符用于指针变量十分有效，可以使指针变量指向下一个或上一个数组元素，如 p++或 p——。但是将指针运算与++、——组合使用时容易产生理解上的问题，比如 * p++到底是指针加 1 还是所指向的元素加 1？是先指针加 1 还是先取 * p？因此初学者应尽量少用类似的组合使用方式，必须要用时尽量用圆括号区分优先级，比如写成 * (p++)，或者分开成两个语句，如先取 * p，再执行 p++。

3. 两个指针的减法

如果指针变量 p1 和 p2 指向同一个数组，且 p2＞p1，则"p2－p1"的结果是"两个地址之差除以数组元素所占字节的长度"。假设 p2 指向 int 型数组元素 a[4],p2 的值为 19ff2c; p1 指向 a[2],p1 的值为 19ff24,则 p2－p1 的结果是(19ff2c－19ff24)/4＝2。这个结果表示 p2 所指元素与 p1 所指元素之间差两个元素。可见用 p2－p1 就可以知道这两个指针变量所指的元素的相对距离。

  两个地址不能相加,如 p1＋p2 是没有意义的。

7.3.3 运用指针存取数组元素

之前已学过用下标法引用一个数组元素。见例 7-5。

【例 7-5】 用下标法输出整型数组 a 的全部元素。

```
#include<stdio.h>
int main()
{
  int a[10];
  int i;
  for(i = 0;i < 10;i++)
    scanf(" % d",&a[i]);
  for(i = 0;i < 10;i++)
    printf("% d ",a[i]); //下标法输出数组元素,a[i]表示下标为 i 的数组元素
  printf("\n");
  return 0;
}
```

运行结果:

1 2 3 4 5 6 7 8 9 10↵
1 2 3 4 5 6 7 8 9 10

下标法是较常用的数组元素的引用方法,使用起来比较简单,也比较直观。

数组的每一个元素对应一个存储单元,因此每一个数组元素都有一个地址。前面已介绍过指针的加减法,结合数组元素连续存储的特点可知,数组名 a 表示元素 a[0] 的地址 &a[0],则 a+i 就是元素 a[i] 的地址 &a[i], *(a+i) 则表示元素 a[i]。同理,如果指针变量 p 的初值为 &a[0],则 p+i 是元素 a[i] 的地址, *(p+i) 则表示访问元素 a[i],见图 7-12。

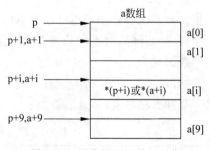

图 7-12 用指针访问数组元素

【例 7-6】 用指针变量指向数组元素,输出整型数组 a 的全部元素。

```
#include<stdio.h>
int main()
{
  int a[10];
  int * p,i;
  p = &a[0];
```

```
    for(i = 0;i < 10;i++)
      scanf("%d",p + i);                  //p + i 等价于 &a[i]
    for(i = 0;i < 10;i++)
      printf("%d ",*(p + i));             // *(p + i)等价于 a[i]
    printf("\n");
    return 0;
}
```

运行结果同例 7-5,此处略。

【例 7-7】 通过数组名计算数组元素地址,输出整型数组 a 的全部元素。

```
# include < stdio.h >
int main()
{
    int a[10];
    int i;
    for(i = 0;i < 10;i++)
      scanf("%d",a + i);                  // a + i 等价于 &a[i]
    for(i = 0;i < 10;i++)
      printf("%d ",*(a + i));             // *(a + i)等价于 a[i]
    printf("\n");
    return 0;
}
```

运行结果同例 7-5,此处略。

C 语言在编译时,对数组元素 a[i]就是按 *(a+i)处理的,首先计算数组首元素地址加上相对位移量,得到 a[i]的地址,然后按指针间接访问的方式访问存储单元的内容,即 *(a+i)。可见,符号[]实际上是变址运算符,首先对元素 a[i]按 a+i 计算地址,然后找出此地址单元中的值。

指向数组的指针变量也可以带下标使用,例如 p[i]与 *(p+i)等价,都表示元素 a[i]。因为在程序编译时,对下标的处理方法是转换为地址的,对 p[i]处理成 *(p+i),如果 p 指向整型数组元素 a[0],则 p[i]代表 a[i]。

根据以上叙述,当指针 p 指向数组 a 后,其中下标为 i 的数组元素及该元素的地址可以用以下几种方法来表示,见表 7-3。

表 7-3 数组元素 a[i]及其地址的表示法

序 号	方 法	元 素	地 址	说 明
1	下标法	a[i]	&a[i]	下标法
2	指针变量带下标法	p[i]	&p[i]	
3	地址(指针)法	*(a+i)	a+i	指针法
4	指针法	*(p+i)	p+i	

☞ 这里的 i 指数组元素的偏移量,而不是实际地址加数字 i 的意思。

表 7-3 中第 1、2 种表示方法采用下标形式,因此统称为"下标法",而第 3、4 种方法采用了指针运算符" * ",因此统称为"指针法"。其中对第 2 种用法,即指针变量带下标法使用时要特别慎重,必须先确定指针变量 p 的当前值是什么。见例 7-8。

【例 7-8】 用指针变量带下标法输出数组中的元素。

```
# include < stdio. h >
int main()
{
    int  * p,a[5] = {10,20,30,40,50};
    p = &a[1];                       //使指针变量指向 a[1]元素
    printf(" % d ",p[2]);            //输出 a[3]的值
    printf("\n");
    return 0;
}
```

运行结果：

40

本例先使指针变量 p 指向数组元素 a[1]，见图 7-13，接着用 printf()函数输出 p[2]的值，要注意此时的 p[2]并不是 a[2]，而是 a[1+2]，即 a[3]。这种用法容易出错，建议尽量少用。

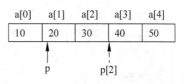

图 7-13　指针变量带下标的使用

使用指针变量 p 指向数组 a，应注意以下几点。

（1）虽然 p+i 与 a+i 都表示 a[i]元素的地址，*(p+i)与 *(a+i)都表示 a[i]元素的值，但 p 与 a 是有区别的：a 代表数组首地址，是一个常量，如 a++操作是非法的；而 p 是一个指针变量，可以通过改变指针变量的值使其指向不同的元素，如 p++运算是允许的。

（2）指针变量可以指向数组中的任意值，因此要时刻注意指针变量的当前取值。

（3）使用指针时，要注意避免指针越界访问，因为编译器不能发现这类错误。

以下例子说明了指针的越界问题。

【例 7-9】 通过指针变量输出 a 数组的 5 个元素。

```
# include < stdio. h >
int main()
{
    int  * p,i,a[5];
    p = a;
    for(i = 0;i < 5;i++)
        scanf(" % d",p++);          //输入 5 个整数存入 a 数组
    for(i = 0;i < 5;i++,p++)
        printf(" % d ", * p);       //试图输出 a 数组内的 5 个元素
    printf("\n");
    return 0;
}
```

运行结果：

```
1 2 3 4 5
0 1703724 1703792 4198985 1
```

显然输出的数值并不是 a 数组中各元素的值。从程序中可以看出，指针变量 p 的初始

值为 a 数组的首地址(见图 7-14①),但经过第一个 for
循环读入数据后,p 已经移动到了 a 数组的末尾(见
图 7-14②),当执行第二个 for 循环时,p 的起始值并
不是数组的首地址 a,而是 a+5,因此第二个 for 循环
输出的是 a 数组下面的 5 个元素,而这些存储单元中
的数值是不可预料的。这种问题在编译时不会出错,
但会使程序得不到预期的结果,这种错误比较隐蔽,
初学者不太容易发现。

解决这个问题的办法,只要在第二个 for 循环之
前加一个赋值语句:

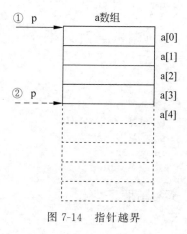

图 7-14 指针越界

```
p = a;
```

使 p 的初始值回到数组的首地址,结果就正确了。

   C 编译系统对数组越界不报错,因此程序设计人员要自己掌握数组的大小,防止引
    用数组元素时出界。

下面再看一个例子。

【例 7-10】 数组逆序显示。(nbuoj2642)

先输入一个正整数 n 表示有 n 个数需要处理,接着输入这 n 个整数,要求逆序显示这 n
个数(n≤100)。

本题输入的整数最多 100 个,因此可以定义长度为 100 的一维数组,实际使用时 n≤
100,因此有效数据区将根据 n 的大小而定。假设有 10 个整数存入数组,见图 7-15,用两个
指针变量 p1 和 p2 分别指向这 10 个数的第一个元素和最后一个元素,然后交换它们指向的
元素值,完成首尾交换;接着,将 p1 指针向右移动一个元素的位置(p1=p1+1),p2 指针向
左移动一个元素的位置(p2=p2−1),再交换它们指向的元素值,……,直到 p1 的值等于或
大于 p2 的值为止。

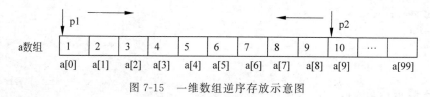

图 7-15 一维数组逆序存放示意图

```
#include<stdio.h>
int main()
{
    int a[100], *p1, *p2, *p,t,n;
    scanf("%d",&n);
    for(p=a;p<a+n;p++)
        scanf("%d",p);
    p1 = a;p2 = a + n − 1;      //p1 指向当前数据区域的首元素,p2 指向尾元素
    for(;p1<p2;p1++,p2 −− )
    {                          //交换 p1,p2 指向的元素的值
        t = *p1;
```

```
        * p1 = * p2;
        * p2 = t;
    }
    for(p = a;p < a + n;p++)
        printf(" % d ", * p);
    printf("\n");
    return 0;
}
```

运行结果：

```
10 ↵
1 2 3 4 5 6 7 8 9 10 ↵
10 9 8 7 6 5 4 3 2 1
```

7.4　指针与二维数组

二维数组与指针的关系可以从以下两个角度来分析：二维数组的某个元素的指针（简称元素指针或列指针），二维数组的某一行的指针（简称行指针）。

7.4.1　指向元素的指针

在程序中定义一个二维数组时，系统将为数组的所有元素在内存中分配一片连续的空间，例如：

```
int s[3][4];
```

数组 s 的存储情况见图 7-16，每一个元素 s[i][j] 都有一个地址 &s[i][j]，因此 &s[i][j] 就是二维数组的任意一个元素的指针（元素指针）。如果有一个 int 型指针变量可以指向 int 型二维数组的任何一个元素，则该指针变量就是指向二维数组元素的指针变量，即元素指针变量。例如：

```
int * p, * q;
p = &s[0][0];
q = &s[2][1];
```

图 7-16　指向二维数组元素的指针

根据二维数组元素的存储结构和指针的运算规则可知，当指针变量 p 指向二维数组的首元素 s[0][0]，则 p+1 将指向第 2 个元素 s[0][1]，p+2 指向第 3 个元素 s[0][2]，……，以此类推，利用该指针变量可以处理二维数组中的任意一个元素。这个指针变量 p，每执行加 1 操作将指向下一列的一个元素，因此被称为"元素指针变量"。

229

第
7
章

指　针

假设二维数组 s 的大小为 M 行 N 列,当指针变量 p 指向 s[0][0]时,可以计算出任意元素 s[i][j]的指针为 p+i×N+j,其中,0≤i<M,0≤j<N,而元素 s[i][j]的值则可以用 *(p+i×N+j)表示。如图 7-16 所示,在 3×4(M=3,N=4)的二维数组 s 中,元素 s[1][0]的指针是 p+1×4+0,即 p+4。

假设指针变量 p 指向大小为 M×N 的二维数组 s 的首元素 s[0][0],则对任一元素 s[i][j]的引用方法见表 7-4。可见,通过指向二维数组元素的指针变量 p,可将大小为 M 行 N 列的二维数组转换为长度为 M×N 的一维数组来处理,这正好符合二维数组的物理存储结构的特点。

表 7-4　数组元素 s[i][j]及其地址的表示法

序　号	方　法	元　素	地　址	说　明
1	下标法	s[i][j]	&s[i][j]	下标法
2	指针变量带下标法	p[k]	&p[k]	下标法
3	指针法	*(p+i*N+j)	p+i*N+j	指针法
4	指针法	*(p+k)	p+k	指针法

【例 7-11】　二维数组元素加 1。(nbuoj2648)

给定一个 3 行 4 列的二维数组,输入 12 个整数,对每个元素加 1,然后输出所有元素,要求按 3 行 4 列的格式输出。本题用二维数组的元素指针来访问二维数组的元素。

```c
#include<stdio.h>
int main()
{
  int a[3][4],i,j,k;
  int *p;
  p = &a[0][0];                    //使指针 p 指向 a[0][0]
  for(i = 0;i<3;i++)
    for(j = 0;j<4;j++)             //通过元素指针的自增来控制对各元素的扫描
    {
      scanf("%d",p);
      p++;
    }
  p = &a[0][0];                    //使 p 指针重新指向 a[0][0]
  for(i = 0;i<3;i++)              //通过两个下标来控制对各元素的扫描
    for(j = 0;j<4;j++)
      *(p + i * 4 + j) += 1;
  for(k = 0;k<3 * 4;k++)          //通过一个下标来控制对各元素的扫描
  {
    printf("%d", *(p + k));
    if((k + 1) % 4 == 0) printf("\n");
  }
  return 0;
}
```

运行结果:

```
1 2 3 4↵
5 6 7 8↵
9 10 11 12 ↵
```

```
2 3 4 5
6 7 8 9
10 11 12 13
```

     如有定义"int a[3][4]，* p；"，则 p＝&a[0][0]或者 p＝ * a 是正确的用法。

     如有定义"int a[3][4]，* p；"，则 p＝a 是错误的用法，即给二维数组的元素指针赋值
     二维数组名是错误的。因为二维数组名 a 是一个行指针，不能赋给一个元素指针变
     量。元素指针变量 p 只能接收元素指针，如 &a[0][0]或 * a。具体原因见 7.4.2 节。

7.4.2　行指针

假设有一个整型二维数组：

int a[3][4] = {{1,2,3,4},{5,6,7,8},{9,10,11,12}};

数组 a 可以看成由 3 个特殊元素组成的一个一维数组（a[0]、a[1]、a[2]），其数据类型
为包含 4 个 int 型数据的一维数组类型。可见数组 a 由元素 a[i]构成，而 a[i]由 a[i][0]、
a[i][1]、a[i][2]和 a[i][3]组成，见图 7-17。

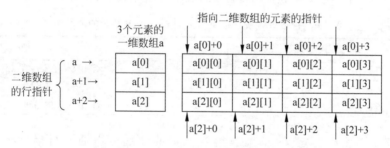

图 7-17　二维数组的行指针与元素指针

数组名代表数组的起始地址（首元素地址），因此数组名 a 可看成是由 a[0]、a[1]、a[2]
组成的特殊的一维数组的起始地址，是这个一维数组的首元素 a[0]的指针。根据一维数组
元素指针的运算规则，a+i 则是 a[i]的指针。可见 a+i 在内存中跳过了二维数组的 i 行，这
种指针一般被称为二维数组的"行指针"。对于 M 行 N 列的 int 型二维数组，行指针所指向
的存储单元包括 sizeof(int)×N 字节，如在图 7-17 中，一个行指针指向的存储单元包含 4×4
字节，如果首地址 a 的值为 2000，则 a+1 的值为 2016，a+2 的值为 2032。而元素指针所指
向的存储单元只包括 sizeof(int) ×1 字节。

进一步了解在行指针的背景下二维数组中各元素的表示方法。a[i]可以看成是由 a[i][0]、
a[i][1]、a[i][2]、a[i][3]组成的一维数组的数组名，因此 a[i]也是指针，根据数组元素的指
针运算规则可知，元素 a[i][j]的地址可以用 a[i]+j 来表示，则 a[i][j]与 * (a[i]+j)等价，
又因为 a[i]与 * (a+i)等价，因此 a[i][j]与 * (* (a+i)+j)也等价。

     a[i]无条件等价于 * (a+i)。

     如果 a 是一维数组的名字，则 a[i]代表 a 数组中序号为 i 的元素，a[i]占一个存储单
     元，其地址可以用 a+i 表示。如果 a 是二维数组名，此时的 a[i]是特殊的一维数组
     名，它只是一个地址，并不代表二维数组的元素。

     二维数组中 a+i 等价于 a[i]，而 a[i]无条件等价于 * (a+i)，因此这里的 a+i、

*(a+i)、a[i]都是地址的不同表现形式,指向 a[i][0],即 &a[i][0]。千万不要以为这里的 *(a+i)是 a+i 所指单元中的内容。

二维数组中 a+i 是行指针,如 a+0 与 a+1 相差 4 个 int 型数据(即一行元素所占的字节),而 *(a+i)、a[i]是元素指针,如 a[i]与 a[i]+1 相差一个 int 型数据(即一个元素所占的字节)。

C 语言中可以定义与行指针相同类型的指针变量,即行指针变量,行指针变量执行加 1 操作时指向二维数组的下一行,而不是下一个元素。定义方法见表 7-5。

表 7-5 行指针变量的定义

语　法	示　例	说　明
数据类型 (* 指针变量名)[指向的数组的长度];	int a[3][4]; int (* p)[4]; p = a;	(1) 样例中的行指针变量 p 指向由 4 个 int 型元素组成的一维数组。 (2) * p 两侧的圆括号不能丢失,否则变成"指针数组"(在 7.7 节介绍)

行指针背景下,二维数组元素及其地址的表示方法见表 7-6。

表 7-6 行指针背景下数组元素 a[i][j]及其地址的表示法

序　号	方　法	元　素	地　址
1	下标法	a[i][j]或 p[i][j]	&a[i][j]或 &p[i][j]
2	下标指针混合法	* (a[i] + j)或 * (p[i] + j)	a[i] + j 或 p[i] + j
3	指针法	* (* (a + i) + j) 或 * (* (p + i) + j)	* (a + i) + j 或 * (p + i) + j

按照表 7-6 样例中的定义,二维数组各元素的地址可以通过行指针 p 来表示,见图 7-18。可见 p+i 指向数组的第 i 行,是行指针,p 的初值为 a。

p →	a[0]	*(p+0)+0	*(p+0)+1	*(p+0)+2	*(p+0)+3
p+1→	a[1]	*(p+1)+0	*(p+1)+1	*(p+1)+2	*(p+1)+3
p+2→	a[2]	*(p+2)+0	*(p+2)+1	*(p+2)+2	*(p+2)+3

图 7-18 通过行指针变量 p 表示各元素地址

【例 7-12】 有 3 位同学,每个同学有 4 门课程成绩,录入 12 个分数保存到二维数组中,计算每个同学的平均分并输出。

```
#include<stdio.h>
int main()
{
  double a[3][4];
  double ( * p)[4];                //定义行指针
  int i,j;
  double ave[3] = {0};             //记录每个同学的平均分

  p = a;                           //行指针 p 指向二维数组 a 的首行
  for(i = 0;i < 3;i++)
  for(j = 0;j < 4;j++)
```

```
     scanf(" % lf",p[i] + j);
  for(i = 0;i < 3;i++)
  {
    double sum = 0;
      for(j = 0;j < 4;j++)
        sum = sum +  * ( * (p + i) + j);
    ave[ i] = sum/4;
  }
  for(i = 0;i < 3;i++)
    printf(" % .1f\n",ave[i]);
  return 0;
}
```

运行结果:

```
70 70 80 80 ↵
80 80 90 90 ↵
60 60 60 60 ↵
75.0
85.0
70.0
```

7.5 指针与字符串

在 C 语言中,通常可以使用以下两种方式对字符串进行操作。

(1) 使用字符数组。

(2) 使用字符型指针变量。

使用字符数组的方式见例 7-13。

【例 7-13】 给定一个字符串存入到字符数组中,输出整个字符串内容,接着输出其中某个字符的内容。

```
# include < stdio. h>
int main()
{ char s[9] = "Hello C!";
  puts(s);                          //输出整个字符串
  printf(" % c\n",s[6]);            //输出单个字符
  return 0;
}
```

运行结果:

```
Hello C!
C
```

字符数组 s 的存储见图 7-19。数组名 s 代表数组首元素的地址,s[6]代表数组中下标为 6 的元素。

也可以定义字符型指针变量,用它指向字符串常量中的字符。见 7.5.1 节内容。

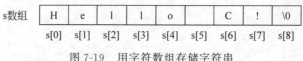

图 7-19   用字符数组存储字符串

7.5.1　字符指针

可以不定义数组,而定义一个字符类型的指针变量,并将字符串的起始地址赋给指针变量,通过该指针变量实现字符串的操作。

【例 7-14】　用字符指针来输出字符串。

```
# include < stdio. h >
int main()
{
  char * ps;                    //定义字符指针
  ps = "C Language";            //把字符串的首地址赋给 ps
  printf(" % s\n",ps);          //用字符指针 ps 来输出字符串的内容
  ps = ps + 2;                  //移动指针 ps
  printf(" % s\n",ps);          //用字符指针 ps 来输出当前字符串的内容
  return 0;
}
```

运行结果:

```
C Language
Language
```

本例虽然没有定义字符数组,但系统仍然在内存中开辟一段连续存储空间来存放字符串常量" C Language",这段空间相当于一个无名存储区域。通过语句"ps = " C Language";"将无名存储区的首地址赋给字符指针变量 ps,即指针变量 ps 指向无名存储空间的首地址,而不是把字符串"C Language"的内容保存在 ps 中,见图 7-20,此时输出的内容为"C Language"。

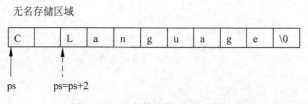

图 7-20   用字符指针处理字符串

语句"ps=ps+2;"使指针变量 ps 执行加 2 操作,即 ps 向后移动了两个元素,指向字符'L',因此输出的内容为"Language"。

这里的语句:

```
char * ps;
ps = "C Language";
```

等价于:

```
char  * ps = "C Language";
```

对字符串中字符的存取,可以用下标方法,也可以用指针方法。

【例 7-15】 将字符串 a 复制到字符串 b 中,然后输出两个字符串。

```
# include "stdio.h"
int main()
{
  char a[8] = "Hello C";
  char b[8];
  int i;
  for(i = 0; * (a + i)!= '\0';i++)
    b[i] = * (a + i);            //将 a[i]的值赋给 b[i]
  b[i] = '\0';                   //在末尾添加字符串结束标记
  printf("String a: % s\n",a);   //输出原字符串
  printf("String b: % s\n",b);
  return 0;
}
```

运行结果:

```
String a:Hello C
String b:Hello C
```

本例定义字符数组 a 和 b(图 7-21),可通过地址访问其元素,也可以用下标法访问元素,如 * (a+i)、b[i]都是表示字符串中元素的方式。将 a 串中的有效字符都复制到 b 数组后,还应将'\0'复制过去,作为字符串结束标志。

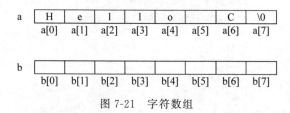

图 7-21 字符数组

【例 7-16】 将字符串 a 复制到字符串 b 中,然后输出两个字符串。用指针变量来处理。

```
# include "stdio.h"
int main()
{
  char a[8] = "Hello C",b[8], * p1, * p2;
  int i;
  p1 = a;p2 = b;                 //p1,p2 分别指向 a,b 数组的第一个元素
  for(; * p1!= '\0';p1++,p2++)
    * p2 = * p1;
  * p2 = '\0';
  printf("String a: % s\n",a);
  printf("String b: % s\n",b);
  return 0;
}
```

指针变量 p1 和 p2 分别指向字符数组 a 和 b 的第一个字符,语句"＊p2＝＊p1;"将 a 传入的字符赋给 p2 所指向的对应单元,然后 p1＋＋和 p2＋＋使两个指针分别指向其后面的一个元素,直到＊p1 的值为'\0'。指针变量 p1 和 p2 的值不断改变,见图 7-22 中虚线部分。

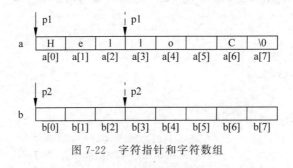

图 7-22　字符指针和字符数组

字符指针变量和字符数组的比较

7.5.2　字符指针变量和字符数组的比较

在 C 语言中,字符串按数组方式处理,用字符数组和字符指针变量都可实现字符串的存储和运算,字符数组和字符指针的访问方式也基本相同。但它们之间还是有区别的,主要体现在以下几个方面。

(1) 存储单元的个数及内容不同。系统根据字符数组的长度为其分配若干个存储单元,每个单元中存放一个字符。而对一个字符指针变量,只分配一个存储单元(占 4B),这个存储单元可存放地址。例如:

```
char a[5] = "Nice";      //字符数组
char * ps;               //字符指针变量
ps = a;                  //将数组首地址赋给指针变量 ps
```

存储示意图见图 7-23。

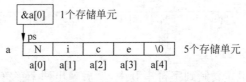

图 7-23　字符数组和字符指针变量的存储单元

(2) 赋值方式的不同。可以对字符指针变量赋值,但不能对数组名赋值。
例如,以下语句可对字符指针变量赋值。

```
char * a;
a = "Hello C";           //正确,将字符串"Hello C"首地址赋给指针变量 a
a = "Nice";              //正确,对字符指针变量 a 赋值,使它指向其他字符串
```

需注意,赋给 a 的是字符串的首地址,而不是字符串的内容。
而以下试图对字符数组名赋值的语句是错误的。

```
char str[10];
str = "Hello C";         //错误,数组名是地址常量,不能被赋值
```

（3）初始化的含义不同。

语句"char ＊a＝"Hello C"；"定义字符指针变量 a，并把字符串常量的首地址赋给 a。该语句等价于：

```
char ＊a;
a = "Hello C";              //赋值方式
```

而语句"char s[10]＝"Hello C"；"定义字符数组 a，并把字符串常量的内容赋给数组中的各元素。数组可以在定义时用初始化方式对各元素赋初值，但不能用赋值语句对字符数组中的全部元素整体赋值，如"char s[10]；s＝"Hello C"；"是错误的。

要想将字符串直接赋给字符数组，可以通过初始化方式，或通过 strcpy 函数，或将字符串常量的各个字符逐个赋给字符数组的各个元素。而使用指向字符的指针变量时，随时可以将一个字符串常量赋给一个指针变量，即让一个指针变量指向一个给定的字符串常量。

（4）指针变量的值可以改变，而数组名代表地址常量，其值不能改变。

在例 7-14 中出现了如下的语句：

```
char ＊ps = "C Language";
ps = ps + 2;                //改变指针变量的值
printf("％s\n",ps);         //输出从当前 ps 指向的字符开始的字符串
```

可见指针变量 ps 的值是可以变化的。

而数组名是一个地址常量，其值不能改变，如以下语句是错误的。

```
char a[ ] = "C Language";
a = a + 2;                  //错误,试图修改地址常量的值
```

（5）字符数组中各元素的值是可以改变的，但字符指针变量指向的字符串常量中的内容是不可改变的。

```
char str[] = "Hello C";
char ＊ps = "Hello C";
str[2] = 'W';               //正确
ps[2] = 'W';                //错误,字符串常量的值不能改变
```

7.6　指针作函数参数

函数的参数不仅可以是整型、浮点型、字符型等类型，还可以是指针类型。

用指针作为函数的参数时，实参是指针表达式，即指针（地址）、指针变量或指针表达式，而形参是指针变量，因为只有指针变量才能接收指针。指针作函数参数时，实参最终传递给形参的是地址信息，这种函数调用一般可称为"传址调用"。

用指针作为函数的参数时，将实参的指针表达式的值传递给形参的指针变量，这样，形参指针变量所指向的存储单元与实参指针表达式所指向的存储单元相同，因此，在被调函数中，通过形参指针变量可以间接访问实参指针表达式所指向的存储单元。当函数调用结束后，虽然形参指针变量被撤销了，但是之前对实参指针表达式所指向的存储单元的修改并不

会被撤销。这说明,通过使用指针作函数参数,可以间接地实现在被调函数中对主调函数中的变量值进行修改。

7.6.1 变量的指针作函数参数

指针变量作函数参数

在例 6-8 中曾尝试用自定义函数实现两数排序,使用传值调用的方式,试图在 sort() 函数中交换两个变量的值并影响实参,但最后没有成功。现在用指针作函数参数,改写后的程序见例 7-17。

【例 7-17】 两数排序。(nbuoj2641)

输入两个整数,按升序排序后输出。要求编写自定义函数,在主函数中调用并验证。

```
#include< stdio.h>
void sort(int * p1,int * p2);        //对 sort()函数的声明
int main()
{
  int x,y;
  scanf("% d% d",&x,&y);
  sort(&x,&y);                       //调用 sort()函数,实参为变量的指针(地址)
  printf("% d, % d\n",x,y);
  return 0;
}
void sort(int * p1,int * p2)         //sort()函数的定义,形参为指针变量
{
  int t;
  if( * p1> * p2)
  {
    t = * p1;  * p1 = * p2; * p2 = t; //使 * p1 和 * p2 互换
  }
}
```

运行结果:

```
9 3↵
3,9
```

当调用 sort() 函数时,把实参 x 和 y 的指针(地址)依次传递给形参 p1 和 p2,形参 p1 和 p2 是两个指针变量,这一传地址的过程实际上也是一个传值过程,传递的是地址值,即将变量 x 和 y 的地址值传给指针变量 p1 和 p2:

```
p1 = &x;
p2 = &y;
```

其效果是使指针变量 p1 指向 x,指针变量 p2 指向 y。

然后在 sort() 函数内部,通过间接访问的方式在 * p1> * p2 时使 * p1 和 * p2 互换,其实就是使实参 x 和 y 的值互换,见图 7-24。

在例 6-13 的传值调用中,实参 x、y 和形参 a、b 占用的是两组不同的空间,实参 x、y 的值赋给形参 a、b 后,sort() 函数交换的是 a、b 的值,当函数调用结束时,形参 a、b 的空间被释放,在这一过程中,实参 x、y 没有受到任何影响,即形参的改变没有影响实参。

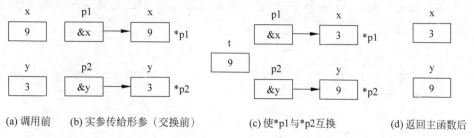

	x		p1		x				p1		x				x
	9		&x	→	9	*p1		t	&x	→	3	*p1			3
	y		p2		y			9	p2		x				y
	3		&y	→	3	*p2			&y	→	9	*p2			9

(a) 调用前　　(b) 实参传给形参（交换前）　　(c) 使*p1与*p2互换　　(d) 返回主函数后

图 7-24　实参为地址调用 sort() 函数的过程

而在本例的传地址调用中,实参是变量 x 和 y 的地址(&x 和 &y),分别赋值给形参 p1 和 p2,指针变量 p1 和 p2 也占存储空间,但它们的存储空间存放的是变量 x 和 y 的地址。函数内以间接访问的方式交换了 * p1 和 * p2 的值,此时的 * p1 和 * p2 就是指实参 x 和 y,因此交换 * p1、* p2 等价于交换 x 和 y,即形参的改变影响了实参。

    ¤ sort() 函数中的 3 条语句"t= * p1; * p1= * p2; * p2=t;"实现指针变量 p1,p2 所
       指向的存储单元的值的交换。

在本例中,实参以变量的地址的形式出现,也可以将实参改为指针变量的形式,其传递地址的原理是一样的,见例 7-18。

【例 7-18】 两数排序。将实参改为指针变量,函数 sort() 不变。

```
# include < stdio.h >
void sort(int * p1, int * p2);
int main()
{
    int x, y, * pa = &x, * pb = &y; //将 x 和 y 的地址赋给指针变量 pa 和 pb
    scanf(" % d % d",&x,&y);
    sort(pa,pb);                    //调用 sort() 函数,实参为指针变量
    printf(" % d, % d\n",x,y);
    return 0;
}
void sort(int * p1, int * p2)  //形参为指针变量
{
    int t;
    if( * p1 > * p2)
    {
        t = * p1;  * p1 = * p2; * p2 = t;
    }
}
```

本例的内存变化示意图见图 7-25。

(1) 在 main() 函数中,将变量 x 和 y 的地址赋给指针变量 pa 和 pb,接着输入 x 和 y 的值(假设 9 和 3),见图 7-25(a)。

(2) 在调用 sort() 函数时,将实参的值传给形参,语句"sort(pa,pb);"以指针变量 pa 和 pb 作为实参,对应的形参是指针变量 p1 和 p2,将 pa 的值赋给 p1,将 pb 的值赋给 p2,可见,指针变量 pa 和 p1 都指向变量 x,pb 和 p2 都指向变量 y,见图 7-25(b)。

(3) 当 * p1 > * p2 时,执行 * p1 与 * p2 的互换,见图 7-25(c)。

(4) 函数调用结束后,形参 p1 和 p2 的存储单元被释放,最终变量 x 和 y 的值已经被交换了,见图 7-25(d)。

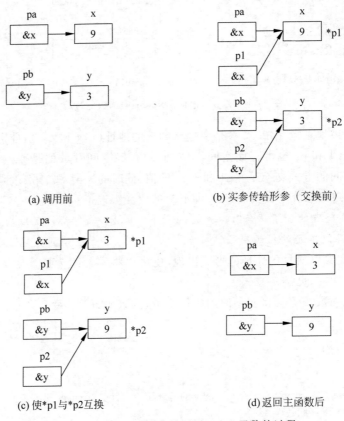

(a) 调用前　　　　　　　　　　　(b) 实参传给形参（交换前）

(c) 使*p1与*p2互换　　　　　　　(d) 返回主函数后

图 7-25　实参为指针变量调用 sort()函数的过程

本例与例 7-17 的区别只是在调用 sort()函数时,将变量 x 和 y 的地址(指针)换成了指向 x 和 y 的指针变量,其传递地址值的本质是一样的,实现的功能也是一样的。

指针变量使用不当的话,其作用不能得到体现。在例 7-17 中,如果 main()函数不变,将 sort()函数改写成以下形式,看是否仍能完成两数的升序排序。

```c
void sort(int * p1,int * p2)
{
  int * p;
  if( * p1 > * p2)
  {
    p = p1; p1 = p2;p2 = p;     //使指针变量 p1 和 p2 互换
  }
}
```

sort()函数中增加了一个指针变量 p,交换的是指针变量 p1 和 p2 的指向,并没有改变变量 x 和 y 所对应存储单元的值,因此不能实现主函数中将 x 和 y 的值按升序排序的功能,见图 7-26。

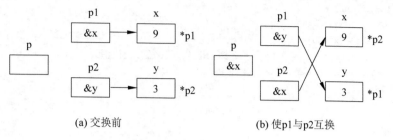

(a) 交换前　　　　　　　(b) 使p1与p2互换

图 7-26　失效的指针操作

☞ 注意,交换后指针变量 p 存放变量 x 的地址(&x),即 p 指向 x,但由于 p 只是互换过程中的中间变量,因此为了简单起见,此处没有画 p 指向 x 的箭头。

在例 7-17 中,如果 main()函数不变,将 sort()函数再次改写成以下形式,看是否仍能完成两数的升序排序。

```
void sort( int * p1, int * p2)
{
  int * p;
  if( * p1 > * p2)
  {
    * p = * p1; * p1 = * p2; * p2 = * p;    //试图使 * p1 和 p2 互换
  }
}
```

本例试图对 * p1 和 * p2 互换,用了一个 * p 作中间变量,但是指针变量 p 并没有明确指向哪个变量,因此语句" * p= * p1;"有问题。此更改无法实现主函数中将 x 和 y 的值按升序排序的功能。

7.6.2　一维数组的指针作函数参数

前面介绍的函数调用采用的都是单个变量作为参数,但有时候需要对一组数据操作,比如"编写函数,求出长度为 n 的一维数组中的最大值",要求通过函数来处理任意长度的一维数组,显然在函数中定义 n 个形参的方法不可取。可以借助传地址调用的方法来实现,即用一维数组名,或表示一维数组名的指针变量作为函数的实参来传递数组的首地址。

数组名作
函数参数

【例 7-19】　编写函数,求长度为 n 的一维数组中的最大值。在主函数中调用并验证。

字符指针
作函数参数

```
# include < stdio. h >
int max(int * p, int len)          //形参指针变量 p 接收数组首地址,整型变量 n 接收数组长度
{
  int i, max;
  max = p[0];
  for(i = 0; i < len; i++)
    if(max < p[i])
    max = p[i];
  return max;
}
int main()
{
```

241

第
7
章

指　针

```
int x[10],maxnum,i;
for(i = 0;i < 10;i++)
  scanf("%d",&x[i]);
maxnum = max(x,10);            //实参数组名 x 代表数组首地址
printf("Max number = %d\n",maxnum);
return 0;
}
```

运行结果：

```
10 9 8 7 6 5 12 -9 78 16↵
Max number = 78
```

本题主函数中的调用语句"maxnum＝max(x,10);"将数组名 x 作为实参之一,形参中对应的是一个指针变量 p,由于数组名代表的是数组首地址,因此调用函数时,将数组 x 的首地址赋给形参指针变量 p,指针变量 p 就指向数组 x 的首地址,见图 7-27。

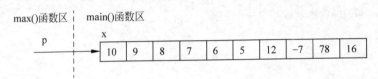

图 7-27　传递数组首地址

当指针变量 p 指向数组 x 后,就可以用间接访问的方式访问数组 x 的所有元素。max() 函数中对元素用了指针变量与下标结合的方式 p[i],当然也可以用 *(p+i) 的指针法的表示形式,例如：

```
int max(int * p,int len)
{
  int i,max;
  max = * p;    //指针法
  for(i = 0;i < len;i++)
    if(max < * (p + i))
      max = * (p + i);
  return max;
}
```

需要注意的是,当实参传递的是数组首地址时,对应形参的书写形式可以有以下三种形态。

(1) 指针形式,如本例中函数头中采用的书写形式：

```
int max(int * p,int len)
```

(2) 数组形式,例如：

```
int max(intp[10],int len)
```

(3) 无尺寸数组形式,例如：

```
int max(intp[ ],int len)
```

不管写成以上三种形式中的哪一种,编译器都是按照指针形式对其进行解释的,也就是说,将这里的形参 p 看成是一个指针变量,它能接收一个地址。对于这里的第 2 种形式,千万不要理解成在函数中又开设了一个长度为 10 的数组空间。

 ∞ 函数调用时如果传送的是数组地址,则建议形参直接写成指针变量形式,而不要写成数组形式,以免造成理解上的偏差。

 ∞ 形参中的数组名是按指针变量处理的,而不是一个真实的数组。

【例 7-20】 编写函数,实现对若干数据的升序排序。在主函数中调用并验证。

本题要求把排序过程设计成一个函数。在排序过程中需要对 n 个数据进行操作,操作结束后需要返回排序后的 n 个数据,用 return 语句肯定无法实现返回任务。需要该函数能"返回"n 个排序后的数据,因此用传递一维数组地址的形式来解决这一问题。

```c
#include<stdio.h>
//三个函数的声明,用了三种形式书写形参 p,最终效果都等价于第一种形式
void input(int *p,int len);
void output(int p[10],int len);
void sort(int p[],int len);
int main()
{
    int a[10];
    input(a,10);                //调用输入函数
    sort(a,10);                 //调用排序函数
    printf("Sorted data:\n");
    output(a,10);               //调用输出函数
    return 0;
}
void input(int *p,int len)      //输入
{
    int i;
    for(i=0;i<len;i++)
        scanf("%d",p+i);
}
void sort(int p[],int len)      //选择排序
{
    int i,minloc,j,temp;
    for(i=0;i<len-1;i++)
    {
        minloc=i;
        for(j=i+1;j<len;j++)
            if(p[j]<p[minloc])
                minloc=j;
        if(minloc!=i)
        {
            temp=p[i]; p[i]=p[minloc]; p[minloc]=temp;
        }
    }
}
void output(int p[10],int len)  //输出
{
```

```
    int i;
    for(i = 0;i < len;i++)
      printf(" % d ", * (p + i));
    printf("\n");
}
```

运行结果：

```
10 9 8 7 6 5 89 0  - 9 12 ↵
Sorted data:
- 9 0 5 6 7 8 9 10 12 89
```

本题需要通过排序函数改变主函数中数组 a 的 10 个数据的排列，采用了传递数组首地址的形式，使自定义函数通过指针指向主函数中的数组 a，因此在自定义函数中的所有通过指针间接访问的操作最终都形成了对主函数中数组 a 的实际操作，从而可以改变数组 a 中的数值。

本题同时将输入、输出过程也写成了函数的形式，参数设计的原理同排序函数。

   形参数组的长度可以省略。为了在被调用函数中处理数组元素的需要，可另设一个参数传递数组元素的个数。

如果有一个实参数组，要想在自定义函数中改变该数组中元素的值，实参与形参的对应关系见表 7-7。这四种方法，本质上都是地址的传递，只是表现形式上的不同。

表 7-7　数组名作参数时实参与形参的对应关系

序　号	实　参	形　参	传递的信息
1	数组名	数组名	指针（一维数组首地址）
2	数组名	指针变量	
3	指针变量	指针变量	
4	指针变量	数组名	

（1）实参和形参都用数组名。

【例 7-21】 设计函数实现字符串复制功能，在主函数中调用验证。实参和形参都用数组名。

```
# include < stdio. h >
void mystrcopy(char from[ ],char to[ ])        //形参为数组名
{  int i = 0;
   while(from[i]!= '\0')
   {
     to[i] = from[i];
     i++;
   }
   to[i] = '\0';
}
int main()
{  char a[ ] = "Nice";
   char b[ ] = "Welcome";
   mystrcopy(a,b);                          //实参为数组名
```

```
        printf("String a = % s\nString b = % s\n",a,b);
        return 0;
    }
```

由于形参数组名 from 和 to 被当作指针变量来处理,它们接收了实参数组 a 和 b 的首地址从而分别指向了实参数组 a 和 b,见图 7-28。

（2）实参用数组名,形参用指针变量。

例如:

```
void mystrcopy(char * from,char * to)  //形参为指针变量
{
    …
}
```

```
int main()
{ char a[ ] = "Nice";
  char b[ ] = "Welcome";
  mystrcopy(a,b);   //实参为数组名
   …
}
```

这里的形参 from 和 to 是两个指针变量,函数调用时接收了数组 a 和 b 的地址从而指向数组 a 和 b,效果同图 7-28 一样。

（3）实参和形参都用指针变量。

```
void mystrcopy(char * from,char * to)   //形参为指针变量
{
    …
}
```

```
int main()
{ char a[ ] = "Nice";
  char b[ ] = "Welcome";
  char * pa = a, * pb = b;
  mystrcopy(pa,pb);
   //实参为指针变量
   …
}
```

（4）实参用指针变量,形参用数组名。

实参 pa 和 pb 为指针变量,分别指向数组 a 和 b,然后将 pa 和 pb 的值传给形参指针变量 from 和 to,则 from 和 to 的初始值也是数组 a 和 b 的首地址,见图 7-29。

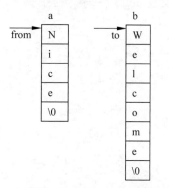

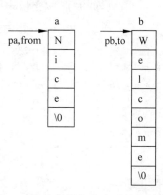

图 7-28　数组名作实参时的存储示意　　　图 7-29　指针变量作实参时的存储示意

（5）实参为指针变量,形参为数组名。

```
void mystrcopy(char from[ ],char to[ ])   //形参为数组名
{
    …
```

```
int main()
{ char a[ ] = "Nice";
   char b[ ] = "Welcome";
```

```
        }

                                    char * pa = a, * pb = b;
                                    mystrcopy(pa,pb);
                                    //实参为指针变量
                                    ...
                                }
```

实参 pa 和 pb 为指针变量,初始值分别为数组 a 和 b 的首地址,形参数组名 from 和 to 被当作指针变量来处理,它们接收了 pa 和 pb 的值,因此指向了实参数组 a 和 b。效果同图 7-29 一样。

     如果用指针变量作实参,必须先使指针变量有确定值,指向一个确定的存储空间。

7.6.3 二维数组的指针作函数参数

二维数组的指针有元素指针和行指针两种,如果用二维数组的元素指针作为函数实参,则形参的使用与前面讨论的变量的指针作函数参数完全相同。用二维数组名、二维数组的行指针作为函数的实参时,函数的形参变量声明为行指针,或二维数组名的形式(实质上还是行指针)。

【例 7-22】 有四个学生,每个学生有三门课程的成绩,计算每一个学生的平均成绩。

假设四个学生三门课程的成绩存放在一个二维数组 s 中,其存储示意图见图 7-30。二维数组 s 从逻辑上可以看成由 4 个特殊元素 s[0]、s[1]、s[2]、s[3]构成的一个一维数组,每个元素 s[i]又包含 3 个元素 s[i][0]、s[i][1]、s[i][2]。每个学生的成绩是二维数组的一行,在求每个学生的平均分时,需要将一行成绩传递给相应的求平均分的函数 average。

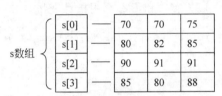

图 7-30 四个学生三门课程
的成绩的存储示意图

方法一:将第 i 个学生的成绩看成是数组名为 s[i]的一维数组,将该数组名 s[i]作为实参传递给 average 函数,此时形参变量声明为指针变量 double * p。程序如下。

```
# include < stdio.h>
# define M 4                      //M 个学生
# define N 3                      //N 门课程
double average(double * p)        //形参 p 为指针变量
{
  int i;
  double sum = 0,ave;
  for(i = 0;i < N;i++)
    sum += p[i];
  ave = sum/N;
  return ave;
}
int main()
{ double s[M][N];
  int i,j;
  double stu_ave;
  for(i = 0;i < M;i++)
```

```
    for(j = 0;j < N;j++)
        scanf("%lf",&s[i][j]);
    for(i = 0;i < M;i++)
    {
        stu_ave = average(s[i]);        //实参为一维数组名
        printf("Student %d:%.1f\n",i + 1,stu_ave);
    }
    return 0;
}
```

运行结果：

```
70 70 75 ↵
80 82 85 ↵
90 91 91 ↵
85 80 88 ↵
Student 1:71.7
Student 2:82.3
Student 3:90.7
Student 4:84.3
```

在方法一中用一维数组名作实参,函数 average()只能计算一个学生的成绩,在主函数中通过循环语句将每一行学生成绩的首地址传递给形参的指针变量,函数调用时形参指针变量就指向这一行数据,计算出对应的学生的平均分。这种方法就是 7.6.2 节的一维数组的指针作函数参数的用法。

方法二：将二维数组名作为实参(行指针)传递给 average()函数,此时形参变量要声明成行指针的形式 double (*p)[N]。程序如下。

```
#include < stdio.h >
#define M 4                                //M 个学生
#define N 3                                //N 门课程
void average(double (*p)[N])               //形参 p 为行指针变量
{
    int i,j;
    double sum,ave;
    for(i = 0;i < M;i++)                    //i 控制行(学生)
    {
        sum = 0;
        for(j = 0;j < N;j++)                //j 控制列(课程)
            sum += p[i][j];
        ave = sum/N;
        printf("Student %d:%.1f\n",i + 1,ave);
    }
}
int main()
{   double s[M][N];
    int i,j;
    for(i = 0;i < M;i++)
    for(j = 0;j < N;j++)
        scanf("%lf",&s[i][j]);
```

```
    average(s);                              //实参为二维数组名
    return 0;
}
```

当实参传递的是二维数组首地址时,对应形参的书写形式可以有以下三种形态。

(1) 行指针形式,例如:

```
void average(double ( * p)[N])
```

(2) 二维数组形式,例如:

```
void average(double p[M][N])
```

(3) 无行长度数组形式,例如:

```
void average(double p[ ][N])
```

在函数定义中,编译器对这三种形式中的形参 p 都理解为行指针变量。

7.7 指 针 数 组

数组是类型相同的有限个元素的组合,如果这些元素都是相同类型的指针,就构成了指针数组。指针数组中的每一个元素都是指针变量。指针数组的定义形式见表 7-8。

表 7-8   指针数组的定义形式

语　　法	类型标识符 * 数组名[数组长度];
示　　例	int * p[3];
说　　明	此处 p 是一个指针数组名,它有三个元素 p[0]、p[1]、p[2],每个元素都是一个指针变量,而这些指针都指向整型变量

☞ 不要写成 int (* p)[3],这是行指针,表示指向长度为 3 的一维数组的指针变量。

【例 7-23】 指针数组与二维数组。通过指针数组输出二维数组第 0 行的元素。

```
# include< stdio. h>
int main()
{
    int a[3][3] = {{1,2,3},{4,5,6},{7,8,9}};     //二维数组
    int * p[3] = {a[0],a[1],a[2]};               //指针数组的初始化
    int i;
    for(i = 0;i < 3;i++)
      printf(" % d ", * (p[0] + i));             //通过指针数组 p 输出二维数组第 0 行的元素
    printf("\n");
    return 0;
}
```

运行结果:

1 2 3

本例定义了一个 3 行 3 列的二维数组 a,则 a[i](0≤i<3)是指针,指向二维数组元素

a[i][0]，语句"int * p[3]={a[0],a[1],a[2]};"用 a[0]、a[1]、a[2]来初始化指针数组 p，这样，指针数组的第 i 个元素 p[i]就指向二维数组 a 的 i 行 0 列的元素 a[i][0]，p[i]+j 就指向 a[i][j]，见图 7-31。

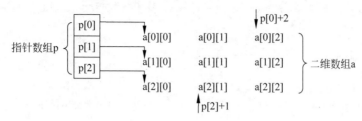

图 7-31　指针数组与二维数组

  ✍ 这里的 p[i]是一个元素指针，指向 a[i][0]。

指针数组比较适合于用来指向若干个字符串，使字符串处理更加灵活方便。

例如，有若干本书，每本书都有一个书名，可以采用二维字符数组来处理这些书名。例如：

```
char book[5][17] = {"Data Structure",
                    "Programming C",
                    "Java",
                    "Operating System",
                    "Data Base"};
```

其存储形式见图 7-32。

D	a	t	a		S	t	r	u	c	t	u	r	e	\0	
P	r	o	g	r	a	m	m	i	n	g		C	\0		
J	a	v	a	\0											
O	p	e	r	a	t	i	n	g		S	y	s	t	e	m	\0
D	a	t	a		B	a	s	e	\0						

图 7-32　用二维字符数组处理多个字符串

但实际上每本书的书名长度是不相等的，在定义二维数组时需要按最长的字符串来指定列数，会浪费许多存储单元。如果对字符串排序的话，需要交换整个字符串的内容。

如果用指针数组来处理，就可以避免上面提及的问题，即分别定义一些字符串，然后用指针数组中的元素（指针变量）分别指向各字符串，见图 7-33。

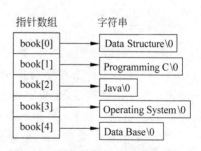

图 7-33　用指针数组处理多个字符串

【例 7-24】　对若干书名按字典顺序排列并输出，按由小到大顺序。

```
# include < stdio. h >
# include < string. h >
```

```
void sort(char * name[ ],int n);                    //排序函数声明
void output(char * name[ ],int n);                  //输出函数声明
int main()
{    //字符型指针数组 book
  char * book[5] = {"Data Structure","Programming C","Java","Operating System","Data Base"};

  sort(book,5);
  output(book,5);
  return 0;
}
void sort(char * name[ ],int n)                     //按升序对字符串排序
{
  char * temp;
  int i,j,min;
  for(i = 0;i < n - 1;i++)                          //用选择法对字符串排序
  {
    min = i;
    for(j = i + 1;j < n;j++)
    if(strcmp(name[min],name[j])> 0)
      min = j;
    if(min!= i)
    {temp = name[i]; name[i] = name[min]; name[min] = temp;}    //交换指针的指向
  }
}
void output(char * name[ ],int n)
{ int i;
  for(i = 0;i < n;i++)       //按指针数组元素的顺序输出它们所指向的字符串
  printf(" % s\n",name[i]);
}
```

运行结果：

```
Data Base
Data Structure
Java
Operating System
Programming C
```

在 main()函数中定义指针数组 book 并赋初值。sort()函数用选择法对字符串进行升序排序，形参 name 也是指针数组，接受实参传过来的 book 数组 0 行的起始地址，因此形参 name 数组和实参 book 数组的指向是一致的。在排序过程中并没有改变字符串的存储，仅仅是通过交换指向字符串的指针 book[i]来实现排序，最后按照 book 数组中元素的顺序得到的字符串序列就是升序排序的，见图 7-34。

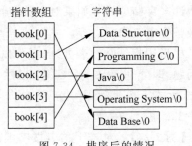

图 7-34　排序后的情况

7.8 指针与函数

7.8.1 返回指针的函数

前面例子中的函数一般都是返回数值,实际上,函数也可以返回一个指针(地址)。返回指针的函数的定义形式如下。

```
类型标识符 * 函数名(形参列表)
{
    …
}
```

【例 7-25】 给定 10 个整数存储在一维数组中,找出其中最大的数值。

设计一个自定义函数,查找一维数组中的最大值,分别用以下两种方法实现。

(1) 函数返回最大值。

(2) 函数返回最大值的地址(指针)。

方法(1)代码如下。

```c
#include<stdio.h>
int max(int * p,int len)                //返回整型值
{
    int m,i;
    m = * p;
    for(i = 1;i < len;i++)
        if(m < * (p + i)) m = * (p + i);     //m 存放最大值
    return m;
}
int main()
{
    int a[10] = {30,90,51,156,65,70,85,89,91,97};
    int max_num;
    max_num = max(a,10);
    printf("Max number = % d\n",max_num);
        return 0;
}
```

运行结果:

156

函数 max()的功能是找出实参传过来的一维数组中的最大值,并将这个最大数值返回给主调函数,并在主调函数中输出最大数。

方法(2)的代码如下。

```c
#include<stdio.h>
int * max(int * p,int len)              //返回指针
{
    int * m,i;
    m = p;
```

```
    for(i = 1;i < len;i++)
        if( * m < * (p + i)) m = p + i;      //指针变量 m 指向数组 a 中的最大值
    return m;                                //将指向数组 a 中最大值的指针返回
}
int main()
{
    int a[10] = {30,90,51,156,65,70,85,89,91,97};
    int * max_p;
    max_p = max(a,10);
    printf("Max number = % d\n", * max_p);
    return 0;
}
```

在调用 max()函数时,形参指针变量 p 指向了实参数组 a 的首元素,max()函数内部的指针变量 m 初值与 p 相同,因此 m 一开始也是指向数组 a 的首元素。随着 for 循环的执行,指针变量 m 最终指向最大值 156,然后将 m 的值返回给主调函数中的指针变量 max_p,即返回一个指向 int 型存储单元的指针,见图 7-35。

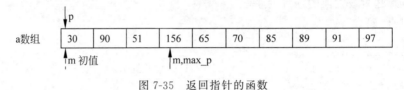

图 7-35   返回指针的函数

7.8.2   指向函数的指针

如果在程序中定义了一个函数,编译系统为函数代码分配一段存储空间,这个存储空间的起始地址称为这个函数的指针,函数名代表了这段存储空间的首地址(又称入口地址)。因此可以定义一个指向函数的指针变量,用来存放某一函数的起始地址。

指向函数的指针变量的定义见表 7-9。

表 7-9   指向函数的指针变量的定义形式

语　法	示　例	说　明
类型名 (* 指针变量名)(形参表);	int (* p)(int);	* p 两侧的括号表示 p 先与 * 结合,是指针变量,然后再与后面的()结合,()表示是函数,即该指针变量指向函数

声明指向函数的指针时,函数指针名两边的括号非常重要。是否有括号,意义完全不同。例如:

```
int ( * p)(int);    //p 为指向函数的指针
int * p(int);       //p 是函数名,其返回值是 int 型指针
```

如果要调用一个函数,除了可以通过函数名调用以外,还可以通过指向函数的指针变量来调用该函数。见例 7-26。

【例 7-26】   定义两个函数,一个用来求两个整数中的较大数,另一个用来求两个整数中的较小数。

```
# include < stdio. h >
int max( int a, int b)
{  int temp;
   if(a > b) temp = a;
   else temp = b;
   return temp;
}
int min( int a, int b)
{  int temp;
   if(a < b) temp = a;
   else temp = b;
   return temp;
}
int main()
{
   int ( * p)(int,int);              //①定义指向函数的指针变量 p
   int x, y, z;
   scanf(" % d % d",&x,&y);
   p = max;                          //②使 p 指向 max()函数
   z = ( * p)(x, y);                 //③通过指针变量 p 调用 max()函数,等价于 max(x, y)
   printf("Max number = % d\n",z);
   z = min(x, y);                    //通过函数名调用 min()函数
   printf("Min number = % d\n",z);
   return 0;
}
```

运行结果:

```
89 90
Max number = 90
Min number = 89
```

函数 max()和函数 min()的结构完全一样,一个返回较大值,一个返回较小值。语句①
"int (* p)(int,int);"定义 p 是一个指向函数的指针变量,最前面的 int 说明可指向的函数
返回的值是整型的,括号里的两个 int 说明可指向的函数有两个 int 型参数。

语句②"p＝max;"将函数 max()的入口地址赋给指针变量,这样 p 就指向函数 max(),此
时 p 和函数名 max()都指向函数的开头。语句③"z＝(* p)(x, y);"等价于"z＝max(x, y);",
就是调用 max()函数。

当然,用函数名调用函数的方法显得更加直观和方便。本例只是说明调用函数的其他
形式,并不刻意要求用函数指针去调用函数。

   p 是指向函数的指针变量,它只能指向函数的入口处,而不能指向函数中间的某一
    条指令,因此 p＋1 之类的操作在这里是无意义的。

7.9　二级指针

假设有一个指向 int 型变量 a 的指针变量 p,其中 p 的值是指针,即变量 a 的地址 &a。
指针变量 p 本身也有指针,即 p 的地址 &p,再声明一个指针变量来存放 &p 的值,这样指

针变量 p2 就指向了指针变量 p,指针变量 p 指向整型变量 a,见图 7-36。这里的指针变量 p2 被称为"指向指针数据的指针变量",或简称"指向指针的指针",或简称"二级指针"。

图 7-36　二级指针示意图

二级指针的定义形式如下。

类型标识符 ** 变量名;

从图 7-36 可知,二级指针变量 p2,其自身的值是地址(&p),其访问的数据也是指针类型的(p2 访问指针 p)。

【例 7-27】 使用二级指针。

```
#include<stdio.h>
#define N 5
int main()
{
    char * book[5] = {"Data Structure","Programming C","Java","Operating System","Data Base"};
    char ** p2;                //定义二级指针 p2
    int i;
    for(i = 0;i < N;i++)
    {
        p2 = book + i;            //使 p2 指向 book[i]
        printf(" % s\n", * p2);    // 输出 book[i]所指向的字符串的内容
    }
    return 0;
}
```

运行结果:

```
Data Structure
Programming C
Java
Operating System
Data Base
```

图 7-37　二级指针的使用

本例中 p2 是二级指针变量,见图 7-37。语句"p2 = book + i;"使 p2 指向 book[i],而 book[i]是一个字符型指针变量(指针数组的一个元素),它指向某一个字符串,此时的 * p2 就是 book[i]的值,即第 i 个字符串首字符的值。因此循环体中的语句"p2 = book + i;printf("%s\n", * p2);"等价于"printf("%s\n", book[i]);"。

7.10　实例研究——成绩系统

【例 7-28】 成绩系统的改写。在第 5 章的例 5-34 中,要求输入 n 名学生的学号、姓名以及 c 门课的成绩,并输出这些信息。本例将输入每位同学 c 门课的成绩、输出 c 门课的成绩这两个部分设计成单独的自定义函数,用指针作形参。

```
#include<stdio.h>
#define S_NUM 100                     //假设学生最大数 100
#define C_NUM 10                      //假设课程最多数目 10
void in(double * p,int N);            //函数声明,输入学生 N 门课程成绩
void out(double * p,int N);           //函数声明,输出学生 N 门课程成绩
int main()
{
  int i,j;
  char id[S_NUM][10];                 //学号
  char name[S_NUM][20];               //姓名
  double score[S_NUM][C_NUM];         //课程成绩
  int n,cnum;                         //实际学生数和课程数

  printf("Enter student number:\n");
  scanf("%d",&n);                     //输入 n 表示学生实际人数
  printf("Enter course number:\n");
  scanf("%d",&cnum);                  //输入课程实际数量
  for(i=0;i<n;i++)
  {
    printf("------------------------\n");
      printf("Student %d's ID:",i+1);
      scanf("%s",id[i]);              //输入学号
      getchar();
      printf("Student %d's Name:",i+1);
      gets(name[i]);                  //输入姓名
      printf("Student %d's %d Scores:",i+1,cnum);
      in(score[i],cnum);             //调用函数,输入学生成绩
  }
  printf("----------- Information ------------\n");
  for(i=0;i<n;i++)
  {
    printf("%-10s%-20s",id[i],name[i]);
    out(score[i],cnum);              //调用函数,输出学生成绩
    printf("\n");
  }
  return 0;
}
void in(double * p,int N)            //函数定义,输入学生 N 门课程成绩
{
  int j;
  for(j=0;j<N;j++)
    scanf("%lf",p+j);
}
void out(double * p,int N)           //函数定义,输出学生 N 门课程成绩
{
  int j;
  for(j=0;j<N;j++)
    printf("%5.1f", * (p+j));
}
```

运行结果同第 5 章的例 5-34,此处略。

　　输入函数 in 带两个形参,其中指针变量 p 用来接收实参 score[i]传来的地址值,整型变量 N 用来接收实参变量 cnum 传来的课程的数目。二维数组 score 可看成特殊的一维数组,包含元素 score[0],score[1],…,score[S_NUM-1]。而 score[i]是 score[i][0],score[i][1],…,score[i][9]这个一维数组的数组名。函数调用时,p 指针会指向 score[i],则 p+j 就指向元素 score[i][j],从而对数组元素进行操作,见图 7-38。输出函数 out()的工作原理同函数 in(),*(p+j)表示数组元素 score[i][j]的值。

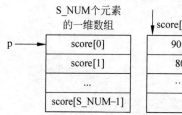

图 7-38　二维 double 型数组 score

7.11　习　　题

7.11.1　选择题

1. 变量的指针,其含义是指该变量的(　　　)。

　　A. 值　　　　　　　　B. 地址　　　　　　　　C. 名　　　　　　　D. 一个标记

2. 若有定义语句"int a,*p=&a;",下列叙述中错误的是(　　　)。

　　A. 定义语句中的 * 号是一个地址运算符

　　B. 定义语句中的 * 号是一个说明符

　　C. 定义语句中的 p 只能存放 int 类型变量的地址

　　D. 定义语句中,"*p=&a;"把变量 a 的地址作为初始值赋给指针变量 p

3. 设已有定义"float x;",则以下对指针变量 p 进行定义且赋初值的语句中正确的是(　　　)。

　　A. float * p=1024;　　　　　　　　　　B. float * p=&x;

　　C. int * p=(int)x;　　　　　　　　　　D. float p=&x;

4. 若用数组名作为函数调用的实参,传递给形参的是(　　　)。

　　A. 数组的首地址　　　　　　　　　　　B. 数组中第一个元素的值

　　C. 数组中全部元素的值　　　　　　　　D. 数组元素的个数

5. 已有定义"int i,a[10],*p;",则合法的赋值语句是(　　　)。

　　A. p=i;　　　　　　　　　　　　　　　B. p=a[5];

　　C. p=a+2;　　　　　　　　　　　　　　D. p=a[2]+2;

6. 设有定义"double x[10],*p=x;",以下能给数组 x 中下标为 6 的元素读入数据的正确语句为(　　　)。

　　A. scanf("%f",&x[6]);　　　　　　　　B. scanf("%lf",*(x+6));

　　C. scanf("%lf",p+6);　　　　　　　　D. scanf("%lf",p[6]);

7. 在 C 语言的以下程序段中,不能正确赋字符串(编译时系统会提示错误)的是(   )。

    A. char s[10]= "hello ";
                    B. char s[10];
                                        s = "hello";

    C. char t[]="hello", * s;
                    D. char s[10];
      s = t;
                                      strcpy(s, "hello");

8. 以下程序段运行后的输出结果是(   )。

```
char * p[10] = { "abc","aabdfg","dcdbe","abbd","cd"};
printf(" % d\n",strlen(p[4]));
```

    A. 2   B. 3   C. 4   D. 5

9. 有以下程序,运行后的输出结果是(   )。

```
# include < stdio. h>
int main()
{
    char s[] = "hello!";
    printf(" % c\n", * s + 2);
    return 0;
}
```

    A. llo!   B. j   C. ello!   D.出错

10. 已定义以下函数,该函数的功能是(   )。

```
fun(char * p2, char * p1)
{   while(( * p2 = * p1)!= '\0')
{   p1++; p2++;   }
}
```

    A. 将 p1 所指字符串复制到 p2 所指内存空间

    B. 将 p1 所指字符串的地址赋给指针 p2

    C. 对 p1 和 p2 两个指针所指字符串进行比较

    D. 检查 p1 和 p2 两个指针所指字符串中是否有'\0'

11. 设有定义"int * ptr, x, array[5]={5,4,3,2,1}; ptr=array; ",则能使 x 的值为 3 的语句是(   )。

    A. x=array[3];   B. x= * (array+3);

    C. x= * (ptr+2)   D. array+=2; x= * array;

12. 已知 int a[2][3]={1,3,5,7,9,11},正确表示数组元素地址的是(   )。

    A. * (a+1)   B. * (a[1]+2)   C. a[1]+3   D. a[2][3]

13. 若有定义 int (* p)[5];,则下列说法正确的是(   )。

    A. 定义了基本类型为 int 的 5 个指针变量

    B. 定义了基本类型为 int 的具有 5 个元素的指针数组 p

    C. 定义了一个名为 * p、具有 5 个元素的整型数组

    D. 定义了一个名为 p 的行指针变量,它可以指向有 5 个整数元素的一维数组

14. 以下程序运行后的输出结果是（　　　）。

```c
#include <stdio.h>
char * p = "abcdefghigklmn";
int main()
{
    while( * p++!= 'k')
        printf("%c", * p);
    return 0;
}
```

A. bcdefghigk   B. abcdefghig

C. abcdefghigk   D. abcdefghigklmn

15. 以下程序运行后的输出结果是（　　　）。

```c
#include <stdio.h>
void swap(int * x, int * y)
{
    int * t;
    t = x; x = y; y = t;
}
int main()
{
    int x = 3, y = 5;
    swap(&x, &y);
    printf("x = %d y = %d", x, y);
    return 0;
}
```

A. x＝5 y＝3   B. x＝3 y＝5

C. x＝3 y＝3   D. x＝5 y＝5

16. 下列函数的功能是（　　　）。

```c
int fun(char * s)
{
    char * t;
    t = s;
    while( * t) t++;
    return (t - s);
}
```

A. 比较两个字符串的大小   B. 计算 s 字符串所占用的字节数

C. 计算 s 所指字符串的长度   D. 将 s 所指字符串赋制到字符串 t 中

17. 以下程序运行后的输出结果是（　　　）。

```c
#include <stdio.h>
int main()
{
    int a[3][3], * p, i;
    p = &a[0][0];
```

```
for(i = 0;i < 9;i++,p++)
    * p = i + 1;
printf(" % d\n",a[1][2]);
return 0;
}
```

A. 6   B. 5   C. 7   D. 8

18. 以下程序运行后的输出结果是(   )。

```
# include < stdio. h>
void f(int * a)
{   printf(" % d ",++ * a);
}
void main()
{
    int x[5] = {1,3,5,7,9};
    f(x);
}
```

A. 1 3 5 7 9   B. 2   C. 3   D. 2 4 6 8 10

19. 假设有定义"int a[4][10], * p, * q[4],i;",且 0≤i<4,则以下错误的赋值是(   )。

A. p＝a[i];   B. q[i]＝a[i];

C. p＝a;   D. p＝&a[2][1];

20. 假设两个指针变量指向同一数组,则这两个指针变量不可以(   )。

A. 相加   B. 相减

C. 比较   D. 指向同一个地址

7.11.2 在线编程题

1. 两数求和。(nbuoj2638)

从键盘输入任意两个整数 a 和 b,计算并输出 a＋b 的值。用指针完成。

2. 一维数组元素加 1。(nbuoj2639)

从键盘输入 10 个整数存入一维数组,对每个元素加 1 后输出。用指针完成。

3. 数据逆序输出。(nbuoj2642)

输入 n 个整数存入一维数组,再逆序输出这 n 个数。用指针完成。

4. 两数交换顺序。(nbuoj2643)

设计函数实现两数交换顺序,在主函数中调用并验证。用指针完成。

5. 求数组中的最大值。(nbuoj2646)

输入 10 个整数存入一维数组,求其中的最大值。用指针完成。

6. 计算总分。(nbuoj1110)

给定 10 个同学的成绩,要求计算总分。设计函数实现多个数求和,用指针作形参。

7. 最大值和最小值。(nbuoj1152)

给定任意 10 个整数,从中找出最大值和最小值。设计求最大值的函数以及求最小值的函数,用指针作形参。

8. 二维数组元素加 1 操作。(nbuoj1160)

从键盘输入 12 个数,构成一个 3 行 4 列的二维整型数组,设计函数对每个元素执行加 1 操作(用指针作形参),然后在主函数中输出该数组的内容。

9. n 个数据排序。(nbuoj1170)

给定 n 个整数,设计函数按从小到大的顺序排序,用指针作形参。

10. 字符串长度。(nbuoj1182)

输入一个字符串,设计函数计算其有效长度,最终输出字符串长度及该字符串内容。不要使用系统提供的库函数。字符串长度不超过 100。用指针作形参。

11. 连接字符串。(nbuoj1183)

输入两个字符串,设计函数连接这两个字符串。单个字符串的长度不超过 100。不要使用系统提供的库函数。用指针作形参。

12. 字符串复制。(nbuoj1256)

设计函数实现字符串复制功能。每个字符串长度不超过 100,不要使用系统提供的库函数。用指针作形参。

13. 比较字符串大小。(nbuoj1404)

从键盘分别读入两个字符串,设计函数比较这两个字符串的大小。每个字符串长度不超过 50,不要使用系统提供的库函数。用指针作形参。

第8章 程序结构

前面已经介绍了一个 C 语言程序的工作步骤,用户在开发一个 C 程序的时候,一般使用一个集成开发环境(IDE),将程序的编辑、编译、连接、调试、运行等功能集成在一起,通过一些按钮就可以完成编译、连接、运行等功能。本章进一步介绍 C 程序运行背后的知识,了解不同作用域和生存期的变量是如何存在的,以及编译预处理的作用等,有助于用户更深入地理解程序的运行,在程序设计时优化程序及提高调试能力。

局部变量和全局变量,变量存储方式和生存期

8.1 变量的作用域

在 C 语言中,变量的不同定义形式和位置,使变量具有不同的有效范围,这个有效范围称作变量的作用域。从变量作用域的角度来划分,变量可分为局部变量和全局变量。

8.1.1 局部变量

局部变量的作用域是变量声明所在的代码块,通常有以下三种情况。

(1) 在函数体内定义的变量(包括 main()函数体内的变量)是局部变量,其作用域只能在所处的函数内,一旦超出这个范围,该变量就不起作用。

(2) 在有参函数首部的形参变量是局部变量,只能在所处的函数内起作用。

(3) 在复合语句内定义的变量是局部变量,其作用范围只能在所处的复合语句内。

【例 8-1】 局部变量举例。用函数实现求 10 个学生的平均分。

```c
#include<stdio.h>
double ave(double * arr)
{
    int i;
    double aver,sum = 0 ;        // ave()函数中,局部变量 arr,i,aver,sum
    for(i = 0;i<10;i++)   sum + = arr[i];
    aver = sum/10;
    return aver;
}
int main()
{
    double score[10],average;
    int i;
    for(i = 0;i<10;i++)   scanf("%lf",&score[i]);     // 主函数中,局部变量 score,average,i
    average = ave(score);
    printf("The average = %.1f\n",average);
    return 0;
}
```

本例包含 main()函数和 ave()函数,在两个函数的起始处都有变量的定义,如在 ave()函数中定义的变量 i,aver,sum,以及 main()函数中定义的变量 score,average,i,另外还有 ave()函数的形参变量 arr,这些都是局部变量,只能在各自所处的函数内起作用。

- 不同函数或复合语句中定义的局部变量可以同名,因为它们的作用域不同,互不干扰。如例 8-1 中的 ave()函数及 main()函数中都有变量 i。
- 主函数 main()内定义的变量也是局部变量,只在主函数中有效。主函数中也不能使用其他函数中定义的变量。
- 传统 C 语言中,变量一定要在代码块的起始处声明。C99 标准放宽了这一限制,一个变量可以在代码块的任何地方声明,其作用域就是从声明处开始到代码块结束之间的范围。使用时要注意当前编译器支持什么样的标准。

8.1.2 全局变量

在函数之外定义的变量,称为全局变量,也称为外部变量。全局变量的作用域从定义点开始直到文件尾,可以被作用域内的所有函数共用。

【例 8-2】 全局变量举例。用函数实现两数的升序排序。

```
#include<stdio.h>
int a,b;
void sort()
{
  int t;
  if(a>b)
  {
    t=a; a=b;b=t;
  }
}
int main()
{
  scanf("%d%d",&a,&b);
  sort();
  printf("%d, %d\n",a,b);
  return 0;
}
```

局部变量 t 的作用域

全局变量 a 和 b 的作用域

在例 6-8 中曾经试图用传值调用的方式实现两数的升序排序,但是未能成功。在例 7-17 用传地址的方式实现了两数的升序排序。而本例用全局变量来实现两数的升序排序。

本例定义 a、b 为全局变量,它们的作用域从定义处开始一直到文件末尾,因此在 main()函数和 sort()函数里出现的都是这两个变量。全局变量的引入使函数之间的数据增加了联系,由于同一个源文件中所有函数都能使用全局变量,因此在一个函数中改变了全局变量的值,就能影响到其他函数。如本例的变量 a 和 b 是全局变量,调用 sort()函数改变了 a 和 b 的值后,在 main()函数中出现的变量 a 和 b 的值也受到影响。

在同一个源文件中,如果全局变量和局部变量同名,则在局部变量的作用域内,全局变量不起作用。即在局部变量的作用域内,访问到的是局部变量。见例 8-3。

【例 8-3】 局部变量和全局变量同名的例子。

```
#include <stdio.h>
int temp = 10;                      //全局变量 temp
void show_temp()
{
  printf("show_temp:%d\n",temp);    //此时输出的是全局变量,值为 10
}
int main()
{
  int temp = 5;                     //局部变量 temp
  show_temp();
  printf("main:%d\n",temp);         //此时输出的是局部变量,值为 5
  return 0;
}
```

运行结果:

```
show_temp:10
main:5
```

在 show_temp()函数内,起作用的是全局变量 temp,值为 10。在 main()函数内,有同名的局部变量,因此起作用的是局部变量 temp,值为 5。

使用全局变量,可以增加函数间数据联系的渠道,但也带来一些弊端,例如:

(1) 全局变量降低了函数的独立性、可靠性和通用性,使函数过多地依赖于这些全局变量,这将造成函数不能被独立地编写、理解、测试、调试和维护。

(2) 全局变量的使用易引起错误。由于全局变量可能被很多函数共享,因此,以全局变量传递数据也会带来安全问题,一个函数对全局变量的错误操作将影响其他相关函数的正确执行。

(3) 全局变量在整个运行期间都需要占用内存空间,而不是像局部变量那样仅在需要时才开辟存储单元、退出作用空间时又会自动撤销。

因此在程序设计过程中,建议尽量少用、慎用全局变量,而尽可能用参数传递和返回值等形式进行数据的传送。

    全局变量和局部变量可以同名,当局部变量有效时,同名的全局变量不起作用。但程序编写时应尽量避免这种情况。

8.2 变量的存储方式和生存期

变量的生存期(存储期限)指变量的存储空间从分配到释放的时间。从生存期的角度看,C 语言变量的存储方式有两种:静态存储方式和动态存储方式。静态存储的变量在整个程序运行期间一直存在,它的存储空间一直保持不变。动态存储的变量在程序运行期间根据需要动态分配存储空间,所在函数开始执行时为其分配内存空间,所在函数执行结束时释放所占空间。

在 C 语言中,每一个变量都有两个属性:数据类型和存储类别。数据类型之前已介绍,如整型、浮点型、字符型等。存储类型共 4 种,分别是自动型(auto)、寄存器型(register)、静态型(static)和外部型(extern)。严格地说,变量定义的形式如下。

变量的存储类别 变量的类型 变量名;

例如:

auto int a;   //定义一个自动型的整型变量 a

局部变量的存储类别有 3 种:自动型(auto)、静态型(static)和寄存器型(register)。全局变量的存储类型有两种:外部型(extern)和静态型(static)。不同类型的变量的比较见表 8-1。

表 8-1　不同类型的变量的比较

类　　型	局　部　变　量			全　局　变　量	
存储类型	auto	register	static	static	extern
生存期	函数调用开始到结束			程序整个运行期间	
赋初值	每次函数调用时			编译时赋初值,只赋值一次	
未赋初值	值不确定			自动赋初值 0 或空字符 '\0'	
存储区域	动态存储区			静态存储区	
作用域	声明变量的函数或代码块内			声明变量的文件	声明变量的文件以及进行了作用域扩展说明的其他文件

8.2.1　局部变量的存储类型

局部变量的存储类型分为自动型(auto)、静态型(static)和寄存器型(register)。

1. 自动型局部变量

自动型变量在动态存储区分配存储空间。函数中的形参和函数内定义的局部变量(包括在复合语句内定义的局部变量)都属于此类。在调用某函数时,给变量分配存储空间;当离开该函数时,释放存储空间。当下次再执行该函数时,需要重新给相关变量分配存储空间,即,某个函数运行结束后,函数内的变量在内存中分配的存储空间就不存在了。

自动型变量在定义时通常可省略关键字 auto,例如在函数内:

int a = 5;

与

auto int a = 5;

等价。

可见,本书之前定义的变量都是 auto 型的。

☞ 变量定义时不写 auto 则隐含指定为自动型变量。

2. 静态型局部变量

静态型变量在静态存储区分配存储空间。函数调用结束时,其占用的存储空间不释放,因此保留变量的值。在下一次函数调用时,该变量已有值,其值就是上一次函数调用结束时

的值。静态型局部变量用关键字 static 说明,例如:

```
static int a;
```

【例 8-4】 静态局部变量。计算 1~5 的阶乘。

```
# include < stdio. h >
int fac( int n)
{
  static int x = 1; //静态局部变量 x 在编译时赋初值 1.运行时 x 会保留上次调用结束时的值
  x = x * n;          //在上次 x 的基础上再乘以 n
  return x;
}
int main()
{
  int k;
  for(k = 1;k < = 5;k++)
    printf(" % d!= % d\n",k,fac(k));
  return 0;
}
```

运行结果:

```
1!= 1
2!= 2
3!= 6
4!= 24
5!= 120
```

函数 fac()中的变量 x 被定义成静态局部变量,在程序编译时为它赋初值 1 以后,在每一次函数调用结束后其占用的存储单元不释放,即其值不会被撤销,则在下一次调用时该变量中保留了上次调用结束时的值,因此本题中多次调用 fac()函数起到累乘的作用。

如果在 fac()函数中去掉变量 x 前面的 static,其余都不变,则程序运行结果变成:

```
1!= 1
2!= 2
3!= 3
4!= 4
5!= 5
```

该结果显然不是求阶乘的结果。在 fac()函数中去掉 static 后,x 变成自动型变量,在每次调用 fac()函数时,自动型变量 x 都要被重新赋值为 1,则 fac()函数的功能变为求 1 * n 而不是求 n!。

    ☞ 定义静态局部变量时若不赋初值,则在编译时将自动赋初值 0(数值型变量)或空字符(字符型变量);但在定义自动变量时若不赋初值,其初值是一个不确定的数。

    ☞ 静态型局部变量的存储单元在整个程序运行期间不释放;自动型局部变量的存储单元在函数调用结束后即释放。

    ☞ 静态型局部变量在编译时赋初值(0 或空字符),在程序运行时已有值,每次调用函数时都不再重新赋初值,只是保留上次调用结束时的值;自动型局部变量在函数调用时赋初值,每调用一次函数都重新分配存储单元并赋初值。

可以看到静态局部变量的"副作用",会造成函数多次运行之间的结果有关联,破坏了函数功能的独立性,当调用次数多时往往会困惑静态局部变量的当前值到底是多少,因此要慎用静态局部变量。

如果函数中的值只被引用而不改变值,则定义为静态局部变量比较方便,见例 8-5。

【例 8-5】 静态局部变量。将十进制数字转换为十六进制符号。

```c
# include < stdio. h>
char hex(int x)
{
  static char hexstr[] = "0123456789ABCDEF"; //静态局部数组
  return hexstr[x];
}
int main()
{
  int num;
  char h;
  while(scanf(" % d",&num)!= EOF)
  {
    if(num > = 0&&num < = 15)
    {
      h = hex(num);
      printf(" % d(D) = % c(H)\n",num,h);
    }
  }
  return 0;
}
```

运行结果:

```
10 ↵
10(D) = A(H)
1 ↵
1(D) = 1(H)
15 ↵
15(D) = F(H)
^Z
```

本例的实参是一个 0～15 的十进制数,函数 hex() 返回一个十六进制的符号,例如,调用函数 hex(10) 则返回字符 'A'。静态数组 hexstr 只被初始化一次,每次调用函数时不需要重新为数组分配空间及初始化,这种情况下用静态局部变量可以提高程序运行效率。

3. 寄存器型局部变量

一般的变量存储在内存中,而寄存器型变量存放在 CPU 的通用寄存器中。由于寄存器位于 CPU 内部,访问速度极快,因此如果有一些变量使用频繁,为提高执行效率,允许将频繁使用的变量直接放在 CPU 的寄存器中。寄存器型局部变量用关键字 register 说明,例如:

```
register int a;
```

由于一台计算机的 CPU 中通用寄存器数量有限,所以在程序中不可多用寄存器型变量。如果定义的寄存器型变量数目超过所提供的寄存器数目,编译系统自动将超出的变量设为自动型变量。

随着计算机性能的提高,现代编译系统能够识别使用频繁的变量,从而将这些变量自动放到寄存器中,而不需要程序设计员指定,因此在程序中指定寄存器型变量没什么必要。

- ↩ 用 register 声明一个变量只是一个申请,未必会实现。因为寄存器数量不够时,该申请不能实现。
- ↩ 在当前的开发环境下,register 存储类型已没有太大必要。

8.2.2 全局变量的存储类别

全局变量的存储类别有两种:外部型(extern)和静态型(static)。

全局变量(外部变量)都存放在静态存储区,其作用域从定义点到当前源文件末尾,在此作用域内,全局变量可以为程序中的各个函数所引用。但有的时候,可能需要扩展全局变量的作用域或者限制全局变量的作用域,主要有以下三种情况。

1. 在一个文件内扩展外部变量的作用域

外部变量的定义位置不一定在所有函数的前面。如果在同一个文件中,在外部变量的作用域之外的函数需要使用该外部变量,则可以在引用之前用关键字 extern 对该变量做"外部变量声明",表示把该外部变量的作用域扩展到此位置。有了这个声明,就可以从"声明"处开始合法使用该外部变量。

【例 8-6】 在一个文件内扩展外部变量的作用域。两数求大值。

本例用一个简单的例子来说明如何"在一个文件内扩展外部变量的作用域"。

```
# include < stdio.h>
int main()
{
  int max();
  extern x,y;       //②把外部变量 x 和 y 的作用域扩展到从此处开始
  scanf("%d%d",&x,&y);
  printf("max = %d\n",max());
  return 0;
}
int x,y;          //①定义外部变量 x 和 y
int max()
{
  int m;
  if(x>y) m = x;
  else m = y;
  return m;
}
```

外部变量 x 和 y 原来的作用域

外部变量 x 和 y 扩展后的作用域

本例在 main()函数的后面定义了外部变量 x 和 y,见语句①,可见本来在 main()函数内部是不能使用变量 x 和 y 的。现在,在 main()函数的开头用"extern x,y;"对变量 x 和 y 进行了"外部变量声明",见语句②,把 x 和 y 的作用域扩展到该位置,这样在 main()函数中

第 8 章

程序结构

就可以合法使用变量 x 和 y。如果删除语句②,则编译时会出错,系统无法识别在后面定义的变量 x 和 y。

    ☞ 建议将外部变量定义在引用它的所有函数之前,这样可以不必使用 extern 来做声明。

    ☞ 用 extern 声明外部变量名时,类型名可以写上,如"extern int x,y;",但 extern 声明只是扩展外部变量作用域,所以这里有或无类型名效果都一样。

2. 将外部变量的作用域扩展到其他文件

一个 C 程序可以由一个或多个文件组成。如果一个文件中要使用在另一个文件中定义的外部变量,则需要在使用它们的文件中用 extern 做引用说明,说明这些变量在其他文件中已经被定义过了。

【例 8-7】 将外部变量的作用域扩展到其他文件。两数求较大值。

本例要求编写两个文件。例如,在 Visual C++ 6.0 下先创建一个工程 test,并创建两个源文件 test.c 和 other.c 添加到该工程中。两个源文件的内容如下。

test.c 的内容:

```c
#include <stdio.h>
int x,y;                //定义 x 和 y,外部变量
int main()
{ int max();            //函数 max()的声明
  scanf("%d%d",&x,&y);
  printf("max=%d\n",max());
  return 0;
}
```

other.c 的内容:

```c
extern x,y;             //①x 和 y 在另一个文件 test.c 中定义
int max()
{
  int m;
  if(x>y) m=x;
  else m=y;
  return m;
}
```

本来外部变量 x 和 y 在 test.c 中定义,它们的作用域就是在 test.c 中,但是在 other.c 文件的开头有一个 extern 声明,它声明在本文件中出现的变量 x 和 y 是在其他文件中定义过的外部变量,这样就把 x 和 y 的作用域从 test.c 文件扩大到 other.c 文件。对当前工程下的 test.c 进行编译、连接后即可运行。运行结果如下。

```
7 9↵
max=9
```

    ☞ 慎用"将外部变量的作用域扩展到其他文件"。因为在一个文件执行时更改了外部变量的值,会影响到另一个文件中这些外部变量,从而影响相关函数的执行结果。

3. 将外部变量的作用域限制在本文件中

有时在程序设计中希望某些全局变量只限于被当前文件引用,而不能被其他文件引用,这时可以在定义变量时加一个 static 声明,这就意味着该变量不能在其他文件中使用。这种方式定义的变量又称为静态型全局变量。

【例 8-8】 静态型全局变量。

```
#include < stdio.h>
extern double price;              //静态型全局变量在文件内的引用说明
void buy()
{
  printf("Pay: %.2f\n",price);   //可以使用变量 price
}
static double price;             //定义静态型全局变量 price,只能在当前文件中使用
int main()
{
  printf("Enter price:\n");
  scanf("%lf",&price);           //可以使用变量 price
  buy();
}
```

变量 price 被定义为静态型全局变量,其定义位置在函数 buy() 的后面。如果要在函数 buy() 中使用 price,则可以在函数 buy() 的前面加上对 price 的引用说明"extern double price;",这样就使变量 price 的作用域从定义点扩展到引用说明处。由于 price 被定义成静态型的全局变量,所以其他文件中不能引用该变量。

在大型程序设计中,常由多人来完成若干模块,如果已确认其他文件不需要使用本文件的全局变量,就可以对本文件的全局变量都加上 static,成为静态型全局变量,以免被其他文件误用。

  ☞ 定义局部变量时,加 static 是为了说明该变量在静态存储区分配存储空间。

  ☞ 定义全局变量时,全局变量本来就是放在静态存储区的,加 static 是为了限制变量作用域的扩展,即该变量不能被其他文件访问。

8.3 内部函数和外部函数

函数本质上是全局的,如果不加声明的话,一个文件中的函数既可以被本文件中其他函数调用,也可以被其他文件中的函数调用。当然也可以指定函数不能被其他文件调用。根据函数能否被其他文件调用,可将函数分为内部函数及外部函数。

8.3.1 内部函数

如果一个函数只能被本文件中其他函数所调用,不能被其他文件中的函数调用,则称之为内部函数,又称静态函数。在定义内部函数时,在函数类型名的前面加 static,格式如下。

static 类型名 函数名(形参表)

例如,若函数首行的内容如下。

```
static int sort()
```

则表示函数 sort()是一个内部函数,不能被其他文件调用。

使用内部函数,可以使函数的作用域只局限于所在文件,这样,在不同的文件中即使有同名的内部函数,也互不干扰。

8.3.2 外部函数

如果一个函数不仅能被本文件中其他函数所调用,而且能被其他文件中的函数调用,则称之为外部函数。在定义外部函数时,在函数类型名的前面加 extern(或省略),格式如下。

extern 类型名 函数名(形参表)

或

类型名 函数名(形参表)

本书前面的函数都是外部函数。

如果在一个文件 A 中要调用另一个文件 B 中定义的函数,则在文件 A 中要用 extern 对所调用的函数做引用声明。

【例 8-9】 输入三个数据,求平均分,并输出所有信息。通过外部函数实现相关功能。

本例编写三个文件。例如,在 Visual C++ 6.0 下先创建一个工程 test,并创建三个源文件 test.c、infile.c 和 avefile.c 添加到该工程中,其中 test.c 文件内放置主函数,infile.c 文件用来进行数据的输入,avefile.c 文件用来求平均数。三个源文件的内容如下。

test.c 的内容:

```
# include < stdio.h >
int main()
{
  extern void in(int * p);        //对外部函数 in()做引用声明
  extern double ave(int * p);     //对外部函数 ave()做引用声明
  int a[3];
  double average;
  in(a);
  average = ave(a);
  printf("average = % .1f\n",average);
  return 0;
}
```

infile.c 的内容:

```
# include < stdio.h >
void in(int * p)                 //定义外部函数 in()
{
  int i;
  for(i = 0;i < 3;i++)
    scanf(" % d",&p[i]);
}
```

avefile.c 的内容：

```
double ave(int * p)                //定义外部函数 ave()
{
  int i,sum = 0;
  double x;
  for(i = 0;i < 3;i++)
    sum = sum + p[i];
  x = sum/3.0;
  return x;
}
```

整个程序由三个文件组成，见图 8-1。每个文件包含一个函数，主函数在文件 test.c 中，函数 in() 定义在文件 infile.c 中，函数 ave() 定义在文件 avefile.c 中，如果要在文件 test.c 中调用函数 in() 和 ave()，就需要在 test.c 文件中对函数进行引用说明，如"extern void in(int * p);"对外部函数 in() 做引用声明，而"extern double ave(int * p);"对外部函数 ave() 做引用声明，表示这两个函数是"在其他文件中定义的外部函数"。（注意，即使定义在本文件中的函数，如果定义点在调用点后面的，也需要用函数原型进行声明。）

图 8-1　工程 test 下的三个文件

对当前工程下的 test.c 进行编译、连接后即可运行。运行结果如下。

```
1 2 3↵
average = 2.0
```

由于函数在本质上是外部的，在程序中经常要调用其他文件中的外部函数，C 语言允许在声明函数时省略 extern。例如，本例 main() 函数中的两个函数的声明可写成：

```
void in(int * p);        //对外部函数 in() 做引用声明
double ave(int * p);     //对外部函数 ave() 做引用声明
```

这就是之前多次使用的函数原型。可见函数原型的作用是：通知编译系统，该函数在本文件稍后定义，或在其他文件中定义。

8.4　编译预处理

编译预处理是 C 语言编译系统的一个组成部分，所谓的编译预处理就是在对 C 源程序编译之前进行一些处理，生成扩展的 C 源程序。C 语言提供 3 种预处理功能，即宏定义、文件包含和条件编译。为了与一般的 C 语句区别开来，预处理命令一律以符号"♯"开始且末尾不加分号，每条预处理指令必须独占一行。

8.4.1　宏定义

C 语言中的宏可以实现字符串替换，主要有两种形式：不带参数的宏定义和带参数的宏定义。

1. 不带参数的宏定义

不带参数的宏定义常用来定义符号常量，其一般形式见表 8-2。

表 8-2　不带参数的宏定义的一般形式

语　　法	示　　例	说　　明
♯define 宏名 宏体	♯define PI 3.1415926	(1) 宏名是一个合法的标识符。 (2) 宏体是一个字符序列。 (3) 功能是：用指定的宏名代替宏体

【例 8-10】　不带参数的宏定义。已知圆的半径，求圆的面积。

```c
♯include<stdio.h>
♯define PI 3.14159          //不带参数的宏定义
int main()
{
  double r,s;
  scanf("%lf",&r);
  s = PI * r * r;
  printf("Area = %.2f\n",s);
  return 0;
}
```

运行结果：

```
5 ↲
Area = 78.54
```

该宏定义的作用是用标识符 PI 来代替字符序列 3.1415926，这样，后续程序中凡是要出现 3.1415926 的地方，都可以用 PI 来表示。可见，宏定义用一个简单的标识符代替一个冗长的字符序列，有利于程序的书写、修改和阅读。

在编译预处理时，编译程序将所有的宏名替换成对应的宏体，这一过程称为宏展开，也叫宏替换。

有关宏定义的使用要注意以下几点。

(1) 为了与变量名区别，宏名一般建议用大写字母。

(2) 宏定义与变量定义不同，它只做字符替换，不分配内存空间。

(3) 宏替换只是进行简单的字符替换，不做语法检查，例如，把 PI 的宏定义误写成：

```c
♯define PI 3.1415926;
```

即多加了分号，预处理也照样替换。只有当进入编译阶段时，在宏被展开时才会发现这里的错误。

(4) 宏定义的位置任意，但一般放在函数外。

(5) 取消宏定义的命令是 ♯undef，其一般形式为：

```c
♯undef 宏名
```

例如：

```c
♯undef  PI
```

(6) 宏名的作用域从宏定义处到该源文件结束，或遇到 ♯undef 结束。

（7）宏可以嵌套定义，即在一个宏定义的宏体中，可以含有前面宏定义中的宏体。见例 8-11。

【例 8-11】 宏嵌套应用举例。

```
# include < stdio. h >
# define PI 3.14159                //宏定义
# define R 5                       //宏定义
# define AREA PI * R * R           //宏嵌套
int main( )
{ double ans;
  ans = AREA;                      //宏替换为 ans = 3.14159 * 5 * 5
  printf("Area = %.2f\n",ans);
  # undef AREA                     //取消宏定义 AREA,不再表示 PI * R * R
  # define AREA (R + 1) * (R + 1)  //重新宏定义 AREA,表示(R + 1) * (R + 1)
  ans = AREA;                      //宏替换后为(5 + 1) * (5 + 1)
  printf("Area = %.2f\n",ans);
  return 0;
}
```

运行结果：

```
Area = 78.54
Area = 36.00
```

在宏嵌套时，应使用必要的圆括号，否则有可能得不到期待的结果。

【例 8-12】 宏嵌套时，宏体带或不带圆括号的区别。

```
# include < stdio. h >
# define A 5
# define B A + 2                   //宏体不带圆括号
# define C B * B                   //宏嵌套
int main( )
{ int ans;
  ans = C;                         //宏替换为 ans = 5 + 2 * 5 + 2
  printf("Answer = %d\n",ans);
  # undef B                        //取消宏定义 B
  # define B (A + 2)               //重新宏定义,宏体带圆括号
  ans = C;                         //宏替换为 ans = (5 + 2) * (5 + 2)
  printf("Answer = %d\n",ans);
  return 0;
}
```

运行结果：

```
Answer = 17
Answer = 49
```

2. 带参数的宏定义

带参数的宏定义的一般形式见表 8-3。

程序结构

表 8-3　带参数的宏定义的一般形式

语　法	示　例	说　明
♯define 宏名(形参表) 宏体	♯define MULT(x,y) x * y	(1) 宏名是一个合法的标识符；形参表是用逗号隔开的一个标识符序列，其中每个标识符都称为形参。 (2) 宏体是包含形参的一个字符序列

例如：

♯define MULT(x,y) x * y

MULT 是宏名，x、y 是形参，x * y 是宏体。

在程序中使用带参数宏的一般形式为：

宏名(实参表列)

例如：

MULT(5,6)

编译预处理时进行宏替换，则 MULT(5,6)宏替换后为 5 * 6。

【例 8-13】　用带参数的宏计算并输出两个数中的较大数。

```c
♯include < stdio. h >
♯define MAX(x,y) x > y?x:y      //带参数的宏
int main()
{
  int i,j;
  scanf(" % d % d",&i,&j);
  printf("Max number = % d\n",MAX(i,j));
  return 0;
}
```

运行结果：

```
7 5 ↵
Max number = 7
```

预处理时，MAX(i,j)被宏替换，其中的 i、j 作为实参替换了宏定义中的形参 x、y。因此 printf()函数中被替换成以下形式。

```c
printf("Max number = % d\n",i > j?i:j);
```

使用带参数的宏时，一般将宏体中的各形参都加上圆括号，以避免出错。例如以下宏定义：

```c
♯define MULTI(x,y) x * y
```

如果程序中有如下语句：

```c
max = MULTI(i + 1,j − 5);
```

则替换结果为：

max = i + 1 * j - 5;

这显然与设计初衷不符。设计的原意是希望得到：

max = (i + 1) * (j-5);

因此，需要在宏体的形参外面加圆括号，即将宏定义写成如下形式。

#define MULTI(x,y) (x) * (y)

可见，如果实参是表达式，如 i＋1 或 j－5，则宏展开之前不求解表达式，宏展开之后进行真正编译时再求解。

    ∽ 可以将程序中反复使用的运算表达式或简单函数定义为带参数的宏，这样可使程序更简洁。

带参数的宏与带参数的函数非常相似，但二者之间还是有本质区别的。

（1）宏替换在编译预处理时进行，不占运行时间，只占编译预处理时间。函数调用在程序运行时进行，占运行时间。

（2）带参数的宏只是进行简单的字符替换，并不计算实参表达式的值。而函数调用需要先计算实参表达式的值，然后赋值给形参。

（3）宏名没有类型，宏参数也不存在类型问题。因此，宏定义中的字符序列可以是任意类型的。而函数却不同，函数中对数据类型的要求是比较严格的。

8.4.2　文件包含

文件包含的功能是：将指定的文件内容全部包含到当前文件中。文件包含有如下两种格式。

格式 1：

#include<文件名>

格式 2：

#include"文件名"

例如：

#include< stdio.h>

使用预处理指令后，相当于将 include 后面的文件的全部内容都写在语句 #include 所在的位置。若编译预处理前 file1.c 和 file2.c 的内容如图 8-2(a)所示，则编译预处理后的内容如图 8-2(b)所示。

两种文件包含如下格式上的区别。

#include<文件名>：系统直接到系统指定的路径上去搜索该文件。

#include"文件名"：系统先在当前工作目录搜索该文件，若没找到，再到系统指定的路径上去搜索该文件。

被包含的文件通常是以 .h 为扩展名的头文件和以.c 为扩展名的源程序文件；该文件

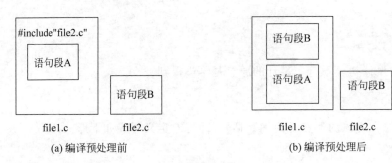

图 8-2　文件包含编译前后

既可以是系统提供的,也可以是用户自己编写的。

  ❦ 使用文件包含可以使用系统提供的诸多的可供包含的文件,如各种库函数头文件等。

  ❦ 被包含的文件必须存在,并且不能与当前文件有重复的变量、函数和宏名等。

8.4.3　条件编译

  C 语言可以有条件地编译程序。所谓条件编译就是对源程序的一部分指定编译条件,若条件满足则参加编译,否则不参加编译。

  常见的条件编译有三种形式,下面分别进行介绍。

1. 形式 1

  条件编译形式 1 见表 8-4。

表 8-4　条件编译形式 1

语　　法	说　　　明
♯ifdef 标识符 　　程序段 1 [♯else 　　程序段 2] ♯endif	(1) ♯表示预处理命令,以便与一般的选择结构语句区分。 (2) 功能:如果标识符已经被♯define 命令定义过,则对程序段 1 进行编译;否则对程序段 2 进行编译。 (3) ♯else 和后面的程序段 2 可以省略

  【例 8-14】　条件编译样例。

```
# include < stdio. h >
# define CHOICE 1                    //定义标识符 CHOICE
# ifdef CHOICE                       //条件编译
  # define PI 3.1415926
# else
  # define PI 3.14
# endif
int main()
{
    float r, area;
    scanf(" % f", &r);
    area = PI * r * r;
    printf("Area = % f\n", area);
```

```
        return 0;
    }
```

运行结果：

```
4 ↵
Area = 50.265482
```

本题中，标识符 CHOICE 已经被定义过，因此条件编译选择程序段 1 进行处理，即 PI 取值 3.1415926。如果将标识符 CHOICE 的定义行删去，则 PI 取值为 3.14，在同样输入 4 的情况下，程序运行结果就变为"Area＝50.240000"。

2. 形式 2

条件编译形式 2 见表 8-5。

表 8-5　条件编译形式 2

语　　　法	说　　　明
＃ifndef 标识符 　程序段 1 [＃else 　程序段 2] ＃endif	(1) 将形式 1 中的 ifdef 改为 ifndef，其余都一样。 (2) 功能：如果标识符没有被 ＃define 命令定义过，则对程序段 1 进行编译；否则对程序段 2 进行编译。 (3) ＃else 和后面的程序段 2 可以省略

形式 1 与形式 2 在语法上一样，功能正好相反。

3. 形式 3

条件编译形式 3 见表 8-6。

表 8-6　条件编译形式 3

语　　　法	说　　　明
＃if 常量表达式 　程序段 1 [＃else 　程序段 2] ＃endif	(1) 功能：如果常量表达式的值为真，则对程序段 1 进行编译；否则对程序段 2 进行编译。 (2) ＃else 和后面的程序段 2 可以省略

【例 8-15】 条件编译示例。

```
＃include < stdio.h >
＃define LOW 1
int main()
{
char ch;
ch = getchar();
＃if   LOW
  if(ch > = 'A'&&ch < = 'Z') ch = ch + 32; //大写字母变小写
＃else
  if(ch > = 'a'&&ch < = 'z') ch = ch - 32; //小写字母变大写
＃endif
```

```
        printf("%c\n",ch);
        return 0;
}
```

运行结果：

W ↵
w

符号常量 LOW 宏替换后的值为 1，即其值为真，因此语句"if(ch>='A'&&ch<='Z') ch=ch+32;"参加编译。如果希望编译"小写字母变大写"的程序段，可以将 LOW 的替换值改为 0。

☞ 条件编译也可用选择语句实现。但若用选择语句将会对整个源程序进行编译，所有内容都会被生成到目标文件中；而采用条件编译，只有满足条件的那一段程序生成到目标程序中，另一段被舍弃。

8.5 习　题

8.5.1 选择题

1. 下列宏定义不正确的是(　　)。

   A. #define　PI　3.141592　　　　　B. #define　S　345

   C. #define　MAX　max(int x, int y);　D. #define M(y)　y*y+3*y

2. 以下叙述错误的是(　　)。

   A. 宏替换不占用运行时间　　　　　B. 宏名无须用大写字母表示

   C. 宏替换只是字符替换　　　　　　D. 宏名必须用大写字母表示

3. C语言的编译系统对宏命令的处理是(　　)。

   A. 在对源程序中其他语句正式编译之前进行的

   B. 与程序中其他语句同时进行编译时进行的

   C. 在程序连接时进行的

   D. 在程序运行期间进行的

4. 以下关于宏的叙述中错误的是(　　)。

   A. 宏定义必须位于源程序的所有语句之前

   B. 宏名一般建议用大写字母表示

   C. 宏展开比函数调用耗费时间

   D. 宏替换没有数据类型限制

5. 以下叙述中正确的是(　　)。

   A. 全局变量的作用域一定比局部变量的作用域范围大

   B. 静态(static)变量的生存期贯穿于整个程序的运行期间

   C. 函数的形参都属于全局变量

   D. 未在定义语句中赋初值的 auto 变量和 static 变量的初值都是随机值

6. 下列说法中正确的是(　　)。

A. 主函数中定义的变量在所有的函数中有效

B. 形式参数是全局变量

C. 在函数内部定义的变量只在本函数范围内有效

D. 全局变量与局部变量同名时,局部变量不起作用

7. 下列说法中正确的是(   )。

A. C 源程序是高级语言程序,一定要在 TC 软件中输入

B. C 源程序是由字符流组成的,作为文本文件可在任何文本编辑的软件中输入

C. 由于 C 程序是高级语言程序,因此输入后即可执行

D. C 程序是高级语言程序,C 源程序是由操作指令码组成的

8. 下列说法中正确的是(   )。

A. 递归函数中的形式参数是 auto 自动变量

B. 递归函数中的形式参数是 extern 外部变量

C. 递归函数中的形式参数是 static 静态变量

D. 递归函数中的形式参数可以根据需要定义存储类型

9. 以下错误的描述是(   )。

A. 在所有函数之外定义的变量称为全局变量

B. 在函数中既可以使用本函数定义的局部变量,也可以使用全局变量

C. 外部变量定义和外部变量的声明含义相同

D. 在同一个源文件中,不同函数中局部变量名可以相同

10. 如果在一个函数中的复合语句中定义了一个变量,则该变量(   )。

A. 只在该复合语句内有效   B. 在该函数中有效

C. 在本程序范围内有效   D. 为非法变量

11. 关于 C 程序中的函数,以下叙述中错误的是(   )。

A. 函数的形参不可以说明为 static 型变量

B. 函数中定义的赋有初值的静态变量,每调用一次函数,赋一次初值

C. 同一函数中,各复合语句内可以定义变量,其作用域仅限本复合语句内

D. 函数中定义的自动变量,系统不自动赋确定的值

12. 以下函数 findmax()拟在数组中查找最大值并作为函数值返回,但程序中有错,造成错误的原因是(   )。

```
#define MIN −100
int findmax(int ∗ a, int n)
{
  int i, max;
  for(i = 0; i < n; i++)
  {
    max = MIN;
    if(max < a[i]) max = a[i];
  }
  return max;
}
```

A. 定义语句"int i, max;"中, max 未赋值

B. 赋值语句"max＝MIN;"中,不应给 max 赋 MIN 值

C. 语句"if(max＜a[i]) max＝a[i];"中,判断条件设置错误

D. 赋值语句"max＝MIN;"放错了位置

8.5.2　程序阅读题

1. 写出以下程序的运行结果。

```
# include < stdio. h >
# define N 2
# define M N + 1
# define NUM (M + 1) * M/2
int main()
{ int i;
  for(i = 1; i < = NUM; i++)
    printf(" % d\n", i);
  return 0;
}
```

2. 写出以下程序的运行结果。

```
# include < stdio. h >
# define f(x) x * x
int main()
{ int a = 6, b = 2, c;
  c = f(a)/f(b);
  printf(" % d\n", c);
  return 0;
}
```

3. 写出以下程序的运行结果。

```
# include < stdio. h >
# define M 5
# define f(x, y) x * y + M
int main()
{ int a;
  a = f(3, 5) * f(3, 5);
  printf(" % d\n", a);
  return 0;
}
```

4. 写出以下程序的运行结果。

```
# include < stdio. h >
int a = 1, b = 2;
void fun1(int a, int b)
{
  printf(" % d, % d\n", a, b);
}
void fun2()
{
```

```c
        a = 3;b = 4;
    }
    int main()
    {
        fun1(5,6);
        fun2();
        printf("%d,%d\n",a,b);
        return 0;
    }
```

5. 写出以下程序的运行结果。

```c
    #include<stdio.h>
    int f(int n)
    {
        static int a = 1;
        n += a++;
        return n;
    }

    int main()
    {
        int a = 3,s;
        s = f(a);
        s = s + f(a);
        printf("s = %d\n",s);
        return 0;
    }
```

第9章 结构体、共用体和枚举类型

C 语言提供了一些由系统已定义好的基本数据类型,如 int、float、double、char 等,用户可以在程序中用它们定义变量来解决问题。但是在实际应用中,计算机处理的对象不仅是一个字符或几个数值这样简单,还经常需要描述一些复杂信息。例如,一名学生的信息可以包含学号、姓名、性别、课程成绩、家庭地址等内容;一本图书的信息可以包含书号、书名、作者姓名、出版社名称和价格等内容。通常需要将学号(整型或字符串)、姓名(字符串)、性别(字符或字符串)、成绩(整型或浮点型)等多种数据类型的数据组合起来才能完整地描述一个学生的信息。在 C 语言中,允许用户根据需要自己建立一些数据类型,用它来定义变量,这种自己建立的数据类型可以用来描述如学生信息、图书信息等复杂的对象。

9.1 结 构 体

结构体类型和结构体变量

首先通过一个例子来说明为什么需要自己建立结构体类型。假如一个学生信息包括学号、姓名、成绩,请设计数据类型来描述学生信息。

学号、姓名、成绩这样一组学生信息无法存储在一个普通的数组里,没有任何一个单一的数据类型可以描述这样一组类型不同的信息。根据之前的知识,只能写出类似如下形式的多个变量的定义。

```
int id;          //学号
char name[20];   //姓名
float s;         //成绩
```

从图 9-1 可见,这三个变量其实是互相独立的,难以反映它们之间的内在联系。而且这三个变量的类型都不同,无法在一个基本类型的数组中表示。

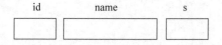

图 9-1　表示学生信息的多个变量的存储示意图

此时,需要一种能包含多种不同的数据类型的数据形式,能将这样一组学生信息组成一个组合数据,例如定义一个学生的变量,在这个变量中包含一个学生的学号、姓名、成绩等内容,见图 9-2。

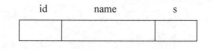

图 9-2　表示学生信息的一个变量的存储示意图

C 语言中的结构体就是为了满足这种需求而构造的数据类型。结构体(structure)是将若干类型不同的数据项结合在一起的一种数据结构,是一种特殊的数据类型,结构体中可以包含任何数据类型的变量。

结构体有两层含义,一层含义是"结构体类型",由用户根据需要自建一种新的数据类型,即声明一个结构体类型,它告诉编译器如何表示数据,但此时并未为数据分配空间;另一层含义是"结构体变量",通过用户自建的结构体类型去定义对应的结构体变量,系统为结构体变量分配具体的存储空间。

9.1.1 结构体类型的声明

结构体
的嵌套

声明一个结构体类型的一般形式见表 9-1。

表 9-1 结构体类型声明的语法格式

语　法	示　例	说　明

struct 结构体名
{
　类型名 1 成员 1;
　类型名 2 成员 2;
　…
　类型名 n 成员 n;
};
	struct Student
	{
	　int id;
	　char name[20];
	　float s;
	};
		(1) struct 是声明结构体类型的关键字,不能省略。
		(2) 结构体名应符合 C 语言自定义标识符的规则;结构体名可以省略,省略的结构体称为无名结构体。
		(3) 结构体的每一个成员可以是一个基本数据类型,也可以属于另一个结构体类型。
		(4) 结构体所包含的所有成员都包含在一对大括号之间。
		(5) 末尾的大括号的后面必须加分号

表 9-1 中的样例声明了一个结构体类型 struct Student,它向编译系统表明这是一个自建的结构体类型,包含 id、name、s 这三个不同类型的成员。这个结构体类型与系统提供的基本类型(如 int、char、float、double 等)具有相似作用,都可以用来定义变量,只不过 int、float、double 等是系统声明的数据类型,而结构体类型是用户根据自己的需要在程序中声明的。

> ☞ 结构体类型和 C 语言基本数据类型作用相似,都可以用来定义变量。基本数据类型是由系统构造的,而结构体类型是用户根据需要自己构造的。在一个程序中可以定义多个不同的结构体类型。

结构体的成员可以属于另一个结构体类型。例如:

```
struct Date              //表示日期的结构体 struct Date
{
  int year,month,day;    //年、月、日
};
struct Student           //表示学生的结构体 struct Student
{
  int id;
  char name[20];
  struct Date birthday;  //成员 birthday 属于 struct Date 类型
  float s;
};
```

先声明一个表示日期的 struct Date 类型,它包括 3 个成员:year、month、day。然后在

声明 struct Student 类型时,将成员 birthday 指定为 struct Date 类型。struct Student 的成员间的关系如图 9-3 所示。

id	name	birthday			s
		year	month	day	

图 9-3　结构体嵌套的成员间关系示意图

9.1.2　结构体变量的定义

结构体类型是一个数据类型,对它的声明仅仅是指明了该类型的名称和数据结构,是对数据类型的一种抽象说明,此时并没有定义变量,没有具体的数据,自然不会分配存储单元。为了能在程序中使用这些自建的结构体类型,需要用结构体类型来定义变量,只有在结构体变量中才能存储真正的数据。

C 语言主要提供三种方式来定义结构体类型的变量。

（1）先声明结构体类型,再定义该类型的变量。

```
struct Student              //声明结构体类型
{
  int id;
  char name[20];
  float s;
};
struct Student stu1,stu2;   //定义结构体变量
```

这里先声明结构体类型 struct Student,再用这个类型去定义两个结构体变量 stu1 和 stu2,见图 9-4。

与其他数据类型的变量一样,一旦定义结构体变量之后,系统就为变量分配相应的存储空间。变量 stu1 和 stu2 的存储示意图见图 9-5。

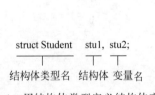

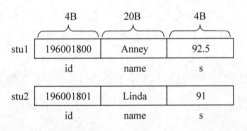

图 9-4　用结构体类型定义结构体变量　　图 9-5　结构体变量 stu1 和 stu2 的理想存储状态

编译器不会给结构体类型 struct Student 分配存储空间,只会给结构体变量 stu1 和 stu2 分配存储空间。结构体变量分配到的存储单元数量取决于结构体中所包含的成员数量以及每个成员所属的数据类型,即结构体变量在内存中所占字节数至少是它的各成员所占字节数之和。例如,上面定义的结构变量 stu1 包含 3 个成员:int 型变量 id、char 型数组 name 和 float 型变量 s,则 stu1 在内存中所占字节数为 4＋20＋4＝28。同理,变量 stu2 所占字节数也是 28。

🖛 结构体类型和结构体变量是两个不同的概念。结构体变量是实体,分配内存单元,

可以对其进行赋值、存取和运算。而结构体类型是抽象的，既不分配内存单元，也不进行赋值、存取和运算。每个结构体变量必属于某种结构体类型。

 ▢ 一个结构体变量定义完之后，为了满足存储对齐的需要，所占的实际内存空间可能会大于结构体所定义的空间，即结构体所占的实际内存空间可能会大于结构体各成员所占内存空间之和。

【例9-1】 结构体变量的实际存储示意。

```c
#include<stdio.h>
struct TEST
{
  char a;
  double b;
  int c;
};
struct TEST t; //定义结构体变量
int main()
{
  printf("%d-%d-%d\n",sizeof(t.a),sizeof(t.b),sizeof(t.c));
  printf("%d\n",sizeof(t));
  return 0;
}
```

这个程序运行后会发现 sizeof(t.a)=1，sizeof(t.b)=8，sizeof(t.c)=4，三者之和为13，但是 sizeof(t)=24，结构体变量实际所占空间大于其各成员所占空间之和。从计算机组成和工作原理出发，这里涉及一个存储时的字节对齐问题，编译器默认会对结构体做以下处理。

① 结构体变量中每一个成员存放到内存中时，成员的起始地址与结构体首地址的偏移量，必为该成员宽度的整数倍（以结构体变量首地址为 0 计算）。如一个宽度为 4 的成员（int）位于从结构体首地址开始的能被 4 整除的偏移地址上，一个宽度为 8 的成员（double）位于能被 8 整除的偏移地址上。

② 结构体每个成员相对于结构体首地址的偏移量都是成员数据类型大小的整数倍，在此规则下，若相邻成员不能存放在相邻空间，编译器会在成员之间加上填充字节。

③ 结构体变量总的存储单元为其最宽的基本类型成员大小的整数倍，如果按照前面规则计算出来的存储单元不是最宽的那个成员大小的整数倍，则在最末尾的一个成员之后加上填充字节。

根据这三条规则来分析上面的这个例子。按照结构体内各成员的顺序，先存储 char 型成员 a，假设存在编号 0 的字节；其次存放 double 型成员 b，需要 8B，顺序检查存储单元后发现，前面一个 8B 空间已被 a 占用，因此将 b 存入第二个 8B 空间，即存入第 8～15B；接着存放 int 型成员 c，需要 4B，前面的四个 4B 空间（0～15）都已被占用，因此将 c 存入第五个 4B 空间，即第 16～19B 处。此时占用空间为 20B，根据规则三，本例总的存储单元应为 8（double 型数据宽度）的整数倍，即 24，因此第 20～23 个字节用来补齐到 8 的整数倍，可见结构体变量 t 实际占用的存储空间是 24。

 ▢ C 语言编程时，变量的实际存储字节并不是关注的重点，因此这部分知识可做了

结构体、共用体和枚举类型

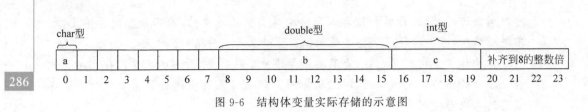

图 9-6　结构体变量实际存储的示意图

解,而在本书的案例分析中,将结构体变量在内存中所占字节数都看成是它的各成员所占字节数之和。

在用结构体类型定义结构体变量时,结构体类型名要写成形如 struct Student 这样的形式,这与之前变量定义的书写习惯有点儿不同,用户可能会觉得不太方便。在 C 语言中,允许用户借助 typedef 为已经存在的结构体类型起一个别名,则在定义相应结构体变量时,直接用别名就可以了。例如,上面的学生信息的结构体类型可以这样声明:

```
typedef struct Student
{
    int id;
    char name[20];
    float s;
}STUDENT;                        //在定义结构体类型的同时,为它取别名 STUDENT
```

这样,指定 STUDENT 为 struct Student 的别名,作用与 struct Student 同,因此以下语句①和②等价。

```
① struct Student stu1,stu2;      //定义结构体变量
② STUDENT stu1,stu2;            //定义结构体变量
```

也可以在结构体类型声明好以后再用 typedef 取别名,例如:

```
struct Student
{
    int id;
    char name[20];
    float s;
};                               //先定义结构体类型
typedef struct Student STUDENT;   //再指定 STUDENT 为 struct Student 的别名
```

  可以用 typedef 为结构体类型取别名,即用一个简单的类型名代替复杂的类型表示方法,从而简化结构体类型的书写方式。

"先声明结构体类型,再定义结构体变量"是结构体类型使用中较常见的一种形式,也是推荐读者使用的形式,这种形式充分体现了数据类型和变量之间的独立性,一旦有了某种结构体数据类型,则在任何需要的地方都可以灵活使用该结构体类型来定义变量,而不是把结构体类型与变量捆绑在一个地方。

(2) 在声明结构体类型的同时定义变量。

例如:

```
struct Student                   //声明结构体类型
{
```

```
    int id;
    char name[20];
    float s;
}stu1,stu2;                              //在声明结构体类型的同时定义结构体变量 stu1 和 stu2
```

这种方法把结构体类型和结构体变量捆绑在一起,使用时不够灵活。

(3) 在声明结构类型的同时定义变量,但不指定结构体类型名。

例如:

```
struct                                  //声明无名的结构体类型
{
    int id;
    char name[20];
    float s;
} stu1,stu2;
```

这种形式省略了结构体类型名,在声明结构体类型的同时定义结构体变量,显然这个结构体类型无法在其他地方再使用。这种方式一般不建议使用。

   一般建议先声明结构体类型,再定义结构体变量。

9.1.3 结构体变量的使用和初始化

程序中使用结构体变量时,主要通过对变量的各个成员的引用来实现。所有变量都属于同一个结构体类型时,各成员的名称是一样的,因此需要在成员名前面用结构体变量名进行限定,才能区分不同变量的成员,其形式如下。

结构体变量
成员的引用

结构体变量名.成员名

符号“.”是 C 语言中的结构体成员运算符。

【例 9-2】 把一个学生的信息放到结构体变量 stu1 中,再将这个学生的信息复制一份到结构体变量 stu2 中。

```
#include<stdio.h>
typedef struct Student                                  //声明结构体类型
{
    int id;
    char name[20];
    float s;
}STUDENT;
STUDENT stu1,stu2;                                       //定义结构体变量
int main()
{
    scanf("%d%s%f",&stu1.id,stu1.name,&stu1.s);         //逐个输入 stu1 的各成员的值
    printf("stu1:%d, %s, %.1f\n",stu1.id,stu1.name,stu1.s);  //逐个输出 stu1 的各成员的值
    stu2 = stu1;                                         //将结构体变量 stu1 整体赋值给 stu2
    printf("stu2:%d, %s, %.1f\n",stu2.id,stu2.name,stu2.s);  //逐个输出 stu2 的各成员的值
    return 0;
}
```

运行结果:

```
196001803 Peter 93.5 ↵
stu1:196001803,Peter,93.5
stu2:196001803,Peter,93.5
```

（1）可以引用结构体变量中的成员。成员变量有自己的数据类型，可以进行相应的运算。例如，stu1.id 表示变量 stu1 中的 id 成员，这个 id 成员是 int 型变量，可用"scanf("%d",&stu1.id)"进行数据输入。而 stu1.name 表示变量 stu1 中的 name 成员，这个 name 成员是一个字符数组，可用字符串操作"scanf("%s",stu1.name)"进行数据输入。符合数据类型的操作都是允许的，例如，以下 3 条对结构体变量 stu1 的成员进行操作的赋值语句都是正确的。

```
stu1.id = 196001803;
strcpy(stu1.name,"Peter");
stu1.s = 93.5;
```

（2）结构体变量不能整体输入和输出，只能通过分别访问其中的各个成员来实现。例如，以下 3 条语句都是错误的。

```
scanf("%d%s%f",&stu1);                      //错误,不能整体输入
printf("%d,%s,%.1f\n",stu1);                //错误,不能整体输出
printf("%s\n",stu1);                        //错误,不能整体输出
```

而以下两条语句是正确的。

```
scanf("%d %s %f",&stu1.id,stu1.name,&stu1.s);      //正确,只能访问各个成员
printf("%d,%s,%1f\n",stu1.id,stu1.name,stu1.s);    //正确,只能访问各个成员
```

（3）同类型的两个结构体变量可以整体赋值。结构体变量不能整体输入和输出，但可以整体赋值，例如：

```
stu2 = stu1;                                //stu1 和 stu2 是同类型的结构体变量
```

变量 stu1 和 stu2 是同类的，允许整体赋值，其实质是完成了以下各成员间的赋值。

```
stu2.id = stu1.id
strcpy(stu2.name,stu1.name);
stu2.s = stu1.s;
```

（4）如果成员本身又是一个结构体类型，则要通过逐级访问的方式，用多个成员运算符，一级一级地找到最低一级的成员为止。只能对最低一级的成员进行赋值、存取及运算。见例 9-3。

【例 9-3】 把一个含出生年、月、日的学生信息存入结构体变量中，并显示这些信息。

```
#include<stdio.h>
struct Date
{
  int year,month,day;
};
typedef struct Student
{
  int id;
```

```
      char name[20];
      struct Date birthday;            //成员 birthday 属于另一个结构体类型 struct Date
      float s;
   }STUDENT;
   STUDENT stu1;
   int main()
   {
      scanf("%d%s",&stu1.id,stu1.name);
      scanf("%d%d%d",&stu1.birthday.year,&stu1.birthday.month,&stu1.birthday.day);
                                        //逐级访问,访问到最低一级的成员
      scanf("%f",&stu1.s);
      printf("Info:%d,%s,",stu1.id, stu1.name);
      printf("%d-%d-%d,",stu1.birthday.year,stu1.birthday.month,stu1.birthday.day);
                                        //逐级访问
      printf("%.1f\n",stu1.s);
      return 0;
   }
```

运行结果:

196001804 Susan 2001 7 27 95.5 ↵
Info:196001804,Susan,2001-7-27,95.5

本例结构体 STUDENT 中的成员 birthday 属于另一个结构体类型 struct Date,所以不能直接访问 stu1.birthday,要继续找到 stu1.birthday 的成员 year、month、day 才能进行访问,例如:

```
scanf("%d%d%d",&stu1.birthday.year,&stu1.birthday.month,&stu1.birthday.day);
```

或者对这些成员赋值,例如:

```
stu1.birthday.year = 2001;
stu1.birthday.month = 7;
stu1.birthday.day = 27;
```

   ✍ birthday 还不是基本类型的变量,因此无法对 stu1.birthday 进行整体输入和输出,要找到其下的成员 year、month、day,这三个是整型变量,可以认为它们是最低级的成员了,所以可对 stu1.birthday.year、stu1.birthday.month、stu1.birthday.day 进行输入、输出及其他操作。

   ✍ 结构体类型与数组的区别:结构体类型中各成员的数据类型可以不同;数组中各元素的数据类型必须相同。

(5) 结构体中的成员名可以与程序中的其他变量名相同,两者不代表同一变量对象。见例 9-4。

【例 9-4】 结构体中的成员名与程序中的其他变量名相同。

```
# include < stdio.h >
# include < string.h >
struct Student
{
   int id;
```

```
    char name[20];
    float s;
}stu1 = {196001805,"Sophie",91.5};
int main()
{ char name[20];
  gets(name);
  strcpy(stu1.name,name);
  printf(" %d, %s, %.1f\n",stu1.id,stu1.name,stu1.s);

  return 0;
}
```

运行结果：

Tom ↵
196001805,Tom,91.5

从图 9-7 可见，name 是程序中的一个字符
数组，而 stu1.name 是结构体变量 stu1 下面的
一个成员，这两者占据不同的存储单元，是两个
不同的变量，从命名上也可以区分这两者，一个

图 9-7　结构体中的成员名与
程序中的其他变量名相同

是 name，另一个是 stu1.name，两者是不同的。程序读入一个新的名字到 name 变量，再将
name 变量中的信息赋给 stu1.name。

　　🖝 初学者建议尽量避免类似的结构体中的成员名与程序中的其他变量名相同的
　　　用法。

与其他类型的变量一样，结构体变量在定义时可以进行初始化，各个成员初始化数据之
间以逗号分隔。见例 9-5。

【例 9-5】 对结构体变量 stu1 和 stu2 初始化。

```
# include < stdio.h >
struct Student
{
    int id;
    char name[20];
    float s;
}stu1 = {196001803,"Peter",93.5},stu2 = {196001804,"Susan",95.5}; //定义结构体变量并初始化
int main()
{
    printf(" %d, %s, %.1f\n",stu1.id,stu1.name ,stu1.s);
    printf(" %d, %s, %.1f\n",stu2.id,stu2.name, stu2.s);
    return 0;
}
```

运行结果：

196001803,Peter,93.5
196001804,Susan,95.5

下面这种初始化的书写形式也是正确的。

```
typedef struct Student
{
    int id;
    char name[20];
    float s;
}STUDENT;
STUDENT stu1 = {196001803,"Peter",93.5},stu2 = {196001804,"Susan",95.5};
```

初始化列表是用大括号"{}"括起来的一些常量,这些常量依次赋给结构体变量中的各成员。初始化列表中的初始值与结构体中成员变量的数据类型、个数和次序一一对应。

结构体数组

9.2 结构体数组

9.2.1 结构体数组的定义

单个的结构体变量在解决实际问题时用处不大,一般需要建立结构体数组来表示具有相同数据结构的一个群体。如一个班的学生信息,一个单位的职工工资表等。结构体数组与前面介绍的数值型数组的不同之处在于其每个数组元素都是一个结构体变量,即结构体数组是由同一结构体类型的元素组成的数组。

结构体数组的定义形式与结构体变量的定义形式一样,只需要将其说明为数组类型即可。

```
typedef struct Student
{
    int id;
    char name[20];
    float s;
}STUDENT;
STUDENT stu[3];   //定义结构体数组 stu
```

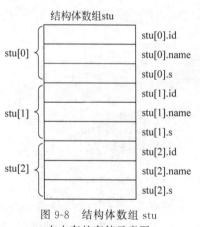

图 9-8 结构体数组 stu
在内存的存储示意图

结构体数组 stu 在内存的存储情况见图 9-8。

这个结构体数组中各个元素 stu[0]、stu[1]、stu[2]都是 STUDENT 类型的结构体变量,都有各自的多个成员。对结构体数组元素的存取方式与一般数组元素相同,根据下标来区分不同数组元素。而对结构体数组元素的成员的存取方式与一般结构体变量的成员相同,需要用到结构体成员运算符,即"结构体数组元素.成员名",如 stu[0].id 表示下标为 0 的结构体数组元素 stu[0] 的 id 成员。

9.2.2 结构体数组的引用

结构体数组的每个元素都是一个结构体变量,对结构体数组元素的引用与结构体变量的引用方式大体相当。

结构体、共用体和枚举类型

【例 9-6】 利用结构体数组处理三个学生信息。假设输入的每个学生的信息包括：学号、姓名、一门课程成绩，输出分数最高的学生的信息。

```
# include < stdio.h >
struct Student
{
  int id;
  char name[20];
  float s;
};
typedef struct Student STUDENT;
int main()
{
  STUDENT stu[3];                                          //定义结构体数组
  int i;
  float max = - 1;                                         //存储最高分,初值为 - 1
  for(i = 0;i < 3;i++)                                     //用循环语句来输入三个学生的信息
  {
    scanf(" % d % s % f",&stu[i].id,stu[i].name,&stu[i].s);   //某个学生的信息
    if(max < stu[i].s)
      max = stu[i].s;                                      //寻找最高分
  }
  printf("Max:\n");
  for(i = 0;i < 3;i++)
  {
    if(stu[i].s == max)
      printf(" % d, % s, % .1f\n",stu[i].id,stu[i].name,stu[i].s);
  }
  return 0;
}
```

运行结果：

```
196001800 Anney 92.5 ↵
196001801 Linda 91 ↵
196001802 Jack 93 ↵
Max:
196001802,Jack,93
```

本例定义了一个结构体数组 stu，其中的任意一个数组元素可用 stu[i] 来表示，用"stu[i].id"来表示某个学生的学号，用"stu[i].name"来表示某个学生的姓名，用"stu[i].s"来表示某个学生一门课的成绩。

    🖝 结构体数组元素的下标应紧跟在数组名后，而不是跟在成员名后面。例如，stu[i].id 是正确的，而 stu.id[i] 是错误的。

    🖝 结构体数组元素不能整体输入或输出，要通过对结构体数组元素的各个成员的输入/输出操作来实现。例如：

```
scanf(" % d % s % f",&stu[i].id,stu[i].name,&stu[i].s);   //对各数组元素的成员输入,正确
scanf(" % d % s % f",&stu[i]);                            //试图对数组元素整体输入,错误
```

9.2.3 结构体数组的初始化

结构体数组的初始化与结构体变量相似,可以在定义的同时指定其初始值。

【例 9-7】 利用结构体数组处理三个学生信息。通过初始化方式给定三个学生信息,包括学号、姓名、一门课程成绩,求这三人的平均分。

```
# include < stdio.h >
struct Student
{
  int id;
  char name[20];
  float s;
};
typedef struct Student STUDENT;
int main()
{
  STUDENT stu[3] = {{196001800,"Anney",92.5},
                    {196001801,"Linda",91},
                    {196001802,"Jack",93}
                    };              //定义结构体数组并初始化
  int i;
  float sum = 0;                    //存储总分,初值 0
  for(i = 0;i < 3;i++)              //用循环来累加三个学生的分数
  {
    sum = sum + stu[i].s;
  }
  printf("average = %.1f\n",sum/3);
  return 0;
}
```

运行结果:

```
average = 92.2
```

在结构体数组初始化时,要将每个数组元素的值用一对花括号括起来,各个成员或数组元素之间用逗号间隔。第一个花括号中的初始值送给下标为 0 的元素,第二个花括号中的初始值送给下标为 1 的元素,以此类推。

9.3 结构体指针

结构体指针是指向结构体类型数据的指针。结构体类型数据占据一段连续的内存空间,结构体指针是这段内存空间的起始地址,结构体指针变量是保存结构体指针的变量。

结构体类型的数据包括结构体变量和结构体数组。指向结构体变量或结构体数组的指针变量都称为结构体指针变量。

9.3.1 指向结构体变量的指针

指向一个结构体变量的指针,其值是该结构体变量所占内存空间的起始地址。

结构体
指针

第 9 章

结构体、共用体和枚举类型

定义结构体指针变量的一般形式见表9-2。

表9-2 定义结构体指针变量的一般形式

语 法	struct 结构体名 * 指针变量名
示 例	struct Student * p;
说 明	struct Student 是一个已声明的结构体类型,p是一个该类型的指针变量

结构体指针变量必须"先赋值,后使用"。赋值是把结构体变量的首地址赋给指针变量,而不是把结构体名赋给指针变量。例如:

```
struct Student stu1;        //定义一个结构体变量 stu1
struct Student * p;         //定义一个结构体指针变量 p
p = &stu1;                  //将结构体变量的首地址赋给结构体指针变量,正确
```

语句"p = &stu1;"将结构体变量 stu1 的首地址赋给结构体指针变量 p,即结构体指针变量 p 指向结构体变量 stu1,存储示意图见图 9-9。

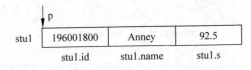

图9-9 结构体指针变量 p 指向结构体变量 stu1

以下语句是错误的。

```
p = stu1;                   //将结构体变量名赋给结构体指针变量,错误
```

☞ 一个结构体变量虽然包含多个成员,但依然只是一个变量,而不是一个数组。

虽然结构体变量的第一个成员和结构体变量有着相同的地址,但它们的指针类型是不同的。所以一个结构体指针变量可以指向一个结构体变量,但不能指向一个结构体变量的成员。例如,下面的赋值是错误的。

```
struct Student stu1, * p;
p = &stu1.id;               //错误
```

结构体指针变量访问结构体变量中各个成员的两种形式见表9-3。

表9-3 结构体指针变量访问结构体变量中成员的形式

	形式 1	形式 2
语 法	结构体指针变量名 - >成员名	(* 结构体指针变量名). 成员名
示 例	p = &stu1; p - > id = 196001800;	p = &stu1; (* p). id = 196001800;
说 明	p—>id 表示 p 指向的结构体变量 stu1 中的成员 id	(* p). id 表示 p 指向的结构体变量 stu1 中的成员 id。(* p)两侧的括号不可少,因为成员符"."的优先级高于" * ",如去掉括号则变成 * p. id,它等价于 * (p. id),这种写法是错误的

实际应用中,大多采用形式 1,即使用指向运算符"—>",这种形式更加直观清晰。

【例 9-8】 输入一个学生的信息,包括学号、姓名、一门课成绩,显示所有信息。

```
# include < stdio. h >
```

```
struct Student
{
    int id;
    char name[20];
    float s;
};
typedef struct Student STUDENT;
int main()
{
    STUDENT stu1;          //定义结构体变量
    STUDENT * p;           //定义结构体指针变量
    p = &stu1;             //将结构体指针变量指向结构体变量
    scanf("%d%s%f",&stu1.id,stu1.name,&stu1.s);
    printf("No.%d,Name:%s,Score:%.1f\n",stu1.id,stu1.name,stu1.s);
                //结构体变量名.成员名
    printf("No.%d,Name:%s,Score:%.1f\n",p->id,p->name,p->s);
                //结构体指针变量名 ->成员名
    printf("No.%d,Name:%s,Score:%.1f\n",(*p).id,(*p).name,(*p).s);
                //(*结构体指针变量名).成员名
    return 0;
}
```

运行结果：

```
196001800 Anney 92.5 ↵
No.196001800,Name:Anney,Score:92.5
No.196001800,Name:Anney,Score:92.5
No.196001800,Name:Anney,Score:92.5
```

语句"p=&stu1;"将结构体变量 stu1 的起始地址赋给结构体指针变量 p,即 p 指向 stu1,见图 9-9。

第一个 printf 语句用"结构体变量.成员名"方式输出学生信息,第二个 printf 语句用 "结构体指针变量—>成员名"方式输出学生信息,第三个 printf 语句用"(*结构体指针变量).成员名"方式输出学生信息,三个 printf 语句输出的结果是相同的。

    如果 p 指向一个结构体变量 stu1,则以下三种用法等价。

(1) stu1.成员名,例如 stu1.id。

(2) p—>成员名,例如 p—>id。

(3) (*p).成员名,例如(*p).id。

    当结构体指针变量指向一个结构体变量时,通过结构体指针变量引用的两种方式中,用指向运算符"—>"更直观,例如,p—>id 比(*p).id 更直观。

9.3.2 指向结构体数组的指针

指向一个结构体数组的指针,其值是该结构体数组所占内存空间的起始地址。例如:

```
STUDENT stu[3];    //定义结构体变量
STUDENT * p;       //定义结构体指针变量
p = stu;           //将结构体指针指向结构体数组
```

p 是指向结构体数组 stu 的指针变量,保存了数组的首地址,即 p 指向该结构体数组的

第 9 章

结构体、共用体和枚举类型

0 号元素,p+1 指向 1 号元素,p+i 指向第 i 号元素。其存储示意图见图 9-10。

此时,结构体数组元素各成员的引用形式如下。

$(p+i) \to id$ $(p+i) \to name$ $(p+i) \to s$

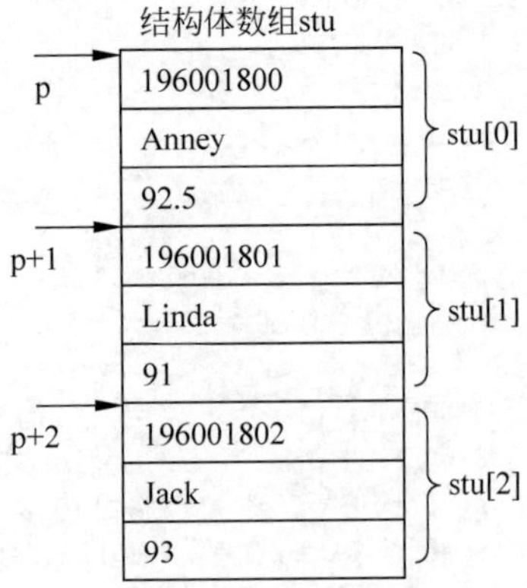

【例 9-9】 输入三个学生的学号、姓名、一门课成绩,显示这三人的所有信息。

图 9-10 指向结构体数组的指针变量

```
# include < stdio. h >
struct Student
{
    int id;
    char name[20];
    float s;
};
typedef struct Student STUDENT;
int main()
{
    STUDENT stu[3];              //定义结构体数组
    STUDENT * p;
    int i;
    p = stu;                     //数组首地址赋给结构体指针变量
    for(i = 0;i < 3;i++)
        scanf("%d%s%f",&(p + i) -> id,(p + i) -> name,&(p + i) -> s);
    for(i = 0;i < 3;i++)
        printf("NO. %d,Name: %s,Score: %.1f\n",(p + i) -> id,(p + i) -> name,(p + i) -> s);
    return 0;
}
```

运行结果:

```
196001800 Anney 92.5 ↵
196001801 Linda 91 ↵
196001802 Jack 93 ↵
No.196001800,Name:Anney ,Score:92.5
No.196001801,Name:Linda,Score: 91
No.196001802,Name:Jack,Score: 93
```

本例中的 p 是指向 struct Student 类型的结构体数组首地址的指针,当进行 p+1 操作时,p 的偏移量相当于结构体类型的长度,因此 p+1 将指向结构体数组的下一个元素。

本例对结构体数组元素的引用,也可以采用以下形式。

```
p = stu;                        //数组首地址赋给结构体指针变量
for(i = 0;i < 3;i++)
{
    scanf("%d%s%f",&p -> id,p -> name,&p -> s);
    p++;                         //使指针 p 移动,指向结构体数组的下一个元素
}
for(p = stu;p < stu + 3;p++)
    printf("NO. %d,Name: %s,Score: %.1f\n",p -> id,p -> name,p -> s);
```

语句"p++;"使指针 p 不断移动,每次移动后都指向结构体数组的下一个元素,见图 9-11。此时要注意,第一个 for 循环语句结束后,指针已经移动到数组的尾端,因此如果需要对数组进行输出操作的话,需要用"p=stu"使指针重新指向结构体数组的首地址,否则将会输出一些无效数据。

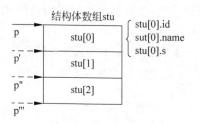

图 9-11　指向结构体数组的指针变量的移动

当指针变量 p 指向结构体数组 stu 时,有以下几点说明。

(1) 一个结构体类型的指针变量只能保存一个结构体变量的地址或一个结构体数组元素的地址,不能保存某一个结构体变量或结构体数组元素的成员的地址。例如,"p=stu;"或"p=&stu[0];"是正确的,而"p=&stu[0].id"是错误的。因为 &stu[0].id 的类型是 int * 型的,而 p 的类型是 struct Student * 型的,两者类型不匹配,不能直接赋值。

(2) 以下几种运算的含义是:

① p->s++:先使用 p 所指向的数组元素中的成员 s 的值,然后再使 s 的值加 1。

② ++p->s:先将 p 指向的数组元素中的成员 s 的值加 1,然后再使用 s 的值。

③ (p++)->s:先使用 p 当前指向的数组元素中的成员 s 的值,然后再将 p 加 1,即使 p 指向下一个数组元素。

④ (++p)->s:先使 p 加 1,即使 p 指向下一个数组元素,然后再使用 p 指向的数组元素的成员 s 的值。

☞ 指向运算符->的优先级高于自增运算符++,把握好这一点,运算结果就比较清晰了。

☞ 在容易引起歧义的地方,建议尽量用圆括号限定其运算顺序,如果允许的话,也可以将一个表达式按运算顺序分成多个表达式书写。

9.4　结构体与函数

结构体与函数

结构体与函数的关系可以从两个方面看,一方面是函数的参数为结构体类型(结构体变量的成员、结构体变量、结构体指针);另一方面是函数的返回值是结构体类型的值。

函数的参数为结构体类型的一般有以下三种形式。

(1) 结构体变量的成员作实参:把结构体变量的成员(如 stu[0].id)作函数实参传递给形参,形参类型与成员的类型一致。这种用法和普通变量作实参是一样的。

(2) 结构体变量作实参:将一个结构体变量作为函数实参进行整体传送,形参也必须是同类型的结构体变量。

(3) 指向结构体变量(或结构体数组元素)的指针作实参:将结构体变量(或结构体数组元素)的地址传给形参,形参是指针变量。

9.4.1　结构体变量的成员作实参

【例 9-10】 结构体变量的成员作实参。输入三个学生的信息,包含:学号、姓名、三门课的成绩,请根据每人的平均分输出对应的等级,80分以上为A等,60~79分为B等,60分以下为C等。

本题先求出每个学生的平均分,然后根据平均分确定等级。设计一个函数,参数为平均分,返回结果为成绩的等级。

```c
#include<stdio.h>
struct Student
{
    int id;                              //学号
    char name[20];                       //姓名
    float s[3];                          //三门课成绩
    float average;                       //平均分
};
typedef struct Student STUDENT;
char Rank(float ave);                    //函数声明,形参为float型变量
int main()
{
    STUDENT stu[3];
    int i,j;
    float sum;
    for(i=0;i<3;i++)
    {
        sum=0;
        scanf("%d%s",&stu[i].id,stu[i].name);  //输入学号,姓名
        for(j=0;j<3;j++)                        //输入学生三门课成绩,并计算总分
        {
            scanf("%f",&stu[i].s[j]);
            sum=sum+stu[i].s[j];
        }
        stu[i].average=sum/3;                   //计算平均分
    }
    for(i=0;i<3;i++)
        printf("%s--%c\n",stu[i].name,Rank(stu[i].average)); //实参为结构体变量的成员
                                                              //stu[i].average
    return 0;
}
char Rank(float ave)                     //形参与对应的结构体变量的成员一致
{
    if(ave>=80)
        return 'A';
    else if(ave>=60)
        return 'B';
    else
        return 'C';
}
```

运行结果:

```
196001800 Anney 92.5 90 91.5 ↵
196001801 Linda 91 76 70 ↵
```

```
196001802 Jack 93 67 60 ↵
Anney--A
Linda--B
Jack--B
```

　　主函数中用结构体数组元素的成员 stu[i].average 作为实参来调用 Rank()函数,结构体数组元素的成员 average 是 float 型的变量,因此形参 ave 也是 float 型的变量。在 for 循环中三次调用 Rank()函数,每次根据当前 i 的取值传递 stu[i].average 的值给形参 ave,在 Rank()函数中根据形参 ave 的值返回 A、B、C 的等级给主调函数,见图 9-12。这种用法和普通变量作实参是一样的,属于"值传递"。

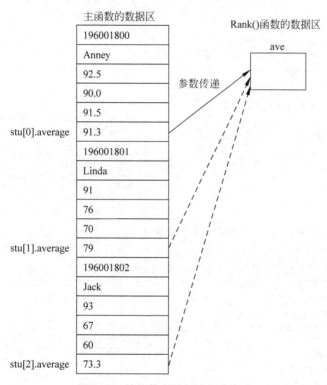

图 9-12　结构体变量的成员作实参

9.4.2　结构体变量作实参

　　【例 9-11】　结构体变量作实参。输入三个学生的信息,包含:学号、姓名、三门课的成绩,计算每人的平均分,然后输出学生的学号、姓名、三门课成绩、平均分。

　　将输出过程设计成函数 output(),并以结构体变量作实参进行调用。

```
# include < stdio.h >
struct Student
{
    int id;                        //学号
    char name[20];                 //姓名
    float s[3];                    //三门课成绩
    float average;                 //平均分
```

结构体、共用体和枚举类型

```
};
typedef struct Student STUDENT;
void output(STUDENT stud);                    //函数声明,形参为结构体变量
int main()
{
  STUDENT stu[3];
  int i,j;
  float sum;
  for(i = 0;i < 3;i++)
  {
    sum = 0;
    scanf("%d%s",&stu[i].id,stu[i].name);
    for(j = 0;j < 3;j++)
    {
      scanf("%f",&stu[i].s[j]);
      sum = sum + stu[i].s[j];
    }
    stu[i].average = sum/3;
  }                                           //输入学生信息,并计算每个学生的平均分
  for(i = 0;i < 3;i++)
    output(stu[i]);                           //实参为结构体数组元素,是一个结构体变量
  return 0;
}
void output(STUDENT stud)                     //形参为结构体变量
{ int j;
  printf("ID.%d,Name:%s,",stud.id,stud.name);
  for(j = 0;j < 3;j++)
    printf("%.1f,",stud.s[j]);
  printf("Average:%.1f\n",stud.average);
}
```

运行结果:

```
196001800 Anney 92.5 90 91.5 ↵
196001801 Linda 91 76 70 ↵
196001802 Jack 93 67 60 ↵
ID.196001800,Name: Anney, 92.5, 90.0, 91.5,Average:91.3
ID.196001801,Name: Linda, 91.0, 76.0, 70.0,Average:79.0
ID.196001802,Name: Jack, 93.0, 67.0, 60.0,Average:73.3
```

主函数中定义了结构体数组 stu,其三个元素分别为 stu[0]、stu[1]、stu[2],每个数组元素都是一个结构体变量,包含 id、name、…、average 等多个成员,见图 9-13。output()函数用来输出,形参为结构体变量 stud。主函数中三次循环调用 output()函数,每次传递的实参 stu[i]表示一个学生的全部信息,按照结构体变量整体赋值的原则将 stu[i]的各个成员的值赋给形参 stud 的各个成员,然后在 output()函数中对当前传递过来的学生信息执行输出操作。

结构体变量作实参利用了同类型的结构体变量可以整体赋值的原则,将实参的结构体变量各成员的值直接赋给形参的结构体变量的各成员。如在执行"output(stu[0])"时,实际上是完成了以下的参数传递。

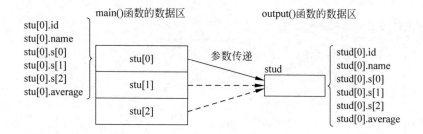

图 9-13　结构体变量(结构体数组元素)作实参

```
stud[0].id = stu[0].id;
strcpy(stud[0].name,stu[0].name);
stud[0].s[0] = stu[0].s[0];
stud[0].s[1] = stu[0].s[1];
stud[0].s[2] = stu[0].s[2];
stud[0].average = stu[0].average;
```

9.4.3　结构体变量的指针作实参

结构体变量作实参时要将全部成员逐个传送,在时间和空间上的开销比较大。很多情况下,可以用结构体指针作为函数的参数,这时实参和形参之间只是结构体变量的指针值的传送,从而提高整个程序的效率。

【例 9-12】　结构体指针作实参。输入三个学生的信息,包含:学号、姓名、一门课成绩,输出这三个学生的信息。

将输入和输出过程都设计成函数,实参是结构体类型的指针,形参为结构体指针变量。

```
# include < stdio.h>
struct Student
{
  int id;                    //学号
  char name[20];             //姓名
  float s;                   //一门课成绩

};
typedef struct Student STUDENT;
void input(STUDENT * p);        //函数声明,输入函数
void output(STUDENT * p);       //函数声明,输出函数
int main()
{
  STUDENT stu[3];
  input(stu);                   //实参为结构体数组名,是一个结构体指针
  output(stu);                  //实参为结构体数组名,是一个结构体指针
  return 0;
}
void input(STUDENT * p)         //形参为结构体指针变量
{
  int i;
  for(i = 0;i < 3;i++)
```

301

第9章

结构体、共用体和枚举类型

```
    {
        scanf("%d%s%f",&p->id,p->name,&p->s);
        p++;
    }
}
void output(STUDENT *p)          //形参为结构体指针变量
{
    int i;
    for(i=0;i<3;i++)
    {
        printf("ID.%d,Name:%s,Score:%.1f\n",p->id,p->name,p->s);
        p++;
    }
}
```

运行结果：

196001800 Anney 92.5 ↵
196001801 Linda 91 ↵
196001802 Jack 93 ↵
ID.196001800,Name:Anney,Score:92.5
ID.196001801,Name:Linda, Score:91.0
ID.196001802,Name:Jack, Score:93.0

本例在主函数中调用 input() 函数和 output() 函数实现学生信息的输入和输出，实参都是结构体数组名 stu，也就是把数组 stu 的首元素的地址作为实参传送给函数，见图 9-14。函数 input() 用同类型的结构体指针变量 p 来接收这个地址值，从而使指针 p 指向了结构体数组 stu。函数 output() 也是同样的处理方式。

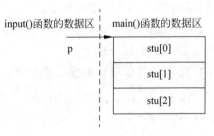

图 9-14　结构体指针作实参

9.4.4　返回结构体类型的函数

当函数的返回值为结构体类型时，一般可用如下形式定义。

```
struct 结构体类型名 函数名(形参表)
{
    函数体
    return 一个结构体类型的表达式;
}
```

【例 9-13】　返回结构体类型的函数。已知一个学生的信息包含：学号、姓名、一门课成绩，设计函数对该学生的成绩加 5 分，显示成绩更新后的学生信息。

```
#include<stdio.h>
struct Student
{
    int id;                          //学号
    char name[20];                   //姓名
```

```
    float s;                              //一门课成绩
}stu1 = {196001800,"Anney",92.5};
struct Student change(struct Student x);  //函数声明,返回值为结构体类型
void output(struct Student x);            //函数声明
int main()
{
    stu1 = change(stu1);                  //返回值赋给结构体变量 stu1
    output(stu1);
    return 0;
}
struct Student change(struct Student x)   //返回值为结构体类型
{
    x.s = x.s + 5;
    return x;
}
void output(struct Student x)
{
    printf("ID.%d,Name:%s,Score:%.1f\n",x.id,x.name,x.s);
}
```

运行结果:

```
ID.196001800,Name:Anney,Score:97.5
```

本例 change() 函数的形参以及返回值都是 struct Student 类型的,实参是一个结构体变量 stu1,函数调用时,实参 stu1 各成员的值赋给形参 x,见图 9-15。在 change() 函数内部,通过"x.s=x.s+5"改变了成员 s 的值,然后通过"return x"将更改过的结构体变量 x 的各成员的值都传回给实参 stu1,因此 stu1.s 的值也相应被改变。

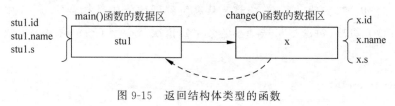

图 9-15   返回结构体类型的函数

9.5 贪 心 算 法

贪心算法是指从问题的初始状态出发,通过若干次的贪心选择而得出最优解的一种解题方法。"贪心"的意思是,它总是做出在当前状态下看来是最优的选择。

例如,经典的便利店找零钱的问题,假设便利店提供 1 元、5 角、1 角的硬币,如果售货员每次都希望用数目最少的硬币找给顾客,则给出找零钱方案的过程就是一个贪心算法的过程:每次选择面值尽量大的硬币,同时要保证所选择的硬币不应使当前面值之和超过要找的零钱数,即最终所选择的硬币(面值之和)应等于要找的零钱数。

假设需要找零钱 1.7 元,用数目最少的硬币的方案是:1 元的 1 枚,5 角的 1 枚,1 角的 2 枚。本题根据贪心算法的思想,每次都需根据当前情况选择面值尽量大的硬币,且所选择

结构体、共用体和枚举类型

的硬币不应使当前面值之和超过要找的零钱数。例如：

（1）找零为 1.7 时,可选择面值最大的 1 元硬币 1 枚,则剩余找零为 0.7 元。

（2）找零为 0.7 时,不能再选择面值 1 元的硬币,只能选择剩余的面值里最大的 5 角硬币 1 枚,则剩余找零为 0.2 元。

（3）找零为 0.2 时,不能选择面值 1 元或 5 角的硬币,只能选择剩余的面值里最大的 1 角硬币 2 枚。

下面介绍两个使用贪心算法的例子。

【例 9-14】 组成值最小的数。(nbuoj2082)

给定 n 个 0~9 的数字,要求组成一个值最小的数,所有 n 个数字必须全部用到。例如,给出 8 个数字,分别为 0,0,1,8,6,6,9,6,则组成的值最小的数是 10066689。注意数字 0 不能在首位。给定的 n 个数不能全为 0。

以样例为例,先统计各个数字出现的个数,如样例中数字 0 出现 2 次,数字 1 出现 1 次,数字 6 出现 3 次,数字 8 出现 1 次,数字 9 出现 1 次。用 dig 数组存放各个数字出现的个数,见图 9-16。

2	1	0	0	0	0	3	0	1	1
dig[0]	dig[1]	dig[2]	dig[3]	dig[4]	dig[5]	dig[6]	dig[7]	dig[8]	dig[9]

图 9-16 各个数字出现的个数

最高位不能是 0,所以从数字 1~9 中选择出现个数不为 0 的最小的数字作为最高位,本例将数字 1 作为最高位,元素 dig[1] 的值相应地减去 1,找到这个数后在程序中要及时退出循环。

除了最高位以外,其他的所有位,都是从高位到低位优先选择数字 0~9 中还存在的最小的数输出(贪心策略,每次尽量选择小的数字),依次从数字 0~9 输出每个数字的剩余个数即可。

```c
#include<stdio.h>
int main()
{
    int dig[10]={0};              //记录数字 0~9 的个数
    int i,j,n,x;
    scanf("%d",&n);               //n 表示要输入 n 个 0~9 的数字
    for(i=0;i<n;i++)              //输入 n 个 0~9 的数字,并统计每个数字的个数
    {
        scanf("%d",&x);
        dig[x]++;
    }
    for(i=1;i<10;i++)            //从数字 1~9 中选择个数不为 0 的最小的数字
        if(dig[i]>0)
        {
            printf("%d",i);       //将该最小数字作为最高位
            dig[i]--;             //该数字的数量减 1
            break;                //找到一个即可
        }
```

```
    for(i = 0;i < 10;i++)                //从 0～9 输出相应个数的数字
      for(j = 0;j < dig[i];j++)
        printf("%d",i);
      printf("\n");
  return 0;
}
```

运行结果：

```
6↵
0 0 1 8 9 6↵
100689
```

【例 9-15】 购买明信片。(nbuoj1440)

小琪打算购买 m 张有火星图案的明信片,网上有 n 家店铺有货,各个店铺里这种明信片的价格和库存量都已经知道了,她打算用最少的钱买到这 m 张明信片,请帮忙计算用多少钱可以买到这 m 张明信片。

先输入两个整数 m 和 n,其中,m 表示要购买的明信片的数量,n 表示店铺的个数。接着输入 n 行数据,每行有两个整数,分别表示某店铺里该种明信片的单价和库存量。

按照贪心策略,"总是选择单价最便宜的明信片购买,这样可以用最少的钱买到 m 张明信片"。因此,要先对所有店铺按照这种明信片的单价从低到高排序,然后从单价低的店铺开始枚举。

(1) 如果该店铺的库存量大于或等于 m,则可买齐需求量,需求量减为 0,任务完成。

(2) 如果该店铺的库存量小于 m,则买入全部库存还不够,此时需求量 m 减去该店库存量不为 0,说明还需要再到其他店铺购买。

因为店铺已按单价从低到高的顺序排列,所以每次选择的都是当前最便宜的店铺。最后当需求量减为 0 时得到的就是所花的最少的钱。

```
#include<stdio.h>
struct shop
{
  int price;                              //单价
  int num;                                //库存
};
int main()
{
  struct shop s[1000],t;
  int m,n,i,j,min,money = 0;
  scanf("%d%d",&m,&n);                     //m 表示需购买数量,n 表示店铺数量
  for(i = 0;i < n;i++)                     //输入各家店铺的单价及库存量
    scanf("%d%d",&s[i].price,&s[i].num);
  for(i = 0;i < n - 1;i++)                 //选择法,对店铺按单价升序排序
  {
    min = i;
    for(j = i + 1;j < n;j++)
      if(s[j].price < s[min].price)
          min = j;
    if(min!= i)
```

```
        {t = s[i];s[i] = s[min];s[min] = t;}            //结构体变量整体赋值
    }
    i = 0;
    while(m > 0)
    {
        if (s[i].num < m)                                //如果店铺库存 < m
        {
            money = money + s[i].num * s[i].price;        //则将库存量全部买入
            m = m - s[i].num;                             //计算剩余需求量
            i++;
        }
        else                                             //如果店铺库存 >= m
        {
            money = money + m * s[i].price;               //则按需求量 m 购买
            m = 0;                                        //购买后需求量为 0
        }
    }
    printf(" % d\n",money);                              //输出所花的钱
    return 0;
}
```

运行结果：

```
10 4 ↵
4 3 ↵
6 2 ↵
8 10 ↵
3 6 ↵
36
```

本题采用结构体类型 struct shop 表示店铺,包含两个成员,price(单价)和 num(库存量),用了选择法对店铺按照单价从低到高排序。由于采用了结构体类型,所以在排序算法中可以对结构体变量进行整体赋值。如果用两个数组分别表示单价和库存量的话,在排序算法中需要对两个数组分别进行交换,则处理起来更加麻烦,而且从数据的组织角度来看对象的整体性不强。

按单价排序前后的店铺信息见图 9-17。

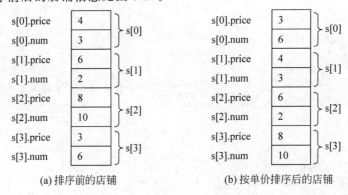

图 9-17　按单价排序前后的店铺信息

根据贪心策略,从价格最低的店铺开始枚举,直到买足 m 张明信片,此时所花的钱是最少的。

9.6 共 用 体

共用体类型也属于构造数据类型,它的定义形式与结构体类型很相似,但存储空间分配的情况不同。共用体中各个成员不拥有各自独立的内存空间,全体成员共用一块内存空间,但不是同时存储,这使得任何时刻,共用体的存储单元中只能保存某个成员的数据,即在某一时刻只有一个成员起作用。

9.6.1 共用体类型和共用体变量

如果一组数据分别属于不同的类型,而每次处理时仅需访问其中一种类型的数据,那么为了节约存储资源,这组数据可以共享一段存储空间。比如在车辆的管理中,客车和货车作为车辆,两者有一些共同的信息描述,如品牌、生产商、车型等,但作为不同功能的车辆,它们又具有一些不同的信息,比如客车有"载客量",而货车有"载重量"。对于这一部分不同的信息,可以应用共用体类型。共用体类型的声明方式见表 9-4。

表 9-4 共用体类型声明的格式

语 法	示 例	说 明

union 共用体名
{
类型名 1 成员 1;
类型名 2 成员 2;
……
类型名 n 成员 n;
};
	union car_u
	{
	int passenger;
	double load;
	};
		(1) union 是保留字,它是声明共用体类型的开始标志。
		(2) 共用体名应该符合 C 语言的自定义标识符的规则。
		(3) 其他书写形式同结构体类型的声明

声明了共用体类型以后,就可以定义共用体变量,其定义方式和结构体变量的定义方式完全相同,即:

(1) 先声明共用体类型,再定义共用体变量。

(2) 在声明共用体类型的同时,定义共用体变量。

(3) 在声明无名共用体类型时,直接定义共用体变量。

共用体类型的使用与结构体类型非常相似,两者主要的区别在于存储空间的分配不同。共用体变量的所有成员共享一段存储空间,共用体变量所占空间大小等于其最大的一个成员的空间。结构体变量的每一个成员都占用不同的存储空间,结构体变量所占空间大小至少是所有成员所占空间大小之和。因此,即使具有相同成员的共用体变量和结构体变量,在内存中的存储情况也是不同的。

假设存储单元起始地址为 1000,则以下结构体变量 s 和共用体变量 u 的存储情况如图 9-18 所示。

```
struct car_s        //声明结构体类型,并定义变量 s
{
```

结构体、共用体和枚举类型

```
    int passenger;
    double load;
}s;
union car_u        //声明共用体类型,并定义变量 u
{
    int passenger;
    double load;
}u;
```

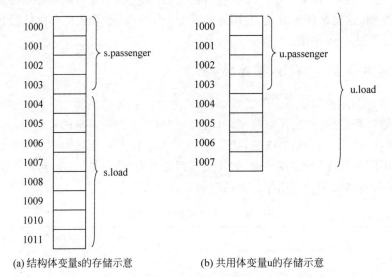

(a) 结构体变量s的存储示意　　　　　(b) 共用体变量u的存储示意

图 9-18　结构体变量和共用体变量的存储示意图

从图 9-18(a)中可以看出,结构体变量 s 在内存中所占字节至少是各成员字节数之和。其中,s. passenger 占 4B,s. load 占 8B。成员 passenger 和 load 分别占不同的存储空间。

从图 9-18(b)中可以看出,共用体变量 u 在内存中所占字节等于其最大的成员 load 的空间,即 8B。成员 u. passenger 和 u. load 具有相同的起始地址,共享同一段存储空间。这是一种内存覆盖技术,使得共用体变量的成员只有最新赋值的那个成员值才是有效的,前面赋值的成员值都将被覆盖。

　　🖝 共用体变量被定义后,系统将根据共用体变量中最大的成员的长度来分配一块内存空间。

共用体变量可以初始化,但只能初始化第一个成员,不能同时初始化所有成员。例如:

```
union car_u u = {35};        //使 passenger 为 35,合法
union car_u u = {35,100};    //试图初始化两个成员,非法
```

共用体变量允许赋值,但只能对成员单独赋值,不能对变量整体赋值。例如:

```
u. passenger = 35;           //合法
u = 35;                      //非法
```

要注意的是,不能同时引用共用体变量中的两个成员,每一时刻只有一个共用体变量的成员起作用。

【例 9-16】　使用共用体类型,描述客车的载客量或货车的载重量。

对于客车而言,载客量是其重要的指标之一,而对于货车来说,载重量是其重要的指标之一,因此对于某一种类型的车辆来说,载客量和载重量这两种指标中,关注其中一种就可以了,可以考虑用共用体来实现这一部分的操作。

```c
#include <stdio.h>
typedef union car_u
{
    int passenger;
    double load;
}CAR;
CAR u;                      //定义共用体变量
int main()
{
    u.passenger = 40;      //使用成员 passenger
    printf("Bus: %d passengers\n", u.passenger);
    u.load = 15000;        //使用成员 load
    printf("Truck: %.0f kilogram load\n", u.load);
    return 0;
}
```

运行结果:

```
Bus:40 passengers
Truck:15000 Kilogram load
```

本例中,先对成员 u.passenger 赋值并输出其结果,再对成员 u.load 进行同样操作,看起来两个成员都得到了正确赋值,似乎没有出现前面所说的只能有一个成员被使用的情况。但是如果将 main()函数中的代码改成如下形式:

```c
u.passenger = 40;
u.load = 15000;
printf("Bus: %d passengers\n", u.passenger);
printf("Truck: %.0f kilogram load\n", u.load);
```

则发现结果为:

```
Bus:0 passengers
Truck:15000 Kilogram load
```

修改后的代码先对 u.passenger 成员赋值,再对 u.load 赋值,此时 u.passenger 的值就被 u.load 的值覆盖了,因此,接下去在输出 u.passenger 和 u.load 时,只有 u.load 的值是正确的,而前面被赋值的 u.passenger 已经被覆盖。可见,当同一时刻使用共用体变量的两个成员时,只有最近被赋值的一个成员是有效的。

  ✍ 共用体变量在某一时刻只有一个成员起作用,即共用体变量的存储空间只能保存其中一个成员的值,不能同时保存所有成员的值。

  ✍ 不能引用共用体变量的整体,只能引用它的某个成员。

9.6.2 共用体变量的使用

共用体通常用作结构体的内嵌成员,请看例 9-17。

结构体、共用体和枚举类型

【例 9-17】 在成绩管理系统中,声明一个结构体类型来表示某学生所学课程的学习报告,结构体类型中包含以下成员:课程编号、课程名称、课程类别(必修课或选修课)、课程成绩(必修课用百分制,选修课用五级制)。输入某学生三门课的信息并输出。

对于某一门具体课程,一旦确定了课程类别,则其成绩的表示方式也就确定了,因此对某一门课程而言,百分制成绩和五级制成绩只会出现一个,即百分制成绩和五级制成绩可以共用一块存储空间。

```c
#include <stdio.h>
struct Report
{
  char CourseId[20];                        //课号
  char CourseName[20];                      //课程名称
  char CourseType;                          //课程类别
  union{                                    //共用体类型
    float score;                            //百分制成绩
    char grade;                             //五级制成绩
  }result;                                  //共用体变量 result 作为结构体的一个成员
};
struct Report s[3];
int main()
{
  int i;
  for(i = 0;i < 3;i++)
  {
    scanf("%s %s",s[i].CourseId,s[i].CourseName);
    getchar();
    scanf("%c",&s[i].CourseType);           //输入课程类别,R 为必修课,S 为选修课
    if(s[i].CourseType == 'R'||s[i].CourseType == 'r')
      scanf("%f",&s[i].result.score);       //输入百分制成绩
    else
    {getchar();scanf("%c",&s[i].result.grade);}  //输入 A,B,C,D,E 五级制成绩
  }
  for(i = 0;i < 3;i++)
  {
    printf("%s %-20s %2c",s[i].CourseId,s[i].CourseName,s[i].CourseType);
    if(s[i].CourseType == 'R'||s[i].CourseType == 'r')
      printf("%.1f\n",s[i].result.score);
    else
      printf("%c\n",s[i].result.grade);
  }
  return 0;
}
```

运行结果:

```
100J01 Data-base R 98 ↵
100J02 Java S A ↵
100J03 Operating-System R 91 ↵
100J01 Data-base          R 98.0
100J02 Java               SA
```

在结构体 struct Report 内定义了一个无名的共用体类型,且直接定义了共用体变量 result,其中包含两个成员,score 表示百分制成绩,grade 表示五级制成绩。在主函数的输入部分,先对课程类型 CourseType 进行判断,如果是必修课,则选择输入百分制成绩 score,如果是选修课则选择输入五级制成绩。对某一门课程而言,成绩只会在百分制和五级制两者中取其一,不会同时需要,因此成绩的内容可用共用体类型来表示。

注意结构体与共用体的以下区别。

(1)结构体变量所占内存单元至少是各成员的内存单元之和,而共用体变量所占内存单元等于最宽的成员所占的内存单元。

(2)结构体和共用体都是由多个不同数据类型的成员组成,但在任何的同一个时刻,共用体中只存放了一个最后赋值的成员,而结构体的所有成员都存在。

(3)对共用体的不同成员赋值,将会覆盖其他成员的值,而对于结构体不同成员的赋值是互不影响的。

定义共用体类型的目的是节约内存空间,使多个成员共享一段内存空间。但是随着硬件技术的提高,已不太需要通过定义共用体类型来节约空间了,因此实际使用中共用体类型的使用范围并不广泛。

9.7　枚举类型

枚举类型

9.7.1　枚举类型声明与变量定义

日常生活中经常会遇到这样一类信息,例如,一周只有 7 天,一年只有 12 个月,这些取值都被限定在一个有限的范围内,可以被一一列举出来。这类信息的特点是:所取的值有特殊含义,如 Sunday、Monday 等,而且多个取值之间是有序的,如 January、February、…、December。对于这样的信息,虽然可以用整型数据来描述,但无法检测数据的范围,也无法表示其特殊含义;用字符串可以描述其含义,但无法表达有序性。

为了处理这一类信息,C 语言提供了枚举类型。"枚举"是指将变量所有可能的取值一一列举出来,以此来起到限定变量取值的作用。比如前面提到的一周有 7 天,则 Sunday、Monday、Tuesday、Wednesday、Thursday、Friday、Saturday 就是一个枚举,所有的取值都局限于这个范围内。

声明一个枚举类型的一般形式见表 9-5。

表 9-5　声明枚举类型的一般形式

语　　法	enum 枚举类型名{枚举元素 1,枚举元素 2,……,枚举元素 n};
示　　例	enum weekday{Sunday,Monday,Tuesday,Wednesday,Thursday,Friday,Saturday}; enum color{red,yellow,blue};
说　　明	(1) enum 是保留字。 (2) 枚举元素是常量,也称枚举常量。 (3) 类型 weekday 包含 7 种枚举元素,该类型变量的取值范围就是这 7 个元素。 (4) 类型 color 包含 3 种枚举元素,该类型变量的取值范围就是这 3 个元素

　　枚举类型是用户根据需要构造的类型,每一个枚举常量用具有一定含义的助记符来表示,如 Sunday、Monday 等,使代码的可读性更强。

      组成枚举类型数据的元素个数是有限的。

      枚举类型的成员是一些常量,枚举元素(或枚举常量)之间的分隔符号是逗号,最后一个成员后面不用写逗号。

      枚举元素是由程序设计者命名的,用什么名字代表什么含义,完全由程序设计者根据自己的需要而定,并在程序中做相应处理。例如,关于一周 7 天的信息,也可以用以下枚举类型表示。

```
enum week{Sun,Mon,Tue,Wed,Thu,Fri,Sat};
```

      枚举元素是常量,不能对其进行赋值操作。例如,以下语句是错误的。

```
Mon = 1;   //错误
```

有了枚举类型之后,就可以定义枚举变量,有以下三种定义方式。

(1) 先声明枚举类型,再定义枚举类型变量。

例如:

```
enum week{Sun,Mon,Tue,Wed,Thu,Fri,Sat};        //先声明枚举类型
enum week x,y;                                  //再定义枚举类型的变量 x,y
```

也可以先为枚举类型取别名,再用枚举类型的别名来定义变量。

```
typedef enum week WEEK;                          //先为枚举类型取别名 WEEK
WEEK x,y;                                        //再用枚举类型的别名 WEEK 来定义变量 x,y
```

(2) 在声明枚举类型的同时,定义枚举类型变量。

例如:

```
enum week{Sun,Mon,Tue,Wed,Thu,Fri,Sat}x,y;
```

(3) 在无名枚举类型之后,直接定义枚举类型变量。

例如:

```
enum {Sun,Mon,Tue,Wed,Thu,Fri,Sat}x,y;
```

需要说明的是:

(1) 枚举类型变量的值只限于大括号内指定的枚举元素。例如,对于枚举类型 week 的变量 x 和 y:

```
x = Mon;                                        //正确,Mon 是枚举元素之一
y = Sat;                                        //正确,Sat 是枚举元素之一
x = Frid;                                       //错误,Frid 不是枚举元素
x = 1;                                          //错误,1 是整型,x 是枚举类型,类型不匹配
```

(2) 每一个枚举元素按照其出现的顺序对应一个整数,默认从 0 开始,逐一增加。

例如:

```
enum week{Sun,Mon,Tue,Wed,Thu,Fri,Sat};
```

则 Sun 的值为 0,Mon 的值为 1,Tue 的值为 2,Wed 的值为 3,Thu 的值为 4,Fri 的值为 5,Sat 的值为 6。

但是在定义枚举类型时,枚举元素必须为符号,不能用数值代替。例如,写成以下形式是错误的。

```
enum week{0,1,2,3,4,5,6};                 //错误
```

(3) 必要的时候可以更改枚举元素对应的整数,在声明枚举类型时对其中的某几个枚举元素赋非 0 的值,其后的枚举元素将按依次加 1 的规则确定值。例如:

```
enum week{Sun = 8,Mon = 1,Tue,Wed = 4,Thu,Fri,Sat};
```

则各枚举元素依次对应 8、1、2、4、5、6、7,而不是 0、1、2、3、4、5、6。

(4) 枚举型变量的值是一个整数,不是字符串。

例如,对枚举类型变量 x 赋值:

```
x = Mon;
```

相当于 x 的值为 1,因此输出时要按照整数格式输出。例如:

```
printf(" % d",x);                        //正确,输出 1
printf(" % s",x);                        //错误,不可能通过这种方式输出字符串"Mon"
```

(5) 可以把一个枚举元素赋给一个枚举变量,但不能直接把一个整数赋给一个枚举变量。例如:

```
x = Tue;                                //正确
x = 2;                                  //错误
```

因为 2 是整型常量,而 x 是枚举型变量,赋值号两边的类型不一致,需要先进行强制类型转换才能赋值,如改写成以下形式就正确了。

```
x = (enum week)2;                        //正确
```

  一个整数不能直接赋给一个枚举变量,需进行强制类型转换,且该整数应在枚举元素对应的整数范围内。

9.7.2 枚举类型的使用

【例 9-18】 每周的工作日有 5 天,从星期一到星期五,输入数字 1~5 中的任意一个,打印对应的星期几的英文信息,如输入 1 则打印 Monday,输入 5 则打印 Friday。

```
# include < stdio. h>
main()
{
  enum weekday{Mon = 1,Tue,Wed,Thu,Fri}; //声明枚举类型
  enum weekday workday;                   //定义枚举类型的变量 workday
  int num;

  scanf(" % d",&num);                     //num 取值范围 1~5
  workday = (enum weekday)num;            //为枚举变量赋值,需要强制类型转换
```

313

结构体、共用体和枚举类型

```
        switch(workday)                        //根据枚举变量的值控制输出
        {
            case Mon:printf("Monday\n");break;   //枚举元素不能直接输出,人为改成可识别的字符串输出
            case Tue:printf("Tuesday\n");break;
            case Wed:printf("Wednesday\n");break;
            case Thu:printf("Thursday\n");break;
            case Fri:printf("Friday\n");break;
            default:printf("Error\n");
        }
        return 0;
}
```

运行结果:

```
1 ↵
Monday
```

从本质上看,枚举元素是 int 型的常量,而且是一个有名称的常量,比如本例中 Mon 代表整数 1,Tue 代表整数 2,Wed 代表整数 3,Thu 代表整数 4,Fri 代表整数 5。只要能用整型常量的地方就可以使用枚举常量,比如在 switch 语句中,可以把枚举常量作为标签。

  🔖 表示枚举元素的标识符不能直接输出。

在编程过程中,枚举类型并不是必不可少的,但是用枚举变量会显得更直观,因为枚举元素大都选用令人"见名知义"的标识符,而且枚举变量的值限制在定义时规定的几个枚举元素的范围内,如果赋予它一个其他的值,就会出现出错信息。

  🔖 使用枚举类型的两个好处:①限制变量的取值范围;②提高程序可读性。

9.8 实例研究

综合案例:
成绩系统中
结构体类
型的使用

9.8.1 成绩系统

【例 9-19】 从键盘输入若干名学生的信息,按总分从高到低排列,并输出排列后的结果。学生信息包括:学号、姓名、三门课成绩以及总分。

声明四个函数,分别处理学生信息的输入、计算总分、按总分排序、学生信息的输出这四个功能模块的任务。

```
# include < stdio.h >
typedef struct student              //声明结构体类型
{
    int id;                         //学号
    char name[20];                  //姓名
    float s[3];                     //三门成绩
    float total;                    //总分
}STUDENT;
int main()
{
    STUDENT stu[100];               //定义结构体数组
    void getdata(STUDENT * p,int n); //函数声明,输入学生信息
```

```
    void caltotal(STUDENT * p, int n);          //函数声明,计算学生总分
    void sort(STUDENT * p, int n);              //函数声明,按总分排序
    void outdata(STUDENT * p, int n);           //函数声明,输出学生信息
    int n;
    printf("Enter student's number:\n");
    scanf(" % d", &n);                          //输入学生个数
    getdata(stu, n);                            //函数调用,传递结构体数组名
    caltotal(stu, n);                           //函数调用
    sort(stu, n);                               //函数调用
    outdata(stu, n);                            //函数调用
    return 0;
}
void getdata(STUDENT * p, int n)                //函数定义,输入学生信息
{
    int i, j;
    for(i = 0; i < n; i++)
    {
        printf(" --- student % d --- \n", i + 1);
        printf("ID:");
        scanf(" % d", &p[i].id);
        getchar();
        printf("Name:");
        scanf(" % s", p[i].name);
        printf("3 scores:");
        for(j = 0; j < 3; j++)
            scanf(" % f", &p[i].s[j]);
    }
}


void caltotal(STUDENT * p, int n)               //函数定义,计算总分
{
    int i, j;
    for(i = 0; i < n; i++)
    {
        p[i].total = 0;
        for(j = 0; j < 3; j++)
            p[i].total = p[i].total + p[i].s[j];
    }
}
void sort(STUDENT * p, int n)                    //函数定义,按总分排序
{
    STUDENT t;
    int i, j;
    for(i = 0; i < n - 1; i++)
        for(j = 0; j < n - i - 1; j++)
        if(p[j].total < p[j + 1].total)
        {t = p[j];
        p[j] = p[j + 1];
        p[j + 1] = t;
        }
}
```

315

第9章

```
void outdata(STUDENT * p,int n)              //函数定义,输出学生信息
{
    int i,j;
    for(i = 0;i < n;i++)
    {
        printf(" % - 10d % - 20s",p[i].id,p[i].name);
        for(j = 0;j < 3;j++)
            printf(" % 5.1f",p[i].s[j]);
        printf("total = % 6.1f\n",p[i].total);
    }
}
```

运行结果:

```
Enter student's number:
4 ↵
--- student 1 ---
ID: 196001800 ↵
Name: Anney ↵
3 scores: 92.5 90 91.5 ↵
--- student 2 ---
ID: 196001801 ↵
Name: Linda ↵
3 scores:91 76 70 ↵
--- student 3 ---
ID: 196001802 ↵
Name: Jack ↵
3 scores: 93 67 60 ↵
--- student 4 ---
ID: 196001803 ↵
Name: Peter ↵
3 scores:93.5 86 80 ↵
---- ID---- Name-- Score1 -- Score2 -- Score3 -- Total—
196001800 Anney            92.5 90.0 91.5 total = 274.0
196001803 Peter            93.5 86.0 80.0 total = 259.5
196001801 Linda            91.0 76.0 70.0 total = 237.0
196001802 Jack             93.0 67.0 60.0 total = 220.0
```

主函数中的定义语句"STUDENT stu[100];"定义了一个长度为 100 的结构体类型的数组 stu。主函数中通过语句"getdata(stu,n);"调用 getdata() 函数来读入学生信息,实参是结构体数组 stu 的名字以及实际学生人数 n,形参是结构体类型的指针变量 p 和整型变量 n,调用关系成立时,实参与形参的关系如图 9-19 所示,指针变量 p 指向数组 stu 的首元素,在函数内部通过指针变量所执行的操作都是实施在数组 stu 的各个元素上的。

而 sort() 函数则对数组 stu 的各元素按总分从高到低排序,在排序过程中,出现了结构体数组元素整体互换的概念。如以下语句对指针变量 p 所指向的结构体数组元素 p[j] 和 p[j+1] 进行了整体的内容互换。

```
if(p[j].total < p[j + 1].total)
{t = p[j];
    p[j] = p[j + 1];
```

```
            p[j + 1] = t;
    }
```

排序后的状态如图 9-20 所示。

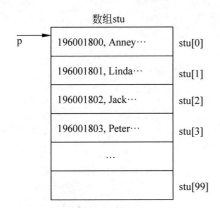

图 9-19　实参和形参的对应关系

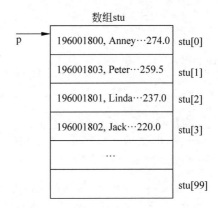

图 9-20　按总分从高到低排序后的状态

9.8.2　人员管理

【例 9-20】　设有若干人员的数据，其中有教师和学生。教师数据中包括：教师号、姓名、性别、职业、职务。学生数据中包括：学号、姓名、性别、职业、班级。要求编写程序输入各类人员的数据，然后再输出。

根据题意，每位人员的信息都包含 5 项内容，分别是：教师号(学号)、姓名、性别、职业、职务(班级)。可以用一个结构体类型来表示人员信息，见图 9-21。前 4 项的成员 num，name，gender，job 用来表示教师号(学号)、姓名、性别、职业。而对第 5 项"职务"或"班级"略做区分，即如果某人员的 job 项为's'(学生)，则其第 5 项应该为 s_class(班级)。而如果某人员的 job 项为't'(教师)，则其第 5 项就应该为 position(职务)。显然，对第 5 项可以用共用体来处理，即将 class 和 position 放在同一段内存中。

num	name	gender	job	s_class / position
3301	Sinda	f	t	professor
196001802	Jack	m	s	1901

图 9-21　教师和学生数据

```
# include < stdio.h >
# include < stdlib.h >
struct P                                    //人员结构体
{
    int num;                                //教师号(学号)
    char name[10];                          //姓名
    char gender;                            //性别
```

结构体、共用体和枚举类型

```
    char job;                                    //职业
    union                                        //表示第5项班级或职务的共用体
    {
        int s_class;                             //班级
        char position[10];                       //职务
    }category;
};
main()
{
    struct P person[20];
    int i = 0,j;
    printf("\n 输入人员编号( - 1 结束):");
    scanf(" % d",&person[i].num); getchar();
    while(person[i].num!= - 1)
    {
        printf("输入姓名:"); gets(person[i].name);
        printf("输入性别(f or m):"); scanf(" % c",&person[i].gender); getchar();
        printf("输入职业(s or t):"); scanf(" % c",&person[i].job); getchar();
        if(person[i].job == 's')
        {
            printf("输入班级:");
            scanf(" % d",&person[i].category.s_class);      //共用体成员的引用
        }
        else if(person[i].job == 't')
        {
        printf("输入职务:");
        scanf(" % s",person[i].category.position);          //共用体成员的引用
        }
        i++;
        printf("\n 输入人员编号( - 1 结束):");
        scanf(" % d",&person[i].num); getchar();
    }
    //输出部分
    for(j = 0;j < i;j++)
    {
    if(person[j].job == 's')                                 //输出学生信息
    printf(" % d % s % c % c % d\n",person[j].num,person[j].name,person[j].gender,
        person[j].job,person[j].category.s_class);
    else                                                     //输出教师信息
    printf(" % d % s % c % c % s\n",person[j].num,person[j].name,person[j].gender,
        person[j].job,person[j].category.position);
    }
    return 0;
}
```

运行结果:

输入人员编号(- 1 结束): 3301 ↵
输入姓名: Sinda ↵
输入性别(f or m): f ↵
输入职业(s or t): t ↵

输入职务：professor ↵
输入人员编号（-1结束）：196001802 ↵
输入姓名：Jack ↵
输入性别（f or m）：m ↵
输入职业（s or t）：s ↵
输入班级：1901 ↵
输入人员编号（-1结束）：-1 ↵
3301　Sinda　f　t　professor
196001802　Jack　m　s　1901

本例在结构体类型 P 中声明了共用体类型，category 作为结构体中的一个成员，其本身又包含两个成员：s_class 和 position。所以程序中对 position（存放教师"职务"的值）的引用要使用 person[j]. category. position 的方式，而对 s_class 也是采用类似方式进行引用。

9.9　习　　题

9.9.1　选择题

1. 下列关于结构体的阐述错误的是（　　　）。
   A. 结构体成员可以是普通变量，也可以是数组，指针及结构体变量等
   B. 结构体类型的声明可以在函数内部，也可以在函数外部
   C. 结构体成员的名字可以同程序中的其他变量名相同
   D. 结构体数据类型可以直接使用

2. 当定义一个结构体变量时，系统分配给它的内存是（　　　）。
   A. 至少是各成员所需内存量的总和
   B. 结构中第一个成员所需内存量
   C. 成员中占内存量最大者所需的容量
   D. 结构中最后一个成员所需内存量

3. C语言结构体类型变量在程序执行期间（　　　）。
   A. 所有成员一直驻留在内存中
   B. 只有一个成员驻留在内存中
   C. 部分用到的成员驻留在内存中
   D. 没有成员驻留在内存中

4. 有如下定义，则下面叙述中错误的是（　　　）。

```
struct   student
{
  int num;
  float score;
}stu;
```

A. struct 是结构体类型的关键字
B. struct student 是用户定义的结构体类型
C. stu 是用户定义的结构体类型

结构体、共用体和枚举类型

    D. num 和 score 都是结构体成员名

5. 下列关于 typedef 的叙述错误的是(　　)。

    A. 用 typedef 可以增加新类型

    B. typedef 只是将已存在的类型用一个新的名字来代表

    C. 用 typedef 可以为各种类型说明一个新名,但不能用来为变量说明一个新名

    D. 用 typedef 为类型说明一个新名,通常可以增加程序的可读性

6. 在 C 语法中,下面结构体变量的定义语句中,错误的是(　　)。

    A. struct point {int x;int y;int z;};struct point a;

    B. struct {int x;int y;int z;} point a;

    C. struct point {int x;int y;int z;} a;

    D. struct {int x;int y;int z;} a;

7. 以下对结构变量 stu1 中成员 age 的非法引用是(　　)。

```
struct student
{
    int age;
    int num;
}stu1, * p;
p = &stu1;
```

    A. stu1. age   B. student. age   C. p—> age   D. (* p). age

8. 下面关于结构体的说法错误的是(　　)。

    A. 结构体是由用户自定义的一种数据类型

    B. 结构体中可设定若干个不同数据类型的成员

    C. 结构体中成员的数据类型可以是另一个已经定义的结构体

    D. 在定义结构体时,可以为成员设置默认值

9. 当说明一个共用体变量时,系统分配给它的内存是(　　)。

    A. 各成员所需内存量的总和

    B. 第一个成员所需内存量

    C. 成员中占内存量最大者所需的容量

    D. 最后一个成员所需内存量

10. 设有如下定义,则下面各输入语句中错误的是(　　)。

```
struct ss
{
    char name[10];
    int age;
    char gender
}std[3], * p = std;
```

    A. scanf("%d",&(* p). age);   B. scanf("%s",std. name);

    C. scanf("%c",&std[0]. gender);   D. scanf("%c",&(p > gender));

11. 根据下面的定义,能打印出 Mary 的语句是(　　)。

```
struct person
{    char name[9];
     int age;
};
struct person class[10] = {"John",17,"Paul",19,"Mary",18,"Adam",16};
```

    A. printf("%s\n",class[1].name);

    B. printf("%s\n",class[2].name);

    C. printf("%s\n",class[3].name);

    D. printf("%s\n",class[4].name);

12. 以下叙述错误的是(　　　)。

    A. 函数的返回值类型不能是结构体类型,只能是简单类型

    B. 函数可以返回指向结构体变量的指针

    C. 可以通过指向结构体变量的指针访问所指结构体变量的任何成员

    D. 只要类型相同,结构体变量之间可以整体赋值

9.9.2　在线编程题

1. 牛刀小试结构体。(nbuoj1435)

请用标准数据类型创建结构体,用于描述一个学生的信息,学生信息包括:姓名、性别、一门课的成绩。从键盘输入学生的姓名(可能包含空格)、性别(用一个字母表示)、一门课的成绩(整数),并将这些信息在屏幕上输出。

2. 初学结构体。(nbuoj1436)

请用标准数据类型创建结构体,用于描述一个人的信息,结构体包括三个成员,分别为姓名、性别、三门课的成绩。从键盘输入姓名、性别、三门课的成绩,并输出这些信息。

3. 结构体嵌套。(nbuoj1437)

设计结构体,包含学生姓名、性别、出生日期。其中,出生日期又包含年、月、日三部分信息。从键盘输入学生的姓名、性别、出生日期(年,月,日),并输出这些信息。

4. 计算总分。(nbuoj1438)

利用结构体数组处理多个学生信息。从键盘输入若干个学生的信息,假设学生信息包括学号、姓名、三门课的成绩,计算每个学生的总分,并按要求进行输出。

5. 奖学金。(nbuoj1439)

某校发放奖学金共 5 种,条件如下。

(1) 阳明奖学金,每人 8000,期末平均成绩>80,且在本学期发表论文大于等于 1 篇。

(2) 梨洲奖学金,每人 4000,期末平均成绩>85,且班级评议成绩>80。

(3) 成绩优秀奖,每人 2000,期末平均成绩>90。

(4) 西部奖学金,每人 1000,期末平均成绩>85 的西部省份学生。

(5) 班级贡献奖,每人 850,班级评议成绩>80 的学生干部。

现给出若干学生的姓名、期末平均成绩、班级评议成绩、是否学生干部、是否西部省份学生、发表论文数。计算哪个同学获得的奖金总数最高。有多个最高值则输出第一个出现的。

备注:假设获奖人数无限制,一人可兼得多项奖学金。

6. 最高分与平均分。(nbuoj1310)

班主任老师想知道学生月考的考试情况。已知班上共 42 人参加考试,考试科目有三门(语文,数学,英语)。现老师从中任意抽取 n 个人的考试成绩情况,想知道这 n 个人三门课的最高分与平均分,请用结构体设计程序完成该任务。从键盘输入 n 个学生的姓名和三门课的成绩。

7. 考试之后。(nbuoj1372)

考试完之后免不了成绩的排名。输入 n 个学生的学号以及三门课程的成绩,按照平均分从高到低排序并输出相关信息。用结构体类型完成。

8. 成绩系统之输入/输出。(nbuoj1331)

已知有 n 个学生,每个学生信息包含学号、姓名、性别、三门课程成绩。请设计两个函数,完成学生信息的输入和输出,并在主程序中得到检测。用结构体类型完成。

9. 成绩系统之平均成绩。(nbuoj1414)

已知有 n 个学生,每个学生信息包含学号、姓名、性别、三门课程成绩。现在请你设计函数,完成对每个学生三门课程求平均,并输出相应信息。用结构体类型完成。

10. 成绩系统之查找学生。(nbuoj1489)

已知有 n 个学生,每个学生信息包含学号、姓名、性别、三门课程成绩。请设计函数,当输入某个学号时,存在该学生则输出学生的全部信息,若不存在则输出 Not Found。用结构体类型完成。

9.9.3 课程设计——成绩系统

1. 程序功能。

编程实现一个基础的成绩管理系统。

2. 设计目的。

通过本程序综合掌握结构体类型、指针、链表、函数、文件等知识的综合使用。

3. 功能要求(可扩充功能)。

(1)实现简单的菜单设计,如下所示。

    1 添加学生信息

    2 显示学生信息

    3 查找学生信息

    4 插入学生信息

    5 删除学生信息

    6 成绩计算

    7 按总分降序输出

    0 退出

(2)每个学生的信息至少包括姓名、学号、三门课程的成绩、班级等信息。

(3)"添加学生信息":输入新的学生信息以后,系统将把相关信息存储到文件中。以班级为单位存放到不同的文件中。至少有 3 个班,每个班级至少 10 个学生。

(4)"显示学生信息":系统将从文件中读取数据,按要求显示所有的学生信息。为使界面美观,可考虑用二维表格的形式输出。

（5）"查找学生信息"：可进一步设计,如按姓名查找或按学号查找,或者查找某门课程的最高/最低成绩,或者在所有学生中查找平均分最高/最低的学生信息等。

（6）"插入学生信息"：根据学号顺序进行插入。

（7）"删除学生信息"：可进一步设计,根据姓名删除还是根据学号删除。删除前显示该条记录,并提交用户确认。

（8）"成绩计算"：可扩充,如计算每个学生的总分、平均分；计算每个班级每门课程的平均分。

（9）"按总分降序输出"：可扩展,按总分降序或升序。

4. 设计方法。

采用模块化设计,独立的功能(如添加、显示、查询、删除等)应在各个自定义函数中实现。

5. 撰写课程设计报告。

内容包括：功能结构图、程序流程图、函数列表、各函数功能简介及完整的源程序(包含必要的注释)、程序运行结果等。

结构体、共用体和枚举类型

第 10 章　　　文　件

计算机的存储系统分为内存和外存(又称辅助存储器),到目前为止,所有的程序都是在运行时由用户输入数据,程序处理的数据存储在内存中,而当程序运行结束时,这些数据随着程序的结束而消失。如果用户希望用同样的数据再运行一次程序,则需要重新输入这些数据。为了长期保存程序处理的数据,需要将数据独立地、永久地存储到外存上。

文件是程序设计中的一个重要概念,可用来解决上述数据永久存储的问题,是实现程序和数据分离的重要方式。

10.1　文件概述

文件的
基本概念

10.1.1　文件的基本概念

文件是一种信息存储的方式,一般指存储在外部介质上的数据的集合。文件具有永久保存数据的功能,除非用户将其删除或存储介质被破坏。

文件有不同的类型,在程序设计中主要用到以下两种文件。

(1) 程序文件:包括源程序文件(扩展名为.c)、目标文件(扩展名为.obj)、可执行文件(扩展名为.exe)等。这种文件的内容是程序代码。

(2) 数据文件:其内容是供程序运行时读写的数据,如一批学生的信息等、一批图书的信息等。

本章主要讨论数据文件。一批数据是以文件的形式存放在外部介质(如磁盘)上的,因此也叫磁盘文件。每个文件都有一个文件名用于标识该文件。磁盘中有众多的文件,系统建立一个树状层次结构的目录来进行文件管理,文件被存放在不同层次的目录中,见图 10-1。

目录提供一种手段,支持对大量文件进行有序的管理。文件由路径名和文件名唯一标识,当程序要访问文件中的数据时,必须首先按照路径名和文件名打开文件,然后才能对文件进行读写操作。

    ☞ 文件通常驻留在外部介质上,在使用时才调入内存。

    ☞ 数据文件也称为磁盘文件。

    ☞ 操作系统把各种设备也作为文件来处理(称为设备文件),对设备文件的输入、输出等同于对磁盘文件的读和写。例如,终端键盘是输入文件,从键盘上输入数据就表示从输入文件中输入数据,如 scanf()、getchar() 函数就属于这类输入;显示器和打印机是输出文件,在屏幕(打印机)上显示(打印)相关信息就是向标准输出文件输出信息,如 printf()、putchar() 函数就属于这类输出。

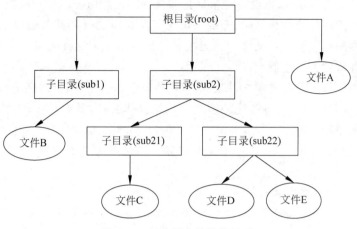

图 10-1　树状层次结构的目录

10.1.2　文本文件与二进制文件

文件的分类方式有很多,在 C 语言中,根据文件中数据的存储形式,一般将文件分成文本文件(也称为 ASCII 码文件)和二进制文件。例如,C 程序的源代码文件(.c)就是文本文件,而可执行程序(.exe)就是二进制文件。

在文本文件中,用字节存储字符的 ASCII 码值,用户可以检查和编辑文本文件。例如,存储值为 10124 的 short 型变量 a,在文本文件需要 5B,每个字节存放对应的数字字符的 ASCII 码值,如数字字符"1"的 ASCII 码值为 49,其二进制形式为"00110001";数字字符"0"的 ASCII 码值的二进制形式为 00110000,…,见图 10-2(a)。

二进制文件是数据的真实反映,它以数据的二进制形式存储在文件中,如 10124 的二进制值为 0010011110001100,因此,它在内存中占据 2B,见图 10-2(b)。

(a) 文本文件中a占5B

(b) 二进制文件中a占2B

图 10-2　变量 a 在不同文件中的存储形式

文本文件和二进制文件的特性差异如下。

(1) 文本文件可以在屏幕上或文本编辑器中显示,由于是以字符形式显示,因此可以读懂文件内容;而二进制文件被显示时,其内容无法读懂,显示为乱码。

(2) 文本文件分为若干行,每一行以一两个特殊字符结尾,特殊字符的选择与操作系统有关。在 Windows 中,行末的标记符是回车符(\r)与换行符(\n)。

(3) 文本文件可以包含一个特殊的"文件末尾"标记。在 Windows 中,标记为 Ctrl+Z。Ctrl+Z 不是必需的,但如果存在,它就标志着文件的结束,其后的所有字节都会被忽略。大多数其他操作系统没有专门的文件末尾字符。

(4) 二进制文件不分行,也没有行末标记和文件末尾标记。

在编写用来读写文件的程序时,需要考虑文件是文本文件还是二进制文件。要显示用户可读懂的内容的应该是文本文件。在无法确定文件是文本文件还是二进制文件时,安全的做法是把文件假定为二进制文件。

无论是文本文件还是二进制文件,C语言都将其看成一个字符(或字节)序列,表现为一个字节流或二进制流,C语言按照这种流式结构来操作文件,具有较强的灵活性,不会受到任何特殊字符的限制。

- ∽ 文本文件面向用户,用户可读懂其内容。二进制文件面向机器,机器可"读懂"其内容。
- ∽ 文本文件占用空间相对较多。
- ∽ 处理文本文件需要花费转换时间(文本文件与二进制文件之间的转换),而处理二进制文件可以节省转换时间。
- ∽ C语言把文件当作一个"流",按字符(或字节)进行处理。

10.1.3 文件缓冲区

C语言所使用的磁盘文件系统有两类:"缓冲文件系统"和"非缓冲文件系统"。ANSI C标准中推荐采用"缓冲文件系统"处理数据文件。

1. 缓冲文件系统

缓冲文件系统是指系统自动地在内存区为程序中每个正在使用的文件开辟一个文件缓冲区,用于临时存放文件的部分数据内容。当执行读文件的操作时,从磁盘文件将数据先读到内存的输入文件缓冲区,装满后再从缓冲区中将数据传给程序数据区(给程序变量)。执行写文件的操作时,先将数据写入内存的输出文件缓冲区,等缓冲区满了以后写入磁盘文件,见图10-3。

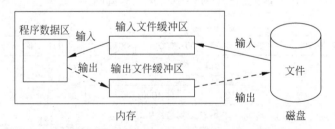

图 10-3　缓冲文件系统输入/输出示意图

采用缓冲文件系统的优点是:原来每读写一个数据需要进行一次输入/输出操作,现在合并多次读写仅进行一次输入/输出操作,减少了对磁盘的实际读写次数。

采用缓冲文件系统的缺点是:由于多次读写合并为一次输入/输出操作,当要写出的数据进入缓冲区后,如果此时程序非正常终止,则缓冲区中数据会丢失,而来不及真正写到磁盘介质上,即没有真正写到文件中。

2. 非缓冲文件系统 I/O

在非缓冲文件系统中,系统不自动为文件开辟缓冲区,对文件的读写直接与磁盘操作相联系。非缓冲文件系统I/O又称为低级磁盘I/O。程序的每次I/O操作,都直接访问磁盘介质,在读写操作频繁进行的情况下,执行效率不高;但是在读写操作不频繁的情况下,非缓冲文件系统的执行效率比缓冲文件系统高,并且不需要开辟内存缓冲区。

     ANSI C 标准中推荐采用缓冲文件系统来处理数据文件。

     一般把缓冲文件系统的输入/输出称为标准输入/输出(标准 I/O)。

     缓冲区的大小由各个具体的 C 编译系统确定。

10.1.4 文件类型的指针

在缓冲文件系统中,系统会给每个被使用的文件分配一个信息区,用于存放与文件相关的信息,如文件的起始位置、缓冲区大小等。这些信息保存在结构体变量中,该结构体类型由系统声明,取名为 FILE。例如,以下是文件类型的一种定义方式。

```
struct _iobuf{
        char * _ptr;               //文件读写位置指针
        int cnt;                   //当前缓冲区的相对位置
        char * _base;              //文件的起始位置
        int flag;                  //文件标识
        int file;                  //文件描述符
        int charbuf;               //检查缓冲区状况,如果无缓冲区则不读取
        int bufsiz;                //文件缓冲区大小
        char * _tmpfname;          //临时文件名
};
typedef struct _iobuf FILE;
```

不同的编译系统中 FILE 类型包含的内容不完全相同,但大同小异。

     用户不必过多了解 FILE 结构体类型的内容,只需知道其中存放文件的有关信息即可。

声明 FILE 结构体类型的信息包含在头文件 stdio.h 中。在程序中可以直接利用 FILE 类型定义文件类型的变量,每一个 FILE 类型变量对应一个文件的信息区,在其中存放该文件的有关信息。这些信息是在打开文件时由系统根据文件的情况自动放入的,用户不必过问。

在实际使用中,一般定义一个指向文件的指针变量,通过这个指针变量来引用文件。定义文件类型指针变量的一般形式见表 10-1。

表 10-1 定义文件类型指针变量的一般形式

语　　法	示　　例	说　　明
FILE * 指针变量名;	FILE * fp	fp 是一个指向文件型数据的指针变量

样例中定义了一个结构体 FILE 类型的指针变量 fp,用它可以指向某一个被打开的文件。

通过某一个文件指针可以获得对应文件的描述信息,从而对文件实施各种操作。若有多个文件,则要定义多个 FILE 类型的指针变量,使其分别指向这若干个文件。例如:

```
FILE * fp1, * fp2, * fp3;
```

    ☞ 不允许一个文件指针同时指向多个文件。

    ☞ 指向文件的指针变量并不是指向外部存储介质上的数据文件,而是指向内存中的文件信息区的开头。

    ☞ 文件信息区包含文件的描述和控制信息,而不是包含文件的内容。

文件的打开与关闭

10.2　文件的打开与关闭

文件在进行读写操作之前要先打开,使用完要关闭。在打开文件的同时,一般都指定一个指针变量指向该文件,建立起指针变量与文件之间的联系,这样就可以通过指针变量访问文件。关闭文件是指撤销文件信息区和文件缓冲区,切断文件指针变量和文件的联系,就无法对该文件再进行操作了。

10.2.1　文件的打开

1. fopen()函数

在 C 语言中,打开一个文件使用标准 I/O 库函数 fopen(),其调用格式见表 10-2。

表 10-2　fopen()函数的调用格式

语　法	FILE * fopen(const char * filename,const char * mode)
示　例	FILE * fp; fp = fopen("myfile.txt","r");
说　明	(1) fopen()函数返回一个文件指针;若文件打开失败则返回空指针 NULL。 (2) 参数 filename 表示需要打开的文件名。 (3) 参数 mode 表示文件的读写模式。 (4) 参数 filename 和 mode 都是字符串形式

fopen()函数有两个参数,第一个参数 filename 表示需要打开的文件名(文件名可以包括文件位置信息,如驱动器符或路径),第二个参数 mode 表示文件的读写模式,用来指定打开的文件是文本文件还是二进制文件以及打算对文件执行的操作。例如,样例中的"fp = fopen("myfile. txt",r);"以 r 模式打开当前文件夹下的 myfile. txt 文件,并且返回文件指针赋给 fp,r 模式说明只能从该文件读数据,不能向该文件写数据。

也可以打开其他文件夹下的文件,比如试图打开 D 盘下的 TEST 子目录下的 myfile. txt 文件,则使用如下形式。

```
fp = fopen("D:\\TEST\\myfile.txt","r");   //正确
```

而不能使用如下形式。

```
fp = fopen("D:\TEST\myfile.txt","r");      //错误
```

因为 C 语言把字符'\'看作是转义字符的开始标志,而不是目录分隔符,因此在 fopen()函数里要用两个斜杠来表示目录分隔符。

    ☞ fopen()函数调用的文件名中含有字符'\'时要特别注意,因为 C 语言把字符'\'看作是转义字符的开始。

2. 文件的读写模式

对文件的操作分为输入和输出,根据程序的不同需要,可能会向文件写入数据,也可能从文件中读出数据,或者是既要读又要写。对这些不同情况,文件的读写模式是不同的,如果文件的读写模式指定为"只读",而在使用中却试图对文件写,则会发生错误。C 语言中文件的读写模式见表 10-3。

表 10-3　文件的读写模式

文 本 文 件	二进制文件	含　义	如果指定文件不存在
r	rb	打开文件用于读(文件必须存在)	出错,返回 NULL
w	wb	打开文件用于写(文件不需要存在)。若文件已存在,则将覆盖原文件	创建一个新文件
a	ab	打开文件用于写,若文件已存在,则写入的数据会被追加到文件尾	创建一个新文件
r+	rb+	打开文件用于读和写(文件必须存在)	出错,返回 NULL
w+	wb+	打开文件用于读和写(文件不需要存在)。若文件已存在,则将覆盖原文件	创建一个新文件
a+	ab+	打开文件用于读和写,若文件已存在,则写入的数据会被追加到文件尾	创建一个新文件

　　∽　在读写模式中,凡是含字母 b 的均指对二进制文件的读写模式,不含字母 b 的指对文本文件的读写模式。

　　∽　用含 a 模式打开的文件,指针指向文件尾;其余模式打开的文件,指针均指向文件头。

(1) r(read)方式:只能用于打开一个已经存在的文件并读数据。不能打开一个不存在的文件,会出错。文件打开时,读写位置指针指向文件头。

(2) w(write)方式:只能用于向打开的文件写数据。若文件不存在,则将按用户指定的文件名创建新文件;若文件已存在,则将覆盖原文件。文件打开时,读写位置指针指向文件开始处。

(3) a(append)方式:用于向文件末尾添加数据。若文件存在,则打开文件,并将读写位置指针移到文件尾,准备添加数据,文件的原有内容可保留;若文件不存在,则创建一个新文件,并从头开始写数据。

(4) r+、w+、a+方式:这三种方式打开文件后,既可以读,也可以写,它们的主要区别如下。

① r+:用该模式打开文件后,文件读写位置指针默认在文件头,此时写入的内容会放在文件开始处。如果需要从文件头开始读数据,需要用 rewind()函数重定位读写位置指针到文件头。

② w+:用该模式打开文件后,文件原有内容全部丢失,以覆盖方式写入。若文件不存在,则创建新文件。

③ a+:用该模式打开文件后,文件原有内容保留。默认情况下,读时从文件开头读,写时则追加到文件末尾。一旦有数据追加后,读写位置指针定位在文件尾,此时如果需要从文件头开始读数据,需要用 rewind()函数重定位读写位置指针到文件头。

当 fopen()函数成功打开文件时,返回一个指向文件的指针;而当试图打开的文件不存在或无法建立新文件时将导致打开失败,此时 fopen()函数会返回空指针 NULL。因此打开文件时要测试 fopen()函数返回值以确认文件是否被正确打开,以便确定程序能否继续执行。测试方法参考如下。

```
if(fp = = NULL)
{
  printf("Open file error!\n");
  exit(1);   //强制程序结束,返回给操作系统 1
}
```

☞ 不要假设一定可以打开一个文件,每次都必须测试 fopen()函数的返回值以确保不是空指针 NULL。

【例 10-1】 以只读方式打开当前文件夹下的一个文件。

```
# include < stdio.h>
# include < stdlib.h>          //使用 exit()函数需要加的头文件
int main()
{
  FILE * fp;
  fp = fopen("myfile.txt","r");
  if(fp == NULL)
  {
    printf("Open file error!\n");
    exit(1);                //强制程序结束,返回给操作系统 1
  }
  else
  {
    printf("Open file success!\n");
    fclose(fp);
  }
  return 0;
}
```

该程序仅打开当前文件夹下的一个名叫"myfile.txt"的文件,没有开展具体的文件操作。如果当前文件下存在这个文件,屏幕上将显示"Open file success!",否则将输出"Open file error!"。

☞ 不同系统允许使用的读写模式会有区别,使用前注意所用系统的规定。

关于文件操作进一步的说明如下。

(1) 计算机中文本文件读入字符时,遇到回车换行符,系统把它转换为一个换行符;在输出时,把换行符转换为回车和换行两个字符。在用二进制文件时,不进行这种转换,在内存中的数据形式与输出到外部文件的数据形式完全一致。

(2) 程序开始运行时,系统自动打开 3 个标准流文件——标准输入流、标准输出流、标准出错输出流。系统已对这 3 个文件指定了与终端的对应关系,标准输入流是从终端的输入,标准输出流是向终端的输出,标准出错输出流是当程序出错时将出错信息发送到终端。系统定义了 3 个文件指针变量 stdin、stdout 和 stderr,分别指向标准输入流、标准输出流和标准出错输出流。前面使用的函数(printf( )、scanf( )、getchar( )、putchar( )、gets( )、puts( ))都是通过 stdin 获得输入,并且用 stdout 进行输出的。默认情况下,stdin 表示键盘,stdout 和 stderr 表示屏幕。

⌒ 不需要对 3 个标准流(stdin、stdout 和 stderr)进行声明,也不用打开或关闭它们。

10.2.2　文件的关闭

对文件操作完成后,应及时关闭该文件,以防止它再被误用。在 C 语言中,关闭一个文件需调用标准 I/O 库函数 fclose( ),其调用格式见表 10-4,假设指针变量 fp 已指向一个确定的文件。

表 10-4　fcloes( )函数的调用格式

语　法	示　例	说　明
int fclose(FILE * fstream)	fclose(fp);	(1) 函数的功能是将文件指针所指向的缓冲区中的数据存放到磁盘文件中,然后释放该缓冲区,从而中断文件指针与缓冲区之间的联系。 (2) 若文件关闭成功,则返回 0,否则返回 EOF(在 stdio.h 头文件中定义为−1)

当文件被关闭后,指针与缓冲区的关系就被切断。如果想再次对文件进行操作,则必须再次打开文件,使指针重新指向文件。

文件操作的一般流程见图 10-4。

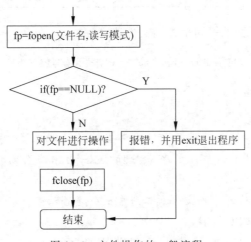

图 10-4　文件操作的一般流程

当用 fclose( )关闭文件时,系统会先将输出文件缓冲区的内容(无论缓冲区是否满)都输出到磁盘文件,然后再关闭文件,这样可以防止数据丢失。如果不关闭文件而直接使程序停止运行,就有可能使缓冲区中的数据丢失。

⌒ 虽然有的编译系统在程序结束前会自动先将缓冲区中的数据写入文件,以避免数据丢失,但还是应当养成在程序终止前关闭所有文件的好习惯。

10.2.3　文件的检测

1. feof()检测文件末尾函数

C语言将文件看成一个字符(或字节)序列,表现为一个字节流或二进制流。在访问磁盘文件时,是逐个字符(字节)访问的,为了知道当前访问到第几个字节,系统用"文件读写位置指针"来表示当前所访问的位置,在 FILE 结构体中有一个文件读写位置指针指示文件当前的读写位置。开始时文件读写位置指针指向第一个字节,见图 10-5。每访问完一个字节后,文件读写位置指针就指向下一个字节。为了知道对文件的访问是否完成,只需看文件读写位置指针是否移到文件末尾。

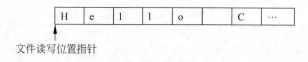

文件读写位置指针

图 10-5　文件读写位置指针示意图

feof()函数用来检测文本文件或二进制文件的文件读写位置指针是否已到文件末尾。feof()函数的调用格式见表 10-5。

表 10-5　feof()函数调用格式

语　法	int feof(FILE * stream)
示　例	feof(fp);
说　明	如果文件读写位置指针已到文件末尾,则函数返回非零值,没有到文件尾则返回 0

例如,程序中常用下面的语句来控制文件读写。

```
while(!feof(fp))   //等价于 while(feof(fp) == 0),表示读写位置指针没有到文件尾
{
        //文件读、写语句
}
```

☞ 文件读写位置指针用来指示文件内部当前的读写位置,每读写一次,该指针均向后移动。该指针不需要在程序中另外定义,由系统自动设置,已包含在 FILE 类型中。

☞ feof()函数用来检测文本文件或二进制文件是否结束。

2. ferror()检测文件出错函数

在调用各种输入/输出函数时,如果出现错误,除了函数返回值有所反映外,还可以用 ferror()函数检测输入/输出函数的每次调用是否有错。ferror()函数的调用格式见表 10-6。

表 10-6　ferror()函数的调用格式

语　法	int ferror(FILE * stream)
示　例	ferror(fp);
说　明	如果 ferror 返回值为 0,表示未出错。如果返回一个非零值,表示出错

一般在每次调用一个输入/输出函数后立即检查 ferror()函数的值,否则信息会丢失。

在执行 fopen() 函数时,ferror() 函数的初始值自动置为 0。

例如:

```
if(ferror(fp))
    printf("File I/O error!\n");
```

10.3　文件的顺序读写

一个文件打开后,可以对它进行读或写操作,所有对文件的读写操作都可以调用文件读写库函数来实现。常用的读写方式及对应的读写库函数有以下几种。

(1) 字符读写函数:每次读或写一个字符,使用 fgetc() 和 fputc() 函数。

(2) 字符串读写函数:每次读或写一行字符,每行以换行符终止,使用 fgets() 和 fputs() 函数。

(3) 数据块读写函数:每次读或写某种数量的对象,而每个对象具有指定的长度,使用 fread() 和 fwrite() 函数。

(4) 格式化读写函数:按指定格式要求进行读或写,使用 fscanf() 和 fprintf() 函数。

10.3.1　字符读写函数 fgetc() 和 fputc()

向文件读
写字符

字符读写函数 fgetc() 和 fputc() 用于对文本文件的读写,可从文件读一个字符,或向文件写一个字符。它们的调用格式见表 10-7。

表 10-7　fgetc() 和 fputc() 函数的调用格式

语　法	示　例	说　明
int fgetc(FILE * stream)	ch = fgetc(fp);	从 fp 所指向的文件读一个字符。读成功,带回所读字符;失败则返回文件结束标志 EOF(即 −1)
int fputc(int c, FILE * stream)	fputc(ch,fp);	把字符 ch 写到 fp 所指向的文件中。ch 可以是字符变量,也可以是字符常量或字符型表达式。如果写成功则返回写入的字符,否则返回 EOF(即 −1)

在 fgetc() 函数调用中,读取的文件必须以读或读写方式打开。在 fputc() 函数调用中,被写入的文件可以用写、读写、添加方式打开。

【例 10-2】 从键盘输入一些字符,以 '♯' 作为结束符,将这些字符存储到文本文件 D:\TEST\ex10_2.txt 文件中。

本题以 w 方式打开一个文本文件(若不存在则新建),用单字符读入 getchar() 函数的方式不断地从键盘读入字符,并用 fputc() 函数将字符写入文件 ex10_2.txt 中,输入以 '♯' 结束。用什么字符作为输入结束的标志是人为的,可在程序中指定。

```
#include<stdio.h>
#include<stdlib.h>
int main()
{
    FILE * fp;
    char ch;
```

```
        if((fp = fopen("D:\\TEST\\ex10_2.txt","w")) == NULL)                //以 w 模式打开文件
        {
          printf("Open file error!\n");
          exit(1);
        }
        printf("Enter characters(ended with '#'):\n");
        while((ch = getchar())!= '#') //当从键盘输入＃时结束循环
        {
          fputc(ch,fp);                        //用 fputc()函数将字符 ch 的值写入 fp 所指向的磁盘文件
        }
        fclose(fp);                                                        //关闭文件
        return 0;
}
```

本例运行情况见图 10-6。根据屏幕提示输入两行字符并以'＃'结束，按下 Enter 键后，屏幕上并没有输出这两行字符，只有刚才输入的信息，见图 10-6(a)。这是因为代码中将从键盘输入的信息"ch＝getchar()"，用"fputc(ch,fp)"写入磁盘文件了，即从键盘输入的内容都被输出到 D 盘根目录下 TEST 子目录下的 ex10_2.txt 中，而不是输出到屏幕上。这时到 D 盘 TEST 子目录下可以找到名为 ex10_2 的文本文件，双击打开该文件后，见图 10-6(b)，可见文件 ex10_2 中的内容就是之前输入的两行字符(不包含'＃')。

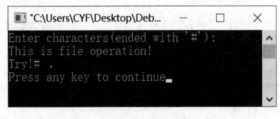
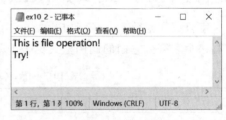

(a) 屏幕输入/输出内容　　　　　　　　　　　　(b) 文件写入后的内容

图 10-6　例 10-2 的运行情况

文件名在 fopen()函数中可以直接写成字符串常量的形式，如本例的"D:\\TEST\\ex10_2.txt"(此处含盘符和路径)。如需要将文件放在当前文件夹下，也可以直接用" ex10_2.txt"(此时不需要盘符和路径)。需要注意，如指定放在某个盘符的某个路径下，则该盘符及路径必须存在，否则会出错。例如本例运行时，当前计算机上必须有 D 盘，且 D 盘根目录下已创建了 TEST 子目录。

  ✍ 当前文件夹指当前源程序所在的文件夹。

  ✍ 本例运行之前，D 盘 TEST 子目录下没有 ex10_2 这个文件，运行程序后才创建了 ex10_2 文件。

无论执行读还是写任务，文件内部的读写位置指针会自动后移一个字节，以便进行下一次的读写操作。

【例 10-3】 从文本文件 D:\TEST\ex10_2.txt 中将字符顺序读出，并在屏幕上显示。(文件 ex10_2 在例 10-2 中已建立。)

前面的程序已经在文件 ex10_2 中存放了两行字符，现在用 fgetc()函数从文件中读这些字符，并输出到屏幕上。这时应该以 r 的方式来访问文件。

```
#include<stdio.h>
#include<stdlib.h>
int main()
{
    FILE * fp;
    char ch;
    if((fp = fopen("D:\\TEST\\ex10_2.txt","r")) == NULL) //以 r 模式打开文件
    {
        printf("Open file error!\n");
        exit(1);
    }
    while((ch = fgetc(fp))!= EOF)                //用 fgetc()函数从文件中读字符存入到 ch 变量
    {
        putchar(ch);                            //将变量 ch 中的字符输出到屏幕上
    }
    putchar('\n');
    fclose(fp);
    return 0;
}
```

运行结果：

```
This is file operation!
Try!
```

该程序运行时,马上在屏幕上显示了如上的两行字符,而无须从键盘上输入这些内容。这是因为经过例 10-2 的操作,在文件 ex10_2 中已存放了这两行字符,本例通过"ch = fgetc(fp)"读文件 ex10_2 中的字符,存放到变量 ch 中,再通过"putchar(ch)"将变量 ch 的内容输出到屏幕上。

对于一个已经存在的文件,通常不知道文件的长度,因此常用以下方式判断文件是否结束。

```
while((ch = fgetc(fp))!= EOF)
{ … }
```

即从文件读取一个字符赋给 ch 变量,如果读入的不是文件结尾标志 EOF,则进入循环体执行具体操作,否则结束循环。

【例 10-4】 将文本文件 D:\TEST\ex10_2.txt 中的信息复制到另一个文件 D:\TEST\backup.txt 中。(文件 ex10_2 在例 10-2 中已建立。)

用 r 模式打开文件 ex10_2,读其中的内容。用 w 模式打开文件 backup(若不存在则新建),向该文件写内容。

```
#include<stdio.h>
#include<stdlib.h>
int main()
{
    FILE * fin, * fout;
    char f1[30] = "D:\\TEST\\ex10_2.txt",f2[30] = "D:\\TEST\\backup.txt";
    char ch;
```

```
if((fin = fopen(f1,"r")) == NULL)  //以 r 模式打开文件 ex10_2
{
  printf("Can not open % s file!\n",f1);
  exit(1);
}
if((fout = fopen(f2,"w")) == NULL) //以 w 模式打开文件 backup
{
  printf("Can not open % s file!\n",f2);
  exit(0);
}
while((ch = fgetc(fin))!= EOF)     //从 ex10_2 文件读出一个字符存入变量 ch,并判断是否文件尾
  fputc(ch,fout);                  //若非文件尾,则将 ch 中的字符写入 backup 文件
fclose(fin);
fclose(fout);
return 0;
}
```

这里用了两个字符数组 f1 和 f2,分别存放文件 ex10_2 及 backup 的文件名(含盘符路径)。程序运行后,屏幕上没有任何结果输出,从 ex10_2 文件中读出的内容都写到 backup 文件中去了。到 D 盘 TEST 子目录下可以发现新生成了一个名为 backup 的文件,双击打开该文件,发现其内容和 ex10_2 文件的内容是一样的,见图 10-7。

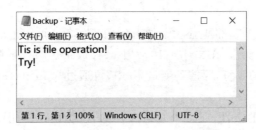

图 10-7　backup 文件中复制了 ex10_2 文件的内容

文本文件既可以用 EOF 来判断文件结束,也可以用 feof()函数来判断文件结束。例如,本例的语句:

```
while((ch = fgetc(fin))!= EOF)   //从 ex10_2 文件读出一个字符存入变量 ch,并判断是否文件尾
  fputc(ch,fout);                //若非文件尾,则将 ch 中的字符写入 backup 文件
```

也可以改写成如下形式。

```
while(!feof(fin))                //判断 fin 指向的 ex10_2 文件是否到文件尾
{
  ch = fgetc(fin);              //若非文件尾,则从 ex10_2 文件读出一个字符存入变量 ch
  fputc(ch,fout);              //将 ch 中的字符写入 backup 文件
}
```

　　 EOF 是一个常量,它是文件结束标记,有时也是文件操作出错的标记,其值为-1,是在头文件 stdio. h 中定义的一个宏:

```
# define EOF -1
```

在文件操作中,常用它进行文本文件结束与否的测试。

☞ 文本文件中都是字符的 ASCII 码,没有−1 这个数值,因此可用 EOF 作为文本文件的结束标记,并以此来测试文本文件是否结束。但不能用 EOF 测试二进制文件是否结束,因为二进制文件中允许含有−1 这个数值。可以用 feof()函数来测试二进制文件是否结束。

☞ 文本文件既可以用 EOF 来判断文件结束,也可以用 feof()函数来判断文件结束。

10.3.2 字符串读写函数 fgets()和 fputs()

向文件读写
一个字符串

字符串读写函数 fgets()和 fputs()用于对文本文件的读写,可一次读写一个字符串。它们的调用格式见表 10-8。其中,语法格式中的 string 为字符数组名,stream 为文件指针。

表 10-8 fgets()和 fputs()函数的调用格式

语　法	示　例	说　明
char ＊ fgets (char ＊ string, int n, FILE ＊ stream)	fgets(str,n,fp);	(1) 从 fp 所指向的文件中至多读 n−1 个字符,并在串尾自动加'\0',然后把这 n 个字符存放到 str 开始的存储单元中。 (2) 若成功,则返回 str 的值;否则返回空指针 NULL
int fputs (char ＊ string, FILE ＊ stream)	fputs(str,fp);	(1) 将 str 开始的存储单元的内容写到 fp 所指向的磁盘文件中(不包括字符串结束符'\0')。 (2) 如果写成功,则返回 0,;否则返回 EOF

【例 10-5】 从键盘输入若干行字符,把它们写到磁盘文件 D:\TEST\ex10_5.txt 中。本例用 w 模式打开文件 ex10_5(若不存在则新建)。

```
# include < stdio.h >
# include < stdlib.h >
int main()
{
  FILE ＊fp;
  char str[81];
  if((fp = fopen("D:\\TEST\\ex10_5.txt","w")) == NULL) //以 w 模式打开文件
  {
    printf("Open file error!\n");
    exit(1);
  }
  while(gets(str)!= NULL)        //按 Ctrl + Z 组合键结束输入
  {
    fputs(str,fp);              //把字符串写到 fp 所指向的文件
    fputc('\n',fp);            //在文件中每个字符串后面加个换行符
  }
  fclose(fp);
  return 0;
}
```

运行结果:

```
Data Base ↵
Operating System ↵
Data Structure ↵
^Z ↵
```

程序运行时,每循环一次,从键盘输入一行字符(按 Enter 键结束),这个字符串被存入 str 数组,然后用 fputs()函数将该字符串写到 ex10_5 文件中,同时用 fputc()函数将一个换行符'\n'写到 ex10_5 文件中。如果没有人为添加这个'\n',则文件中各个字符串之间无间隔,会连成一片,无法区分各个字符串。键盘上输入最后一个字符串后,按 Enter 键,再按 Ctrl+Z 组合键,此时结束输入,程序运行结束。从键盘输入的这若干个字符串被写到磁盘文件 ex10_5 中,在 D 盘下的 TEST 目录下可以发现新建了一个 ex10_5 文件,其内容见图 10-8。

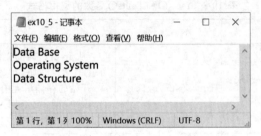

图 10-8　文件 ex10_5 的内容

【例 10-6】　从文本文件 D:\TEST\ex10_5.txt 中读出若干个字符串,并在屏幕上显示出来。(文件 ex10_5 在例 10-5 中已建立。)

```c
# include < stdio.h >
# include < stdlib.h >
int main()
{
  FILE  * fp;
  char str[81];
  if((fp = fopen("D:\\TEST\\ex10_5.txt","r")) == NULL) //以 r 模式打开文件
  {
    printf("File open error!\n");
    exit(1);
  }
  while(fgets(str,81,fp)!= NULL) //每次循环,从文件中读一个字符串存入 str 数组
    printf(" % s",str);
  fclose(fp);
  return 0;
}
```

运行结果:

```
Data Base
Operating System
Data Structure
```

在使用 fgets()函数时,如未读满 n−1 个字符就遇到了换行符'\n'或文件结束符 EOF

（如本例的情况），则结束读操作，将'\n'也送到 str 数组中，同时在读入的所有字符的后面自动加'\0'。因此 str 数组中的每个字符串后面都有一个'\n'，在向屏幕输出 str 数组的内容时不必再人为添加'\n'，用"printf("%s",str);"即可。

对于一个已经存在的文件，通常不知道文件的长度，因此常用以下方式来进行处理。

```
char s[81];                          //假设文件输入缓冲区的长度 81,则数组长度最大 81
FILE * fp;
…
while((fgets(str,81,fp))!= NULL)     //从 fp 所指向的文件读一个字符串存入 str 数组
{
  //处理语句
}
```

【例 10-7】 从文本文件 D:\TEST\ex10_5.txt 中读出 8 个字符，并在屏幕上显示出来。（文件 ex10_5 在例 10-5 中已建立。）

```
# include< stdio. h>
# include< stdlib. h>
int main()
{
  FILE * fp;
  char str[81];
  if((fp = fopen("D:\\TEST\\ex10_5.txt","r")) == NULL)   //以 r 模式打开文件
  {
    printf("File open error!\n");
    exit(1);
  }
  fgets(str,8,fp);                                //从文件中读 8 个字符
  printf("%s",str);
  printf("\n");                                   //人为加换行
  fclose(fp);
  return 0;
}
```

运行结果：

Data Ba

文件 ex10_5. txt 中第一行字符串的内容是"Data Base"，该字符串共 9 个有效字符。本程序要求从文件中读 8 个字符，实际读的内容为"Data Ba"共 7 个有效字符，加上后面自动添加的'\0'共 8 个字符，存入到字符数组 str。因此在屏幕上显示 str 数组的内容时得到信息为"Data Ba"。

在使用 fgets()函数时，若要求读取的有效字符个数 n−1 小于或等于文件中字符串长度（如本例），则读满 n−1 个字符，并自动添加'\0'（连'\0'在内共 n 个字符），存入 str 数组。此时，str 中的字符串不包含换行，因此输出到屏幕时可根据需要人工添加换行。

  用"fgets(str,n,fp)"从文件中读字符，最多只能读 n−1 个文件中的有效字符存入数组 str，还有一个字符的位置必须留给自动添加的'\0'。

10.3.3 数据块读写函数 fread() 和 fwrite()

利用 fread() 和 fwrite() 可以对文件进行数据块的读写操作,一次可读写一组数据。用它们能方便地对程序中的数组、结构体数据进行整体输入和输出,当然也可以用它们来处理文本文件。

fread() 和 fwrite() 函数的调用格式见表 10-9。

表 10-9　fread() 和 fwrite() 函数的调用格式

语　法	示　例	说　明
int fread(void * buffer, int size, int n, FILE * stream)	FILE * fp; int score[5]; fread(score,sizeof(int),5,fp);	fread() 函数从 stream 所指的文件中,读取 n 项长度为 size 的数据,保存到 buffer 所指向的存储单元。函数如果调用成功,则返回值是实际读到的项数 n,否则返回小于等于 0 的值
int fwrite(void * buffer, int size, int n, FILE * stream)	FILE * fp; int score[5] = {70,90,80,80,90}; fwrite(score,sizeof(int),5,fp);	fwrite() 函数从程序数据库区 buffer 开始,将 n 项长度为 size 的数据写入到 stream 指向文件。函数调用成功,则返回值是实际写入的项数 n,否则返回小于等于 0 的值

在表 10-9 中,buffer 是一个地址,对 fread() 来说,它是将从文件读到的数据存储到这个内存的这个地址,对 fwrite() 来说,是要把从内存的这个地址开始的存储区的数据输出到文件中。size 为每个数据项的字节数,n 为要写出的数据项的个数,stream 是 FILE 类型的指针。

【例 10-8】　从键盘输入三个学生的信息,存储到文件 D:\TEST\student.dat 中。每个学生信息包括学号、姓名、一门课程的成绩。

```c
#include < stdio.h >
#include < stdlib.h >
typedef struct Student
{
    int id;
    char name[20];
    int s;
}STUDENT;
STUDENT stu1[3];
int main()
{
    FILE * fp;
    int i;
    if((fp = fopen("D:\\TEST\\student.dat","wb")) == NULL) //以 wb 形式打开文件
    {
        printf("Open file error!\n");
        exit(1);
    }
    for(i = 0;i < 3;i++)
```

```
    {
        scanf("%d%s%d",&stu1[i].id,stu1[i].name,&stu1[i].s);
    }
    fwrite(stu1,sizeof(STUDENT),3,fp);
        //将存储在 stu1 中的 3 个长度为 sizeof(STUDENT)的数据块写到 fp 指向的文件
    fclose(fp);
    return 0;
}
```

运行结果：

```
196001800 Anney 92 ↵
196001801 Linda 91 ↵
196001802 Jack 93 ↵
```

语句：

```
fwrite(stu1,sizeof(STUDENT),3,fp);
```

将 3 个长度为 sizeof(STUDENT)的数据块写到文件中,也可以用循环每次写一个数据块,则将语句改写成如下等价的形式。

```
for(i = 0;i < 3;i + + )
    fwrite(&stu1[i],sizeof(STUDENT),1,fp);
```

即每次将存储在 stu1[i]中的 1 个长度为 sizeof(STUDENT)的数据块写到 fp 指向的文件,循环执行 3 次,将 stu1[0]、stu1[1]、stu1[2]中的数据块依次写到磁盘文件中。

本例从键盘输入三个学生的信息,输入后屏幕无任何输出,相关内容都写到文件 D:\TEST\student.dat 中。但由于该文件是二进制文件,直接打开文件看到的是乱码。为了验证文件 student 中是否已存入这三个学生的信息用相应程序从文件中读数据,这一读取过程需要用到 fread()函数。见例 10-9。

【例 10-9】 从文件 D:\TSET\student.txt 中将学生信息读取出来,并显示到屏幕上。(文件 student 在例 10-8 中建立。)

```
# include < stdio.h >
# include < stdlib.h >
typedef struct Student
{
    int id;
    char name[20];
    int s;
}STUDENT;
STUDENT stu2[3];
int main()
{
    FILE * fp;
    int i;
    if((fp = fopen("D:\\TEST\\student.dat","rb")) == NULL)    //以 rb 形式打开文件
    {
        printf("Open file error!\n");
```

```
        exit(1);
    }
    i = 0;
    while(fread(&stu2[i],sizeof(STUDENT),1,fp) == 1)    //从文件中读取每一条记
                                                        //录存入 stu2[i]

    {
        printf("%d,%s,%d\n",stu2[i].id,stu2[i].name,stu2[i].s);    //逐个输出 stu2[i] 的内
                                                                   //容到显示屏

        i++;
    }
    fclose(fp);
    return 0;
}
```

运行结果：

```
196001800,Anney,92
196001801,Linda,91
196001802,Jack,93
```

在 while 循环语句中,每次用 fread()函数从 student.dat 文件读一个长度为 sizeof (STUDENT)字节的数据块,相当于读一个学生的记录,将该记录存储在 stu2[i]中,并在屏幕上显示结构体数组元素 stu2[i] 的各个成员的值。

从文件中读取数据后,stu2 数组的内容如图 10-9 所示。

图 10-9 结构体数组 stu2 获得文件中读到的数据

如果能确定文件中的数据块的项数,也可以一次性读文件中的所有数据存入结构体数组 stu2,相关代码改写如下。

```
fread(stu2,sizeof(STUDENT),3,fp);    //一次性读文件中的 3 个数据块存入结构体数组 stu2
for(i = 0;i < 3;i + +)
printf("%d,%s,%d\n",stu2[i].id,stu2[i].name,stu2[i].s);//输出数组 stu2 的内容到显示屏
```

&ed; 注意：例 10-9 中所定义的结构类型必须与例 10-8 中定义的完全一致,否则从文件中读取数据时就会出错。即 fread 与 fwrite 处理的数据格式应该是一致的。

10.3.4 格式化读写函数 fscanf()和 fprintf()

与 scanf()和 printf()函数的功能相似,fscanf()和 fprintf()函数也是格式化读写函数。两者的区别在于：scanf()和 printf()函数的读写对象是键盘和显示器,而 fscanf()和 fprintf()函数的读写对象是磁盘文件。因此在 fscanf()和 fprintf()函数的参数中多了一个文件指针,用于指出读写对象。

fscanf()函数从指定的文件中格式化读数据,fprintf()函数向指定的文件中格式化写数据。它们的调用格式见表 10-10。

表 10-10　fscanf()和 fprintf()函数的调用格式

语　　法	示　　例	说　　明
int fscanf(FILE * fp,格式字符串,地址列表)	fscanf (fp, " % d % d", &a, &b);	按格式要求,从 fp 所指向的文件中读数据,存放到由地址表指定的位置上。如果读入成功,返回值是实际读到的项数,否则返回小于或等于 0 的数
int fprintf(FILE * fp,格式字符串,输出列表);	fprintf(fp, " % d % d",a,b);	将输出列表中的数据按指定格式要求写到 fp 所指向的文件中。如果写入成功,返回值是实际写的项数,否则返回小于或等于 0 的数

  ☚ 格式字符串、地址列表、输出列表的说明与 scanf()和 printf()相同。

  ☚ 用 fscanf()从文件中读出数据时,"格式字符串"中的安排一定要与文件中数据存放的格式一致。

  假设有如下定义:

```
char name[20];
int score;
```

则语句:

```
fscanf(fp," % s % d",name,&score);
```

表示从 fp 所指向的文件读一个字符串和一个整型数据存入 name 数组和 score 变量中。

  而语句:

```
fprintf(fp," % s % d",name,score);
```

则表示将 name 数组和 score 变量中的值存入到 fp 所指向的文件中(假设 name 数组和 score 变量已被赋值)。

  【例 10-10】　从键盘写入三个学生的信息,用 fprintf()函数将学生信息写入磁盘文件 D:\TEST\ex10_10.txt。

```
# include < stdio.h >
# include < stdlib.h >
typedef struct Student
{
  int id;
  char name[20];
  int score;
}STUDENT;
STUDENT stu[3];
int main()
{ FILE *fp;
  int i;
  if((fp = fopen("D:\\TEST\\ex10_10.txt","w")) == NULL)     //以 w 模式打开文件
  {
    printf("Open file error!\n");
    exit(1);
  }
  for(i = 0;i < 3;i++)
```

```
    scanf("%d%s%d",&stu[i].id,stu[i].name,&stu[i].score);  //从键盘读取信息存入结构
                                                           //体数组 stu
  for(i = 0;i < 3;i++)
    fprintf(fp,"%d %s %d\n",stu[i].id,stu[i].name,stu[i].score);  //将 stu 中内容写入
                                                                 //fp 指向的文件
  fclose(fp);
  return 0;
}
```

运行结果：

```
196001800 Anney 92 ↵
196001801 Linda 91 ↵
196001802 Jack 93 ↵
```

本例先从键盘输入三个学生的信息，并用格式化函数 fprintf() 将这些信息写入文件 ex10_10 中。在 fprintf() 中，用%s 处理姓名，用%d 处理学号与分数，用法与普通的格式控制参数一致。当需要使用文件 ex10_10 中的这些数据时，可以用 fscanf() 函数从文件中将这些数据读取出来。见例 10-11。

【例 10-11】 用 fscanf() 函数将磁盘文件 D:\TEST\ex10_10.txt 中的学生信息读出来并显示到屏幕上。（文件 ex10_10 在例 10-10 中建立。）

```c
#include < stdio.h >
#include < stdlib.h >
typedef struct Student
{
  int id;
  char name[20];
  int score;
}STUDENT;
STUDENT stu[3];
int main()
{ FILE *fp;
  int i;
  if((fp = fopen("D:\\TEST\\ex10_10.txt","r")) == NULL) //以 r 模式打开文件
  { printf("Open file error!\n");
    exit(1);
  }
  for(i = 0;i < 3;i++)
    fscanf(fp,"%d %s %d",&stu[i].id,stu[i].name,&stu[i].score);  //从文件读取信息存入结
                                                               //构体组 stu
  for(i = 0;i < 3;i++)
    printf("%d %s %d\n",stu[i].id,stu[i].name,stu[i].score);  //将 stu 中内容输出到屏幕上
  fclose(fp);
  return 0;
}
```

运行结果：

```
196001800 Anney 92
196001801 Linda 91
196001802 Jack 93
```

- 函数 fscanf( )与 fprintf( )函数一次只能读写一个结构数组元素,从这一点来看, fread( )与 fwrite( )函数显得更方便些。
- 结构体类型的数据,既可以用二进制文件存储,也可以用文本文件存储,在读写时需要注意两种存储形式的区别。
- 使用 fscanf( )从文件读取数据时,其格式应与用 fprintf( )将数据写入文件时的格式一致,否则会造成读写错误。

10.4　文件的定位与随机读写

文件定位和
随机读写
数据文件

计算机中的文件按读写方式可分为顺序读写和随机读写。前面介绍的对文件的读写都是从文件的开头逐个数据进行的,每读(或写)一个数据(或数据块)后,文件读写位置指针自动移到它后面的位置,这种方式称为文件的顺序访问。有时用户仅需要文件中的部分数据,这时希望能直接定位到数据存储位置进行读写,而不是从文件起始位置逐一读取文件内容,这种方式称为文件的随机访问。

C 语言提供了相关的函数来指定文件读写位置指针的值,因此可以实现对文件的随机访问。

实现随机读写的关键是能按要求移动文件读写位置指针,这称为文件的定位。移动文件读写位置指针的函数主要有两个,即 rewind( )函数和 fseek( )函数。另外,ftell( )函数可用来检测当前文件位置指针的位置。

10.4.1　"读写位置指针"复位函数 rewind( )

rewind( )函数使文件读写位置指针重新返回文件头。在文件操作过程中,文件读写位置指针可能会移动到文件中间或末尾,若想回到文件头进行读写时,可以使用该函数。其调用格式为:

```
rewind(fp);
```

其中,fp 是已经打开的文件指针。

【例 10-12】　在 D:\TEST\ex10_5.txt 文件中已保存了三门课的课名,请在该文件中追加 1 门课,并将 4 门课程的课程名输出到屏幕上。(文件 ex10_5 在例 10-5 中建立。)

以 a+模式打开文件 ex10_5,原文件已存在,可以在文件尾追加数据,此时要注意,在读文件之前要用 rewind( )函数先将文件读写位置指针重定位到文件开头。

```
# include < stdio. h >
# include < stdlib. h >
int main( )
{
  FILE * fp;
  char str[81];
  int i;
  if((fp = fopen("D:\\TEST\\ex10_5.txt","a + ")) == NULL) //以 a + 模式打开文件
  {
    printf("Open file error!\n");
```

```
        exit(1);
    }
    gets(str);                              //写入一个课程名信息到 str 数组
    fputs(str,fp);                          //添加 str 中的课程名信息到文件末尾
    fputs("\n",fp);
    rewind(fp);                             //文件读写位置指针重定位到文件开头
    while(fgets(str,81,fp)!= NULL)
        printf(" % s",str);
    fclose(fp);
    return 0;
}
```

运行结果：

```
Programming C ↵
Data Base
Operating System
Data Structure
Programming C
```

本例用 a+模式打开文件,在文件末尾添加了一个字符串"Programming C",此时文件读写位置指针已指到文件末尾。题目要求将文件中 4 个学生的信息都输出到屏幕上,这就需要从文件头开始处理数据,因此必须用 rewind()函数使文件读写位置指针返回到文件开头处。

10.4.2 "读写位置指针"随机定位函数 fseek()

fseek()函数将文件读写位置指针移动到指定的位置。其调用格式见表 10-11。

表 10-11 fseek()函数调用格式

语　　法	int fseek(FILE ∗ fp, long offset, int from) //fseek(文件类型指针,位移量,起始点)
示　　例	fseek(fp,20L,1);　　　　　//读写位置指针从当前位置向文件尾移动 20B fseek(fp,-10L,SEEK_END);　//读写指针从文件尾向文件头移动 10B fseek(fp,0L,1);　　　　　//读写指针回到当前位置
说　　明	(1) fseek()函数将文件指针移动到与起始点 from 所指定的文件位置距离 offset 字节的地方。如果移动成功,返回值 0,出错时返回非 0 值。 (2) fp 为文件指针;offset 为字节偏移量;from 表示起始位置,它必须是 0、1、2 中的一个,其中,0 表示起始位置是文件头(符号常量 SEEK_SET),1 表示起始位置是当前位置(SEEK_CUR),2 表示起始位置是文件末尾(SEEK_END)。 (3) 若 offset 为正数,表示向文件尾移动;为负数表示向文件头移动;为 0 表示回到起始位置

     📖 offset()如果是常数,则必须是长整型的,整数后加'L'或'l'。如果是表达式,可以通过"(long)(表达式)"强制转换为长整型。

【例 10-13】 磁盘文件 D:\TEST\student.dat 中已存放了三个学生的记录,将 1、3 号记录取出并显示到屏幕上。(文件 student 在例 10-8 中已建立。)

```
# include< stdio.h>
# include< stdlib.h>
typedef struct Student
```

```
{
    int id;
    char name[20];
    int s;
}STUDENT;
STUDENT stu[3];
int main()
{
    FILE * fp;
    int i,j = 0;
    if((fp = fopen("D:\\TEST\\student.dat","rb")) == NULL)  //以 rb 形式打开一个文件
    {
        printf("Open file error!\n");
        exit(1);
    }
    for(i = 0;i < 3;i += 2)
    {
        fseek(fp,i * sizeof(STUDENT),0);
        fread(stu + j,sizeof(STUDENT),1,fp);                //从文件中读取每一条记录存入 stu[j]
        printf("%d,%s,%d\n",stu[j].id,stu[j].name,stu[j].s);
        j++;
    }
    fclose(fp);
    return 0;
}
```

运行结果：

```
196001800,Anney,92
196001802,Jack,93
```

在 fseek()函数中,第三个参数指定起始
点为"0",表示起始点是文件头。位移量为 i *
sizeof(STUDENT),其中,sizeof(STUDENT)
是表示学生信息的结构体类型变量的长度(字
节数)。变量 i 初值为 0,第一次执行 fread()函

图 10-10   "读写位置指针"随机定位示意图

数时,读写位置指针在文件头,即读取第一个学生的信息,存放在地址 stu+j 处,j 初值为 0,即
存入 stu[0]中,然后在屏幕上输出该学生的信息。在第 2 次循环时,i 增值为 2,文件位置移动
量是结构体类型变量长度的 2 倍,读写位置指针指向第 3 个学生数据区开始的地方,见
图 10-10 中虚线箭头,此时用 fread()读到的就是第 3 个学生的数据,存入数组元素 stu[1]中。
这样就读到了第 1、3 号这两个学生的信息。

【例 10-14】   将文本文件 D:\\TEST\ex10_2.txt 中的小写字母改成大写字母。(文件
ex10_2 在例 10-2 中已建立。)

```
# include < stdio.h >
# include < stdlib.h >
# include < ctype.h >
int main()
```

文   件

```
{
    FILE * fp;
    char ch;
    if((fp = fopen("D:\\TEST\\ex10_2.txt","r +")) == NULL) //以 r+ 模式打开文件
    {
        printf("Open file error!\n");
        exit(1);
    }
    while((ch = fgetc(fp)) != EOF) //从文件中写入一个字符到变量 ch
    {
        if(islower(ch))
        {
            ch = toupper(ch);          //将小写字母改成大写字母
            fseek(fp, - 1L,1);         //从当前位置向前移 1 字节到刚才读取 ch 的位置
            fputc(ch,fp);              //将修改后的字符写入文件
            fseek(fp,0L,1);            //定位到当前位置
        }
    }
    fclose(fp);
    return 0;
}
```

程序运行后在屏幕上没有输出。到 D 盘 TEST 目录下打开 ex10_2 文件,其中的内容已被修改,所有的小写字母都被改成大写字母,如图 10-11 所示。

本题以 r+模式打开文件,从中逐一读取字符,然后判断其是否为小写字母,若是,则利用 toupper() 函数将其转换成大写字母。由于读取该字符的时候,文件读写位置指针已经自动移向下一个字符了,因此为了修改该字符,必须使用 fseek()函数将指针往回移动一个字节,使之指向刚才的字符开始

图 10-11 将文件 ex10_2 中
的小写字母变成大写字母

的地方,然后把修改后的字符写入文件中原来的位置,接着再用 fseek()函数将读写指针定位到当前位置。

10.4.3 ftell()函数

ftell()函数用来返回文件的当前读写位置。其调用格式为:

```
ftell(fp);
```

其中,fp 是已经打开的文件指针。

【例 10-15】 ftell()函数的用法。

```
# include < stdio. h >
# include < stdlib. h >
int main()
{
    FILE * fp;
```

```
char s[] = "Hello";
if((fp = fopen("D:\\TEST\\ex10_15.txt","a")) == NULL)  //以 a 模式打开文件
{
    printf("Open file error!\n");
    exit(1);
}
printf("ftell = % d\n",ftell(fp));      //输出文件打开时读写位置指针的位置
fprintf(fp," % s",s);                   //向文件中追加数据
printf("ftell = % d\n",ftell(fp));      //输出追加数据后读写位置指针的位置
fclose(fp);
return 0;
}
```

第一次运行结果：

```
ftell = 0
ftell = 5
```

第二次运行结果：

```
ftell = 0
ftell = 10
```

图 10-12 追加一次数据后文件中的内容

程序每次运行都以追加方式向文件 ex10_15.txt 中写入字符串"Hello"，文件 ex10_15.txt 会变得越来越长，每次追加数据后读写指针的位置都会在文件末尾，因此，每次追加后读写指针的位置都是不同的。向文件追加一次数据"hello"后的内容见图 10-12。

10.5 实例研究——成绩系统

【例 10-16】 成绩系统。设计一个简单的成绩系统，根据菜单显示可进行"输入原始信息""追加学生信息""输出学生信息"这三个功能。已知学生信息包含：学号、姓名、一门课的成绩。

先设计一个 menu()函数，用数字 1,2,3 对应题目要求的三个功能，然后根据用户的选择执行不同的功能。

```
# include < stdio. h >
# include < stdlib. h >
typedef struct Student
{
    int id;
    char name[20];
    int s;
}STUDENT;
STUDENT stu[100],st;
int menu();                             //函数声明,菜单
int main()
{
```

```
FILE * fp;
int i,num,choice;
while(1)
{
choice = menu();
switch(choice)
{
case 1://向文件写入数据,输入原始信息
    if((fp = fopen("D:\\TEST\\student.dat","wb")) == NULL)
    {
      printf("Open file error!\n");
      exit(1);
    }
    printf("输入学生人数:");
    scanf("%d",&num);
    for(i = 0;i < num;i++)
    {
      printf("学号:");scanf("%d",&stu[i].id);
      printf("姓名:");scanf("%s",stu[i].name);
      printf("一门成绩:");scanf("%d",&stu[i].s);
    }
    fwrite(stu,sizeof(STUDENT),num,fp);              //将 num 个学生信息写入 fp 所指向的文件
    fclose(fp);
    break;
case 2://向文件追加数据
    if((fp = fopen("D:\\TEST\\student.dat","ab + ")) == NULL)  //以 a + 模式打开文件
    {
      printf("Open file error!\n");
      exit(1);
    }
    printf("学号:");scanf("%d",&st.id);              //输入一个学生信息到 st
    printf("姓名:");scanf("%s",st.name);
    printf("一门成绩:");scanf("%d",&st.s);
    fwrite(&st,sizeof(STUDENT),1,fp);               //追加信息到 fp 指向的文件
    fclose(fp);
    break;
case 3://从文件中读数据,并显示到屏幕上
    if((fp = fopen("D:\\TEST\\student.dat","rb")) == NULL)
    {
      printf("Open file error!\n");
      exit(1);
    }
    printf("\n----- 学生信息 ----- \n");
    i = 0;
    while(fread(&st,sizeof(STUDENT),1,fp) == 1)     //从文件中读取每一条记录存入 st
    {
      printf("%d %s %d\n",st.id,st.name,st.s);      //逐个输出 st 的内容到显示屏
      i++;
    }
  printf("\n");
    fclose(fp);
```

```
        break;
    case 0:return 0;
    default:printf("Error");
    }
}
return 0;
}


int menu()
{
    int select;
    printf(" --- 学生成绩系统 --- \n");
    printf("1 输入原始数据\n");
    printf("2 追加学生信息\n");
    printf("3 输出学生信息\n");
    printf("0 退出\n");
    printf("请输入用户选项:");
    scanf(" % d",&select);                        //输入用户选项
    return select;
}
```

运行结果：

```
--- 学生成绩系统 ---
1 输入原始数据
2 追加学生信息
3 输出学生信息
0 退出
请输入用户选项：1↵
输入学生人数：2
学号：1960018000↵
姓名：Anney↵
一门成绩：92↵
学号：1960018001↵
姓名：Linda↵
一门成绩：91↵
--学生成绩系统 ---
1 输入原始数据
2 追加学生信息
3 输出学生信息
0 退出
请输入用户选项：3↵
----- 学生信息 -----
196001800  Anney  92
196001801  Linda  91
-- 学生成绩系统 ---
1 输入原始数据
2 追加学生信息
3 输出学生信息
0 退出
请输入用户选项：2↵
```

学号：196001802 ↵
姓名：Jack ↵
一门成绩：93 ↵
――― 学生成绩系统 ―――
1 输入原始数据
2 追加学生信息
3 输出学生信息
0 退出
请输入用户选项：3 ↵
――――― 学生信息 ―――――
196001800　Anney　92
196001801　Linda　91
196001802　Jack　93
―― 学生成绩系统 ―――
1 输入原始数据
2 追加学生信息
3 输出学生信息
0 退出
请输入用户选项：0 ↵

本例设计了一个循环显示的菜单，样例测试所验证的内容如下。

（1）在菜单上选择数字 1，则进行原始信息的输入，用 wb 方式打开文件 student.dat，接着从键盘输入两个学生的信息存入结构体数组 stu，最后用语句"fwrite(stu,sizeof(STUDENT),num,fp);"将数组 stu 中存储的两个学生信息写入文件中。

（2）继续在菜单上选择数字 3，则用 rb 方式打开文件 student.dat，用 fread()函数从文件中读数据，并在屏幕上显示这两个学生的信息。

（3）继续在菜单上选择数字 2，则用 ab+方式打开文件 student.dat，此时追加一个学生的信息到该文件中。

（4）继续在菜单上选择数字 3，此时屏幕上显示的学生信息有 3 人。

（5）继续在菜单上选择数字 0，结束运行。

本例只是简单示范了对文件的写、追加、读。用户可以进一步完善该程序，如全部用自定义函数实现各功能模块。另外，为防止误操作覆盖原始文件，还可以在原始文件生成后采取一定的保护措施。

10.6　习　　题

10.6.1　选择题

1. 下列关于 C 语言文件的叙述中，正确的是（　　　）。
   A. 文件由一系列数据依次排列组成，只能构成二进制文件
   B. 文件由结构序列组成，可以构成二进制文件或文本文件
   C. 文件由数据序列构成，可以构成二进制文件或文本文件
   D. 文件由字符序列组成，其类型只能是文本文件

2. 设 fp 已定义，执行语句"fp=fopen("myfile","w");"后，针对文件 myfile 的操作，以下叙述正确的是（　　　）。

A. 写操作结束后可以从头开始读

B. 只能写不能读

C. 可以在原有内容后追加写

D. 可以随意读和写

3. 若执行 fopen()函数时发生错误,则函数的返回值是(　　)。

　　A. 地址值　　　　　　　B. 0(NULL)　　　　　C. 1　　　　　　　　D. EOF

4. 函数调用语句 fseek(fp,-20L,2)的含义是(　　)。

　　A. 将文件位置指针移到距离文件头 20 个字节处

　　B. 将文件位置指针从当前位置向文件尾移动 20 个字节

　　C. 将文件位置指针从文件末尾处前移 20 个字节

　　D. 将文件位置指针移到离当前位置 20 个字节处

5. 以二进制只读方式打开一个已有的二进制文件 file1,正确调用 fopen()函数的方式是(　　)。

　　A. fp＝fopen("file1","rb");　　　　　　B. fp＝fopen("file1","r+");

　　C. fp＝fopen("file1","r");　　　　　　D. fp＝fopen("file1","rb+");

6. C 语言中库函数 fgets(str,n,fp)的功能是(　　)。

　　A. 从文件 fp 中读取长度 n 的字符串存入 str 指向的内存

　　B. 从文件 fp 中读取长度不超过 n-1 的字符串存入 str 指向的内存

　　C. 从文件 fp 中读取 n 个字符串存入 str 指向的内存

　　D. 从 str 读取至多 n 个字符到文件 fp

7. 下面的叙述正确的是(　　)。

　　A. 用 r 方式打开的文件只能向文件写数据

　　B. 用 r+以读/写方式打开文件

　　C. 用 w 方式打开的文件只能用于向文件写数据,如果该文件不存在,则出错

　　D. 用 a+方式无法打开不存在的文件

8. 在 C 语言中,当文件指针 fp 已经指向"文件结束",则函数 feof(fp)返回的值是(　　)。

　　A. EOF　　　　　　　　B. 非零值　　　　　　C. -1　　　　　　　D. NULL

9. 在 C 语言中,常用如下方法打开一个文件,其中函数 exit(1)的作用是(　　)。

```
FILE * fp;
if((fp = fopen("file1.c","r")) = = NULL)
{ printf("cannot open this file.\n");
  exit(1);
}
```

　　A. 退出当前 C 环境

　　B. 退出所在的复合语句

　　C. 当文件不能正常打开时,强制程序结束,返回给操作系统 1

　　D. 当文件正常打开时,终止正在调用的过程

10. 下列程序的功能是(　　)。

```
# include < stdio. h >
# include < stdlib. h >
```

```c
int main()
{
    FILE * fp;
    char ch;
    int n1 = 0, n2 = 0;
    if((fp = fopen("file1.c", "r")) == NULL)
    { printf("cannot open this file.\n");
      exit(0);
    }
    while(!feof(fp))
    { ch = fgetc(fp);
      if(ch == '{') n1++;
      if(ch == '}') n2++;
    }
    if(n1 == n2)  printf("Yes\n");
    else      printf("No\n");
    fclose(fp);
    return 0;
}
```

A. 输出文件 file1.c 中的字符'{'和'}'

B. 检查 file1.c 中大括号'{'和'}'是否配对

C. 统计文件中字符'('和')'的个数

D. 向文件写入字符串"Yes\n"和"No\n"

10.6.2 线下编程题

1. 编写程序，从键盘输入一个文件名，然后输入一串字符，用"♯"结束输入，并将这串字符存储在文件中，形成文本文件，同时，将这串字符的个数写入到文件尾部。

2. 编写程序，从键盘输入 10 个整型数，并以二进制方式写入到 example.dat 的新文件中。

3. 编写程序，从键盘输入一个字符串，以换行符结束。将该字符串中的小写字母转换为大写字母，并写入 upper.txt 文件中，然后从该文件中读出字符串并显示。

4. 编写程序，产生 100 个 0～200 的随机数，在屏幕上显示出来，并将奇数存储在 odd.txt 文件中，将偶数存储在 even.txt 文件中。

5. 统计一个文本文件（事先建好文件）中的字母、数字以及其他字符分别有多少个。

6. 创建一个文件用于存储通讯录的信息，程序要求能够查询某个用户的手机号码，并能修改手机号码或用户姓名，能更新文件中的数据。通讯录信息包括姓名、性别、手机号码这 3 个数据项。假设姓名没有重复的。

7. 编写程序，将 2～100 的素数存储在二进制文件中，并从文件中读出这些素数，显示在屏幕上。

8. 编写程序，实现"3+X"考试统计。输入若干名同学的基本信息，包括学号、姓名、性别、年龄和成绩，统计并输出单科平均分和最高分，并且统计总分前 3 名同学的信息，将这 3 名同学的信息存储在 top3.txt 文件中。

第 11 章　指针的高级应用

在程序设计中,常常需要表示大量的数据,例如,若干个学生某门课程的成绩、某个班级所有学生的信息等。这种由有限个数据元素组成的有序集合称为线性表。线性表的特点是,整个集合中的元素有一个明确的顺序,每个数据元素的前驱和后继都是唯一的(如果有的话)。

线性表的一种存储方式是数组。C 语言中的数组的每个元素都存放线性表中的一个元素,所有元素在内存中是连续存放的,元素的物理顺序决定了它们之间的逻辑顺序。这种方式称为线性表的顺序存储方式。数组简单易用,但是也存在一些弱点,数组采用的是静态存储分配方式,其大小在定义的时候要事先规定,当给长度变化较大的线性表预先分配空间时,必须按最大空间分配,容易造成空间浪费;在插入或删除数据时可能需要移动大量数据元素,导致数据处理效率降低。

C 语言提供线性表的另一种存储形式——线性链表,简称链表。链表提供动态的存储分配,可以有效解决数组存在的弱点。本章将综合运用 C 语言的知识,通过结构体和指针来实现链表的操作,并以单链表为存储结构实现一个简单的成绩管理系统。

11.1　链表的概念

链表的基本概念

11.1.1　线性链表基本概念

与数组不同,链表中的元素在内存中不一定连续存放,为了表示元素之间的顺序,每个元素中有一个指针,指向它的后继元素。这种存储结构称为链式存储结构。一个简单的链表的示例见图 11-1。其中,要在内存中存储的信息是"196001800 Anney""196001801 Linda""196001802 Jack"。在链表中,每个元素被分配一块内存,一般称之为"节点",每个节点包括两部分内容,一是该数据元素本身的内容(称为数据域),二是指向该数据元素直接后继数据元素的指针(称为指针域)。指针在这里的作用是把数据按逻辑关系链接起来。

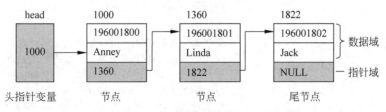

图 11-1　一个简单线性链表的存储示意图

指向链表第一个节点的指针称为"头指针",在图 11-1 中以 head 表示,它存放了一个地址,该地址指向一个节点。每个节点都有一个指针域,里面存放了一个地址,指向当前节点的下一个节点。线性链表的最后一个节点称为"尾节点",尾节点的指针域应置为空(NULL),表示线性链表到此结束。

在数组中,要访问数组的所有元素,只需要知道数组的首地址,然后根据数组下标的变化,就可以访问每个元素。在链表中,要访问所有元素,也只需要知道链表的头节点的地址,然后顺着节点中的指针域,就可以依次访问所有的元素。

11.1.2 链表节点的数据类型

静态链表的
建立和查询

在 C 语言中,链表的节点可用结构体类型来表示,它的数据区可以是简单类型,也可以是构造类型,它的指针域是一个指向该节点结构体类型的指针类型。例如,如图 11-1 所示的链表,表示其节点的结构体类型如下。

```
struct Student              //节点的结构体类型
{
  int id;                   //节点的数据成员
  char name[20];            //节点的数据成员
  struct Student * next;    //节点的指针成员,类型为 struct Student,存放下一个节点的地址
};
```

🖉 同一个链表中每个节点的类型都是一样的。

【例 11-1】 构建一个简单的静态链表,实现图 11-1 中链表的建立和输出。

构建一个简单的链表用来表示三个学生的信息,每个学生信息包含学号、姓名。

```
#include<stdio.h>
#include<string.h>
typedef struct Student              //定义节点的结构类型
{
  int id;                           //数据域
  char name[20];                    //数据域
  struct Student * next;            //指针域
}STU;
int main()
{
  STU a,b,c;
  STU * head, * p;
  a.id = 196001800;b.id = 196001801;c.id = 196001802; //给节点中的 id 域赋值
  strcpy(a.name,"Anney");strcpy(b.name,"Linda");strcpy(c.name,"Jack");
                                    //给节点中的 name 域赋值
  head = &a;                        //使头指针指向变量 a
  a.next = &b;                      //使 a 节点的指针域指向 b 节点的起始地址
  b.next = &c;                      //使 b 节点的指针域指向 c 节点的起始地址
  c.next = NULL;                    //给最后一个节点的指针域赋'\0'或 NULL,两者等效
  p = head;                         //p 指针也指向 head,用来对链表进行遍历
  while(p!= NULL)                   //通过判断指针域是否为 NULL 来判断链表是否结束
  {
    printf(" % d % s\n",p -> id,p -> name);
```

```
        p = p -> next;                    //p指针指向逻辑关系上的下一个节点
    }
    return 0;
}
```

运行结果：

```
196001800    Anney
196001801    Linda
196001802    Jack
```

本例中定义了三个节点 a、b、c,并对其中的 id 域和 name 进行了赋值。然后通过以下
四条语句建立链表。

```
head = &a;                        //①
a. next = &b;                     //②
b. next = &c;                     //③
c. next = NULL;                   //④
```

这四条语句起到的作用分别如下。

语句①：将节点 a 的地址保存到头节点 head 中。使头指针指向节点 a,实现头节点和 a
节点的链接。

语句②：将节点 b 的地址保存到节点 a 的指针域,实现节点 a 和 b 的链接。

语句③：将节点 c 的地址保存到节点 b 的指针域,实现节点 b 和 c 的链接。

语句④：由于节点 c 是最后一个节点,是链表的尾端,它不需要再指向其他任何节点,
因此对它的指针域赋空值 NULL 或 '\0',这也是链表的结束标志。

头指针是一个链表开始的标记,其值不可随意更改。因此在输出链表时,借助了另一个
指针变量 p,通过语句"p=head;"使 p 也指向 a 节点,见图 11-2,可输出 a 节点中的数据。
此时 p->next 存储了 b 节点的地址(&b),因此执行语句"p=p->next"后 p 就指向 b 节
点,相当于 p 指针后移,因此在下一次循环时输出的就是 b 节点中的数据。

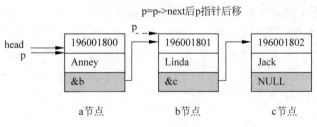

图 11-2　一个简单的静态链表

  用户不需要知道每个节点的具体地址。

本例中,链接到一起的每个节点(结构体变量 a、b、c)都是事先定义好的,由系统在内存
中开辟了固定的、互不连续的存储单元,这样的链表称为"静态链表",而在实际应用中往往
需要的是"动态链表",即每个存储单元都是临时开辟的,是动态分配存储单元的,因此需要
考虑如何实现动态内存分配的问题。

11.2 动态内存分配

动态内
存分配

链表是动态分配存储单元的,即在需要时才临时开辟存储单元。怎样动态地开辟和释放存储单元呢? C 语言编译系统的库函数提供了以下几个常用的函数,这些库函数的原型在 stdlib. h 文件中有说明。

1. malloc()函数

其函数原型为:

```
void * malloc(unsigned int size);
```

malloc()函数用来动态分配内存,所分配的空间长度为 size,函数的返回值为指向该区域起始地址的指针(基类型为 void);若分配不成功则返回 NULL。

malloc()函数常用的调用形式为:

```
(数据类型 * )malloc(size);
```

其中的(数据类型 *)表示把返回值强制转换为该数据类型的指针。

比如在例 11-1 中已经有关于结构体类型 STU 的声明,则语句:

```
STU * p;
p = (STU * )malloc(sizeof(STU));
```

表示申请分配一块存储空间,其大小为 STU 结构体类型的长度,由于 malloc()函数返回的类型是 void 的,因此又将其强制转换为 STU 类型,且把该空间的地址赋予同类型的指针变量 p。

2. calloc()函数

其函数原型为:

```
void * calloc(unsigned n, unsigned size);
```

calloc()函数用于动态分配内存,一次可分配 n 个长度为 size 的连续空间,函数的返回值为指向该区域起始地址的指针(基类型为 void);若分配不成功则返回 NULL。

用 calloc()函数可以为一维数组开辟动态存储空间,n 为数组元素的个数,每个元素长度为 size。

3. free()函数

其函数原型为:

```
void free(void * p);
```

其作用是释放由 p 指向的内存区,使这部分内存区能被其他变量使用。p 是调用 malloc()或 calloc()函数时的返回值。free()函数无返回值。

【例 11-2】 动态内存分配。

```
# include < stdio. h >
# include < stdlib. h >
struct Student
```

```
{
    int id;
    char name[20];
    int score;
};
typedef struct Student STU;
int main()
{
    STU * pt;
    pt = (STU * )malloc(sizeof(STU));        //动态内存分配
    printf("Enter ID:"); scanf("%d",&pt->id);
    printf("Enter name:"); scanf("%s",pt->name);
    printf("Enter score:"); scanf("%d",&pt->score);
    printf("%d %s %d\n",pt->id,pt->name,pt->score);
    free(pt);                             //释放空间
    return 0;
}
```

运行结果：

```
Enter ID:196001800 ↵
Enter Name:Anney ↵
Enter score:92 ↵
196001800  Anney  92
```

图 11-3　用 malloc()
函数申请一块空间

本题通过 malloc()函数动态分配一块大小为 sizeof(STU)的
内存,用于存放一个 STU 类型的结构变量,并将该内存空间的起
始地址赋给指针变量 pt,使 pt 指向这块存储空间,然后通过指针变量 pt 来实施对这块空间
的存取操作,见图 11-3。在程序退出前调用 free()函数释放所分配的内存空间。

11.3　单　链　表

本节介绍线性单链表的基本操作。

11.3.1　单链表的建立

链表的建立是指在程序执行时,开辟一个一个的节点,并将它们按逻辑顺序连接成一
串,形成一个链表。

建立一个链表一般需要以下几个步骤。

(1) 定义链表节点的数据结构。

(2) 读取数据。若读入的数据有效,则生成一个新节点,即利用 malloc()函数向系统申
请分配一个节点。

例如:

```
STU * head;
head = (STU * )malloc(sizeof(STU));
```

从系统中获得一块用以存储节点的内存空间,经过强制类型转换后将该空间的地址赋

动态链表的
建立和查询

第 11 章

指针的高级应用

给指针 head。

(3) 将有效数据存入节点的成员变量中。

(4) 将新节点链接到链表中。

(5) 判断是否有后续节点要接入链表,若有转到步骤(2),否则结束。

【例 11-3】 建立一个有若干个学生信息的单向链表。学生信息包括学号、姓名、一门课程成绩。以输入学号 0 作为结束标记。

```c
#include <stdio.h>
#include <stdlib.h>
#include <string.h>
struct node                               //描述学生信息的节点的类型
{
    int id;
    char name[20];
    int score;
    struct node *next;
};
typedef struct node STU;
STU *creat()                              //创建链表的函数,返回头指针
{
    int id;
    char name[20];
    int score;
    STU *h;                               //头指针
    STU *s;                               //每次指向新结点的指针
    STU *r;                               //指向新节点的前面一个节点的指针

    h = (STU *)malloc(sizeof(STU));       //申请一个新节点
    r = h;
    printf("输入学号:");
    scanf("%d",&id);
    while(id!=0)                          //判断当前学号是否有效
    {
        printf("输入姓名:"); scanf("%s",name);
        printf("输入成绩:"); scanf("%d",&score);
        s = (STU *)malloc(sizeof(STU));   //申请一个新节点
        s->id = id; strcpy(s->name,name); s->score = score; //将有效的学生数据存放到新节点中
        r->next = s;
        r = s;
        printf("输入学号:");
        scanf("%d",&id);                  //输入下一个学生的学号
    }
    r->next = NULL;                       //置链表结束标志
    return h;                             //返回表头指针
}
int main()
{
    STU *head, *p;                        //定义指针变量
    head = creat();                       //函数返回链表第一个节点的地址
```

```
    p = head -> next;
    printf("%d %s %d\n",p-> id,p-> name,p-> score);  //输出链表中的第一个学生信息
    return 0;
}
```

运行结果：

```
输入学号：196001800 ↵
输入姓名：Anney ↵
输入成绩：92 ↵
输入学号：196001801 ↵
输入姓名：Linda ↵
输入成绩：91 ↵
输入学号：0
196001800 Anney 92
```

本例输入两个学生信息构建了一个链表，并输出了链表中第一个学生的信息。

本例的 creat() 函数建立链表的过程可以描述如下。

（1）建立第一节点：语句"h=(STU *)malloc(sizeof(STU));"开辟一个新节点，用 h 指针指向该节点，同时"r=h;"使 r 指针也指向该节点，这个节点不存放数据，见图 11-4(a)。

（2）读取学号 id，若学号有效，则进入循环，在循环体内继续输入姓名和成绩，接着在循环体内申请一个新节点，用 s 指针指向这个新节点，见语句"s=(STU *)malloc(sizeof(STU));"。然后将学生信息（学号，姓名，成绩）存入到这个 s 指向的新节点中，见图 11-4(b)

（3）语句"r-> next=s;"将这个存储了学生 Anney 的信息的新节点与前一个节点链接起来，见图 11-4(c)。

（4）语句"r=s;"使 r 指针也指向这个新节点。此时 h 指针的位置不变，而 r 指针和 s 指针都指向新的节点，为后续节点的操作做好了准备，见图 11-4(d)。

（5）继续读取一个学号，若数据有效，则重复步骤（2）、（3）、（4），见图 11-4(e)。

（6）若读入的学号数据为 0，说明数据无效，则退出循环，执行语句"r-> next=NULL;"，结束链表的建立过程，并返回表头指针 h，见图 11-4(f)。

主函数中，定义了指针变量 head 和 p，在 creat() 函数内部建立的链表，其头指针是 h，当链表建立完以后，creat() 函数将返回该头指针 h 的值，因此，main() 函数中的指针变量 head 接收到这个返回值，指向了这个链表，见图 11-5。为了判断链表创建是否成功，本例用"p=head-> next;"使 p 指针指向第一个有效节点，并输出了这个节点的信息。

在本例的链表中设置了一个空的"头节点"，这个节点的数据域中不存放数据（也可以不设置这样的空的头节点，由用户自行决定）。

动态链表的
建立和查询

11.3.2 单链表的输出

输出链表各个节点的内容是较简单的一种操作，主要步骤如下。

（1）找到链表的头指针。

（2）若链表非空，则输出节点的成员值，否则退出。

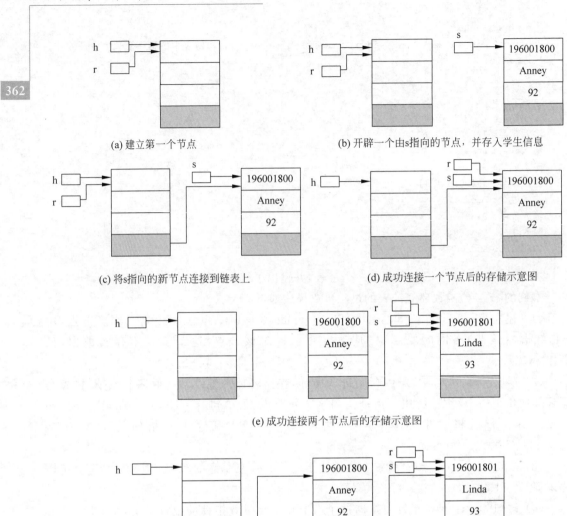

(a) 建立第一个节点

(b) 开辟一个由s指向的节点，并存入学生信息

(c) 将s指向的新节点连接到链表上

(d) 成功连接一个节点后的存储示意图

(e) 成功连接两个节点后的存储示意图

(f) 链表创建结束

图 11-4　单向链表建立过程示意图

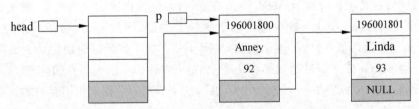

图 11-5　用指针变量 p 输出链表的第一个有效节点

（3）继续寻找下一个节点。转到步骤（2）。

【例 11-4】　编写函数 prt()，顺序输出存放学生信息的链表中各节点的内容。

在例 11-3 中用 creat() 函数创建了一个链表，带一个空的头节点。本例要求输出这个链表的内容。流程见图 11-6。

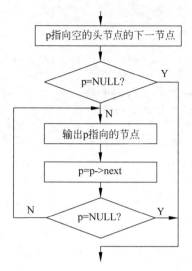

图 11-6 输出链表内容的流程

一个输出函数单独使用没有意义,因此跟例 11-3 中的 creat() 函数结合在一起使用。

```c
#include<stdio.h>
#include<stdlib.h>
#include<string.h>
struct node                                    //描述学生信息的节点的类型
{
  int id;
  char name[20];
  int score;
  struct node * next;
};
typedef struct node STU;
STU * creat();                                 //creat()函数声明,建立一个链表
void prt(STU * h);                             //prt()函数声明,输出一个链表
int main()
{
  STU * head;
  head = creat();              //creat()函数创建链表,并返回链表第一个节点的地址给 head
  prt(head);                                   //输出 head 所指向的链表内容
  return 0;
}
STU * creat()                                  //创建链表的函数,返回头指针
{
  int id;
  char name[20];
  int score;
  STU * h;                                     //头指针
  STU * s;                                     //每次指向新节点的指针
  STU * r;                                     //指向新节点的前面一个节点的指针

  h = (STU * )malloc(sizeof(STU));             //申请一个新节点
```

363

第 11 章

指针的高级应用

```
    r = h;
    printf("输入学号:");
    scanf("%d",&id);
    while(id!= 0)                                           //判断当前学号是否有效
    {
      printf("输入姓名:"); scanf("%s",name);
      printf("输入成绩:"); scanf("%d",&score);
      s = (STU * )malloc(sizeof(STU));                      //申请一个新节点
      s->id = id; strcpy(s->name,name); s->score = score;   //将有效的学生数据存放到新节点中
      r->next = s;
      r = s;
      printf("输入学号:");
      scanf("%d",&id);                                      //输入下一个学生的学号
    }
    r->next = NULL;                                         //置链表结束标志
    return h;                                               //返回表头指针
}
void prt(STU * h)
{
    STU * p;
    p = h->next;                                            //p 指向空的头节点的下一个节点
    if(p == NULL) printf("LinkList is NULL!\n");            //链表为空,输出相关提示
    else{
      printf("Students Information:\n");
      do{
      printf("%d %s %d\n",p->id,p->name,p->score);          //输出当前节点数据域中的值
      p = p->next;                                          //p 指向下一节点
      }while(p!= NULL);
    }
}
```

运行结果:

```
输入学号: 196001800 ↵
输入姓名: Anney ↵
输入成绩: 92 ↵
输入学号: 196001801 ↵
输入姓名: Linda ↵
输入成绩: 91 ↵
输入学号: 0
Students Information:
196001800  Anney  92
196001801  Linda  93
```

main()函数中用指针 head 来调用 prt()函数,也就是将一个已经建立好的链表的头指针传递给 prt()函数的形参指针变量 h,在 prt()函数中就可以从指针 h 出发,通过其 next 域去寻找下一个节点,一直到链表结束。prt()函数中的语句:

```
    p = p->next;
```

起到的作用是将 p 指针所指向的节点后面一个节点的地址赋给 p 指针,即使 p 指针指向逻

辑关系上的下一个节点,见图 11-7。

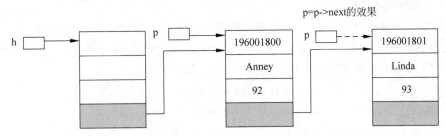

图 11-7　在 prt()函数中指针变量 p 在节点间的移动

☞ 链表中各节点的存储空间不一定是连续的,因此使指针指向下一个节点要使用的
语句为"p＝p－＞next;",而不能像数组中那样使用"p＋＋"。请思考为什么?

11.3.3　单链表的插入

单链表
的插入

对链表的插入是指将一个节点插入到一个已有的链表中。比如已经有一个学生信息构
成的链表,各节点是按照学号顺序排列的,但是现在发现有一个学生信息漏掉了,需要插入
到原有位置上去,这就需要进行链表中的插入操作。

已知一个链表如图 11-8(a)所示,有值为 1 和值为 x 的两个相邻节点。要在链表中值为
x 的节点前面插入一个值为 y 的节点。其插入过程如下。

(1) 首先申请新节点 s,并对其数据域赋值为 y。

(2) 在链表中寻找插入位置,将包含 x 的节点的地址设为 p2,将 x 前面的那个节点的地
址设为 p1,见图 11-8(a)。

(3) 将节点 s 插入到节点 p2 的前面。为了实现这一步,需要改变以下两个节点的指针
域内容。

① 使节点 s 的指针域的内容指向节点 p2。

s－＞next = p2;

② 使节点 p1 的指针域的内容改为指向节点 s。

p1－＞next = s;

操作以后的效果见图 11-8(b)。此时成功插入一个新的节点。

当插入的新节点在指针 p2 所指的节点之前称为"前插",当插入的新节点在指针 p2 所
指的节点之后称为"后插"。图 11-8 示意了"前插"操作过程中各指针的指向。

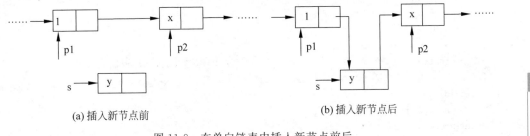

(a) 插入新节点前　　　　　　　　　　　　　　(b) 插入新节点后

图 11-8　在单向链表中插入新节点前后

指针的高级应用

当进行"前插"操作时,需要三个工作指针:图中 s 用来指向新开辟的节点;p2 指向插入位置;p1 指向 p2 的前趋节点。

【例 11-5】 编写函数 insert(),在单向链表中插入一个节点。具体功能为:在学号为 x 的节点前,插入学号为 y 的节点;若学号为 x 的节点不存在,则插在表尾。

在进行插入操作的过程中,可能会遇到以下三种情况。

(1) 链表非空,学号为 x 的节点存在,则新节点插在该节点前面。

(2) 链表非空,但学号为 x 的节点不存在,则新节点插在表尾。

(3) 链表为空,这种情况等同于学号为 x 的节点不存在,则新节点插在表尾,也就是头节点的后面,作为链表的第一个有效节点。

```c
#include <stdio.h>
#include <stdlib.h>
#include <string.h>
struct node                              //描述学生信息的节点的类型
{
  int id;
  char name[20];
  int score;
  struct node *next;
};
typedef struct node STU;
STU *creat();                            //函数声明,创建链表
void prt(STU *h);                        //函数声明,输出链表
STU *insert_node(STU *h, int location); //函数声明,在值为 location 的节点前插入一个新节点
int main()
{
  STU *head;
  int location;
  head = creat();                        //创建链表,返回第一个节点的地址给 head

  printf("--- 现有学生信息 --- \n");
  prt(head);                             //输出链表内容

  printf("输入插入点的学号:\n");
  scanf("%d", &location);
  head = insert_node(head, location);    //插入一个节点

  printf("--- 更新后的学生信息 --- \n");
  prt(head);

  return 0;
}
STU *creat()                             //创建链表的函数,返回头指针
{
  int id;
  char name[20];
  int score;
  STU *h;                                //头指针
```

```
    STU * s;                                          //每次指向新节点的指针
    STU * r;                                          //指向新节点的前面一个节点的指针

    h = (STU * )malloc(sizeof(STU));                  //申请一个新节点
    r = h;
    printf("输入学号:");
    scanf(" % d",&id);
    while(id!= 0)                                     //判断当前学号是否有效
    {
        printf("输入姓名:"); scanf(" % s",name);
        printf("输入成绩:"); scanf(" % d",&score);
        s = (STU * )malloc(sizeof(STU));              //申请一个新节点
        s -> id = id; strcpy(s -> name,name); s -> score = score;  //将有效的学生数据存放到新节点中
        r -> next = s;
        r = s;
        printf("输入学号:");
        scanf(" % d",&id);                            //输入下一个学生的学号
    }
    r -> next = NULL;                                 //置链表结束标志
    return h;                                         //返回表头指针
}
void prt(STU * h)
{
    STU * p;
    p = h -> next;                                    //p指向头节点后的第一个节点
    if(p == NULL) printf("LinkList is NULL!\n");      //链表为空,输出相关提示
    else{
        do{
            printf(" % d % s % d\n",p-> id,p-> name,p-> score);   //输出当前节点数据域中的值
            p = p -> next;                            //p指向下一节点
            }while(p!= NULL);
        }
}
//头指针为 head 的链表中,在包含元素 x 的节点之前插入一个新节点
STU * insert_node(STU * h,int x)                      //插入节点的函数
{
    STU * s, * p1, * p2;
    s = (STU * )malloc(sizeof(STU));                  //生成新节点
    printf("插入一个学生信息\n");
    printf("输入学号:"); scanf(" % d",&s -> id);
    printf("输入姓名:"); scanf(" % s",s -> name);
    printf("输入成绩:"); scanf(" % d",&s -> score);
    p1 = h; p2 = h -> next;                           //p1 指向头节点,p2 指向其下一个节点
    while((p2!= NULL)&&(p2 -> id!= x))               //若表非空且未到表尾,则查找 x 的位置
    {
        p1 = p2;                                      //p2 不断向后移动,p1 始终指向 p2 的前驱节点
        p2 = p2 -> next;
    }
    s -> next = p2;p1 -> next = s;                    //若 x 存在,则插在 x 前;若 x 不存在,p2 为 NULL,插在表尾
    return h;
}
```

指针的高级应用

运行结果：

输入学号：196001800 ↵
输入姓名：Anney ↵
输入成绩：92 ↵
输入学号：196001802 ↵
输入姓名：Jack ↵
输入成绩：94 ↵
输入学号：0
--- 现有学生信息 ---
196001800 Anney 92
196001802 Jack 94
输入插入点的学号：
196001802 ↵
插入一个学生的信息
输入学号：196001801 ↵
输入姓名：Linda ↵
输入成绩：93 ↵
--- 更新后的学生信息 ---
196001800 Anney 92
196001801 Linda 93
196001802 Jack 94

主函数中的语句"head＝creat();"用 creat()函数创建一个含两个学生信息的链表，其返回值赋给了 head，见图 11-9。此时用"prt(head);"可输出现有的这两个学生的信息。

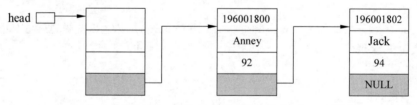

图 11-9　链表中含两个学生信息

本例插入点的学号为 196001802，即要在学号为 196001802 的节点的前面插入一个新节点。语句"head＝insert_node(head,location);"对 head 所指向的链表执行插入操作，变量 location 表示插入点的学号。

在函数 insert_node()内部，生成一个用指针变量 s 指向的新节点，并将待插入的学生信息存入这个节点。初始状态下，用"p1=h; p2=h->next;"设置了两个指针变量 p1 和 p2 的位置，见图 11-10。

语句"while((p2!=NULL)&&(p2->id!=x))"的作用是寻找插入点的位置，在未找到插入点之前，反复执行语句"p1=p2;p2=p2->next;"。找到插入点 196001802 后，各指针的状态如图 11-11 所示。

此时依次执行语句"s->next=p2;p1->next=s;"就可以将 s 指向的节点插入到 196001802 这个节点的前面，如图 11-12 所示。

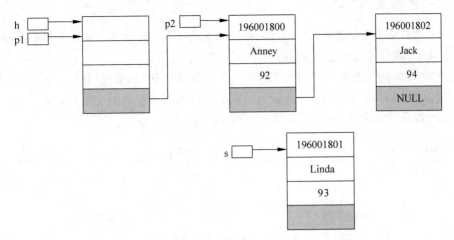

图 11-10　在学号 196001802 的节点前插入一个新节点

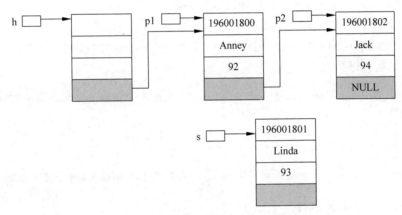

图 11-11　找到插入点时各指针变量状态图

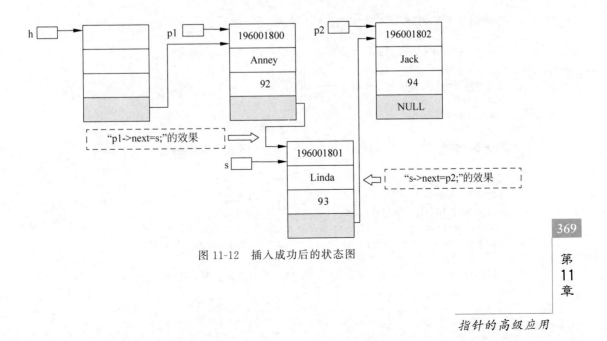

图 11-12　插入成功后的状态图

第11章

指针的高级应用

11.3.4 单链表的删除

从一个动态链表中删除一个节点,是将该节点从链表中分离出来,并不是真正从内存中将该节点抹去,即只要改变链接关系就可以了。

在图 11-13(a)中,使指针 p1 和 p2 指向相邻的两个元素,如果要删除 p2 所指向的元素,只需要使用语句 p1->next=p2->next,将 p2 所指向的节点的下一节点地址赋给 p1 所指向的节点的指针域即可,删除前后的效果见图 11-13(b)。

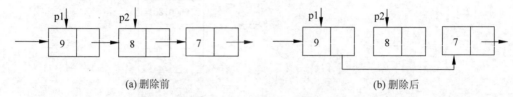

|(a) 删除前|(b) 删除后|

图 11-13 链表中节点的删除

【例 11-6】 编写函数 del(),在单向链表中删除一个节点。

本题中所需要的建立链表、输出链表的过程都和前面一样,因此就不再重复显示这两个函数,仅给出删除节点的函数 del() 的内容,以及主函数 main() 的形式。完整的程序请读者根据前面的例题自行补充。

```c
STU * del(STU * h, int location);        //函数声明,删除值为 location 的节点
int main()
{
    STU * head;
    int location;
    head = creat();                      //创建链表,返回第一个节点的地址给 head

    printf(" --- 现有学生信息 --- \n");
    prt(head);                           //输出链表内容

    printf("输入要删除的学号:\n");
    scanf(" % d", &location);
    head = del(head, location);          //删除一个节点

    printf(" --- 更新后的学生信息 --- \n");
    prt(head);
    return 0;
}
STU * del(STU * h, int location)         //删除节点的函数
{
    STU * p1, * p2;
    p1 = h -> next;                      //跳过第一个空的节点
    if(p1 == NULL) {printf("\nList is NULL!\n"); return(h);}
    while(location!= p1 -> id&&p1 -> next!= NULL) //p1 指向的不是要找的节点,并且后面还有节点
    {p2 = p1; p1 = p1 -> next;}          //则 p1 后移一个节点

    if(location == p1 -> id)             //找到要删除的节点
    {
```

```
        if(p1 == h-> next) h-> next = p1-> next;  //若 p1 指向第一个有效结点,则把第二个有效节
                                        //点地址赋给 h->next
        else p2->next = p1->next;//否则将 p1 指向的下一个节点的地址赋给 p2 指向的节点的指针域
        printf("delete: % d\n",location);
        free(p1);
    }
    else printf(" % d not been found!\n",location);    //找不到指定节点的输出提示
    return(h);
}
```

将前面例子中出现的结构体类型的定义,函数 creat()、insert_node()、prt()以及本例的
函数 del()及主函数结合起来,可以得到如下的运行结果。

```
输入学号: 196001800 ↵
输入姓名: Anney ↵
输入成绩: 92 ↵
输入学号: 196001801 ↵
输入姓名: Linda ↵
输入成绩: 93 ↵
输入学号: 196001802 ↵
输入姓名: Jack ↵
输入成绩: 94 ↵
输入学号: 0
 --- 现有学生信息 ---
196001800   Anney  92
196001801   Linda  93
196001802   Jack  94
输入要删除的学号:
196001801
delete:196001801
 --- 更新后的学生信息 ---
196001800   Anney  92
196001802   Jack  94
```

本例首先输入三个学生的信息,创建了一个链表。题目要求删除学号为 196001801 的
节点。函数 del()内部在找到删除点 196001801 的节点时,各指针变量的状态见图 11-14。

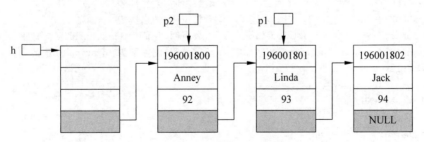

图 11-14　p1 指向待删除节点

此时 p1 指向的节点就是待删除的节点,该节点不是第一个有效节点,因此执行语句
"p2-> next=p1->next;",执行后的存储示意图见图 11-15。"p1-> next"存放了学号为
196001802 的节点地址,该语句的作用是将学号为 196001802 的节点的地址赋给 p2 的指针

指针的高级应用

域,则使得学号为 196001800 的节点与学号为 196001802 的节点直接链接到一起,相当于从链表中删除了学号为 196001801 的节点。

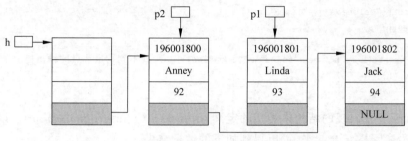

图 11-15　删除一个节点

综合案例:
成绩系统中
链表的使用

11.4　实例研究——成绩系统

【例 11-7】　成绩系统。编写一个程序实现对学生数据的操作,每个学生节点包括学号、姓名和一门课程的成绩,要求:①输入若干学生的学号和成绩建立链表;②根据学号删除指定的学生节点;③插入给定的学生节点;④对链表进行输出。要求给出简单的菜单,根据菜单选项进行操作。

```c
#include<stdio.h>
#include<stdlib.h>
#include<string.h>
struct node                              //描述学生信息的结点的类型
{
  int id;
  char name[20];
  int score;
  struct node *next;
};
typedef struct node STU;
int menu();                              //菜单函数
STU *creat();                            //函数声明,创建链表
void prt(STU *h);                        //函数声明,输出链表
STU *insert_node(STU *h,int location);   //函数声明,在值为 location 的节点前插入一个新节点
STU *del(STU *h,int location);           //函数声明,删除值为 location 的节点
int main()
{
  STU *head = NULL;
  int location;
  int choice;
  while(1)
  {
    choice = menu();
    switch(choice)
    {
    case 1:head = creat(); break;
```

```
        case 2:printf(" --- 现有学生信息 --- \n");
             prt(head);
             break;
        case 3:printf("输入插入点的学号:\n");
             scanf(" % d",&location);
             head = insert_node(head,location);            //删除一个节点
             break;
        case 4:printf("输入要删除的学号:\n");
             scanf(" % d",&location);
             head = del(head,location);                     //删除一个节点
             break;
        case 0:return 0;
        }
    }
    return 0;
}
STU * creat()                                              //创建链表的函数,返回头指针
{
    int id;
    char name[20];
    int score;
    STU * h;                                               //头指针
    STU * s;                                               //每次指向新节点的指针
    STU * r;                                               //指向新节点的前面一个节点的指针

    h = (STU * )malloc(sizeof(STU));                       //申请一个新节点
    r = h;
    printf("输入学号:");
    scanf(" % d",&id);
    while(id!= 0)                                          //判断当前学号是否有效
    {
       printf("输入姓名:"); scanf(" % s",name);
       printf("输入成绩:"); scanf(" % d",&score);
       s = (STU * )malloc(sizeof(STU));                    //申请一个新节点
       s -> id = id; strcpy(s -> name,name); s -> score = score; //将有效的学生数据存放到新节点中
       r -> next = s;
       r = s;
       printf("输入学号:");
       scanf(" % d",&id);                                  //输入下一个学生的学号
    }
    r -> next = NULL;                                      //设置链表结束标志
    return h;                                              //返回表头指针
}
void prt(STU * h)
{
    STU * p;
    p = h -> next;                                         //p指向头节点后的第一个节点
    if(p == NULL) printf("LinkList is NULL!\n");           //链表为空,输出相关提示
    else{
      do{
      printf(" % d % s % d\n",p -> id,p -> name,p -> score);        //输出当前节点数据域中的值
```

指针的高级应用

```
        p = p -> next;                              //p 指向下一节点
    }while(p!= NULL);
  }
}
//头指针为 head 的链表中,在包含元素 x 的节点之前插入一个新节点
STU * insert_node(STU * h,int x)                    //插入节点的函数
{
  STU * s, * p1, * p2;
  s = (STU * )malloc(sizeof(STU));                  //生成新节点
  printf("插入一个学生信息\n");
  printf("输入学号:"); scanf(" % d",&s -> id);
  printf("输入姓名:"); scanf(" % s",s -> name);
  printf("输入成绩:"); scanf(" % d",&s -> score);
  p1 = h; p2 = h -> next;                           //p1 指向头节点,p2 指向其下一个节点
  while((p2!= NULL)&&(p2 -> id!= x))               //若表非空且未到表尾,则查找 x 的位置
  {
      p1 = p2;                                      //p2 不断向后移动,p1 始终指向 p2 的前驱节点
      p2 = p2 -> next;
  }
  s -> next = p2;p1 -> next = s;                    //若 x 存在,则插在 x 前;若 x 不存在,p2 为 NULL,插在表尾
  return h;
}
STU * del(STU * h, int location)                    //删除节点的函数
{
  STU * p1, * p2;
  p1 = h -> next;
  if(p1 == NULL) {printf("\nList is NULL!\n"); return(h);}
  while(location!= p1 -> id&&p1 -> next!= NULL)   //p1 指向的不是要找的节点,并且后面还有节点
  {p2 = p1; p1 = p1 -> next;}                       //则 p1 后移一个节点

  if(location == p1 -> id)                          //找到要删除的节点
  {
    if(p1 == h -> next) h -> next = p1 -> next;     //若 p1 指向首节点,则把第二个节点地址赋予 head
    else p2 -> next = p1 -> next;                   //否则将下一节点地址赋予前一节点地址
    printf("delete: % d\n",location);
    free(p1);
  }
  else printf(" % d not been found! \n",location); //找不到指定节点的输出提示
  return(h);
}
int menu()                                          //菜单函数
{
  int op;
  printf("\n --- 成绩系统 --- \n");
  printf("1 输入原始信息\n");
  printf("2 显示当前信息\n");
  printf("3 插入一个学生信息\n");
  printf("4 删除一个学生信息\n");
  printf("0 退出\n");
  printf("请输入选项:");
  scanf(" % d",&op);
```

```
    return op;
}
```

运行结果：

```
--- 成绩系统 ---
1 输入原始信息
2 显示当前信息
3 插入一个学生信息
4 删除一个学生信息
0 退出
请输入选项：1 ↵
输入学号：196001800 ↵
输入姓名：Anney ↵
输入成绩：92 ↵
输入学号：196001802 ↵
输入姓名：Jack ↵
输入成绩：94 ↵
输入学号：0
        --- 成绩系统 ---
1 输入原始信息
2 显示当前信息
3 插入一个学生信息
4 删除一个学生信息
0 退出
请输入选项：2 ↵
--- 现有学生信息 ---
196001800  Anney  92
196001802  Jack   94
--- 成绩系统 ---
1 输入原始信息
2 显示当前信息
3 插入一个学生信息
4 删除一个学生信息
0 退出
请输入选项：3 ↵
输入插入点的学号：
196001802 ↵
插入一个学生信息
输入学号：196001801 ↵
输入姓名：Linda ↵
输入成绩：93 ↵
--- 成绩系统 ---
1 输入原始信息
2 显示当前信息
3 插入一个学生信息
4 删除一个学生信息
0 退出
请输入选项：2 ↵
--- 现有学生信息 ---
196001800  Anney  92
```

指针的高级应用

```
196001801  Linda  93
196001802  Jack   94
 --- 成绩系统 ---
1 输入原始信息
2 显示当前信息
3 插入一个学生信息
4 删除一个学生信息
0 退出
请输入选项: 4 ↵
输入要删除的学号:
196001802
delete:196001802
 --- 成绩系统 ---
1 输入原始信息
2 显示当前信息
3 插入一个学生信息
4 删除一个学生信息
0 退出
请输入选项: 2 ↵
 --- 现有学生信息 ---
196001800  Anney  92
196001801  Linda  93
 --- 成绩系统 ---
1 输入原始信息
2 显示当前信息
3 插入一个学生信息
4 删除一个学生信息
0 退出
请输入选项: 0 ↵
```

本例以学生成绩系统为例,实现了一个对链表的综合操作,包含建表、输出、插入、删除的操作,读者还可以结合前面的知识对本例加以改造,完善更多的细节。

11.5 习　　题

11.5.1　选择题

1. 下面关于 void * malloc (unsigned int size)函数,描述错误的是(　　)。

    A. malloc()函数用来动态分配内存,所分配的空间长度为 size

    B. 函数的返回值为指向该区域起始地址的指针

    C. 若分配不成功则返回 NULL

    D. malloc()函数申请的空间若不释放,也有可能被其他程序申请

2. 有如下定义,则下列哪个选项可以将变量 a,b,c 在内存中的位置链接起来?(　　)

```
struct node
{ int data;
   struct node * next;
}a,b,c;
```

A. a＝b＝c；   B. a. next＝b. next＝c. next；

C. a. next＝&b；b. next＝&c；   D. a. data＝&b；b. data＝&c；

3. 有以下结构体类型的说明和变量的定义，且指针 p 指向节点 a，指针 q 指向节点 b，则把节点 b 链接到节点 a 之后的语句是(　　　　)。

```
struct node {
    int data;
    struct node * next;
}
struct node a,b, * p = &a, * q = &b;
```

A. a. next＝q；   B. p. next＝&b；

C. p−> next＝b；   D. （ * p）−> next＝q；

4. 下列关于线性链表的叙述中，正确的是(　　　　)。

    A. 各数据节点的存储空间必须连续

    B. 各数据节点的存储顺序与逻辑顺序一致

    C. 进行插入和删除时，不需要移动链表中的其他元素

    D. 以上三种说法都不对

5. 有如下定义，则下列哪条语句可以将图中 b 节点删除？(　　　　)

```
struct node
{ int data;
    struct node * next;
}a,b,c;
```

A. a＝c；   B. a. next ＝c. next；

C. a. next＝&b； b. next＝&c；   D. a. next＝b. next；

6. 有以下结构体类型的说明和变量定义，则在 p1 和 p2 所指向的节点之间插入一个 q 所指向的节点，正确的操作是(　　　　)。

```
struct node
{ int data;
    struct * next;
} * p1, * q, * p2;
```

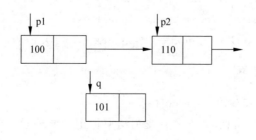

A. p1—>next＝q；　q—>next＝p2；

B. p1—>next＝q；　q—>next＝NULL；

C. p2—>next＝q；　q—>next＝NULL；

D. p1—>next＝p2；p2—>next＝q；

7. 有以下结构体类型说明和变量定义，则在 p1 和 p2 之间删除一个元素 q，正确的操作是（　　）。

```
struct node
{ int data;
   struct * next;
} * p1, * q, * p2;
```

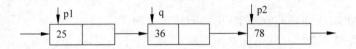

A. p1—>next＝q；q—>next＝p2；

B. p1—>next＝q—>next；

C. p1—>next＝p2—>next；

D. p1—>next＝p2，p2—>next＝q；

8. 在单链表指针为 p 的节点之后插入指针为 s 的节点，正确的操作是（　　）。

A. p—>next＝s；s—>next＝p—>next；

B. s—>next＝p—>next；p—>next＝s；

C. p—>next＝s；p—>next＝s—>next；

D. p—>next＝s—>next；p—>next＝s；

9. 若已建立下面的链表结构，指针 p、s 分别指向图中所示节点，则不能将 s 所指的节点插入到链表末尾的语句组是（　　）。

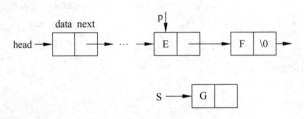

A. s—>next＝NULL；p＝p—>next；p—>next＝s；

B. p＝p—>next；s—>next＝p—>next；p—>next＝s；

C. p＝p—>next；s—>next＝p；p—>next＝s；

D. p＝(＊p).next；(＊s).next＝(＊p).next；(＊p).next＝s；

11.5.2　在线编程题

1. 动态链表的建立和输出。（nbuoj1425）

从键盘输入若干学生信息，以学号 0 作为结束标记。要求建立一个有若干个学生信息的单向链表，并对链表进行输出。学生信息包括学号、姓名、一门课程成绩。

2. 链表删除。(nbuoj2660)

编写一个程序实现对学生数据的操作,每个学生节点包括学号和一门课程的成绩,要求:①输入若干学生的学号和成绩建立链表;②根据学号删除指定的学生节点;③对链表进行输出。请对链表节点删除部分进行函数的编写。

3. 链表插入。(nbuoj1394)

给定一串数字,用链表结构进行存储。然后给定针对该链表的若干插入操作,要求将执行插入操作后的结果输出。本题的操作要求如下。

第一行:输入一个整数 n,表示这串数字有 n 个(n≥1)。

第二行:输入这 n 个整数。

第三行:输入一个整数 m,表示需要执行 m 个插入操作。

后面 m 行:每行输入两个整数 a 和 b,表示在这串数字的当前第 a 个数字之后插入数字 b。(假设链表第一个节点编号为 1。)

要求输出执行以上操作后的 n+m 个数字。

11.5.3 课程设计——通讯录

1. 程序功能。

现代社会人际交往越来越广泛,通讯录里的内容也越来越多,需要对通讯录进行必要的管理,以方便快速查询记录。

2. 设计目的。

通过本程序综合掌握数组、结构类型、链表、文件等知识的使用。了解自定义函数、数组作为函数参数,以及文件读写等知识。

3. 设计要求。

(1) 实现简单的菜单设计,提供个人通讯录的管理,例如:

      1 添加联系人

      2 显示联系人

      3 按姓名查询

      4 按电话查询

      5 按姓名排序

      6 删除联系人

      0 退出

(2) 每个联系人的信息至少包括姓名、序号、性别、手机(11 位)、QQ 号、单位(或班级)等信息。

(3) "添加联系人":输入新的联系人以后,系统将把相关信息存储到文件中。

(4) "显示联系人":系统将从文件中读取数据,按要求显示所有的联系人。为使界面美观,可考虑用二维表格的形式输出。

(5) "按姓名查询":将根据输入的姓名进行查找,若查找成功,则显示该联系人的所有信息,否则输出"Not Found"。

(6) "按电话查找":将根据输入的电话进行查找,若找到,则显示该联系人的所有信息,否则输出"Not Found"。

指针的高级应用

（7）"按姓名排序"：将根据姓名拼音的字典顺序进行排序、显示，并将排序结果放到另一个文件中。

（8）"删除联系人"：输入要删除记录的姓名，如果记录不存在，则显示没找到的信息；否则显示该记录的所有信息，并询问用户是否确认要删除，根据 y 或 n 的信息确认删除还是保留记录。

4. 设计方法。

采用模块化设计，独立的功能（如添加、查询、删除等）应在各个自定义函数中实现。

5. 撰写课程设计的报告。

内容包括：功能结构图、程序流程图、函数列表、各函数功能简介及完整的源程序（包含必要的注释）、程序运行结果等。

附录 A 常用字符与 ASCII 值对照表

常用字符与 ASCII 值对照表如表 A-1 所示。

表 A-1　常用字符与 ASCII 值对照表

ASCII 值	字符	含义	转义字符	ASCII 值	字符	ASCII 值	字符	ASCII 值	字符
0	NULL	空字符		32	(space)	64	@	96	`
1	SOH	标题开始		33	!	65	A	97	a
2	STX	正文开始		34	"	66	B	98	b
3	ETX	正文结束		35	#	67	C	99	c
4	EOT	传输结束		36	$	68	D	100	d
5	ENQ	请求		37	%	69	E	101	e
6	ACK	响应		38	&	70	F	102	f
7	BEL	响铃	\a	39	'	71	G	103	g
8	BS	退格	\b	40	(	72	H	104	h
9	HT	水平制表	\t	41	)	73	I	105	i
10	LF	换行	\n	42	*	74	J	106	j
11	VT	竖直制表	\v	43	+	75	K	107	k
12	FF	换页	\f	44	,	76	L	108	l
13	CR	回车	\r	45	—	77	M	109	m
14	SO	移位输出		46	.	78	N	110	n
15	SI	移位输入		47	/	79	O	111	o
16	DLE	数据链路转义		48	0	80	P	112	p
17	DC1	设备控制 1		49	1	81	Q	113	q
18	DC2	设备控制 2		50	2	82	R	114	r
19	DC3	设备控制 3		51	3	83	S	115	s
20	DC4	设备控制 4		52	4	84	T	116	t
21	NAK	拒绝接收		53	5	85	U	117	u
22	SYN	同步空闲		54	6	86	V	118	v
23	ETB	传输块结束		55	7	87	W	119	w
24	CAN	取消		56	8	88	X	120	x
25	EM	介质中断		57	9	89	Y	121	y
26	SUB	置换		58	:	90	Z	122	z
27	ESC	溢出		59	;	91	[	123	{
28	FS	文字分隔符		60	<	92	\	124		
29	GS	组分隔符		61	=	93	]	125	}
30	RS	记录分隔符		62	>	94	^	126	~
31	US	单元分隔符		63	?	95	_	127	DEL

注：表中 ASCII 码值为十进制数。

附录 B 　　基本数据类型及取值范围

基本数据类型及取值范围如表 B-1 所示。

表 B-1　基本数据类型及取值范围

说　　明	数 据 类 型	字 节 数	取 值 范 围
字符型	char	1	$-128 \sim 127$
	signed char	1	$-128 \sim 127$
	unsigned char	1	$0 \sim 255$
整型	int	4	$-2\ 147\ 483\ 648 \sim 2\ 147\ 483\ 647$
	signed int	4	$-2\ 147\ 483\ 648 \sim 2\ 147\ 483\ 647$
	unsigned int	4	$0 \sim 4\ 294\ 967\ 295$
	short int	2	$-32\ 768 \sim 32\ 767$
	signed short int	2	$-32\ 768 \sim 32\ 767$
	unsigned short int	2	$0 \sim 65\ 535$
	long int	4	$-2\ 147\ 483\ 648 \sim 2\ 147\ 483\ 647$
	signed long int	4	$-2\ 147\ 483\ 648 \sim 2\ 147\ 483\ 647$
	unsigned long int	4	$0 \sim 4\ 294\ 967\ 295$
实型	float	4	$-3.4 \times 10^{-38} \sim 3.4 \times 10^{38}$
	double	8	$-1.7 \times 10^{-308} \sim 1.7 \times 10^{308}$
	long double	8	$-1.7 \times 10^{-308} \sim 1.7 \times 10^{308}$

附录 C 常用运算符的优先级与结合性

常用运算符的优先级与结合性如表 C-1 所示。

表 C-1 常用运算符的优先级与结合性

优 先 级	运 算 符	含 义	结 合 性
1	( ) [ ] -> .	圆括号 下标运算符 指向结构体成员运算符 结构体成员运算符	从左到右
2	! ~ ++ -- (类型) +、- * & sizeof	逻辑非 按位取反 自增 自减 类型转换运算符 正、负号运算符 指针运算符 取地址 长度运算符	从右到左
3	*、/、%	乘、除、求余运算符	从左到右
4	+、-	加、减运算符	从左到右
5	<<,>>	左移运算符、右移运算符	从左到右
6	>、>=、<、<=	大于、大于或等于、小于、小于或等于	从左到右
7	==、!=	等于、不等于	从左到右
8	&	按位与运算符	从左到右
9	^	按位异或运算符	从左到右
10	|	按位或运算符	从左到右
11	&&	逻辑与运算符	从左到右
12	||	逻辑或运算符	从左到右
13	?:	条件运算符	从右到左
14	=、+=、-=、*=、/+、%=、>>=、<<=、&=、^=、|=	赋值运算符	从右到左
15	,	逗号运算符	从左到右

附录 D　常用库函数

库函数不是 C 语言的一部分,但每一个实用的 C 语言系统都会提供 ANSI C 提出的标准库函数的实现。不同的 C 编译系统提供的库函数的数目、函数名以及函数功能不一定完全一致。本书从教学需求出发,列出了一些基本的、常用的库函数。用户如果需要其他更多的库函数,请参考专门介绍库函数的手册或资料。

1. 数学函数

数学计算是程序设计中重要的组成部分,使用各种功能的数学函数可以在一定程序上简化程序的设计。使用数学函数需要在源文件中包含头文件 math. h 或者 stdlib. h。表 D-1中,代数函数、绝对值函数、指数与对数运算函数、三角函数、浮点数函数需要添加 math. h头文件,随机数函数则需要添加 stdlib. h 头文件。

表 D-1　数学函数

类别	函数名	函 数 原 型	功　　能	返回值或说明
代数函数	ceil	double ceil(double x)	求大于 x 的最小整数	
	floor	double floor(double x)	求不大于 x 的最大整数	
	fmod	double fmod(double x,double y)	求 x/y 的余数	
	sqrt	double sqrt(double x)	求 $\sqrt{x}$	x 应大于等于 0
绝对值函数	abs	int abs(int x)	求整数的绝对值	
	fabs	double fabs(double x)	求浮点数的绝对值	
指数与对数运算函数	exp	double exp(double x)	求 e^x,e 为 2.718⋯	
	log	double log(double x)	求自然对数 $\log_e x$,即 lnx	x>0
	log10	double log10(double x)	求 $\log_{10} x$	x>0
	pow	double pow(double x,double y)	求 x^y	
	pow10	double pow10(int y)	求 10^y	
三角函数	acos	double acos(double x)	求 $\cos^{-1}(x)$	$x\in[-1,1]$
	asin	double asin(double x)	求 $\sin^{-1}(x)$	$x\in[-1,1]$
	atan	double atan(double x)	求 $\tan^{-1}(x)$	$x\in[-\pi/2,\pi/2]$
	atan2	double atan2(double x,double y)	求 $\tan^{-1}(x/y)$	
	cos	double cos(double x)	求 $\cos(x)$	x 单位为弧度
	cosh	double cosh(double x)	求 x 的双曲余弦函数 cosh(x)	x 单位为弧度
	sin	double sin(double x)	求 $\sin(x)$	x 单位为弧度
	sinh	double sinh(double x)	求 x 的双曲正弦函数 sinh(x)	x 单位为弧度
	tan	double tan(double x)	求 $\tan(x)$	x 单位为弧度
	tanh	double tanh(double x)	求 x 的双曲正切函数 tanh(x)	x 单位为弧度

类别	函数名	函 数 原 型	功　　能	返回值或说明
浮点数函数	frexp	double frexp(double x,int * exp)	把浮点数 x 分解成尾数 y 和指数 n,即 x=y×2ⁿ,返回值是 y,n 存放在 exp 指向的空间	
	modf	double modf (double x, double * ptr)	把浮点数分成整数部分和小数部分,返回小数部分,整数部分放在 ptr 指向的空间	
随机数函数	rand	int rand(void)	产生 0~32 767 的随机整数	
	random	int random(int x)	产生 0~x-1 的随机整数	
	randomize	void randomize(void)	设置随机数种子	
	* srand	void srand(unsigned seed)	初始化随机数发生器,使随机数发生器产生可以预测的随机序列	

2. 输入/输出函数

输入/输出函数需要在源文件中包含头文件 stdio. h,如表 D-2 所示。

表 D-2　输入/输出函数

类别	函数名	函数定义格式	功　　能	返回值或说明
格式化输入/输出函数	printf	int printf (const char * format[, argument])	将输出列表 argument 的值输出到标准输出设备	成功:输出字符数 失败:EOF
	scanf	int scanf (const char * format[,address])	从标准输入设备按 format 指向的字符串规定的格式,输入数据给 address 所指向的存储单元	成功:输入数据的个数 失败:EOF
	sprintf	int sprintf(char * s,const char * format[, argument])	将常规类型值格式化输出到 s 指定的字符串	成功:输出的字节数 失败:EOF
	sscanf	int scanf (char * s,const char * format[,address])	从 s 指定的字符串中格式化输入常规类型值	成功:转换的个数 失败:EOF
字符(串)输入/输出函数	getchar	int getchar()	从标准输入设备读取一个字符	成功:返回所读字符 失败:EOF
	putchar	int putchar(char ch)	将一个字符输出到标准输出设备	成功:ch 失败:EOF
	gets	char * gets(char * s)	从标准输入设备读入字符串,放到 s 指定的字符数组,输入字符串以回车结束	成功:返回 s 指针 失败:NULL
	puts	int puts(char * s)	将 s 指向的字符串输出到标准输出设备,将'\0'转换为回车换行	成功:换行符 失败:EOF
	fgetc	int fgetc(FILE * fp)	从 fp 所指文件中读取一个字符	成功:所取字符 失败:EOF
	fputc	int fputc (char ch, FILE * fp)	将字符 ch 输出到 fp 所指向的文件	成功:ch 失败:EOF
	fgets	char * fgets(char * s,int n,FILE * fp)	从 fp 所指文件最多读 n-1 个字符到字符串 s。遇到'\n'、'\0'则终止	成功:s 失败:NULL
	fputs	int * fputs (char * s, FILE * fp)	将字符串 s 输出到 fp 指向的文件中	成功:s 末字符 失败:0

386

类别	函数名	函数定义格式	功　能	返回值或说明
文件操作函数	fopen	FILE ＊ fopen（const char ＊ filename，const char ＊ mode）	以 mode 指定的方式打开或新建一个文件	成功：文件指针 失败：NULL
	fclose	int fclose(FILE ＊ fp)	关闭 fp 所指文件	成功：0 失败：非 0
	feof	int feof(FILE ＊ fp)	检查 fp 所指文件是否结束	成功：非 0 失败：0
	fread	int fread(char ＊ buf，unsigned size，unsigned n，FILE ＊ fp)	从 fp 所指向文件的当前读写位置起，读取 n 个长度为 size 字节的数据块到 buf 指向的内存中	成功：n 失败：0
	fwrite	int fwrite(char ＊ buf，unsigned size，unsigned n，FILE ＊ fp)	从 buf 所指向的内存中，读取 n 个大小为 size 字节的数据块，写入到 fp 指向的文件中	成功：0 失败：非 0
	fseek	int fseek（FILE ＊ fp，long offset，int base）	移动 fp 所指文件的读写位置，offset 为位移量，base 决定起点位置	成功：0 失败：非 0
	rewind	void rewind(FILE ＊ fp)	移动 fp 所指文件的读写位置到文件开始处	
	ftell	long ftell(FILE ＊ fp)	求当前读写位置到文件头的字节数	成功：所求字节数 失败：EOF
	fscanf	int fscanf（FILE ＊ fp，const char ＊ format[，address]）	按 format 给定的输入格式，从 fp 所指文件读入数据，存入地址列表指定的存储单元	成功：输入数据个数 失败：EOF
	fprintf	int fprintf（FILE ＊ fp，const char ＊ format[，argument]）	按 format 给定格式，将 argument 各表达式的值输出到 fp 所指文件	成功：实际输出字符个数 失败：EOF
	remove	int remove(char ＊ fname)	删除名为 fname 的文件	成功：0 失败：EOF
	rename	int rename（char ＊ oldfname，char ＊ newfname）	改文件名 oldfname 为 newfname	成功：0 失败：EOF

3. 字符函数和字符串函数

　　字符串操作函数主要涉及字符串的复制、比较等操作，需要包含 string.h 头文件。

　　字符类别判断函数提供对各种数据类型的判断分类，用来将一个 ASCII 码整数值分类为数字、大写字母、小写字母、可打印字符、控制字符等。这些函数经常用来检测用户输入的合法性及范围，需要包含 ctype.h 头文件。

　　类型转换函数提供各种数据类型之间的转换，包括整数、浮点数、字符串之间的转换，以及单个字符、字符串的大小写转换等。其中仅涉及字符的需要 ctype.h 头文件，仅涉及字符串的需要 string.h 头文件，而涉及整数、浮点数的则需要包含 stdlib.h 或 math.h 头文件。

　　字符函数和字符串函数如表 D-3 所示。

表 D-3　字符函数和字符串函数

类别	函数名	函数定义格式	功　　能	返回值或说明
字符串操作函数	strcat	char * strcat(char * s, char * t)	将字符串 t 连接到字符串 s 的末尾	字符串 s
	strcmp	char * strcmp(char * s, char * t)	两个字符串比较	相等：0 s＞t：正数 s＜t：负数
	strcpy	char * strcpy(char * s, char * t)	将字符串 t 复制到 s 中	字符串 s
	strlen	unsigned int strlen(char * s)	计算字符串长度(不包括'\0')	字符串长度
	strchr	char * strchr(char * s, char ch)	在字符串 s 中查找字符 ch 首次出现的位置	成功：相应地址 失败：NULL
	strstr	char * strstr(char * s, char * t)	在字符串 s 中查找字符串 t 首次出现的位置	成功：相应地址 失败：NULL
类型判别函数	isalnum	int isalnum(int c)	判断 c 是否属于字母和数字字符	是：返回非 0 否：返回 0
	isalpha	int isalpha(int c)	判断 c 是否属于字母	
	isdigit	int isdigit(int c)	判断 c 是否属于数字	
	islower	int islower(int c)	判断 c 是否小写字母	
	isspace	int isspace(int c)	判断 c 是否空格、制表符、回车、换行、纵向走纸或走纸换页	
	isupper	int isupper(int c)	判断 c 是否大写字母	
类型转换函数	atof	double atof(char * s)	将字符串转换成浮点数值	头文件 stdlib. h 返回值：计算结果
	atoi	double atoi(char * s)	将字符串转换成整数值	
	strupr	char * strupr(char * s)	将字符串转换为大写形式	头文件 string. h
	toascii	int toascii(int c)	将字符 ch 转换为 ASCII 码	头文件 ctype. h
	tolower	int tolower(int ch)	将字符 ch 转换为小写形式	头文件 type. h 返回值：ch 对应的小写字母
	toupper	int toupper(int ch)	将字符 ch 转换为大写形式	头文件 type. h 返回值：ch 对应的大写字母

4. 内存管理函数

使用内存管理函数时,应该在源文件中包含头文件 stdlib. h,如表 D-4 所示。

表 D-4　内存管理函数

函数名	函数定义格式	功　　能	返回值或说明
calloc	void ＊ calloc（unsigned n，unsigned size）	分配 n 项内存，每项的字节数为 size	成功：起始地址 失败：0
free	void free(void ＊ ptr)	释放 ptr 所指向的动态内存空间	无返回值
malloc	void ＊ malloc(unsigned size)	分配连续 size 字节的存储单元块	成功：单元块首地址 失败：NULL
realloc	void ＊ realloc（void ＊ ptr，unsigned int size）	将 ptr 指向的动态内存空间的大小改为 size	成功：单元的首地址 失败：NULL

5. 过程控制函数

使用过程控制函数需要添加头文件 process.h，如表 D-5 所示。

表 D-5　过程控制函数

函数名	函数定义格式	功　　能	返回值或说明
exit	void exit(int status)	使程序立刻停止执行，并清除和关闭所有打开的文件。status 等于 0 表示程序正常结束，status 非 0 则表示程序存在错误	无

附录 E   常见错误分析

C语言的灵活性使得它编程出错的概率比较高,有些错误甚至无法被编译器查出,直到程序运行时才会以运行错误或输出不正确的形式暴露出来。程序出错一般以下三种情况。

(1) 语法错误:指违反 C 语法规则的错误。对这类错误,编译器一般会给出"Error"信息,并且大致提示在哪一行出错。只要仔细,这些错误基本上比较容易被发现和改正。

(2) 运行错误:程序没有语法方面的问题,但在运行时发现错误甚至停止运行。如在执行语句 c=a/b 时,当 b 的值取 0 时,运行就会出现错误,计算机会停止执行程序。这类错误需要在程序设计时充分考虑各种数据的运算特点,使程序比较"健壮"。

(3) 逻辑错误:程序没有违背语法原则,但程序执行结果与原意不相符合,一般是由于算法不正确引起的,比如应该执行加法运算的地方写成减法。逻辑错误通常不会引起运行时的错误,也不会显示出错信息,因此很难被发现。逻辑错误的唯一标志就是不正确的输出。这类错误的检测要求程序设计者有比较丰富的经验。

下面总结介绍一些初学时常见的问题,请读者注意对一些常见的"error"信息和"warning"信息的判别。

(1) 语法与输入/输出控制错误见表 E-1。

表 E-1   语法与输入/输出控制错误

错误原因	错误示例	编译系统显示的信息	建 议
预处理命令后加分号	# include < stdio. h >;	warning: unexpected tokens following preprocessor directive - expected a newline	检查预处理命令后是否有多余的符号
main() 函数拼写错误	mian() 或 Main()	error: unresolved external symbol _main	检查 main() 函数名的书写
main() 函数后加分号	int main(); { }	error : missing function header (old-style formal list?)	检查 main() 函数的书写
变量未定义	int a = 7; b = 2 * a; printf(" % d\n",a + b);	error:'b' : undeclared identifier	增加对变量 b 的定义,"先定义,再使用"
变量重复定义	int a,b,c; float a;	error: 'a' : redefinition; different basic types	检查变量是否重复定义,去掉重复定义的内容
变量名拼写错误	int score; scre = 90;	error : 'scre' : undeclared identifier	检查变量定义及使用时的形式,保持前后一致

错误原因	错误示例	编译系统显示的信息	建 议
未区分大小写字母	int **price**; **Price** = 9;	error：'Price'：undeclared identifier	检查变量定义及使用时的形式，区分大小写字母
相似符号混淆	int **sum0** = 8, total; total = 2 * **sumo**;	error:'sumo':undeclared identifier	相似符号容易混淆，如字母"o"和数字"0"、小写字母"l"和数字字符"1"。使用时注意区分
关键字和其他标识符之间没有空格间隔	**inta**, b, c;	error C2065：'inta'：undeclared identifier	找到错误位置，在关键字和变量名之间留出空格
多个变量定义时，误用分号间隔，而不是逗号	int a;b;c;	error ：'b'：undeclared identifier	找到出错位置，按正确语法进行修改，同类型的多个变量间以逗号间隔

使用了未赋值的变量	int a, b, c;
	a = 10;
	c = a + b;
		warning：local variable 'b' used without having been initialized	局部变量在定义时如果没有赋初值，则它的值是未知的，使用这些变量得到的值也是未知的。因此要养成对变量初始化的习惯

用 f（x）作变量名	int x, **f(x)**; scanf("%d", &x); **f(x)** = 2 * x + 1;	error C2064： term does not evaluate to a function	括号不能用来组成标识符，可定义其他合法标识符来替代
使用中文标点符号	int score；(中文逗号) score = 9;	error: unknown character '0xa3' error ： syntax error ： missing ';' before identifier 'score'	找到出错位置，检查标点符号，确保使用英文标点符号
语句后缺少分号	int a, b; **a = 3** b = 4;	error: syntax error ： missing ';' before identifier 'b'	检查语句后是否有分号

使用了库函数，但未包含相应头文件	# include < stdio. h >
	void main()
	{ int y = **abs(9)**;
	 printf("%d", y);
	}
		error:'abs'：undeclared identifier	使用库函数需要添加相应的头文件，如数学函数要添加 math. h 头文件

库函数名拼写错误	**print**("Hello");	error:print'：undeclared identifier	检查库函数名，保证书写正确
scanf( ) 函数中变量前未加取地址符号 &	int a; scanf("%d", a);	warning：local variable 'a' used without having been initialized	找到出错位置进行修改，在 scanf 语句中的变量名前加取地址符号 &
scanf( )函数的格式串中出现 '\n'	int a; scanf("%d**\n**", &a);	没有出错信息或警告信息，但是输入数据时无法及时结束	从格式串中去掉转义字符 '\n'

错误原因	错误示例	编译系统显示的信息	建　议
读入实型数据时，在 scanf 中规定精度	float a; scanf(" %**5.2f**",&a);	没有出错信息或警告信息,但是输出的结果不是输入时的内容	输入实型数不能控制精度,去掉 5.2 的精度控制
printf() 函数中双引号位置出错	int a = 3,b = 5; printf("a = % d,b = % d,a,b");	没有出错信息或警告信息,但程序运行结果不正确	检查输出函数的格式并改正,注意 printf()中双引号的正确位置
scanf()函数中双引号位置错误	float a; scanf(" % f,&a");	warning: 'a': unreferenced local variable	在警告位置前后寻找出错位置并进行修正

输入/输出函数中双引号漏写一半	int a = 3;
	double b = 5.6;
	printf("a = % d,b = % d,a,b);
	return 0;
		error: syntax error : missing ')' before 'return'	应该在 return 语句之前的 printf()函数中补全双引号,而不是加右括号

在 scanf()函数中加输入提示信息,试图显示这些提示信息	scanf("**Enter a and b**: % d % d",&a,&b); printf(" % d, % d",a,b);	没有出错信息或警告信息,但程序运行结果不正确	改为: printf (" Enter a and b: "); scanf(" % d % d",&a,&b);
在 printf()函数的输出变量前加了 &	scanf(" % d",&a); printf(" % d",&a);	没有出错信息或警告信息,但程序运行结果不正确	利用系统提供的调试器观察变量的当前值,如果变量值正确而输出结果不正确,则检查 printf()函数中的各个部分。如果输入的数据与变量获得的值不一致,则检查 scanf()函数中的各个部分
printf()函数中漏写了要输出的表达式	a = 5; printf(" % d");	没有出错信息或警告信息,但程序运行结果不正确	
输入/输出函数中 % 与格式控制字符的顺序颠倒	float a; scanf("**f** % ",&a);	没有出错信息或警告信息,但程序运行结果不正确	
输入/输出函数中格式控制说明与变量个数不匹配	int a,b; scanf (" % d % d", &a,&b); printf(" % **d**",a,b);	没有出错信息或警告信息,但是输出结果不正确	

输入/输出的数据类型与格式控制说明不一致	int a = 3;
	double b = 5.6;
	printf("a = % d,b = % d\n",a,b);
		没有出错信息或警告信息,但是输出结果不正确	

没有考虑除数为 0 时的处理方法	int a,b; scanf (" % d % d", &a,&b); printf(" % d\n",a/b);	没有出错信息或警告信息,但运行时当输入的第 2 个参数为 0 时将出现意外终止对话框	增加对除数为 0 的处理,防止运行时出错
没有考虑数值溢出的可能	int　a = 10000; printf(" % d",a * a * a);	没有出错信息或警告信息,但程序运行结果不正确	预先估计运算结果的可能范围,采用取值范围适合的类型

错误原因	错误示例	编译系统显示的信息	建议
误使用 a+b=c 形式的表达式	int a=5,b=6,c; **a+b=c;**	error: '=': left operand must be l-value	注意 C 语言中赋值表达式的用法,赋值号左边必须是单个变量,不允许是表达式,改成 c=a+b 的形式

写数学公式时误用 x^2 形式表示对 x 求平方	int x=5,y;
	y=**x^2**;
	printf("%d",y);
		没有出错信息或警告信息,但程序运行结果不正确	符号^在 C 语言中是"按位异或"运算符。要表示两数相乘则用符号 *

求余运算符% 两边的操作数类型不合法	a=**4.5%3**;	error : '%' : illegal, left operand has type 'const double'	求余运算符"%"两边的操作数应该都是整数
算法设计错误	如在求解三角形面积时,有一个公式为 p=(a+b+c)/2,而用户写成了 p=a+b+c/2	没有出错信息或警告信息,但程序运行结果不正确	这种错误属于算法逻辑错误,需要用户仔细分析、了解题目的设计要求
输入数据的组织方式与程序设计的要求不符合	如输入语句为: scanf("%d%d",&a,&b); 正确输入应该为: 3 4↵ //空格间隔 但误用了以下形式: 3,4↵ //逗号间隔	这些问题不属于编程错误,即程序书写是正确的,但用户输入与程序要求不一致造成运行结果的错误	了解输入格式所要求的数据组织形式,提供正确的输入形式

题目中的数据以百分比显示,输入时也直接以百分比形式输入	如:
	float rate;
	scanf("%f",&rate);
	printf("%f\n",rate);
	题目说明 rate 值为 56%,输入时直接输入:
	56%↵
			题目中的 56% 应该转换成小数形式 0.56,再从键盘上输入 0.56,而不能直接输入 56%

  ☞ C 语句中的括号、引号等一般都要求成对出现,如果出现不匹配的情况,可能会产生多个错误,这时候不要因为错误信息很多就害怕了,一般先看出现在最前面的错误信息,找出原因改正相关的错误。每次改正一个错误以后,马上重新编译一下。有时候后面的错误都是由前面的一个错误间接造成的,一旦前面的错误源没有了,后面的问题自然就解决了。所以,有时候 error 信息多并不一定说明错误的地方多。

  ☞ 有时候编译器指出某行有错,但在该行上未发现错误,这时应该检查上一行是否遗漏分号等。如果在错误提示行没有直接发现错误源,可对附近位置上的代码进行检查。

（2）流程控制错误如表 E-2 所示。

表 E-2 流程控制错误

错 误 原 因	示　　例	错 误 信 息	建　　议

将"＝＝"误写成"＝"	int password = 876,guess;
	scanf("％d",&guess);
	if(password = guess)
	printf("Equal\n");
	else printf("Not equal\n");
		没有出错信息或警告信息,但不管输入什么数据,输出都是"Equal"	用调试器观察变量的当前值,注意 if 语句的执行,从而找出逻辑错误

混淆符号 & 和 &&	int x = 2,y = 5;
	if(x&y)
	printf("x!= 0 and y!= 0\n");
	else
	printf("x = = 0 or y = = 0\n");
		没有出错信息或警告信息,但是输出结果居然是"x＝＝0 or y==0"	C 语言中符号 & 是"按位与"运算符,而符号 && 是"逻辑与"运算符,注意两者的区别,找出程序中的错误

数学表达式 x＜y＜z 没有正确表示成 C 的逻辑表达式	想要判断 x 是否为 0～5,误用以下语句:
	int x;
	scanf("％d",&x);
	if(0＜**x**＜5) printf("OK\n");
	else printf("Error");
		不管输入什么数值,输出都是 OK	注意逻辑表达式的正确书写,数学表达式 x＜y＜z 的逻辑形式为:y＞x&&y＜z

if(表达式)的圆括号后面加了分号	int x,y; scanf("％d％d",&x,&y); if(x＜y); printf("x＜y\n");	没有出错信息或警告信息,但无论输入的 x、y 的大小关系如何,最后都输出 x＜y	用调试器跟踪程序的执行过程,注意观察当输入的 x 大于 y 时程序是如何运行的,从而找出错误位置

else 找不到匹配的 if	scanf("％d％d",&x,&y);
	if(x＜y);
	printf("x＜y\n");
	else
	printf("x＞y\n");
		warning: ';' : empty controlled statement found; is this the intent?
		error: illegal else without matching if
			比较明显的错误信息和警告信息,if 表达式后加了分号表示已经结束了,后面的 else 就没有匹配的 if 了

else 后面写了表达式	int x,y; scanf("％d％d",&x,&y); if(x＜y) printf("x＜y\n"); else (x＞y) printf("x＞y\n");	error: syntax error : missing ';' before identifier 'printf'	破坏了 if…else 的结构。但错误提示并不直接,要注意分析

没有使用大括号组织复合语句,导致逻辑错误。选择、循环结构中都会出现这个问题	int a,b,temp;
	scanf("％d％d",&a,&b);
	if(a＞b)
	temp = a;
	a = b;
	b = temp;
	printf("a = ％d,b = ％d\n",a,b);
		没有出错信息或警告信息,但当输入的 a 小于 b 时,运行结果不正确	用调试器跟踪程序的执行过程,观察三个变量的取值变化情况,从而发现其中的逻辑错误

在 switch 语句中,关键字 case 和后面的常量表达式之间没有空格	switch(grade)
	{
	　case1:break;
	}
		warning: switch statement contains no 'case' or 'default' labels
		warning: 'case1' : unreferenced label
			比较明显的警告信息,提醒在 switch 中没有发现 case 标记,并且出现了 case1 这样的未声明过的标记,找到对应位置进行修改

393

错误原因	示　例	错误信息	建　议
case 分支未用 break 结束	```int grade;scanf(" % d",&grade);switch(grade){ case 1:printf("A\n"); case 2:printf("B\n"); default:printf("E\n");}```	没有出错信息或警告信息,但输入数值 1时,输出为: A B E	用调试器跟踪程序的执行过程,及时发现运行中的异常,在每个分支最后加 break 语句
switch(表达式),其中表达式的类型应该是整型,但误用了实型	```float grade;scanf(" % f",&grade);switch(grade){ // …}```	error:　　switch expression of type 'float' is illegal	很明显的错误信息,switch 中表达式类型 float 是非法的
while 语句表达式的圆括号后面加了分号,导致死循环	```int i = 0, sum = 0;while(i < = 10);{ sum += i; i++;}```	没有出错信息或警告信息,但却形成死循环	用调试器跟踪程序的执行过程,发现始终在执行"while(i < = 10);",而无法继续往下执行。找到出错位置,去掉多余分号
循环语句中缺少让循环变量逐步变化的语句,导致死循环	```int i = 0, sum = 0;while(i < = 10){ sum += i;}```	没有出错信息或警告信息,但却形成死循环	用调试器跟踪程序的执行过程,发现变量 i 一直没有发生变化,增加对 i 的值的修改语句
循环语句中,累加器没有初始化	```int i, sum;while(i < = 10){ sum += i; i++;}printf("Sum = % d\n",sum);```	没有出错信息或警告信息,但运行结果错误	没有初始化的变量,其初值是不确定的。用调试器跟踪程序的执行过程,可以观察到变量 i 和 sum 的初值是随机数,需要对它们进行初始化
for(i=0;i<n;i++) 圆括号中表达式之间的分号写成逗号	```for(i = 0, i < 10, i++) sum += i;```	error : syntax error : missing ';' before ')'	for 语句的圆括号内不管表达式如何省略,两个分号是不能省略的,表达式之间以分号间隔
for(i=0;i<n;i++) 圆括后加了分号	```int i, sum = 0;for(i = 0;i < 10;i++); sum += i;printf("Sum = % d\n",sum);```	没有出错信息或警告信息,但运行结果错误。输出的 sum 值是 10 而不是 45	用调试器跟踪程序的执行过程,发现每次循环过程都执行空语句,而没有执行 sum + = i。找到原因,去掉多余的分号

394

初学流程控制语句时，可能在该用 if 的地方用了 for，或者该用 for 的地方用了 if，这需要读者认真了解选择结构和循环结构的区别，并对求解的任务进行分析，以选择正确的流程控制。

（3）函数相关错误如表 E-3 所示。

表 E-3　函数相关错误

错误原因	示例	错误信息	建议

函数定义时，函数首部圆括号后面加分号	`int add( int a, int b);`
	`{ int c;`
	`  c = a + b;`
	`  return c;`
	`}`
		error: missing function header（old-style formal list?）	仔细检查错误提示的前后位置，将函数首部圆括号后的分号去掉

函数体缺少作界定符的大括号{}	`int add( int a, int b)`
	`int c;`
	`c = a + b;`
	`return c;`
		warning：'int'：storage-class or type specifier（s）unexpected here；ignored
		error： syntax error：missing ';' before identifier 'c'
		fatal error：unexpected end of file found
			会出现一系列错误和警告信息，这时要仔细检查出错位置，对照 C 的函数定义的语法，进行错误的修正

将形参又重复定义成本函数内部的局部变量	`int add( int a, int b)`
	`{`
	`  int a, b;`
	`  int c;`
	`  // …`
	`}`
		error: redefinition of formal parameter 'a'
		error：redefinition of formal parameter 'b'
			形参不需要另行定义。根据错误提示信息，将重复定义的部分进行删除。函数体内其他变量名不要与形参相同

类型相同的多个形参共用了一个类型标识符	`int add( int a, b)`
	`{`
	`  // …`
	`}`
		error: 'b':undeclared identifier	根据错误提示信息，修改形参表，每个形参都需要单独给一个类型修饰符，即使是同类型的也不能共用一个类型修饰符

有返回值的函数，函数返回类型却定义成 void	`void add( int a, int b)`
	`{`
	`  int c;`
	`  c = a + b;`
	`  return c;`
	`}`
		error: 'add'：'void' function returning a value
		error：'='：cannot convert from 'void' to 'int'
			根据错误提示，修改函数返回值的类型

有返回值的函数没有使用 return 语句	`int add( int a, int b)`
	`{`
	`  int c;`
	`  c = a + b;`
	`}`
		error：'add'：must return a value	根据错误提示，增加 return 语句

常见错误分析

错误原因	示　例	错误信息	建　议

在函数内部嵌套定义另一个函数	int add(int a,int b)
	{
	　int c;
	　c = a + b;
	　return c;
	　int sub(int x, int y)
	　{ return x - y;　}
	}
		error: 'sub' : local function definitions are illegal	C语言中,函数不允许嵌套定义,将 sub()函数的定义移到 add()函数的外面

一个函数内设计了多个功能	int add(int a,int b)
	{
	　int c,d;
	　c = a + b; //加法
	　d = a - b; //减法
	　return d;
	}
		没有出错信息或警告信息,但可能会造成运行上的错误。并且也不符合 C 语言对函数的设计原则	将两个功能分别定义成两个函数。保证一个函数只关注一个功能的实现

所调用的函数在调用语句之后定义,但在调用之前没有说明	voidmain()
	{ int x = 9, y = 10;
	　printf(" % d\n",
	　add(x,y));
	}
	int add(int a,int b)
	{
	　// …
	}
		error: 'add':undeclared identifier	在调用点前面增加一条函数声明语句:
			int add(int,int);
			当然也可以将函数定义放在函数调用点前面去

（4）数组、字符串操作错误如表 E-4 所示。

表 E-4　数组、字符串操作错误

错误原因	示　例	错误信息	建　议
用变量定义数组长度	int n = 10; int a[n];	error: expected constant expression error : 'a' : unknown size	定义数组时,长度要用整型的常量表达式,可以用"int a[10];",也可以用 # define N 10 定义 N 为符号常量,再定义"int a [N];"就对了

忘记对需要初始化的数组元素进行初始化	int i,a[10],sum;
	for(i = 0;i < 10;i++)
	sum = sum + a[i];
		没有出错信息或警告信息,但运行结果不正确	变量没有初值的话,其值是随机的,求和的结果自然也是不确定的。因此要对数组元素赋值

数组下标越界	int i,a[3] = {1,2,3};
	for(i = 1;i <= 3;i++)
	printf(" % d ",a[i]);
		没有出错信息或警告信息,但输出结果错误	长度为 N 的数组,其元素的下标从 0 开始,到 N-1。不要把 a[1]当成数组的第 1 个元素,或者把 a[N]当成数组的最后一个元素

错误原因	示　例	错误信息	建　议

输入/输出时,用数组名代表整个数组的元素	int a[3];
	scanf("%d%d%d",a);
	printf("%d %d %d\n",a);
		没有出错信息或警告信息,但运行时会出现意外终止的现象	对数组元素的处理要逐个进行,一般建议与 for 语句结合起来使用

访问二维数组元素的形式出错	int a[3][3]; a[1,2] = 5;	error: ' = ' : cannot convert from 'const int ' to 'int [3]'	二维数组元素的表示需要用两个中括号,如 a[1][2],第 1 个中括号表示所在的行号,第 2 个中括号表示所在的列号
字符数组没有空间存放'\0'	char s[5] = "Frank";	error: ' Frank ' : array bounds overflow	字符串常量末尾有一个'\0'作为结束符,因此,对应的数组要预留出保存'\0'的位置

字符串没有以'\0'结尾	char s[5];
	int i;
	for(i = 0;i < 3;i++)
	　s[i] = 'a' + i;
	puts(s);
		没有出错信息或警告信息,但是输出是形如:
		abc 烫烫
		这样的乱码
			字符串的处理要以'\0'作为结束符,因此将程序改为:
			for(i = 0;i < 3;i++)
			　s[i] = 'a' + i;
			s[i] = '\0';

逐字符读取串中字符时,误读了无效的内容	char s[6] = "Frank";
	int i;
	for(i = 0;i < 8;i++)
	putchar(s[i]);
		没有出错信息或警告信息,但是输出是形如:
		frank 烫
		这样的乱码
			要确保对字符数组的访问在有效的范围内,可以以'\0'作为判断是否结束的标记,如:
			for(i = 0;s[i]! = '\0';i++)
			putchar(s[i]);

直接用赋值运算符对字符数组赋值	char s[6]; s = "Frank";	error: '=' : left operand must be l-value	字符数组只有在初始化时才能用赋值符号,如: char s[6] = "Frank"; 其他情况下都要结合 for 语句逐个赋值或用 strcpy 函数,如: strcpy(s, "Frank");

直接用关系运算符比较两个字符串的大小	char s1[6] = "Frank";
	char s2[6] = "Linda";
	if(s1 > s2)
	printf("s1 is bigger\n");
	else printf (" s2 is bigger\n");
		没有出错信息或警告信息,但是输出结果错误,为:
		s1 is bigger
			数组名代表数组首地址,直接用关系运算符比较 s1 和 s2 实际上比的是两个数组的地址,而不是内容,改用库函数 strcmp:
			if(strcmp(s1,s2) > 0)

用单引号界定字符串常量	char s1[6] = 'Frank';	error: too many characters in constant error: 'initializing' : cannot convert from 'const int' to 'char [6]'	字符串常量必须用双引号作为界定符

续表

错误原因	示 例	错误信息	建 议
试图用 scanf 读入带空格的字符串	char str[20]; scanf("%s",str);	没有出错信息或警告信息,但当输入 Hello Frank! 后,输出 str 数组的内容时只能得到 Hello,空格后的内容丢失了	用 scanf 读入时自动以 Space、Tab、Enter 作为结束标志的。可改用 gets(str) 来输入带空格的字符串

用数组名调用函数时,实参后面加了中括号	void sort(int a[]);
	void main()
	{
	    int x[3] = {1,2,3};
	    sort(x[]);
	}
		error: syntax error : ']'	用数组名调用函数,名字后面的中括号是多余的,应去掉

(5)指针操作错误如表 E-5 所示。

表 E-5　指针操作错误

错误原因	示 例	错误信息	建 议
定义多个指针变量时共用 * 标识	int a = 3,b = 4; int * p = &a,q = &b;	error: ' initializing ' : cannot convert from 'int * ' to 'int'	定义多个指针变量时,每一个变量名的前面都要加 *,如: int * p = &a, * q = &b;
使用未初始化的指针	int a = 3, * p; * p = 8;	warning: local variable 'p' used without having been initialized	指针变量必须要接收某一个普通变量的地址,然后才可以被使用

类型不一样的指针互相赋值	int a = 3, * p;
	float * q;
	p = &a;
	q = p;
		error: ' = ' : cannot convert from 'int * ' to 'float * '	p 指针和 q 指针类型不同,不能互相赋值

没有给指针形参传递地址值	void swap(int * a,int * b);
	void main()
	{
	  int x,y;
	  scanf("%d%d",&x,&y);
	  swap(x,y);
	}
		error: ' swap ' : cannot convert parameter 1 from 'int' to 'int * '	形参是指针变量,因此函数调用时实参应该是地址值,而不是普通变量

对指向数组空间的指针越界操作	int a[5], * p,i;
	p = a;
	for(i = 0;i < 5;i++)
	{
	  scanf("%d",p);
	  p++;
	}
	for(i = 0;i < 5;i++)
	{
	  printf("%d ", * p);
	  p++;
	}
		没有出错信息或警告信息,但输出结果是一些随机数,而不是用户输入的实际内容	第一个 for 循环执行 5 次后,指针已经移到数组外了,此时第二个 for 循环读取的已经不是原数组的内容。此时应该让指针重新指向数组首地址,可以在第二个 for 语句前面再增加语句"p＝a;"

错误原因	示　　例	错 误 信 息	建　　议

对没有指向数组空间的指针进行算术运算	int a = 3, * p;
	p = &a;
	p++;
	printf(" % d\n", * p);
		没有出错信息或警告信息,但输出结果是一个随机数	指针的算术运算只有在指向数组空间时才有意义,对于没有指向数组的指针不要进行类似 p++ 的操作

对没有指向同一数组空间的指针进行比较	int a[3] = {1,2,3}, * p;
	int b[3] = {4,5,6}, * q;
	p = a; q = b;
	printf(" % d\n", p > q);
		没有出错信息或警告信息,但输出的结果没有任何意义	只有指向同一个数组空间的两个指针进行比较才是有意义的

用 malloc 和 calloc 申请的内存空间,使用完以后没有 free 掉	int * p; p = (int *) malloc (sizeof (int)); // …	没有出错信息或警告信息,但会造成内存浪费和内存泄漏	当动态空间使用结束后及时采用 free(p) 进行释放

使用已经被 free 的指针	int * p;
	p = (int *) malloc (sizeof (int));
	* p = 10;
	free(p);
	printf(" % d\n", * p);
		没有出错信息或警告信息,但会造成非法操作或得到不正确的结果	指针被 free 后,其取值就是 NULL,没有指向任何有效空间了,此时再进行操作就是非法的。为避免这种现象,在不能确定指针有效性的情况下可以在使用指针前进行判断,如:
			if(!p) { … }

（6）结构体、文件及其他操作错误如表 E-6 所示。

表 E-6　结构体、文件及其他操作错误

错误原因	示　　例	错 误 信 息	建　　议

定义结构体类型时,最后未加分号	struct student
	{
	　char name[20];
	　float score;
	}
	void main()
	{
	}
		error: 'student' followed by ' void ' is illegal (did you forget a ';'?)	很明显的错误提示,需要在结构体定义的最后加一个分号

对不同类型的结构体变量进行赋值操作	struct student { char name[20]; 　float score; }s; struct point { int x,y; 　}p={2,3}; s = p;	error: binary ' = ': no operator defined which takes a right-hand operand of type ' struct point ' (or there is no acceptable conversion)	不同类型的结构体变量不能相互赋值

错误原因	示 例	错误信息	建 议

仅使用结构成员名来访问结构变量成员	struct student
	{
	  char name[20];
	  float score;
	}s;
	score = 90;
		error: 'score' : undeclared identifier	对结构变量成员的访问必须采用如下形式:
			结构变量名.成员名
			所以改为:
			s. score = 90;

用结构体指针访问结构变量成员时,未对 * 结构指针名加括号	struct student
	{
	  char name[20];
	  float score;
	}s, * p;
	p = &s;
	* p. score = 90;
		error: left of '. score ' must have class/struct/union type	此处的 * p. score 是错误的写法,应改为(* p). score

文件打开时没有及时判断是否正确打开,就直接对文件进行操作	FILE * p;
	p = fopen("a.txt","r");
		没有出错信息或警告信息,但如果文件没能正常打开的话,后续的文件操作都不会产生任何效果	在文件打开之后、读写之前,增加判断语句:
			if(!p)
			{printf("Error!\n");
			exit(0);
			}

文件打开后不及时关闭	FILE * p; p = fopen("a.txt","r");	没有出错信息或警告信息,但可能造成数据丢失	在文件读写结束后及时关闭文件

400

参 考 文 献

[1] King K N. C 语言程序设计现代方法[M]. 吕秀锋, 黄倩, 译. 2 版. 北京: 人民邮电出版社, 2010.
[2] Hanly J R, Koffman E B. C 语言详解(原书第 6 版)[M]. 潘蓉, 郑海红, 孟广兰, 等译. 北京: 人民邮电出版社, 2010.
[3] 谭浩强. C 语言程序设计[M]. 4 版. 北京: 清华大学出版社, 2010.
[4] 何钦铭, 颜晖. C 语言程序设计[M]. 北京: 高等教育出版社, 2008.
[5] 陈明. 计算机导论[M]. 北京: 北京师范大学出版社, 2018.
[6] 徐洁磐, 史九林, 陶静, 等. 计算机系统导论[M]. 北京: 中国铁道出版社, 2011.
[7] 刘汝佳. 算法竞赛入门经典[M]. 2 版. 北京: 清华大学出版社, 2014.
[8] 刘喜平, 万常选, 舒蔚, 等. C 程序设计方法与实践[M]. 北京: 清华大学出版社, 2017.
[9] 孙改平, 王德志, 等. C 语言程序设计[M]. 2 版. 北京: 清华大学出版社, 2016.
[10] Kelley A, Pohl I. C 语言解析教程(原书第 4 版)[M]. 麻志毅, 译. 北京: 机械工业出版社, 2002.
[11] 顾元刚, 等. C 语言程序设计教程[M]. 北京: 机械工业出版社, 2004.
[12] 林小茶. C 语言程序设计习题解答与上机指导[M]. 2 版. 北京: 中国铁道出版社, 2007.
[13] 张曜, 郭立山, 吴天. C 函数实用手册[M]. 北京: 冶金工业出版社, 2001.
[14] 杨峰. 妙趣横生的算法(C 语言实现)[M]. 北京: 清华大学出版社, 2010.
[15] 董东, 周丙寅. 计算机算法与程序设计实践[M]. 北京: 清华大学出版社, 2010.
[16] 戴梅萼, 史嘉权. 微型计算机技术及应用[M]. 4 版. 北京: 清华大学出版社, 2008.
[17] 朱立华, 王立柱. C 语言程序设计[M]. 北京: 人民邮电出版社, 2009.
[18] 何光明, 童爱红, 王国全. C 语言实用培训教程[M]. 北京: 人民邮电出版社, 2003.
[19] 何剑琪, 肖炜, 吴键文. C 语言程序设计思想与实践[M]. 北京: 冶金工业出版社, 2002.
[20] 隋雪莉, 闵芳, 沈国荣. C 语言实验与等级考试指导[M]. 上海: 上海交通大学出版社, 2017.

图书资源支持

感谢您一直以来对清华版图书的支持和爱护。为了配合本书的使用,本书提供配套的资源,有需求的读者请扫描下方的"书圈"微信公众号二维码,在图书专区下载,也可以拨打电话或发送电子邮件咨询。

如果您在使用本书的过程中遇到了什么问题,或者有相关图书出版计划,也请您发邮件告诉我们,以便我们更好地为您服务。

我们的联系方式:

地　　址:北京市海淀区双清路学研大厦 A 座 714

邮　　编:100084

电　　话:010-83470236　010-83470237

客服邮箱:2301891038@qq.com

QQ:2301891038 (请写明您的单位和姓名)

资源下载: 关注公众号"书圈"下载配套资源。

资源下载、样书申请

书圈

获取最新书目

观看课程直播